“十四五”高职高专职业教育规划教材

基础物理与实验

主　编　张胜海
副主编　吴天安　付根义

国防工業出版社
·北京·

内 容 简 介

本书较系统地介绍了力、电、光等基础理论知识和物理实验基础知识，并在此基础上根据物理实验室建设情况设计了力、电、光共21个实验项目，使理论和实践有机统一，并拓展了相关知识在国防军事、生产生活中的应用. 全书突出基础知识与实践操作的有机统一，素质与能力培养并重，注重课程思政的润物无声.

本书可作为高等院校工科各专业专科学生的物理与实验课程教材，也可以作为广大物理教学工作者的参考用书.

图书在版编目(CIP)数据

基础物理与实验/张胜海主编. —北京:国防工业出版社,2023.7

ISBN 978-7-118-13010-2

Ⅰ.①基… Ⅱ.①张… Ⅲ.①物理学—实验 Ⅳ.①O4-33

中国国家版本馆CIP数据核字(2023)第116766号

※

国防工業出版社出版发行

(北京市海淀区紫竹院南路23号 邮政编码100048)

北京富博印刷有限公司印刷

新华书店经售

*

开本 787×1092 1/16 **印张** $16\frac{3}{4}$ **字数** 408千字

2023年7月第1版第1次印刷 **印数** 1—2000册 **定价** 59.00元

(本书如有印装错误，我社负责调换)

国防书店:(010)88540777　　书店传真:(010)88540776

发行业务:(010)88540717　　发行传真:(010)88540762

前　　言

“基础物理与实验”是高等院校理工类专科学生的一门必修课程，本书是根据相关专业专科学生的培养需求，结合近几年教学实际编写而成的.

本书系统介绍了力、电、光等基本的物理知识和物理实验基础知识，并在每部分基础知识介绍的基础上安排了相关的实验内容，使理论教学和实践教学融为一体，更注重知识的实际应用，在有限的教学时间内最大限度地提高学生的积极性、主动性，寓理论学习于实验研究，以理论知识指导实验操作，目的在于通过本课程的学习，使学生既掌握物理基础知识又提高实践操作能力，同时养成良好的学习和实验习惯.

本书由张胜海主编，参与编写的人员有：张胜海（第1、3章理论内容）；吴天安、付根义（第2章理论内容）；兰淑静、尹彬（第4章理论内容）；杨晓娜、李奇、陈芳、水清华（第1、2章实验）；卢可可、李博、赵义（第3章实验）；张晓旭、蔡威、岳彩青（第4章实验）；陈文博（全书习题）. 张胜海、阚婷婷、陈娆在绘制插图、文字校对等方面做了大量细致的工作. 张胜海对全书进行了统稿，并反复与副主编进行讨论，最后定稿.

本书在编写过程中参考了许多兄弟院校的教材，引用了某些内容，在此表示衷心感谢！因编者水平所限，教材中难免存在缺点和不足，欢迎使用本书的教师、学生、技术人员提出宝贵意见，以便改进我们的工作.

编　者

2023年4月

目　　录

第1章　物理实验基础知识

1.1　测量与有效数字

1.1.1　测量及其分类

不论是研究物理现象、验证物理原理，还是研究物质特性等，都要进行测量，因此物理实验离不开测量．所谓测量，就是用一定的量具或仪器，通过一定的方法，与被测量的规定单位进行比较，求其倍数的操作．根据不同的分类标准，测量可分为以下几类：

1. 直接测量与间接测量

根据测量方法可分为直接测量和间接测量．直接测量是能在仪器或量具上直接读出待测物理量量值的测量，如用直尺测量长度，用天平测量质量，用万用表测量电阻等．而间接测量是指按一定的函数关系由若干个直接测量量经过运算后获得被测物理量的值，例如，测量金属球的密度，需先用天平和千分尺测出金属球的质量和直径，再利用公式计算出金属球的密度．物理实验中的大多数测量都是间接测量．

2. 等精度测量和非等精度测量

根据测量的条件可以分为等精度测量和不等精度测量．每次测量都在相同的条件下使用相同的仪器设备进行的测量叫等精度测量，否则就是非等精度测量．在物理实验中选用相同的测量设备对被测量量进行多次测量一般可以看作等精度测量．

3. 静态测量和动态测量

根据测量量的状态可以分为静态测量和动态测量．当被测量的量值随时间变化时，对它的测量可视为动态测量，反之为静态测量．

4. 工程测量和精密测量

根据测量精度可以分为工程测量和精密测量．工程测量通常是以满足一定的工程设计误差为准的测量，一般不需要给出测量结果的不确定度（见1.3节），而精密测量是为满足科学研究需要的测量，常常要做到尽量精确，并且还要评价测量结果的不确定度．物理实验课中的测量都是精密测量．

1.1.2　有效数字及其运算规则

测量结果一般是由一列数字表示出来的，物理实验要求表示测量结果的数字既能表示物理量的大小，又能反映测量仪器的精度．实验数据的记录、运算以及实验结果的表达，都应遵从有效数字的规则．

1. 有效数字的概念

测量结果的可靠数字（或称准确数字）加上一位可疑数字，统称为测量结果的有效数字．如图1－1－1所示，用直尺测量木棒长度，可以读出棒长为2.12cm或2.13cm. 前两位数2和1是从直尺整分度数直接读出来的数字，称为“可靠(或准确)数字”；最后一位数字2(或3)是测量者在直尺上最小刻度之间估读出来的，其数值会因人而异，是一位有疑问的数字，因此它是不确定的，是可疑的，称为“可疑数字”，但它仍然是测量的客观存在，是“有效”的．可疑数字只有一位．对于有效数字，应注意以下几个问题：

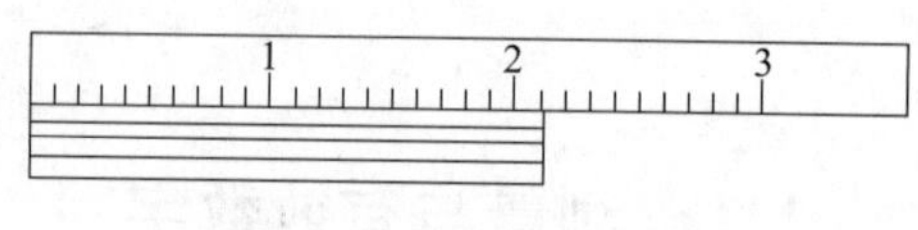

图1－1－1　直尺测长度

(1) 有效数字的位数是从测量结果的第一位(最高位)非零数字到最后一位数字间的所有数字的个数．例如，0.057与0.0057的有效数字位数是一样的，都是两位有效数字.

(2) 数字结尾的0不应随便取舍，因为它也是有效数字．例如，23000与2.3×10^4是不一样的，前者是5位有效数字，后者只有2位有效数字．

(3) 对于很大或很小的数，其有效位数不多时，应使用科学记数法，即用10的幂来表示．如0.00035，写成3.5×10^{-4}.

(4) 换算单位时有效数字位数保持不变，如38mm = 3.8cm = 3.8×10^{-5}km，但是，38mm≠38000μm，因为两者的有效数字位数不同．

2. 有效数字的读取

对于直接测量量，测量结果可以从仪器或量具上直接读出，其有效数字的位数由被测量的大小和仪器的精度决定．不同的仪器读取方式也不同，游标类器具(游标卡尺、分光计读数盘、大气压计等)一般读至最小分度的整数倍；数显仪表及有步进式标度盘的仪表(电阻箱、电桥、电位差计、数字电压表等)一般应直接读取仪表的示值；指针式仪表及其他器具，需要估读到器具最小分度的1/2～1/10. 尽管不同仪器的读取方式不同，但读出数据的最末一位都是估读数字，也就是可疑数字，例如：数显仪表，尽管我们读取数据时没有进行估读，但是仪器进行模数变换时做了近似处理，因此其最末一位仍是可疑数字；游标类器具，虽然读至最小分度的整数倍，但最末一位仍是可疑数字，因为游标上的某刻线与主尺上的某刻线是否完全地、绝对地重合我们并不能分辨出来，我们也只是近似地认为游标上的某刻线与主尺上的某刻线重合，所以，最末一位仍是可疑数字．

3. 有效数字的运算规则

间接测量量是通过直接测量量和一定的函数关系计算出来的，其结果也应由有效数字组成，首先应确定结果的有效数字的位数，其次确定最末一位有效数字后面数字的取舍，取舍的规则：最末一位的下一位数字小于等于4的舍去；大于等于6的向前进1；等于5的把最末一位有效数字凑成偶数，归纳成一句口诀就是：“4舍6入5凑偶．”下面给出有关运算法则．

(1) 和、差运算：在同一单位条件下，结果的有效数字的最末一位与各有效数字中可疑数字位数最高的相同．

【例1－1－1】 设$A=12.34$cm，$B=2.6$cm，$C=0.255$cm，求$N=A+B-C$.

解：$N=A+B-C=12.34\text{cm}+2.6\text{cm}-0.255\text{cm}=14.685\text{cm}$

则 $N = 14.7\text{cm}$

(2) 积、商运算：结果一般与各分量中有效数字位数最少的相同．但应注意的是，因数的最末一位与另一因数的可靠数字相乘的所有数字都是可疑数字，为了减少运算误差，中间运算过程可多保留几位．当然，根据具体情况，最终结果必要时可少保留一位或多保留一位．

【例 1-1-2】 设 $A = 5.361\text{kg}, B = 1.4\text{m}\cdot\text{s}^{-2}$，求 $N = AB$.

解：$N = 5.361\text{kg} \times 1.4\text{m}\cdot\text{s}^{-2} = 7.5054\text{N} \approx 7.5\text{N}$（应保留两位有效数字）

【例 1-1-3】 设 $A = 8.654\text{m}, B = 4.6\text{m}$，求 $N = AB$.

解：$N = 8.654\text{m} \times 4.6\text{m} = 39.8084\text{m}^2 \approx 39.8\text{m}^2$（出现进位，多保留一位）

【例 1-1-4】 设 $A = 3.98\text{m}, B = 9.654\text{s}$，求 $N = A/B$.

解：$N = 3.98\text{m} \div 9.654\text{s} = 0.41226\text{m/s} \approx 0.41\text{m/s}$（出现退位，少保留一位）

(3) 四则运算：四则运算的基本原则与加、减、乘、除运算一致．计算一级，确定一级有效数字，最后确定结果的有效数字位数．

【例 1-1-5】 设 $A = 15.6\text{kg}, B = 4.412\text{kg}, C = 10.00\text{m}\cdot\text{s}^{-2}, D = 22.100\text{m}^2$，求 $N = (A + B)C/D$.

解：$N = \dfrac{(15.6 + 4.412)\text{kg} \times 10.00\text{m}\cdot\text{s}^{-2}}{22.100\text{m}^2} = \dfrac{20.0\text{kg} \times 10.00\text{m}\cdot\text{s}^{-2}}{22.100\text{m}^2} \approx 9.05\text{Pa}$

(4) 常数 π、e 等的有效数字：当 π、e 等参与运算时，其取值位数要比测量值多取一位．例如，圆面积 $S = \pi R^2$，测量值 $R = 3.167\text{mm}$，π 的取值为 3.1416. 若公式改为 $S = \pi D^2/4$，测量值 $D = 6.334\text{mm}$，式中 1/4 是公式推导过程中出现的纯数字，并不是测量值，不存在有效数字问题，可认为它的位数是任意的，对有效数字运算不起作用．

(5) 三角函数及对数运算：进行普通的对数运算时，其结果尾数的位数与底的位数相同．进行三角函数运算时，角度的精度取到 1′时，应用到 5 位三角函数表；使用计算器时，其取位也要参照上述约定．

1.2 误差及其处理

1.2.1 误差的概念及分类

1. 真值

真值是物理量客观存在的量值，是一个理想的概念，一般不可能准确知道，仅在一些特殊的场合才是已知的．为了便于使用且可以反映客观实际，通过理论或近似处理对真值进行描述和使用，主要有以下四种情况：

(1) 理论真值：在理想条件下，理论导出值可以作为真值，称为理论真值．例如，理想电容和电感通过交流电时，其上的电压与电流相位相差 90°.

(2) 约定真值：国际计量大会规定的最高基准量也可看作真值，称为约定真值，如普朗克常数、真空中的光速等．

(3) 相对真值：用精确度更高的仪器测得值相对精确度低的仪器测得值称为相对真值.

(4) 近真值:可通过某种手段获得真值的近似值,当这一近似值与真值的差值在实际问题中可以忽略不计时,就可以用这一近似值代替真值,从而计算出测量误差. 这一近似值也可以认为是相对真值. 例如,对同一物理量等精度多次(n 次)测量结果的算术平均值可视为真值的最佳近似值,称为近真值,即

$$\bar{x} = \frac{1}{n}\sum_{i=1}^{n} x_i \tag{1-2-1}$$

式中:x_i 表示第 i 次测量值. 可以证明在理想条件下,即当 $n\to\infty$ 时测量值的平均值即为真值

$$\lim_{n\to\infty}\frac{1}{n}\sum_{i=1}^{n} x_i = x_0 \tag{1-2-2}$$

当用 $\bar{x}$ 代替 x_0 计算 Δx 时,常称为偏差 δ,而不称为误差. 但在日常运用时,通常不作区分.

2. 绝对误差

每一个待测物理量在一定条件下都具有确定的值,这就是待测物理量的真值. 测量的目的就是测量这个真值. 但事实上,测量时由于理论的近似性、实验仪器性能的局限性、测量方法的不完善、环境的不稳定、测量人员感觉器官的功能限制等,使测量结果不可能绝对准确,也就是说,测量结果绝不可能是待测物理量的真值,那么,测量值与真值之间总会存在某些差异,该差异就称为测量误差,通常称作绝对误差,表示为

$$\Delta x = x - x_0 \tag{1-2-3}$$

式中:Δx 为绝对误差;x 是测量值;x_0 是真值. 测量误差存在于一切测量数据当中,没有误差的测量结果是不存在的. 随着科学技术的进步,测量误差可以被控制得越来越小,但永远不会为零.

3. 相对误差

有了误差(偏差)的概念,我们就能评价测量结果的好坏,但是仅以绝对误差来评价测量结果是不全面的. 例如,用米尺测量两个物体的长度,得出一个是 5.00cm,另一个是 25.00cm,测量的绝对误差均为 0.05cm,二者的绝对误差相同,但前者误差占测量值的 $\frac{0.05}{5.00}=1\%$,后者占 $\frac{0.05}{25.00}=0.2\%$,显然测量误差的严重程度不同. 为了全面评价测量的优劣,必须同时表示出测量结果的相对误差 E,测量误差与被测量的真值之比称为相对误差,即

$$\text{相对误差} = \frac{\text{测量误差}}{\text{被测量的真值}} \times 100\%$$

因此测量误差通常又称为绝对误差. 绝对误差和相对误差均反映单次测量结果与真值之间的差异,但相对误差更能反映测量的精确程度。相对误差表示为

$$E = (\Delta x / x_0) \times 100\% \tag{1-2-4}$$

在实际计算中,根据不同情况,客观真值通常用理论真值、约定真值、相对真值、近真值来代替. 当然,通常测得值的绝对误差很小, 因而相对误差也可表示为

$$E = (\Delta x / x) \times 100\% \tag{1-2-5}$$

相对误差通常用百分数来表示,一般情况下,相对误差取一位有效数字,只有相对误差超过 10% 时,才保留两位有效数字.

用相对误差能确切地反映测量效果，被测量的量值大小不同，允许的测量误差也应有所不同．被测量的量值越小，允许的测量绝对误差值也应越小．引入相对误差的概念就能很好地反映这一差别．

测量的相对误差应限定在一定范围内，这个限定范围以最大允许相对误差给出：

$$E_M = (\Delta x_M / x_{示}) \times 100\% \tag{1-2-6}$$

式中：E_M 为最大允许相对误差；Δx_M 是最大允许绝对误差；$x_{示}$ 为测得值，也就是仪器的示值，也可以用被测量的真值代替．

在某些场合下，还使用引用误差．引用误差也属相对误差，常常用于仪表，特别是多挡仪表的精度评定．因其各挡次、各刻度位置上的示值误差都不一样，不宜使用绝对误差．而按式(1-2-4)计算相对误差也十分不便．为便于仪表精度等级的评定，规定了引用误差：

$$E_{引} = (\Delta x_{示} / x_{满}) \times 100\% \tag{1-2-7}$$

式中：$E_{引}$ 为引用误差；$\Delta x_{示}$ 为示值误差；$x_{满}$ 为仪表的最大示值，也就是该仪表测量范围的上限，即其满度值．按仪表的精度，规定了最大的允许引用误差，仪表各刻度位置上引用误差不得超过这一最大允许值．仪表的最大引用误差（引用误差限）

$$E_{引M} = (\Delta x_M / x_{满}) \times 100\% \tag{1-2-8}$$

式中：$E_{引M}$ 为最大引用误差；Δx_M 为最大示值误差；$x_{满}$ 为仪表的最大示值．一些电工仪表精度级别是按照最大引用误差限规定电表的等级：

$$E_{引M} = (\Delta x_M / x_{满}) \times 100\% \leqslant a\% \tag{1-2-9}$$

根据 a 的大小，可以把一些电工仪表分为七个级别：0.1、0.2、0.5、1.0、1.5、2.5、5.0．这类电表的允差即为

$$\Delta_{仪} = x_{满} \times a\% \tag{1-2-10}$$

【例 1-2-1】 测 95V 电压，用 0.5 级、量程 300V 和 1.0 级、量程 100V 的电压表哪个好？

解：$E_{m_1} = \alpha_1\% \cdot U_{m_1}/U = 0.5\% \times 300/95 = 1.58\%$

$E_{m_2} = \alpha_2\% \cdot U_{m_2}/U = 1.0\% \times 100/95 = 1.05\%$

可见当量程接近满度时，虽然 100V 电压表的精度较低，但是实测的相对误差反而比量程只用了 1/3 的 300V 的高精度的电表还小．

4. 误差的来源及分类

测量的目的是尽可能准确地测出待测物理量的值，而所有测量结果又都有误差，因而我们不能追求绝对准确的测量，只能设法尽可能地提高测量的精确度，减小误差．要达到这一目的，就要对误差产生的原因及各种情况下产生误差的性质进行分析研究．由此发展起一门以概率论和数理统计为基础的科学理论——测量误差理论．本书不详细讲解误差理论，只对与处理数据有关的误差理论作简要介绍．根据误差产生的原因和性质不同通常分成三大类，即系统误差、偶然误差、粗大误差．但是仪器误差通常既有系统误差又有偶然误差，我们专门对其进行分析．

1）系统误差

在相同条件下多次测量同一物理量时，其误差的绝对值和符号保持不变或随着测量条件的改变按一定规律变化，这类误差称为系统误差．

（1）系统误差的来源．

① 仪器误差：由于仪器设计、制造、装配等方面引起的误差，如零点不准、气垫导轨没有调到水平、天平的两臂不等长等．

② 环境误差：因各种环境因素与仪器要求的工作状态不一致而引起的，如磁电式仪表旁有强磁场存在，环境温度不符合标准电池使用的温度范围等．

③ 理论和方法误差：由实验理论和实验方法的不完善带来的误差，如测量电压时没有考虑电压表内阻对电路的影响，用单摆测量重力加速度时不符合摆角小于5°的条件，测量温度时没有考虑热量的散失等．

④ 由于实验者本人的心理或生理特点而引起的误差，如器官不完善、反应速度迟缓、固有的不良习惯等造成的测量误差．

（2）系统误差的分类．

① 已定系统误差：对于某一测量任务，它的一些系统误差是可以通过分析定量估计出来的，这类系统误差，称为已定系统误差．对于已定系统误差，一般都有相应的消除和补救办法．例如，游标卡尺零点不准，我们可以在测量前记下零点误差，对测量结果进行修正．因此，在进行误差分析时，不把它列入讨论内容．

② 未定系统误差：有一类系统误差，只知道它存在于某个大致的范围，而不知道它的具体数值，这类系统误差称为未定系统误差，测量仪器的误差就属于这一类．例如，一个质量为100g的三等砝码，它的质量误差为2mg，这意味着，凡是质量在99.998～100.002g的砝码都被当作100g砝码的合格产品．对于100g的砝码，在没有经过校准之前，不知道系统误差的数值，然而它又有稳定不变的误差值．由于具体误差值不能确定，因此只能确定其取值区间，此区间的大小为该仪器的极限误差，又称允差，在厂家出厂时已经给出．

2）偶然误差

在测量中，即使消除了产生系统误差的因素（实际上不可能也不必要绝对排除），对同一物理量进行多次重复测量，各次测量值也会存在差别，它们分散在一定范围内，其误差时正时负，绝对值时大时小，无规则地涨落，这类误差称为偶然误差，又称随机误差．

偶然误差是由测量过程中一些随机或不确定因素引起的．例如：人的感官灵敏度的不确定；仪器指标不稳定；电压不稳；环境温度、湿度随机变化；地球磁场的无规则变化；微小的偶然震动；估读的随机性等．这些影响都有可能引起测量结果的涨落．

通过对偶然误差的大量分析，发现在同一条件下多次测量同一个量时，尽管每次测量产生误差的大小和正负没有确定的规律，但对大量测量数据而言，误差遵从统计规律，虽然每次测量误差值不确定，但当测量次数 n 足够大时，各种误差值出现的概率（该值重复出现的次数与测量总次数 n 之比）是确定的．当测量次数足够多时，偶然误差具有如下特点：

（1）单峰性：绝对值小的比绝对值大的误差出现的概率大．显然，零误差出现的概率最大，也就是说等于算术平均值的测量结果出现的次数最多．

（2）对称性：绝对值相等的正负误差出现的概率相等．

（3）有界性：绝对值很大的误差出现的概率近似为零．即在一定测量条件下，误差的绝对值不会超过一定的限度．

（4）抵偿性：偶然误差的算术平均值随着测量次数增加而越来越趋于零，即

$$\lim_{n\to\infty}\frac{1}{n}\sum_{i=1}^{n}\Delta x_i = 0 \qquad (1-2-11)$$

这就是 $\bar{x}=\frac{1}{n}\sum_{i=1}^{n}x_i$ 作为测量结果最佳近似值的依据.

偶然误差的这些特性与概率统计中的一种随机变量特性相同. 由误差理论可知:当测量次数 $n\to\infty$时,误差分布服从正态分布(又称为高斯分布);当测量次数 n 有限时,服从学生分布(即 t 分布).

误差的正态分布函数为

$$p(\Delta x)=\frac{1}{\sigma\sqrt{2\pi}}\mathrm{e}^{-\frac{\Delta x^2}{2\sigma^2}} \qquad (1-2-12)$$

式中:σ 为测量列的标准误差(是相应概率分布的特征量,不是具体的哪一次的测量误差);Δx 为偶然误差. 函数关系曲线如图 1-2-1 所示,也显示了偶然误差的分布特点.

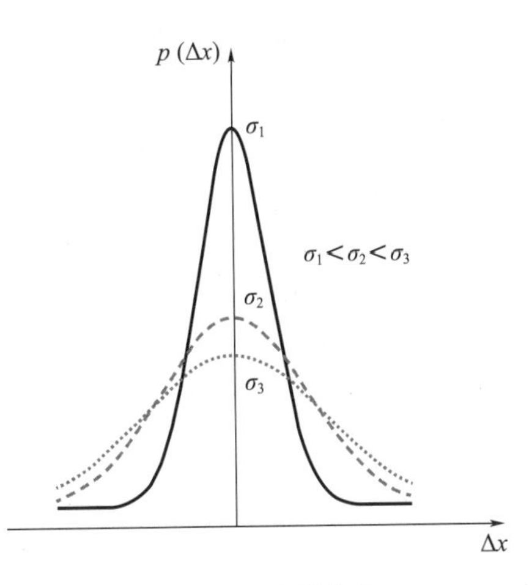

图 1-2-1　高斯分布

σ 的物理意义为:多次重复测量误差值出现在区间$[-\sigma,\sigma]$上总的概率为 68.3%;出现在区间$[-2\sigma,2\sigma]$上总的概率为 95.4%;出现在区间$[-3\sigma,3\sigma]$上总的概率为99.7%,表明绝对值大于3σ的误差出现的概率不超过3‰. 因此, 又称 3σ 为极限误差. 我们把测量值 x 落在区间$[x_0-\sigma,x_0+\sigma]$上的概率称为测量值在该区间内的置信概率,也叫置信度,相应的区间称作置信区间. σ 值的大小反映测量误差的离散程度. σ 值越小,测量误差的离散程度就越小,曲线又高又陡;σ 值越大,测量误差的离散程度就越大,曲线低而平缓. 如图 1-2-1中所示,$\sigma_3>\sigma_2>\sigma_1$.

对于一个测量列而言,σ 的数学表达式为

$$\sigma\approx S_x=\sqrt{\frac{\sum\Delta x_i^2}{n-1}} \qquad (1-2-13)$$

式中:S_x 称为测量列的标准偏差.

等精度测量同一物理量不同测量列的算术平均值也是一个随机变量,即不同测量列的算术平均值也有标准偏差,偶然误差理论给出算术平均值的标准偏差计算公式为

$$S_{\bar{x}}=\sqrt{\frac{\sum\Delta x_i^2}{n(n-1)}}=\frac{1}{\sqrt{n}}S_x \qquad (1-2-14)$$

在实际工作中并不是测量次数越多越好. 测量次数的增多必定要延长测量时间,这给保持稳定的测量条件带来困难,同时也引起观测者的疲劳,又可能带来较大的观测误差. 另外,增加测量次数只能对降低偶然误差有利,而与系统误差的减小无关. 误差理论指出,随着测量次数的不断增加,偶然误差的降低越来越缓慢. 所以在实验测量中次数不必过多. 在科学研究中一般取 10~20 次,而在物理实验教学中,一般取 5~10 次.

对于测量次数不是足够多的情况，误差的分布不再遵守正态分布，而是遵守 t 分布（也叫学生分布），t 分布与正态分布曲线的形状类似，但是 t 分布的峰值低于正态分布，而且 t 分布曲线上部较窄，下部较宽，但是在 $n\to\infty$ 时趋于正态分布．由误差理论可知，t 分布与正态分布的标准偏差满足如下关系：

$$S_t = tS_{\bar{x}} = t\sqrt{\frac{\sum \Delta x_i^{\ 2}}{n(n-1)}} \tag{1-2-15}$$

也就是说，通过扩大置信区间 $[\bar{x}-S_{\bar{x}}, \bar{x}+S_{\bar{x}}]$ 为 $[\bar{x}-tS_{\bar{x}}, \bar{x}+tS_{\bar{x}}]$，可以保持其置信概率与正态分布相同．因此，$t$ 与测量次数 n 和置信概率有关，通常记为 t_p．物理实验中，我们统一取置信概率为95%．表1-2-1给出了 $t_{0.95}$ 的值．

表1-2-1　t 参数表

n	3	4	5	6	7	8	9	10	20	60	∞
$t_{p=0.95}$	4.30	3.18	2.78	2.57	2.45	2.36	2.31	2.26	2.09	2.00	1.96

3）粗大误差

超出正常范围的大误差称为粗大误差，也称为“过失误差”．所谓正常范围是指误差正常分布规律决定的分布范围．只要误差取值不超过这一正常的范围，应是允许的．而粗大误差则超出了误差的正常分布范围，具有较大的数值．它虽具有随机性，但不同于随机误差．含有粗大误差的数据是个别的、不正常的，粗大误差使测量数据受到了歪曲．因而，含粗大误差的数据应舍弃不用．

一般粗大误差是由测量中的失误造成的，例如，使用有缺陷的测量器具，测量操作不当，读数或记录错误，突然的冲击振动，电压波动，空气扰动等，都可使测量结果产生少量的大误差．因为粗大误差与正常的随机误差或系统误差相比仅表现为数值大小上的差别，因而在数值差别不太明显时，则不容易区分．所以，测量数据是否含有粗大误差，应按统计方法进行判断．

1.2.2　误差的处理

1. 测量的精密度、准确度、精确度

精密度、准确度和精确度是评价测量结果好坏的三个术语，但这三者含义不同，使用时应该加以区别．我们以打靶时弹着点的情况为例，说明它们的含义．

精密度是指重复测量结果之间相互接近的程度．它是描述测量的重复性好坏的尺度．测量的精密度高，说明重复性好，误差分布密集，即偶然误差小．它反映了测量结果偶然误差的大小，但是系统误差不明确，如图1-2-2(a)所示．

准确度是测量结果与真值的接近程度，是描述测量结果接近真值程度的尺度．测量准确度高，说明测量数据的平均值偏离真值较少，测量结果的系统误差小，但数据的分布情况即偶然误差的大小不明确，如图1-2-2(b)所示，它反映测量结果系统误差的大小．

精确度是指综合评定测量结果重复性和接近真值的程度．精确度高，说明精密度和准确度都高，它反映偶然和系统误差的综合效果，如图1-2-2(c)所示．

显然测量中应该尽可能减小系统误差和偶然误差，提高测量结果的精确度．

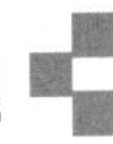

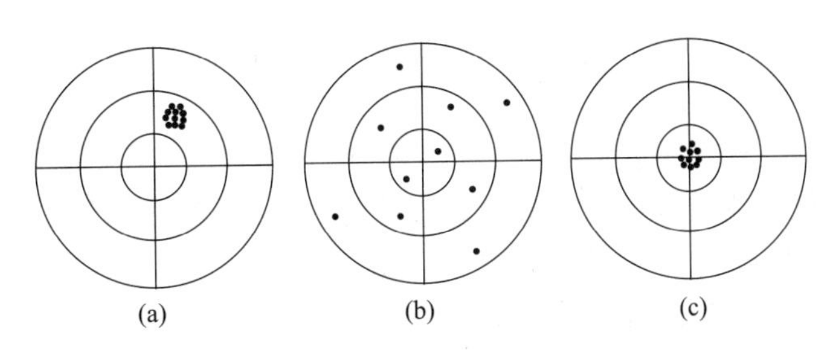

图1-2-2 精密度、准确度、精确度说明

2. 系统误差的处理

在物理实验中,系统误差的处理主要考虑由于仪器的精确度所限、实验方法、原理不完善等因素导致的系统误差. 对于已定系统误差,必须在结果中予以修正;对于未定系统误差,通常用非统计方法来处理.

1) 发现系统误差的一些简单方法

(1) 实验分析法: 采用不同方法、仪器或不同参量进行实验,并对实验进行对比分析,发现系统误差常用的实验方法主要有以下几种.

① 不同测量方法比较法:用不同方法测量同一个量,考查结果是否一致,若不一致,它们之间的差别又超出了偶然误差的范围,则存在系统误差.

② 仪器对比法:如用两个电流表接入同一电路,把高一级的表作为标准表,找出另一只表的误差修正值.

③ 改变实验条件法: 将结果对比,如在磁场测量中将带有磁性的物质移近,观察对测量结果的影响.

④ 参量对比法: 改变实验中某些参量的数值,并进行对比.

(2) 理论分析法:分析实验所依据的理论公式要求的条件与实际情况有无差异;分析仪器所要求的使用条件是否已达到等. 如用三线摆测量物体的转动惯量的公式 $J=\dfrac{m_0gRr}{4\pi^2 l}T_0$,所要求的条件是摆角 $\theta<5°$,三条摆线等长,上、下圆盘水平,转动轴线在两盘中心连线. 其中任何一个条件不满足,都会引入系统误差.

(3) 数据分析法:在相同条件下对某一物理量进行多次测量,若测量结果的误差不服从统计规律(偶然误差是遵从统计规律的),则说明存在系统误差.

2) 系统误差的修正和限制

应当指出,"标准"仪器也有它的不足之处,要绝对消除系统误差是不可能的. 系统误差的修正和限制没有通用方法,只能针对每一个具体情况采用不同的具体措施. 下面简单介绍几种典型的限制或消除系统误差的方法.

(1) 替换法:在测量装置上对待测量进行测量后,立即用一个标准量替换待测量,再次进行测量,并调整到同样的状态,从而得出待测量等于标准量.

(2) 异号法:改变测量中的某些条件,使两次测量中误差一次为正值,另一次为负值,取其平均值.

(3) 交换法:将测量中的某些条件相互交换(如交换被测物位置),使交换前后产生的系统误差经数据处理后可以消除. 例如,利用滑线式惠斯登电桥测电阻时,把待测电阻

与标准电阻交换位置再次测量，交换前后所得值为 R_1 和 R_2，则被测电阻 $R_x = \sqrt{R_1 \cdot R_2}$，消除了滑线电阻丝不均匀所带来的系统误差．

（4）对称观测法：若系统误差随时间线性变化，可将观测程序对某时刻对称地再做一次．例如，一只灵敏电流计零点随时间有线性漂移，在测量读数前记下一次零点值，测量读数后再记一次零点值，取两次零点值的平均值来修正测量值．又如，测电阻温度系数的实验，测电阻前记录一次温度，测电阻后再记录一次温度，取两次平均值作为该点温度值等．由于很多随时间变化的误差在短时间内均可认为是线性变化，因此，对称观测法是一种能够消除随时间变化的系统误差的好方法．

（5）半周期偶数观测法：对周期性误差，可以每经一个周期进行偶数次观测．例如，分光计刻度盘偏心带来的角度测量误差是以360°为周期的，它采取相距180°的一对游标，每次测量读两个数，则两个角位置之间的夹角是两个游标上分别算出的夹角的平均值.

系统误差的处理是一个比较复杂的问题，没有一个标准的公式，需要具体情况具体处理，主要取决于实验者的经验和技巧．实验条件确定后，系统误差尽管客观存在且已确定，然而在某些情况下，多次测量并不能发现它；在某些情况下，系统误差和偶然误差同时存在，难以区分．这些都对系统误差的发现和处理带来困难，因此，在实际中常常需要实验者在不断提高实验技能的基础上去发现、总结．

3. 偶然误差的处理

1）直接测量的偶然误差估计

（1）单次直接测量的偶然误差．明确标出允差的仪器（见表1-2-2），其允差作为单次测量的误差；对于没有明确标出允差的仪器，一般以仪器最小刻度的一半作为绝对误差；有时也可以根据实际情况，采用仪器最小刻度或某些合理数值作为绝对误差．

表1-2-2　一些常用仪表量具的允差表

仪器/量具	量程	最小分段值	允差
钢板尺	150mm	1mm	±0.1mm
	500mm	1mm	±0.15mm
	1000mm	1mm	±0.20mm
钢卷尺	1m	1mm	±0.8mm
	2m	1mm	±1.2mm
游标卡尺	125mm	0.02mm	±0.02mm
螺旋测微计（千分尺）	0~25mm	0.05mm	±0.05mm
		0.01mm	±0.004mm
七级物理天平	500g	0.05g	综合误差 满量程 0.08g 1/2 量程 0.06g 1/3 量程 0.04g
普通温度计（水银或酒精）	0~100℃	1℃	±1℃
精密温度计（水银）	0~100℃	0.1℃	±0.1℃
电表（a 级）			a% ×量程

（2）多次直接测量的偶然误差．多次直接测量的误差用多次测量的标准偏差和 t 因

子的乘积表示测量的偶然误差，即

$$\Delta x = tS_{\bar{x}} = t\sqrt{\frac{\sum \Delta x_i^2}{n(n-1)}} \tag{1-2-16}$$

2）间接测量量偶然误差的估计

直接测量结果存在误差，那么由直接测量值经过运算而得到的间接测量值也就存在误差．估算间接测量误差的方法称为误差传递．

设间接测量量 Y 是 m 个独立的直接测量值 $x_1, x_2, \cdots, x_m$ 的函数，即

$$Y = f(x_1, x_2, \cdots, x_m) \tag{1-2-17}$$

（1）误差传递的基本公式：

$$|\Delta Y| = \left|\frac{\partial f}{\partial x_1}\Delta x_1\right| + \left|\frac{\partial f}{\partial x_2}\Delta x_2\right| + \cdots + \left|\frac{\partial f}{\partial x_m}\Delta x_m\right| \tag{1-2-18}$$

$$\alpha = \left|\frac{\Delta Y}{Y}\right| = \left|\frac{\partial \ln f}{\partial x_1}\Delta x_1\right| + \left|\frac{\partial \ln f}{\partial x_2}\Delta x_2\right| + \cdots + \left|\frac{\partial \ln f}{\partial x_m}\Delta x_m\right| \tag{1-2-19}$$

式（1-2-18）和式（1-2-19）是误差传递的基本公式．其中每项称为分误差，$\partial f/\partial x_i$ 与 $\partial(\ln f)/\partial x_i$ 称为误差传递系数．因此，一个直接测量量的误差对间接测量量误差的影响，不仅取决于其本身误差的大小，而且取决于误差传递系数．

（2）标准偏差传递的基本公式：

$$S_N = \sqrt{\left(\frac{\partial f}{\partial x_1}S_{x_1}\right)^2 + \left(\frac{\partial f}{\partial x_2}S_{x_2}\right)^2 + \cdots + \left(\frac{\partial f}{\partial x_m}S_{x_m}\right)^2} \tag{1-2-20}$$

$$E = \frac{S_N}{Y} = \sqrt{\left(\frac{\partial \ln f}{\partial x_1}S_{x_1}\right)^2 + \left(\frac{\partial f}{\partial x_2}S_{x_2}\right)^2 + \cdots + \left(\frac{\partial f}{\partial x_m}S_{x_m}\right)^2} \tag{1-2-21}$$

在实际应用中，可根据函数具体形式灵活选用以上两式．一般来说，对于和、差关系的函数，选用式（1-2-20）较方便；对于积、商关系的函数，选用式（1-2-21）较方便．另外，上面两式还可以用来分析各直接测量量的误差对间接测量量误差影响的大小，为改进实验和设计实验也提供了依据．常用误差传递公式列在表 1-2-3 中，以供参考．

表 1-2-3　常用误差传递公式

运算关系	绝对误差 ΔN	相对误差 $E=\Delta N/N$
$N=A+B+C+\cdots$	$\lvert\Delta A\rvert+\lvert\Delta B\rvert+\lvert\Delta C\rvert+\cdots$	$\dfrac{\lvert\Delta A\rvert+\lvert\Delta B\rvert+\lvert\Delta C\rvert+\cdots}{A+B+C+\cdots}$
$N=A-B$	$\lvert\Delta A\rvert+\lvert\Delta B\rvert$	$\dfrac{\lvert\Delta A\rvert+\lvert\Delta B\rvert}{A-B}$
$N=A\cdot B$	$\lvert A\Delta B\rvert+\lvert B\Delta A\rvert$	$\lvert\Delta A/A\rvert+\lvert\Delta B/B\rvert$
$N=\dfrac{A}{B}$	$\dfrac{\lvert B\Delta A\rvert+\lvert A\Delta B\rvert}{B^2}$	$\left\lvert\dfrac{\Delta A}{A}\right\rvert+\left\lvert\dfrac{\Delta B}{B}\right\rvert$
$N=aA$	$a\Delta A$	$\Delta A/A$（a 是任意常数）
$N=A^n$	$nA^{n-1}\cdot\Delta A$	$n\cdot\Delta A/A$

1.3 不确定度基础

1.3.1 测量结果的表述

首先,测量结果中一定含有待测物理量的测量值;其次,因存在未定系统误差、偶然误差等,因此测量结果的表述中还要包含测量值在一定的可靠程度要求下可能的涨落区间.因此,测量结果的正确表达形式为

$$x = N \pm u \tag{1-3-1}$$

式中:x 代表待测物理量;N 为待测物理量的测量值,它既可以是单次的直接测量值,也可以是相同实验条件下多次直接测量的算术平均值,还可以是经过公式计算得到的间接测量值;u 是一个恒为正值的量,称为不确定度.u 的值可以按一定方法计算出来,它代表测量值 N 不确定的程度,给出测量结果在一定可靠程度(置信度)上的取值区间 $[N-u, N+u]$,称为置信区间.置信度(置信概率)为待测物理量在这个区间内取值的总概率.在相同的置信概率下,置信区间小,说明测量值的离散度小,测量精确度高;置信区间大,说明测量值的离散度大,测量精确度低.因此,用不确定度可以评价测量的精确程度.

式(1-3-1)表明,要正确地表示一个实验测出的物理量,应有数值、单位和不确定度三个要素.相应于相对误差,可以定义一个相对不确定度:

$$u_r = u/N \tag{1-3-2}$$

相应地称 u 为标准不确定度.

用相对不确定度可以比较测量结果精确程度的高低,也可以估计相对误差的大小.同时在计算某些问题的间接测量不确定度时,先求相对不确定度,再求标准不确定度比较方便.实验结果的完整表达形式应为

$$\begin{cases} x = (N \pm u) \\ u_r = y\% \end{cases} \tag{1-3-3}$$

其中 $y = \dfrac{u}{N} \times 100$.

因为标准不确定度本身就是一个估计值,所以,按有效数字规定,其位数只能为一位.为了保证结果的可靠性,规定其舍弃规则为:只要第二位数字不是“0”,一律进位,而相对不确定度可以保留两位有效数字.

按照不确定度计算(或估计)方法不同,不确定度可以分为A、B两类.能用统计方法评定的为A类不确定度,凡不能用统计方法评定的统称为B类不确定度.对于一个完整的实验,往往涉及多种测量,最后结果的不确定度往往是由两类不确定度共同决定的,故把它们分别称为A类分量和B类分量.

不确定度的评定方法需要数理统计和误差处理的知识,对于大专学生有一定困难.本课程采用下述简化、具有近似性的不确定度计算方法.

1.3.2 直接测量不确定度的计算

1. A类不确定度分量的计算方法

A类不确定度主要是评定同一物理量的多次测量的偶然误差对结果可靠程度的影

响. 在物理实验教学中,由于对同一物理量的测量次数不会太多,一般在5~10次,因此其误差分布服从t分布,同时根据1.2节中t分布的置信概率和置信区间的含义和不确定度的含义,A类不确定度u_A可以用t因子和测量值的平均值的标准偏差的乘积表示:

$$u_A = t \cdot \sqrt{\frac{\sum_{i=1}^{n}(x_i - \bar{x})^2}{n(n-1)}} \tag{1-3-4}$$

式中:n为测量次数;t是置信概率为95%时的值(在学生实验中一般都取置信概率为95%,见表1-2-1).

2. B类不确定度分量的计算(或估计)方法

测量中凡是不符合统计规律的不确定度统称为B类不确定度,记为u_B,主要用于评定一次测量中,测量误差对结果可靠程度的影响. 在物理实验中,经常遇到一些不能或不需要重复测量的情况,大体有三种:①仪器的精度较低,偶然误差很小,多次测量读数相同,不必进行多次测量;②对测量结果的准确度要求不高,只测一次就够了;③因测量条件限制,不可能进行多次测量. 对于一次测量是不能用统计方法评定其不确定度的,故为B类不确定度.

B类不确定度的评定不是唯一的,它可以来自多方面的信息,但在物理实验中B类不确定度主要由仪器的未定系统误差引起,因此,B类不确定度常采用仪器的允差$\Delta_{仪}$(表1-3-1)估算. B类不确定度为

$$u_B = \Delta_{仪} \tag{1-3-5}$$

3. 合成不确定度

总不确定度应由两类不确定度分量共同决定. 由于二者相互独立,所以可以用方和根法进行合成,方和根法将两类不确定度分量合成为总不确定度称为合成不确定度,即

$$u = \sqrt{u_A^2 + u_B^2} \tag{1-3-6}$$

【例1-3-1】 用螺旋测微计测量金属丝直径d,测量结果为0.425,0.426,0.422,0.427,0.423,0.427(单位:mm),正确表示结果(置信概率为95%).

解:直径d的6次测量值的平均值为

$$\bar{d} = \frac{1}{6}\sum_{i=1}^{6} d_i = 0.425(\text{mm})$$

由表1-2-1知,置信概率为95%、$n=6$时,$t=2.57$. 故其A类不确定度为

$$u_A = t \cdot \sqrt{\frac{\sum_{i=1}^{n}(d_i - \bar{d})^2}{n(n-1)}} = 2.57\sqrt{\frac{\sum_{i=1}^{6}(d_i - \bar{d})}{6 \times 5}} = 0.003(\text{mm})$$

螺旋测微计的B类不确定度为

$$u_B = \Delta_{仪} = 0.004\text{mm}$$

合成不确定度为

$$u = \sqrt{u_A^2 + u_B^2} = \sqrt{0.003^2 + 0.004^2} = 0.005(\text{mm})$$

相对不确定度为

$$u_r = \frac{u}{d} \times 100\% = \frac{0.005}{0.425} \times 100\% = 1.2\% \approx 2\%$$

所以

$$\begin{cases} d = (0.425 \pm 0.005)(\text{mm}) \\ u_r = 2\% \end{cases}$$

1.3.3 间接测量不确定度的计算

间接测量结果的不确定度由相关的各自独立的直接测量量的不确定度决定,因此,可以由直接测量的不确定度通过计算求出,称为不确定度传递.

不确定度的传递基本公式为

$$u_Y = \sqrt{\sum_{i=1}^{m}\left(\frac{\partial f}{\partial x_i}u_{x_i}\right)^2} \tag{1-3-7}$$

$$u_r = \frac{u_Y}{Y} = \sqrt{\sum_{i=1}^{m}\left(\frac{\partial \ln f}{\partial x_i}u_{x_i}\right)^2} \tag{1-3-8}$$

式(1-3-7)、式(1-3-8)分别为间接测量量的合成标准不确定度和合成相对不确定度. 各直接测量量的不确定度前的导数为各直接测量量的不确定度的传递系数,反映各自对间接测量量不确定度起作用的程度. 对于和、差函数关系,用式(1-3-7)比较方便;对于乘除函数关系,可先用式(1-3-8)求出 u_r,再求 u_Y 比较方便. 当然,不管任何函数关系,原则上都可以利用式(1-3-7)或式(1-3-8)求出间接测量量的标准不确定度和相对不确定度.

在求间接测量量的不确定度时,应先求出各直接测量量的合成不确定度,再根据不确定度传递公式求出间接测量量的不确定度.

【例 1-3-2】 测量一个实心金属圆柱体密度 ρ 的实验中,用 50 分度的游标卡尺测量其高 h,用螺旋测微计测量其直径 d,用天平测量其质量 m,测量数据见表 1-3-1,计算金属圆柱体的密度.

表 1-3-1 测量金属圆柱体密度数据表

h/mm	30.12	30.10	30.14	30.12	30.10	30.12
d/mm	10.050	10.054	10.055	10.056	10.053	10.054
m/g	21.27	/	/	/	/	/

解:由表 1-3-1 可以得 h、d、m 的最佳值 $\bar{h}$、$\bar{d}$、$\bar{m}$ 及其不确定度 u_h、u_d、u_m:

$$\bar{h} = \frac{\sum_{i=1}^{6} h_i}{6} = 30.117\text{mm}$$

$$u_{Ah} = 2.57\sqrt{\frac{\sum_{i=1}^{6}(h_i - \bar{h})^2}{6 \times 5}} = 0.012\text{mm}, u_{Bh} = 0.02\text{mm}, u_h = \sqrt{u_{Bh}^2 + u_{Ah}^2} = 0.023\text{mm}$$

$$\bar{d} = \frac{\sum_{i=1}^{6} d_i}{6} = 10.0536\text{mm}$$

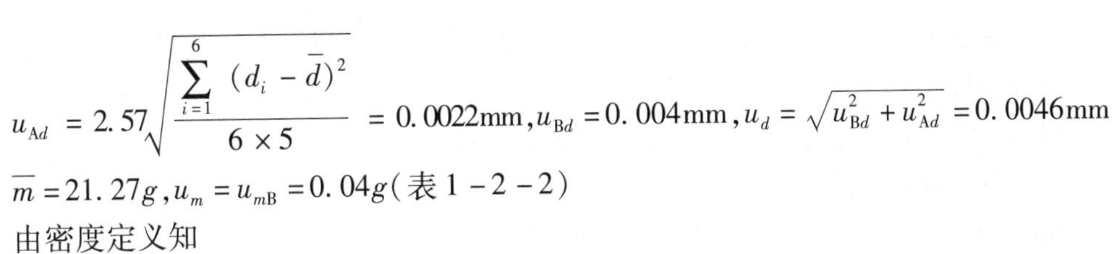

$$u_{Ad} = 2.57\sqrt{\frac{\sum_{i=1}^{6}(d_i-\bar{d})^2}{6\times5}} = 0.0022\text{mm}, u_{Bd}=0.004\text{mm}, u_d=\sqrt{u_{Bd}^2+u_{Ad}^2}=0.0046\text{mm}$$

$\bar{m}=21.27g, u_m=u_{mB}=0.04g$（表1－2－2）

由密度定义知

$$\rho=\frac{m}{V}=\frac{m}{\pi d^2h/4}=\frac{4m}{\pi d^2 h}$$

所以

$$\bar{\rho}=\frac{4\bar{m}}{\pi\bar{d}^2\bar{h}}=8.901\times10^3\text{kg}\cdot\text{m}^{-3}$$

对 $\rho=\frac{4m}{\pi d^2h}$ 两边取自然对数，得

$$\ln\rho=\ln4+\ln m-2\ln d-\ln h-\ln\pi$$

对上式两边求微分，得

$$\frac{d\rho}{\rho}=\frac{dm}{m}-2\frac{dd}{d}-\frac{dh}{h}$$

则相对不确定度为

$$u_r=\sqrt{\left(\frac{u_m}{\bar{m}}\right)^2+\left(2\frac{u_d}{\bar{d}}\right)^2+\left(\frac{u_h}{\bar{h}}\right)^2}=1\%$$

绝对不确定度为

$$u_\rho=u_{r\rho}\cdot\bar{\rho}=8.901\times10^3\times1\%=0.09\times10^3(\text{kg}\cdot\text{m}^{-3})$$

所以测得金属圆柱体的密度为

$$\rho=\bar{\rho}\pm u_\rho=(8.90\pm0.09)\times10^3(\text{kg}\cdot\text{m}^{-3})$$

1.4 数据处理的基本方法

物理实验的目的是找出物理量之间的内在规律性，或验证某种理论的正确性等．因此，对实验得到的大量数据必须进行正确的处理和分析．数据处理方法是实验方法不可分割的一部分，它是以一定的物理模型为基础，以一定的物理条件为依据的．数据处理问题贯穿在整个物理实验的全过程中，包括记录、整理、计算、分析等．本节主要介绍几种常用的数据处理方法．

1.4.1 列表法

在记录和处理数据时，常将数据列成表格，这样可以简单而明确地表示出测量结果及有关物理量之间的对应关系，便于发现和检查测量结果是否合理，及时发现和分析问题，有助于找出有关量之间的依赖关系，确定经验公式等．

数据列表时，常常根据需要将某些中间计算项目列出，这样可以从对比中发现运算是否有错，便于随时检查，以提高运算效率．列表的要求如下：

（1）简单明了，便于分析有关量之间的关系，便于处理数据．

（2）标明表中各符号代表物理量的意义，写明单位．单位写在标题栏中，一般不重复地记在各个数字后．

（3）表中的数据要正确反映测量结果的有效数字．

（4）写明标题，必要时加以说明．

如[例1－3－2]中的表1－3－1，就是简单的列表法。

1.4.2 作图法

作图可把一系列数据之间的关系或其变化情况用图线直观地表示出来．作图法是研究物理量之间变化规律、找出对应的函数关系、求出经验公式的最常用的方法之一．特别是对于物理量变化规律和结果还没有完全掌握，或还没有找出适当的函数表达式，以实验曲线表示出物理量之间的函数关系常常是一种很重要的方法，并能简便地从曲线上求出实验的某些结果．作图法有多次测量取平均的效果，并易于发现测量中的错误，还可把某些复杂的函数关系简化．作图的步骤与规则如下：

（1）坐标纸的选取：当确定了作图参量以后，根据具体情况选用直角坐标纸、对数坐标纸或极坐标纸．

（2）坐标纸大小和坐标轴比例：根据测得数据的有效数字和结果来确定坐标纸大小和坐标轴比例．原则上数据中可靠数字在图中亦是可靠的，可疑数字在图中也应是估计的，即坐标纸中的一小格对应数值中可靠数字的最后一位，使图上实际可能读出的有效数字与测量数据的有效数字相同．适当选取 x 轴与 y 轴的比例及坐标的起点，使图像比较对称地充满整个坐标纸，而不是缩在一边或一角．坐标起点一般不取为零．

（3）坐标轴的标识：画出坐标轴的方向，标明其所代表的物理量及单位．在坐标轴上相隔一定的距离上用整齐的数字来标度．

（4）描点与连线：用铅笔在坐标纸上用“＋、×、○、●、＊、Δ”等符号标明数据点，如果图上有两条以上曲线，则应用不同的符号记录以示区别．连线一定要用直尺或曲线板等作图工具，根据不同的情况，把数据点连成直线、光滑曲线或折线．由于测量存在误差，所以曲线并不一定要通过所有的点，而是要求实验点较均匀分布在线的两侧，不在曲线上的点是测量误差的表现．校准曲线应以折线相连．做好实验曲线后，可根据实验曲线求出某些物理量的值．

（5）图的完善：根据作图情况，在图上适当位置标出图的名称、日期、时间、作者姓名等．

1.4.3 逐差法

逐差法是处理数据的一种常用方法．当自变量 x 等间距变化，且两物理量之间呈线性关系时，可以采用逐差法处理数据．用逐差法处理数据时，测得的数据一定是偶数个．

用逐差法求平均值时，不能逐项求差．例如，测量结果为 $x_1, x_2, \cdots, x_{2n}$，逐项求差再求平均值结果为

$$\Delta y=\frac{(x_2-x_1)+(x_3-x_2)+\cdots+(x_{2n}-x_{2n-1})}{2n-1}=\frac{x_{2n}-x_1}{2n-1}$$

所得结果只与始、末数据有关，与中间所测数据无关，并没达到多次测量减小误差的目的．

因此,在用逐差法处理数据时,一般采用的方法是:将偶数个测量数据分成相等的两组,把两组数据的对应项求差,然后求平均值表示为

$$\Delta y=\frac{(x_{n+1}-x_1)+(x_{n+2}-x_2)+\cdots+(x_{2n}-x_n)}{n} \tag{1-4-1}$$

利用式(1－4－1)处理数据,可以达到减小误差的目的.

1.4.4　最小二乘法

最小二乘法是以误差理论为依据的较为严格且被广泛应用的数据处理方法. 由于它涉及许多概率统计知识,因此这里只做简单介绍.

最小二乘法的原理:如果能根据实验的测量值找出最佳函数,那么该函数和各测量值之间偏差的平方和最小,即

$$\sum_{i=1}^{n}\Delta_i^2=\min \tag{1-4-2}$$

由于要使偏差的平方和最小,因此称为最小二乘法. 下面简要介绍用最小二乘法进行线性拟合.

对于等精度测量测得的一组数据$(x_i,y_i)(i=1,2,\cdots,n)$而言,若从理论上可以判断$x$与$y$之间为线性关系,那么可以直接写出其满足的函数关系为

$$y=kx+b$$

令$\bar{x}=\sum_{i=1}^{n}x_i/n$,$\bar{y}=\sum_{i=1}^{n}y_i/n$,$\overline{x^2}=\frac{1}{n}\sum_{i=1}^{n}x_i^2$,$\overline{xy}=\frac{1}{n}\sum_{i=1}^{n}x_iy_i$,根据最小二乘法原理可以得到

$$\begin{cases}k\overline{x^2}+b\bar{x}-\overline{xy}=0\\ k\bar{x}+b-\bar{y}=0\end{cases}$$

解之,得

$$k=\frac{\overline{xy}-\bar{x}\cdot\bar{y}}{\overline{x^2}-\bar{x}^2} \tag{1-4-3}$$

$$b=\bar{y}-k\bar{x} \tag{1-4-4}$$

由式(1－4－3)和式(1－4－4)求得k、b,即可确定直线方程.

1.5　实验项目

实验1－1　固体密度的测量

【实验目的】

1. 掌握测定规则物体和不规则物体密度的方法.
2. 掌握天平、游标卡尺、螺旋测微计的使用方法.
3. 掌握误差处理的基本方法.

【实验仪器】

游标卡尺,螺旋测微计,天平,待测物体(细棒、圆筒、石蜡).

【实验原理】

密度是反映物质特性的物理量．它只与物质的种类有关，与质量、体积等因素无关．密度测量在理论和工程上都有着重要的意义．测量物体密度的方法，可归结为源于密度定义的直接测量法和利用密度与某些物理量之间特定关系的间接测量法．直接测量法又分为绝对测量法和相对测量法两大类．绝对测量法是通过对基本量（质量和长度）的测定，来确定物体的密度．利用这种方法时，必须把物质加工成线性尺寸确定的形状，如圆柱体、立方体、球体等．相对测量法是通过与已知密度的标准物质相比较，来确定物质的密度，如流体静力称衡法、比重瓶法、浮子法和悬浮法等．间接测量法有静压法、介电常数法、声学法、振动法等，主要用于工业生产过程中的密度测量．

密度 ρ 为质量 m 与体积 V 之比，即 $\rho=\frac{m}{V}$．因此，准确测量质量 m 和体积 V 是测量密度的关键．m 的测量一般转化为力的测量，如利用物理天平，实质是利用等臂杠杆来测量重力．固体 V 的测量可分为三类：一是，对规则物体采用长度测量工具测量诸如直径、长度、厚度等物理量，然后计算出体积；二是，对不规则且不溶于水、不吸水且与水不发生化学反应的固体，若其密度大于浸入液体，则采用流体静力称衡法，即根据阿基米德原理采用排空气法测量体积，若密度小于浸入液体，则可绑缚密度较大的固体后再采用流体静力称衡法；三是，对不规则但溶于水、吸水或与水发生化学反应，以及多孔物质、粉尘物质，多数利用排气法或排沙法．本实验主要对前两种方法进行概述．

1. 测量细棒的密度

由 $\rho=\frac{m}{V}$，可得

$$\rho=\frac{4m}{\pi d^2 l} \tag{S1-1-1}$$

只要测出细棒的质量 m、外径 d 和高度 l，就可计算出其密度．

2. 用流体力学称衡法测不规则物体的密度

1）待测物体的密度大于液体的密度

根据 $F=\rho_0 Vg$ 和物体在液体中所受到的浮力 $F=(m-m_1)g$，可得

$$\rho=\frac{m}{m-m_1}\rho_0 \tag{S1-1-2}$$

式中：m 是待测物体质量；m_1 是待测物体在液体中用天平称量时，天平的示数值；本实验中的液体用水，ρ_0 即水的密度．

2）待测物体的密度小于液体的密度

如图 S1-1-1(a) 所示，将质量为 m 的物体拴上一个比液体密度 ρ_0 大的重物上，使重物浸没在液体中，待测物在液面之上，这时进行称衡，相应示数值为 m_2．再使待测物体与重物都浸没在液体中，这时进行称衡，如图 S1-1-1(b) 所示，相应示数值为 m_3，根据阿基米德定律可得被测物体的密度：

$$\rho=\frac{m}{m_2-m_3}\rho_0 \tag{S1-1-3}$$

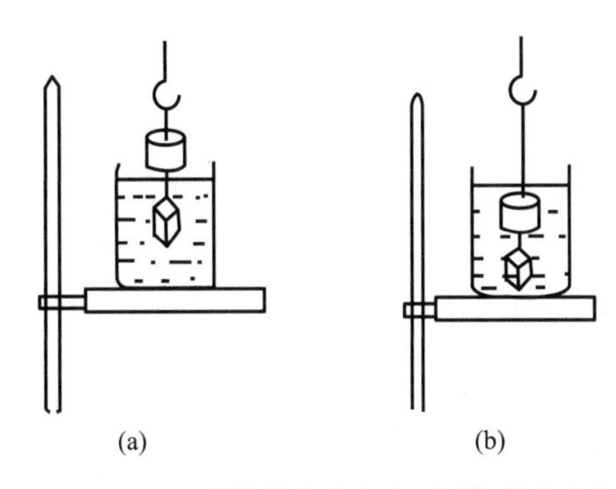

图 S1－1－1 流体静力称衡法测量物体的密度

【实验内容与要求】

1. 测量细铜棒的密度(必做)

(1) 分别用螺旋测微计和游标卡尺对细铜棒的直径 d 和长度 l 各测量5次,将测量值填入表 S1－1－1 中. 计算平均值和不确定度,写出测量结果表达式.

(2) 用物理天平称出细铜棒的质量 m.

(3) 计算出细铜棒的密度,求出不确定度,写出结果表达式 $\rho=\bar{\rho}\pm u_{\rho}$.

(4) 求出相对误差.

表 S1－1－1 细铜棒密度测量数据表

	1	2	3	4	5	6	平均
d/mm							
l/mm							
m/g							
ρ/(kg/m^3)							

2. 用流体静力称衡法测不规则物体的密度(选做)

1) 测定外形不规则铁块的密度(大于水的密度)

(1) 用物理天平秤出铁块在空气中的质量,将数据记录在表 S1－1－2 中.

(2) 把盛有大半杯水的杯子放在天平左边的托盘上,将拴好铁块的细绳挂在天平左盘的吊钩上,并使铁块浸没在水中称出铁块在水中的质量 m_1.

(3) 测出实验时的水温,查出水在该温度下的密度 ρ_0.

(4) 由式(S1－1－2)计算出铁块的密度 ρ,并计算不确定度,写出结果表达式.

2) 测定石蜡的密度(小于水的密度)

(1) 同上测出石蜡在空气中的质量,将数据记录在表 S1－1－2 中.

(2) 将石蜡拴上重物,测出石蜡仍在空气中,而重物浸没水中的质量 m_2.

(3) 再次调整杯子位置,使石蜡和重物全部浸没在水中,测出质量 m_3.

(4) 测出实验时的水温,查出水在该温度下的密度 ρ_0.

(5) 由式(S1－1－3)计算密度,并计算不确定度,写出结果表达式.

表 S1-1-2　流体静力称衡法测量密度数据记录

待测物体材料	铁块	石蜡块
待测物体在空气中的质量 m/g		
待测物体在水中的质量 m_1/g		/
待测物体栓上重物的质量 m_3/g	/	
物体和重物全浸入水中的质量 m_2/g	/	
水温 T/℃		
水在 T/℃时的密度 ρ/(kg/m^3)		
待测物体的密度 ρ/(kg/m^3)		
百分差		

【注意事项】

1. 在空气中称量物体质量时，要使物体保持洁净、干燥.

2. 用细绳拴住物体时，最好为活套，以便调整物体与重物的间距和称衡.

【思考题】本实验中测量固体密度的几种方法各有什么优点？

【附录 FS1-1-1】　螺旋测微计与游标卡尺

1. 螺旋测微计

螺旋测微计又称千分尺，常见的机械螺旋测微计如图 FS1-1-1 所示. 下面介绍其结构和测量原理.

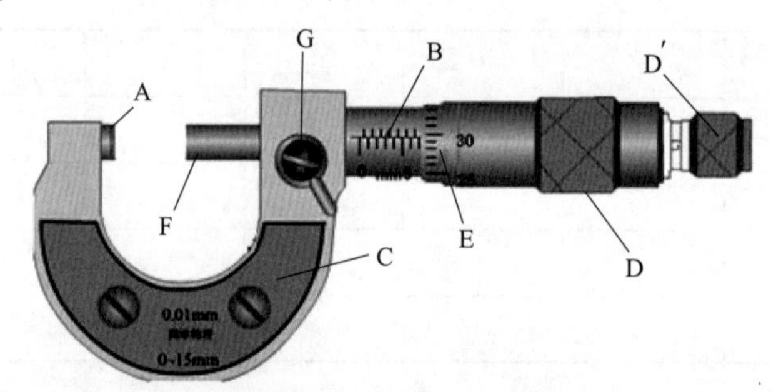

图 FS1-1-1　螺旋测微计

A—测砧；B—固定套管(含固定刻度)；C—尺架；D—粗调旋钮；D′—细调旋钮(棘轮)；E—微分套筒(含可动刻度)；F—测微螺杆；G—锁紧装置.

1）螺旋测微计的结构与测量原理

图 FS1-1-1 所示为一款常用的螺旋测微计. 其量程为 0～15mm，分度值是 0.01mm，由固定的尺架 C、测砧 A、测微螺杆 F、固定套管 B、微分套筒 E、测力装置 D′、锁紧装置 G 等组成.

微动螺杆的螺距是 0.5mm. 当螺旋杆旋转一周时，它沿轴线方向移动 0.5mm. 与螺杆相连的螺旋柄上沿圆周刻有 50 个分格，当螺旋柄上的刻度走过一个分格时，螺杆沿轴线方向移动的距离是 0.5/50mm，即 0.01mm. 因此，其最小分度值是 0.01mm. 用螺旋测微计测量物体的长度时，轻轻转动螺旋柄后端的棘轮，听到"喀、喀"声后，测微螺杆与测砧面把待测物体刚好夹住，从固定套筒上的刻线读出整格数(每格 0.5mm)，0.5mm 以下的读数由微分筒上的可动刻线读出，可估读到 0.001mm. 图 FS1-1-2(a)和(b)中读数分别为 5.650mm 及 5.150mm.

2）螺旋测微计的的零点误差

校准好的螺旋测微计，转动棘轮听到“喀、喀”声后测微螺杆与测砧接触，可动刻线上的零线与固定刻线上的水平横线应该是对齐的，如图 F1－1－3(a)所示；如果没有对齐，测量时就会产生系统误差（已定系统误差）——零点误差．如无法消除零点误差则应考虑它们对测量结果的影响．

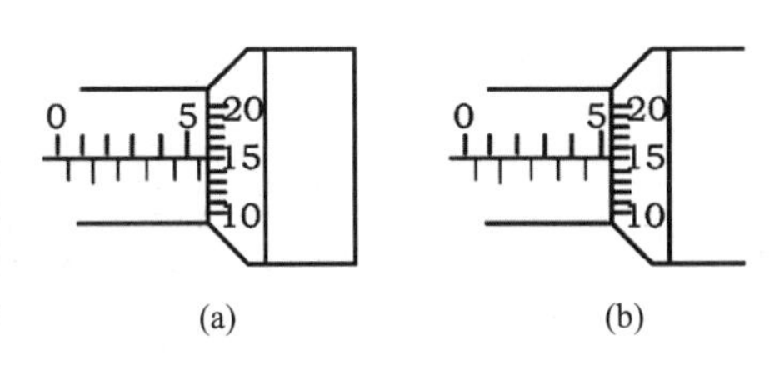

图 FS1－1－2　螺旋测微计的读数

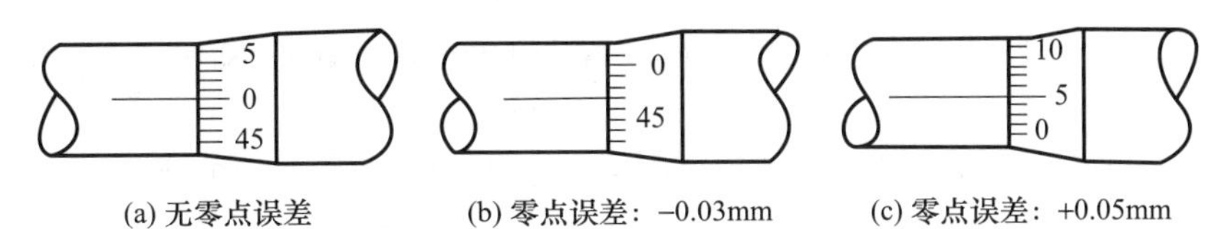

(a) 无零点误差　(b) 零点误差：−0.03mm　(c) 零点误差：+0.05mm

图 FS1－1－3　千分尺的零点误差

(1) 如图 FS1－1－3(b)所示，可动刻度零线在水平横线上方且第 x 条刻度线与横线对齐，说明读数要比真实值小 $x/100$mm，这种零点误差称为负零点误差．

(2) 如图 FS1－1－3(c)所示，可动刻度零线在水平横线下方，且第 y 条刻度与横线对齐，则说明读数要比真实值大 $y/100$mm，这种误差称为正零点误差．

需要注意的是，在夹紧待测物体时，不要直接拧转微分筒．应轻轻转动带棘轮的手柄，听到“喀、喀”声后可停止转动．使用棘轮时防止螺旋测微计侧面对物体夹得太紧，以免影响测量精度和损坏仪器．螺旋测微计用完后，量杆和测砧之间要松开一段距离放于盒中，以免受热膨胀使螺杆变形．

除了一般的螺旋测微计外，常用的还有数显螺旋测微计，图 FS1－1－4 所示即为一款数显螺旋测微计，其精度为 0.001mm.

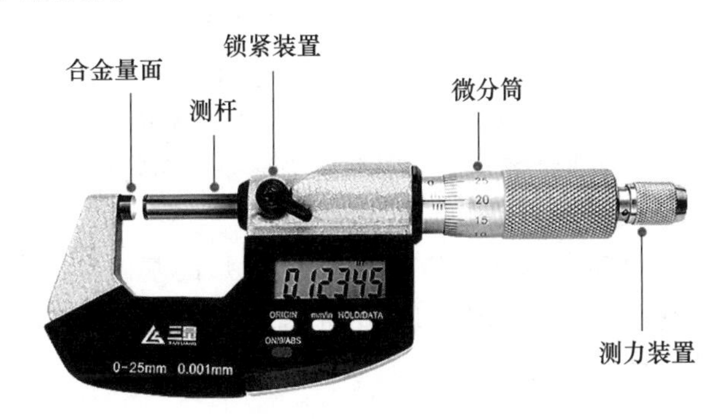

图 FS1－1－4　数显螺旋测微计

2. 游标卡尺

游标卡尺是直游标尺的一种，我们以游标卡尺为例来介绍直游标尺．如图 FS1－1－5 所示为一种常用的机械游标卡尺．游标卡尺主要由最小分度为 1mm 的主尺 D 和一个紧贴主尺、可滑动的有刻度的小尺（游标）E 构成．

其设计原理：游标上 N 个分格的长度与主尺上 $(N-1)$ 个分格的长度相同．若游标的最小分度值为 b，主尺的最小分度值为 a，则

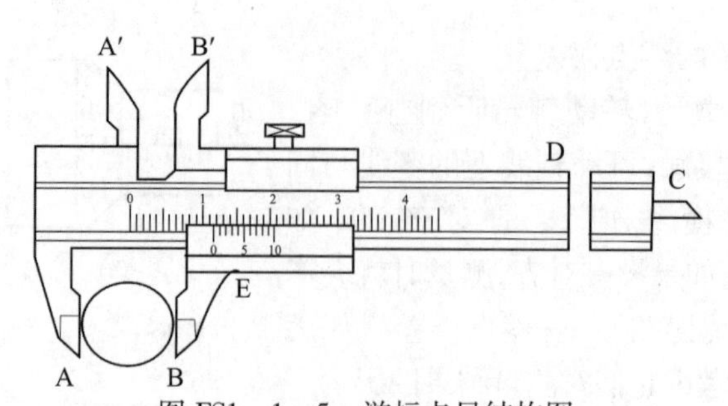

图 FS1－1－5　游标卡尺结构图

A、B—下量爪；A′、B′—上量爪；C—深度尺；D—主尺；E—游标尺和游标.

$$Nb=(N-1)a \tag{FS1-1-1}$$

主尺的最小分度值 a 与游标的最小分度值 b 之差称为游标的精度值 c，即

$$c=a-b=a/N=\frac{\text{主尺的最小分度值}}{\text{游标上的分度格数}}$$

如图 FS1－1－5 的游标卡尺中，$N=10$，$a=1\text{mm}$，$c=a/N=1/10=0.1(\text{mm})$，$N$ 称为分度数．游标尺根据分度数称为 N 分度游标尺，例如 $N=10$ 称为 10 分度游标尺，其精度为 0.1mm，图 FS1－1－5 所示即为 10 分度游标尺；$N=50$，称为 50 分度游标尺，其精度为 0.02mm. 因此，分度数表明了游标尺的精度．

游标尺的读数方法：先读出游标上 0 刻线对应的主尺上可准确读出的刻度值 n(mm)，再从游标上读出主尺上 n 以后不足 1mm 的部分(Δn)．若游标上第 k 条刻线与主尺上某条刻线对齐，则 $\Delta n=kc$. 最后的读数为

$$y=n+\Delta n=n+kc \tag{FS1-1-2}$$

如图 FS1－1－5 所示的游标尺的示值，游标上 0 刻线在主尺 11mm 刻线和 12mm 刻线之间，游标上第 6 条刻线与主尺上某刻线对齐，故其读数值为

$$y=11+6\times 0.1=11.6(\text{mm})$$

游标卡尺除读数部分外，其主要结构为：与主尺 D 相联的量爪 A、A′，与游标相联的量爪 B、B′，深度尺 C. A 和 B 用来测量厚度、外径；A′和 B′用来测量内径；C 用来测量孔深．在测量时，被测物要卡正，否则会增大测量误差．当需要把游标卡尺从被测物上取下后才能读数时，一定要将固定螺丝拧紧．

除了传统的游标尺，随着科技的进步，在传统游标尺的基础上，采用数显技术和传感技术，研制出了数显游标卡尺，图 FS1－1－6 所示为一款数显游标卡尺，其精度可达到 0.01mm. 不同游标尺的允差不同．

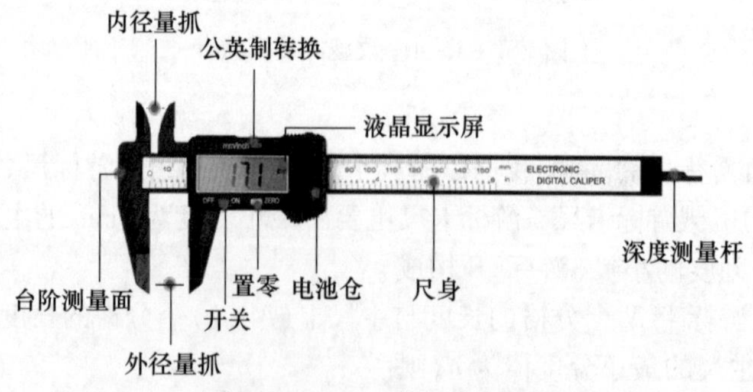

图 FS1－1－6　数显游标卡尺

习 题

1. 指出下列情况属于偶然误差还是系统误差.

(1)视差;(2)千分尺零点不准;(3)照相底片收缩;(4)电表的接入误差;(5)电源电压不稳定引起的测量值起伏;(6)水银温度计毛细管不均匀.

2. 指出下列各数有效数字位数.

0.0020,0.1030,7.00003,5.6×10^3,3.997924580×10^2,84600.

3. 有三人分别用精度为0.02mm的游标卡尺测量一铜棒的直径,各人所得结果表达如下,哪种表达正确,为什么?

(1) $d=2.384\pm0.002$(cm);(2)$d=2.38\pm0.02$(mm);(3)$d=2.38\pm0.2$(mm).

4. 改正下列表达式的错误:

(1) 10.246 ± 0.02(mm);(2)12.7000 ± 0.2(s);(3)$8.3°\pm1.0°$;(4)1.3 ± 0.060(cm);(5)28000 ± 8000(km);(6)275 ± 0.73(m).

5. 计算下面三个量的相对误差并比较大小:

$t_1=24.86\pm0.01$(s);$t_2=0.585\pm0.001$(s);$t_3=0.0076\pm0.0002$(s).

6. 将下列数字用科学记数法表示:

(1) 2 480;(2)0.000 008 42;(3)$38\times10^3\pm1\times10^2$;(4)0.01 850 ±0.00 004.

7. 用米尺测量一物体长度,测量结果如下:87.84,87.88,87.75,87.76,88.00,87.44,87.85,其单位为cm. 试求其算术平均值$\bar{L}$,误差ΔL,用误差表达式表示测量结果.

8. 计算下列结果及误差:

(1) $N=A+B-C/3$,其中$A=0.5768\text{cm}\pm0.0002\text{cm}$,$B=85.07\text{cm}\pm0.02\text{cm}$,$C=3.247\text{cm}\pm0.002\text{cm}$.

(2)$R=xa/b$,其中:$a=13.65\text{cm}\pm0.02\text{cm}$,$b=10.871\text{cm}\pm0.005\text{cm}$,$x=67.0\Omega\pm0.8\Omega$.

9. 用落体仪测量重力加速度的公式为$g=2s/t^2$,式中$s=100.0\text{cm}$,$t=0.452\text{s}$,求不确定度,并表示结果. 设$\Delta s=0.1\text{cm}$,$\Delta t=0.001\text{s}$.

10. 已知圆柱体的直径$D=27.25\text{mm}\pm0.03\text{cm}$,高$h=25.15\text{mm}\pm0.05\text{mm}$,计算其体积$V$的不确定度,并用表达式$V\pm u_V$表示结果.

第 2 章　力学基础

2.1　质点运动学基础

自然界的一切物质都处于永恒运动之中,物质的运动形式是多种多样的,其中,机械运动是最简单最基本的运动. 力学是研究物体机械运动规律及其应用的学科,而牛顿运动定律则是经典力学的基础. 本节主要学习位矢、速度、加速度等概念,以及如何描述物体的运动状态.

2.1.1　质点、参考系、运动方程

机械运动是人们最熟悉的一种运动. 一个物体相对于另一个物体的位置,或者一个物体的某部分相对其他部分的位置,随着时间而变化的过程,叫作机械运动. 为了研究物体的机械运动,我们不仅需要确定描述物体运动的方法,还需要对复杂的物体运动进行科学合理的抽象,提出物理模型,以便突出主要矛盾,化繁为简,便于解决问题.

1. 质点

任何物体都有一定的大小、形状、质量和内部结构,即使是很小的分子、原子以及其他微观粒子也不例外. 一般地说,物体运动时,其内部各点的位置变化是各不相同的,而且物体的大小和形状也可能发生变化. 但是,如果在我们研究的问题中,物体的大小和形状不起作用,或者所起的作用并不显著而可以忽略不计时,我们就可以近似地把该物体看作一个有质量而没有大小和形状的理想点,称为质点. 例如,如图 2-1-1 所示,研究地球绕太阳的公转时,由于地球的平均半径(约为 6.4×10^3 km)比地球与太阳间的距离(约为 1.5×10^8 km)小得多,因此地球上各点相对于太阳的运动就可看作是相同的. 这时,就可以忽略地球的大小和形状,把地球看作一个质点. 但是在研究地球的自转时,如果仍然把地球看作一个质点,就无法解决实际问题. 由此可知,一个物体是否可以抽象为一个质点,应根据问题的不同视情况而定.

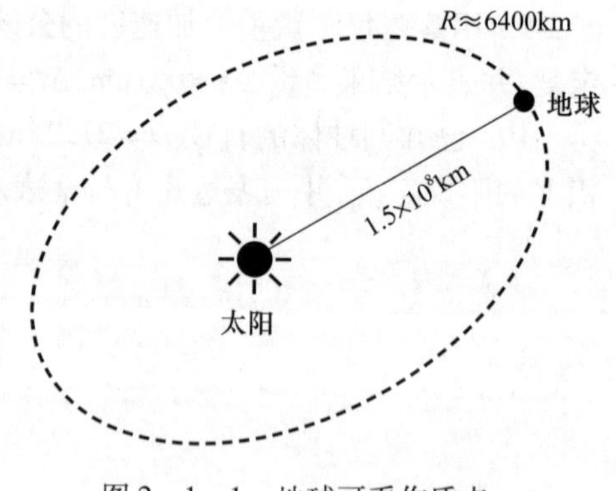

图 2-1-1　地球可看作质点

几百年来,人们对天体运动的研究证明,把天体看成质点能够正确地解决许多问题. 所以,质点是一个恰当的物理模型. 根据具体问题,提出相应的物理模型,这种方法是很有实际意义的. 从理论上说,研究质点运动规律也是研究物体运动的基础. 因为把整个物体看作由无数个质点所组成,从分析这些质点的运动入手,就有可以了解整个物体的运动规律.

2. 参考系和坐标系

在自然界里，绝对静止的物体是找不到的．大到星系，小到原子、电子，无一不在运动．就地球而言，地球不仅在自转，还以30km/s的速率绕太阳公转．太阳则以250km/s的速率绕银河系的中心旋转．银河系在总星系中旋转，而总星系又在无限的宇宙中运动．无论从机械运动来说，还是从其他运动形式来说，自然界中的一切物质都处于永恒的运动之中．运动和物质是不可分割的，运动是物质存在的形式，是物质的固有属性，物质的运动存在于人们意识之外，这便是运动本身的绝对性．

在这些错综复杂的运动中，要描述一个物体的机械运动，总得选择另一物体或几个彼此之间相对静止的物体作为参考，然后研究这个物体相对于这些物体是如何运动的．被选作参考的物体叫作参考系．例如，要研究物体在地面上的运动，可选择路面或地面上静止的物体作为参考系．要研究宇宙飞船的运动，当运载火箭刚发射时，一般选地面作为参考系；当宇宙飞船绕太阳运行时，则常选太阳作为参考系．从运动的描述来说，参考系的选择可以是任意的，主要看问题的性质和研究的方便而定．

所选取的参考系不同，对同一物体的运动描述就会不同．例如，在作匀速直线运动的车厢中，有一个自由下落的物体，以车厢为参考系，物体作直线运动；以地面为参考系，物体作抛物线运动；如以太阳或其他天体为参考系，运动的描述将更为复杂．在不同的参考系中，对同一物体的运动描述不同，这叫作运动描述的相对性．

通过上面的讨论可知，要明确描述一个物体的运动，只有在选取某一确定的参考系后才有可能，而且由此作出的描述总是具有相对性．

为了定量描述物体相对于参考系的位置，需要在参考系上选用一个固定的坐标系．一般在参考系上选定一点作为坐标系的原点，通过原点并标有长度的线作为坐标轴．常用的坐标系是直角坐标系，它的三个坐标轴（x、y、z轴）互相垂直．根据需要，我们也可以选用其他的坐标系，如极坐标系、球坐标系、柱坐标系等．

2.1.2 位矢、位移、速度、加速度

为了描述机械运动，我们不仅要有能反映物体位置变化的物理量，还要有结合时间概念反映物体位置变化快慢的物理量．现在，分别介绍如下．

1. 位矢

在坐标系中，质点的位置常用位置矢量（简称位矢）表示．如图2－1－2所示，位矢是从原点指向质点所在位置的有向线段，用矢量$\boldsymbol{r}$表示．设质点所在的位置坐标为x、y、z，那么，坐标x、y、z就是$\boldsymbol{r}$沿坐标轴的三个分量，其大小为

$$r = |\boldsymbol{r}| = \sqrt{x^2 + y^2 + z^2}$$

引入沿着x、y、z正方向的单位矢量$\boldsymbol{i}$、$\boldsymbol{j}$、$\boldsymbol{k}$后，可把$\boldsymbol{r}$写成

$$\boldsymbol{r} = x\boldsymbol{i} + y\boldsymbol{j} + z\boldsymbol{k} \qquad (2-1-1)$$

位矢的方向余弦是

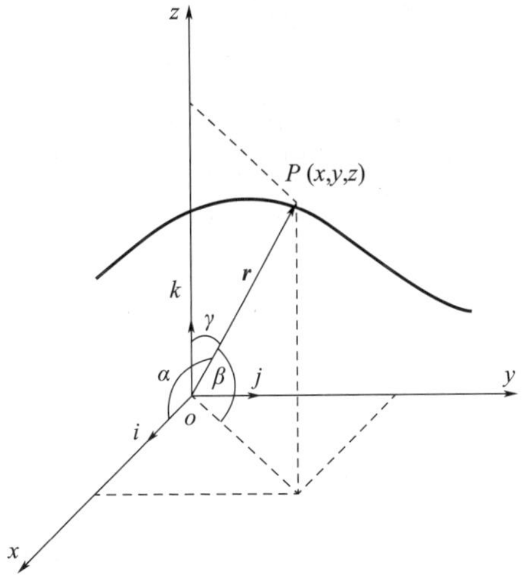

图2－1－2 位矢

$$\cos\alpha=\frac{x}{r},\cos\beta=\frac{y}{r},\cos\gamma=\frac{z}{r}$$

2. 位移

如图2-1-3所示，设曲线$\overset{\frown}{AB}$是质点运动轨迹的一部分．在时刻t，质点在A处，在时刻$t+\Delta t$，质点到达B处．A、B两点的位置分别用位矢$\boldsymbol{r}_A$和$\boldsymbol{r}_B$表示．在Δt时间内，质点的位置变化可用由A到B的有向线段$\overrightarrow{AB}$来表示，$\overrightarrow{AB}$称为质点在Δt时间内的位移矢量，简称位移．位移$\overrightarrow{AB}$除了表明B与A点的距离外，还表明了B点相对于A点的方位．位移是矢量，满足三角形法则或平行四边形法则．如图2-1-4所示，质点从A点移到B点，又从B点移到C点，那么质点在C点处对A点的位移显然是$\overrightarrow{AC}$. AC是三角形ABC的一边，也是平行四边形$ABCD$的对角线．位移相加可用矢量式表示为$\overrightarrow{AC}=\overrightarrow{AB}+\overrightarrow{BC}$.

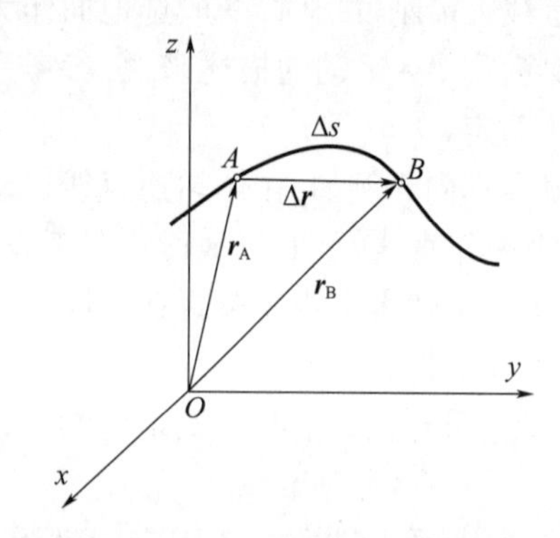

图2-1-3　曲线运动中的位移

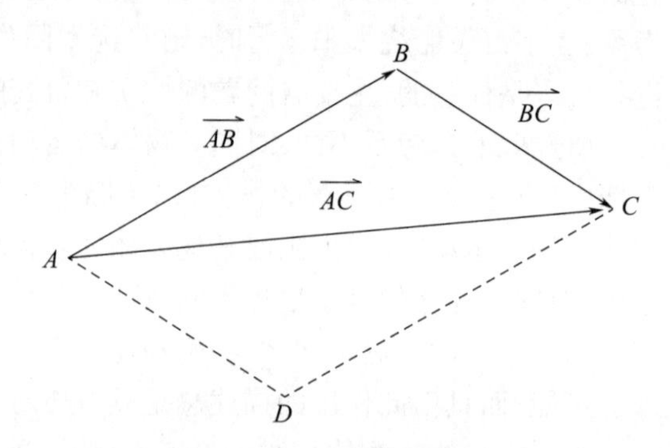

图2-1-4　位移矢量的合成

由图2-1-3可知，位移$\overrightarrow{AB}$和位矢$\boldsymbol{r}_A$、$\boldsymbol{r}_B$之间的关系为

$$\boldsymbol{r}_B=\boldsymbol{r}_A+\overrightarrow{AB}$$

或

$$\overrightarrow{AB}=\boldsymbol{r}_B-\boldsymbol{r}_A=\Delta\boldsymbol{r} \tag{2-1-2}$$

上式说明，位移$\overrightarrow{AB}$等于位矢$\boldsymbol{r}_B$和$\boldsymbol{r}_A$的矢量差．而矢量差$\boldsymbol{r}_B-\boldsymbol{r}_A$也就是位矢$\boldsymbol{r}$在$\Delta t$时间内的增量，所以用$\Delta\boldsymbol{r}$表示．

必须注意，位移表示质点位置的改变，它并不是质点所经历的路程．例如，在图2-1-3中，位移是有向线段$\overrightarrow{AB}$，是一矢量，它的量值为$|\Delta\boldsymbol{r}|$，等于割线AB的长度；而路程是一标量，就是曲线AB的长度Δs. Δs和$|\Delta\boldsymbol{r}|$并不相等．只有在时间Δt趋于零时，Δs和$|\Delta\boldsymbol{r}|$才可看作相等．即使在直线运动中，位移和路程也是截然不同的两个概念．例如，一质点沿直线从A点到B点又折回A点，显然路程等于A、B之间距离的2倍，而位移则为零．

3. 速度

为了表示质点在某段时间内位置变化快慢，我们引入平均速度的概念．设质点在时间Δt内完成了位移$\Delta\boldsymbol{r}$，则称

$$\bar{v}=\frac{\Delta\boldsymbol{r}}{\Delta t} \tag{2-1-3}$$

为质点在Δt时间内的平均速度，或在$\Delta\boldsymbol{r}$这一段位移内的平均速度．平均速度的方向和位移$\Delta\boldsymbol{r}$的方向相同．在描述质点运动时，我们也常采用速率这个物理量．我们把路程Δs

与时间 Δt 的比值$\frac{\Delta s}{\Delta t}$叫作质点在时间 Δt 内的平均速率．平均速率是一标量，不考虑运动的方向，因此不能把平均速率与平均速度等同起来．例如，在某一段时间内，质点的运动轨迹为一闭合曲线，显然质点的位移等于零，所以平均速度也为零，而平均速率却不等于零．要确定质点在某一时刻（或某一位置）的瞬时速度（以下简称速度），应使 Δt 趋于零，以平均速度的极限来表述，即

$$\boldsymbol{v}=\lim_{\Delta t\to 0}\frac{\Delta \boldsymbol{r}}{\Delta t}=\frac{\mathrm{d}\boldsymbol{r}}{\mathrm{d}t} \tag{2-1-4}$$

就是说，速度等于位矢 $\boldsymbol{r}$ 对时间 t 的一阶导数．瞬时速度表明质点在 t 时刻附近无限小时间内位移对时间的比值，描述了质点位矢的瞬时变化率．当 Δt 趋于零时，$\Delta \boldsymbol{r}$ 的量值 $|\Delta \boldsymbol{r}|$ 就趋于 Δs，因此瞬时速度的大小 $v=|\mathrm{d}\boldsymbol{r}/\mathrm{d}t|$ 也就等于质点在时刻 t 的瞬时速率 $\mathrm{d}s/\mathrm{d}t$.

速度是矢量，方向就是 Δt 趋于零时，位移 $\Delta \boldsymbol{r}$ 的极限方向．由图 2－1－5 可知，位移 $\Delta \boldsymbol{r}=\overrightarrow{AB}$是沿着割线 AB 的方向．当 Δt 逐渐减小而趋于零时，B 点逐渐趋于 A 点，相应地，割线 AB 逐渐趋于 A 点的切线．所以，质点的速度方向是沿着轨迹上质点所在点的切线方向并指向质点前进的一侧．

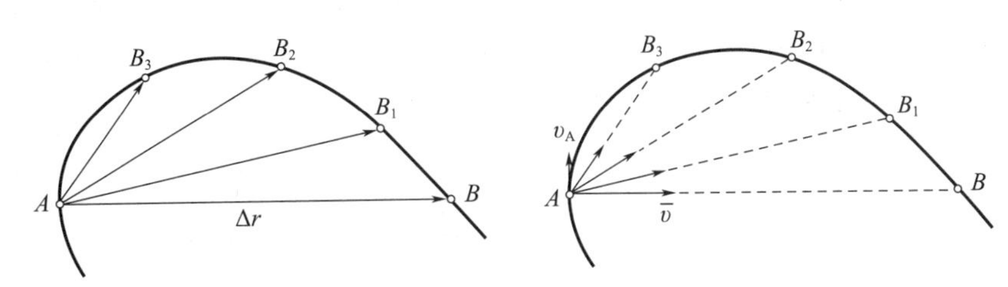

图 2－1－5　质点在轨道上 A 点处的速度方向

速度 $\boldsymbol{v}$ 既然是位矢 $\boldsymbol{r}$ 对时间的导数，且位矢 $\boldsymbol{r}$ 在直角坐标轴上的分量为 x、y、z，那么速度的三个分量 v_x、v_y、v_z分别为

$$v_x=\frac{\mathrm{d}x}{\mathrm{d}t},v_y=\frac{\mathrm{d}y}{\mathrm{d}t},v_z=\frac{\mathrm{d}z}{\mathrm{d}t} \tag{2-1-5}$$

速度 $\boldsymbol{v}$ 可写作

$$\boldsymbol{v}=v_x\boldsymbol{i}+v_y\boldsymbol{j}+v_z\boldsymbol{k} \tag{2-1-6}$$

而速度的量值为

$$v=|\boldsymbol{v}|=\sqrt{v_x^2+v_y^2+v_z^2} \tag{2-1-7}$$

4. 加速度

如图 2－1－6 所示，一质点在时刻 t、位于 A 点时的速度为 $\boldsymbol{v}_A$，在时刻 $t+\Delta t$，位于 B 点时的速度为 $\boldsymbol{v}_B$. 在时间 Δt 内，质点速度的增量为

$$\Delta \boldsymbol{v}=\boldsymbol{v}_B-\boldsymbol{v}_A$$

这里要注意，$\Delta \boldsymbol{v}$ 所描述的速度变化包括速度方向的变化和速度量值的变化．在直线运动中，$\Delta \boldsymbol{v}$ 的方向和 $\boldsymbol{v}_A$ 的方向在一条直线上；而在曲线运动中，如图 2－1－6 所示，$\Delta \boldsymbol{v}$ 的方向和 $\boldsymbol{v}_A$ 的方向并不一致．与平均速度的定义相类似，质点的平均加速度定义为

$$\bar{\boldsymbol{a}}=\frac{\Delta v}{\Delta t}$$

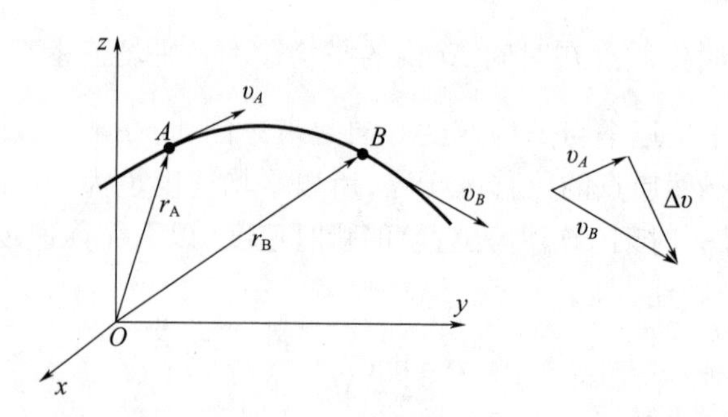

图 2－1－6　速度的增量

平均加速度只是描述在时间 Δt 内速度的平均变化率．为了精确描述质点在任一时刻 t（或任一位置处）的速度的变化率，必须在平均加速度概念的基础上引入瞬时加速度的概念．瞬时加速度定义为

$$\boldsymbol{a}=\lim_{\Delta t\to 0}\frac{\Delta\boldsymbol{v}}{\Delta t}=\frac{\mathrm{d}\boldsymbol{v}}{\mathrm{d}t}=\frac{\mathrm{d}^2\boldsymbol{r}}{\mathrm{d}t^2}\tag{2-1-8}$$

这就是说，质点在某时刻 t 或某位置的瞬时加速度（以下简称加速度）等于时间 Δt 趋于零时平均加速度的极限．瞬时加速度表明质点在 t 时刻附近无限短一段时间内的速度变化率．即加速度等于速度对时间的一阶导数，等于位矢对时间的二阶导数．在直角坐标系中，加速度的三个分量 a_x、a_y、a_z 分别为

$$a_x=\frac{\mathrm{d}v_x}{\mathrm{d}t}=\frac{\mathrm{d}^2x}{\mathrm{d}t^2},a_y=\frac{\mathrm{d}v_y}{\mathrm{d}t}=\frac{\mathrm{d}^2y}{\mathrm{d}t^2},a_z=\frac{\mathrm{d}v_z}{\mathrm{d}t}=\frac{\mathrm{d}^2z}{\mathrm{d}t^2}\tag{2-1-9}$$

加速度 $\boldsymbol{a}$ 可写作

$$\boldsymbol{a}=a_x\boldsymbol{i}+a_y\boldsymbol{j}+a_z\boldsymbol{k}\tag{2-1-10}$$

加速度的大小为

$$a=|\boldsymbol{a}|=\sqrt{a_x^2+a_y^2+a_z^2}\tag{2-1-11}$$

加速度是矢量，其方向为 Δt 趋于零时，速度增量 $\Delta\boldsymbol{v}$ 的极限方向．应该注意：$\Delta\boldsymbol{v}$ 的方向和它的极限方向一般不同于速度 $\boldsymbol{v}$ 的方向，因而加速度的方向一般与该时刻的速度方向不一致．例如，质点做直线运动时，如果速率是增加的（图 2－1－7(a)），那么 $\boldsymbol{a}$ 与 $\boldsymbol{v}$ 同向（夹角为0°）；如果速率是减小的（图 2－1－7(b)），那么 $\boldsymbol{a}$ 与 $\boldsymbol{v}$ 反向（夹角为180°）．因此，在直线运动中，加速度和速度虽同在一直线上，也可以有同向或反向两种情况．质点做曲线运动时，加速度总是指向轨迹曲线凹的一边（图 2－1－8）．如果速率增加（图 2－1－8(a)），则 $\boldsymbol{a}$ 与 $\boldsymbol{v}$ 成锐角；如果速率减小（图 2－1－8(b)），则 $\boldsymbol{a}$ 与 $\boldsymbol{v}$ 成钝角；如果速率不变（图 2－1－8(c)），则 $\boldsymbol{a}$ 与 $\boldsymbol{v}$ 成直角．

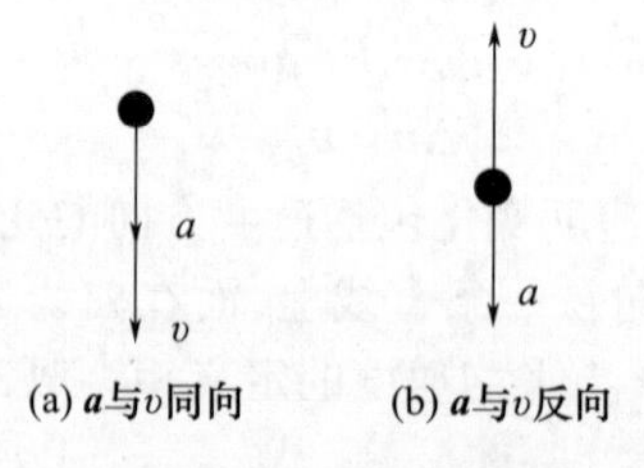

图 2－1－7　直线运动中的加速度与速度的方向

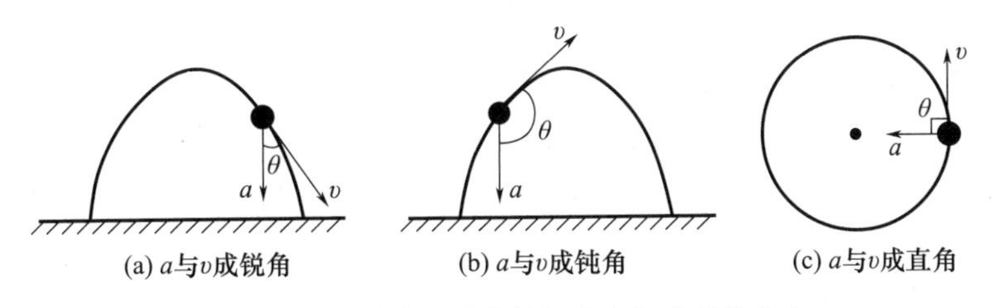

图2-1-8　曲线运动中的加速度与速度的方向

5. 运动方程

在一个选定的参考系中,质点 P 运动时,它的位置随时间 t 而改变,那么位矢 $\boldsymbol{r}$ 就是时间 t 的函数,即

$$\boldsymbol{r}=\boldsymbol{r}(t) \tag{2-1-12}$$

式(2-1-12)就是质点 P 的运动方程. 根据式(2-1-1),在直角坐标系下,质点 P 的运动方程又可以写为

$$\begin{cases} x=x(t) \\ y=y(t) \\ z=z(t) \end{cases} \tag{2-1-13}$$

知道了运动方程,我们就能确定任一时刻质点的位置,从而确定质点的运动. 从质点的运动方程中消去时间 t,即可求得质点的轨迹方程. 如果轨迹是直线,就叫作直线运动;如果轨迹为曲线,就叫作曲线运动.

掌握了以上基本概念,就可以结合微积分等数学知识,很好地解决质点运动学的两类问题. 第一类是已知运动方程,通过微分,求得质点速度、加速度的表达式,进而确定任一时刻的速度、加速度;第二类是已知质点的初位置、初速度、加速度,通过积分,求得质点的运动方程.

【例2-1-1】　已知质点做初速度为 $\boldsymbol{v}_0$、加速度为 $\boldsymbol{a}$ 的匀加速直线运动,求质点的运动方程. 设质点沿 x 轴运动,$t=0$ 时,$x=x_0$.

解:由定义 $\boldsymbol{a}=\dfrac{\mathrm{d}\boldsymbol{v}}{\mathrm{d}t}$ 得 $\mathrm{d}\boldsymbol{v}=\boldsymbol{a}\mathrm{d}t$,因质点做匀加速直线运动,上式可写成 $\mathrm{d}v=a\mathrm{d}t$.

因 $t=0$ 时,$v=v_0$,将上式两边积分,得

$$\int_{v_0}^{v}\mathrm{d}v=\int_0^t a\mathrm{d}t=a\int_0^t \mathrm{d}t$$

故

$$v=v_0+at \tag{a}$$

由 $\dfrac{\mathrm{d}x}{\mathrm{d}t}=v=v_0+at$ 可得

$$x=x_0+v_0t+\frac{1}{2}at^2 \tag{b}$$

由式(a)、(b)消去 t,得

$$v^2=v_0^2+2a(x-x_0)$$

【例2-1-2】　一质点在 Oxy 平面上运动,已知 $v_x=2\mathrm{m/s}$,$y=4t^2-8$(SI 单位),且 $t=0$ 时 $x_0=0$. (1)求质点 $t=1\mathrm{s}$ 和 $t=2\mathrm{s}$ 时的位矢和这 1s 内的位移;(2)求 $t=2\mathrm{s}$ 时质点的

速度和加速度.

解:(1)由 $t=0$ 时 $x_0=0$,以及 $v_x=2$,得到 $x=2t$. 因此质点运动学方程为

$$\boldsymbol{r}(t)=2t\boldsymbol{i}+(4t^2-8)\boldsymbol{j}$$

$t=1\mathrm{s}$ 时,位矢 $\boldsymbol{r}_1=(2\boldsymbol{i}-4\boldsymbol{j})\mathrm{m}$;$t=2\mathrm{s}$ 时,位矢 $\boldsymbol{r}_2=(4\boldsymbol{i}+8\boldsymbol{j})\mathrm{m}$,在这 1s 内的位移

$$\Delta\boldsymbol{r}=\boldsymbol{r}_2-\boldsymbol{r}_1=(2\boldsymbol{i}+12\boldsymbol{j})\mathrm{m}$$

(2)位矢分别对时间求一阶导数和二阶导数得

速度 $$v=\frac{\mathrm{d}\boldsymbol{r}}{\mathrm{d}t}=2\boldsymbol{i}+8t\boldsymbol{j}$$

加速度 $$\boldsymbol{a}=\frac{\mathrm{d}v}{\mathrm{d}t}=8\boldsymbol{j}$$

因此 $t=2\mathrm{s}$ 时,有

$$\boldsymbol{v}_2=(2\boldsymbol{i}+16\boldsymbol{j})\mathrm{m}\cdot\mathrm{s}^{-1},\boldsymbol{a}_2=8\boldsymbol{j}\mathrm{m}\cdot\mathrm{s}^{-2}.$$

2.2 质点动力学基础

2.1 节介绍了质点运动学,解决了如何描述质点机械运动的问题,并未涉及质点加速度产生的原因,也就是改变质点运动状态的原因. 本节研究质点动力学问题,其基本问题是研究物体间的相互作用,以及由此引起的物体运动状态变化的规律. 牛顿关于运动的三个定律是整个动力学的基础.

2.2.1 牛顿运动三定律

1. 第一定律

任何物体都受周围物体的作用,正是这种作用支配着物体运动状态的变化. 行星受到太阳的作用才能绕日运行,苹果受到地球的作用才能下落,电子受到原子核的作用才能和核结合成原子. 物体间各种不同的相互作用,构成了千变万化的物质世界. 这些作用常被叫作力. 力有两种对外表现:一是改变物体的运动状态;二是改变物体的形状.

虽然力在人们生活中无处不在,但在伽利略以前,由于人们相信古希腊思想家亚里士多德的“运动必须推动”的教条,把力看作运动的起因而不是运动状态改变的原因,极大地影响了力学的发展. 直到 16 世纪,伽利略在做了大量的自由落体、斜面、单摆等实验后得出结论,力是改变物体运动状态的原因,从而结束了两千年来关于力的错误认识. 牛顿继承和发展了伽利略的思想,建立了牛顿第一运动定律:任何物体都保持静止或匀速直线运动状态,直到作用在它上面的力迫使它改变这种状态为止.

牛顿第一运动定律揭示了力的第一种对外表现,建立了惯性和力的确切概念,指明了任何物体都具有惯性,因而第一定律又被叫作惯性定律. 所谓惯性,就是物体所具有的保持其原有运动状态的性质. 第一定律还说明,仅当物体受到其他物体作用时才会改变其运动状态,亦即,其他物体的作用是改变物体运动状态的原因. 以棒击球,棒的作用使球的运动状态发生改变;地球对月亮的作用使月亮的运动状态不断改变. 使物体运动状态改变的相互作用就是力.

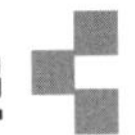

事实上,任何物体都不可能完全不受其他物体的作用力. 但是,如果这些作用力恰好相互抵消,则物体的速度就保持不变,力处于平衡之中. 从这个角度看问题,可以说:牛顿第一定律所描述的是力处于平衡时物体的运动规律.

2. 第二定律

牛顿第一运动定律只定性地指出了力和运动的关系. 力和运动的定量关系是由牛顿第二定律揭示的.

牛顿第二定律:物体受到外力作用时,它所获得的加速度的大小与外力的大小成正比,与物体的质量成反比,加速度的方向与外力的方向相同. 在国际单位制中,力的单位是 N,质量的单位为 kg,加速度的单位是 $m \cdot s^{-2}$,牛顿第二定律可以简单地表示为

$$\boldsymbol{F} = m\boldsymbol{a} \tag{2-2-1}$$

“质量”这个概念是牛顿首先采用的. 根据第一定律,我们把物体保持其原有运动状态的性质叫作物体的惯性. 物体的惯性不仅表现在物体不受外力时要保持其运动状态不变,原来静止的仍然静止,原来运动的仍做匀速直线运动;而且,物体的惯性还体现在迫使其运动状态改变的难易程度上. 在一定外力作用下,物体的惯性越大,要使它改变运动状态就越难,它获得的加速度也越小;物体的惯性越小,要使它改变运动状态就越容易,它所获得的加速度也越大. 从第二定律容易看出,在外力一定时,物体的加速度与其质量成反比,质量越大,加速度越小;质量越小,加速度越大. 所以,质量是物体惯性大小的量度. 物体的惯性在牛顿第二定律中被质量这个物理量定量地表示出来. 我们把出现在第二定律中的质量叫作惯性质量.

牛顿第二定律定量描述了物体的加速度与所受外力之间的瞬时关系. $\boldsymbol{a}$ 表示加速度,$\boldsymbol{F}$ 表示力,它们同时存在,同时改变,同时消失. 一旦作用在物体上的外力被撤去,物体的加速度立即消失,但这并不意味着物体停止运动. 按照第一定律,这时物体将做匀速直线运动,这正是惯性的表现. 物体有无运动,取决于它有无速度;而运动有无改变,则取决于它有无加速度. 如果有加速度,则作用在物体上的外力一定存在,力是产生加速度的原因. 为了突出第二定律的瞬时性,利用瞬时加速度的定义式(2-1-8),将式(2-2-1)改写为

$$\boldsymbol{F} = m\frac{d\boldsymbol{v}}{dt} \tag{2-2-2}$$

式(2-2-1)原是对物体只受一个外力情况的描述,在一个物体同时受到几个力的作用时,它们和物体的加速度有什么关系呢? 实验证明,如果几个力同时作用在一个物体上,则物体产生的加速度等于每个力单独作用时产生的加速度的叠加,也等于这几个力的合力所产生的加速度. 这一结论叫作力的独立性原理和叠加性原理. 如果以 $\boldsymbol{F}_1$、$\boldsymbol{F}_2$、…、$\boldsymbol{F}_i$ 表示同时作用在物体上的外力,以 $\boldsymbol{F}$ 表示它们的合力,以 $\boldsymbol{a}_1$、$\boldsymbol{a}_2$、…、$\boldsymbol{a}_i$ 分别表示它们各自作用所产生的加速度,以 $\boldsymbol{a}$ 表示合加速度,则力的叠加原理可表示为

$$\boldsymbol{F} = \sum_i \boldsymbol{F}_i = m\sum_i \boldsymbol{a}_i = m\boldsymbol{a} \tag{2-2-3}$$

上式是矢量式,实际应用时常采用它们的投影式或分量式. 在直角坐标系中,这些投影式表示为

$$\begin{cases} F_x = m\dfrac{dv_x}{dt} = m\dfrac{d^2x}{dt^2} \\ F_y = m\dfrac{dv_y}{dt} = m\dfrac{d^2y}{dt^2} \\ F_z = m\dfrac{dv_z}{dt} = m\dfrac{d^2z}{dt^2} \end{cases} \tag{2-2-4}$$

3. 第三定律

作用在物体上的力都来自其他物体．但是，任何一个力只是两个物体之间相互作用的一个方面．不论何时，第一个物体对第二个物体施力，第二个物体就同时对第一个物体也施力．一个孤立的力是不可能存在的．力的这种相互作用性质已被牛顿第三定律所揭示，第三定律的内容：两个物体之间的作用力和反作用力是同时存在的，作用在同一直线上，大小相等，方向相反．

或者说，当物体 A 以力 $\boldsymbol{F}_{AB}$ 作用在物体 B 上时，物体 B 必定同时以力 $\boldsymbol{F}_{BA}$ 作用在物体 A 上；$\boldsymbol{F}_{AB}$ 和 $\boldsymbol{F}_{BA}$ 在一条直线上，大小相等、方向相反，即

$$\boldsymbol{F}_{AB} = -\boldsymbol{F}_{BA} \tag{2-2-5}$$

我们把其中的一个叫作作用力，则另一个就叫反作用力．第三定律表明，作用力和反作用力总是成对同时出现，同时消失，没有主次之分．

需要说明的是，由于运动的描述只有相对于一定的参考系才有意义，所以牛顿第一定律还定义了一种参考系．在这种参考系中观察，一个不受力或处于受力平衡状态下的物体，将保持其静止或匀速直线运动的状态不变．这样的参考系叫惯性参考系．并非所有的参考系都是惯性系．实验表明，对一般力学现象来说，地面参考系是一个足够精确的惯性系．天体运动的研究表明，如果选定太阳为参考系，则所观察到的大量天文现象都能和牛顿运动定律推算的结果相符．太阳系也是一个惯性系．牛顿运动三定律只有在惯性参考系中才成立．

2.2.2 基本力和常见力

1. 基本力

近代物理学证明，以上形形色色的力就其本质而言，都来自四种基本力，它们是万有引力、电磁力、强力和弱力．下面对此作简单介绍．

1）万有引力

这是存在于任何两个物体之间的吸引力．它的规律是胡克、牛顿等发现的．按牛顿万有引力定律，质量分别为 m_1 和 m_2 的两个质点，相距 r 时，它们之间的引力为

$$F = G\frac{m_1 m_2}{r^2} \tag{2-2-6}$$

式中：G 为万有引力常量，在国际单位制中，它的大小经测定为

$$G = 6.67\times10^{-11}\,\mathrm{N\cdot m^2\cdot kg^{-2}}$$

式(2-2-6)中的质量反映了物体的引力性质，叫作引力质量，它和反映物体惯性的质量在意义上是不同的．但实验证明，同一物体的这两个质量是相等的，因此可以说它们是同一质量的两种表现，不必加以区分．

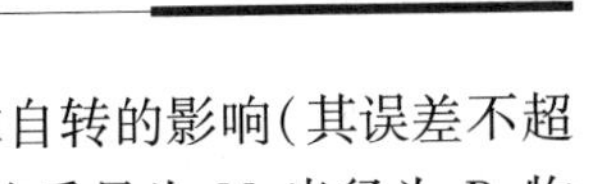

重力是由地球对它表面附近的物体的引力引起的，忽略地球自转的影响(其误差不超过0.4%)，物体所受的重力就等于它所受的万有引力．设地球的质量为M，半径为R，物体的质量为m，即有

$$mg = G\frac{Mm}{R^2}$$

由此得

$$g = \frac{GM}{R^2} \tag{2-2-7}$$

需要说明的是，从式(2-2-6)来看，万有引力看似是一种长程力，也就是说两个物体之间可以不相互接触而相互作用．现代物理学认为，超距作用是不存在的．两个物体间的万有引力，在本质上是由于有质量的物体会在其周围空间激发一个引力场，处在引力场中有质量的物体就会受到该力场的作用而受到万有引力．

2）电磁力

存在于静止电荷之间的电性力以及存在于运动电荷之间的电性力和磁性力，由于它们本质上相互联系，因此总称为电磁力．在微观领域中，还发现有些不带电的中性粒子也参与电磁相互作用．电磁力是电荷激发的电磁场来传递力的作用，但与万有引力不同，它既有表现为引力的也有表现为斥力的，比万有引力大得多．两个质子之间的电磁力要比同距离下的万有引力大10^{36}倍．因此，在研究带电粒子之间的相互作用时，常常忽略万有引力，只考虑电磁力．

由于分子或原子都是由电荷组成的系统，所以它们之间的作用力基本上就是它们的电荷之间的电磁力．物体之间的弹力和摩擦力，以及气体的压力、浮力、黏滞阻力等，都是相邻原子或分子之间作用力的宏观表现，因此基本上也是电磁力．

3）强力

当人们对物质结构的探索进入到比原子还小的亚微观领域中时，发现在核子、介子和超子之间存在一种强力．正是这种力把原子内的一些质子以及中子紧紧地束缚在一起，形成原子核．强力是比电磁力更强的基本力，两个相邻质子之间的强力可达10^4 N，是电磁力的10^2倍，强力是一种短程力，其作用范围很短，粒子之间的距离超过10^{-15} m时，强力小到可以忽略；粒子之间的距离小于10^{-15} m时，强力占主要支配地位；而且直到距离减小到大约0.4×10^{-15} m时，它都表现为引力．距离再减小，强力将表现为斥力．

4）弱力

在亚微观领域，人们还发现一种短程力，叫弱力．弱力在导致β衰变放出电子和中微子时，显示出它的重要性．两个相邻质子之间的弱力只有10^{-2} N左右．

2. 常见力

在日常生活和工程技术中经常遇到的力有重力、弹力和摩擦力等．

1）重力

地球表面附近的物体都受到地球的吸引作用，这种因地球吸引而使物体受到的力叫作重力．在重力作用下，任何物体产生的加速度都是重力加速度g．重力的方向和重力加速度的方向相同，都是竖直向下的．

重力存在主要是由于地球对物体的引力，在地面附近和一些要求精度不高的计算中，

可以认为物体重力近似等于地球对物体的万有引力. 对于地面附近的物体,所在位置的高度变化与地球半径(约为6370km)相比极为微小,可以认为它到地心的距离就等于地球半径,物体在地面附近不同高度时的重力加速度也就可以看作常量.

事实上,物体的重力与其受到的地球的万有引力还是不同的. 在考虑到地面上的物体随地球自转时,维持其转动的向心力是由万有引力的一个分力提供的,其重力为万有引力的另一个分力. 地球上纬度不同,维持物体随地球自转的向心力不同,这就导致了地球上不同纬度重力加速度不同.

2) 弹力

发生形变的物体,由于要恢复原状,对与它接触的物体会产生力的作用,这种力叫弹力. 所以,弹力是产生在直接接触的物体之间并以物体的形变为先决条件. 弹力的表现形式是多种多样的,下面只讨论三种表现形式.

(1) 压力(支持力). 两个物体通过一定面积相互挤压,相互挤压的两个物体都会发生形变,即使小到难于观察,但形变总是存在的,因而产生对对方的弹力作用. 例如,屋架压在立柱上,立柱因压缩形变而产生向上的弹力托住屋架;又如重物放在桌面上,桌面受重物挤压而发生形变,也产生一个向上的弹力. 这种弹力通常叫作正压力或支撑力. 它的大小取决于相互挤压的程度,它们的方向总是垂直于接触面而指向对方.

(2) 绳线的张力. 绳线对物体的拉力. 这种拉力是因为绳线发生了伸长形变而产生的,其大小取决于绳子张紧的程度,它们的方向总是沿着绳线指向绳线收紧的方向. 绳产生拉力时,其内部各段之间也有相互的弹力作用. 这种内部的弹力叫作张力. 在很多实际问题中,绳线的质量往往可以忽略,这时,可以认为绳上各点的张力都是相等的,而且就等于外力.

(3) 弹簧的弹力. 当弹簧被拉伸或压缩时,它就会对与之相连的物体有弹力作用,这种弹力总是力图使弹簧恢复原状,所以称为恢复力. 这种恢复力在弹性限度内,其大小和形变成正比. 以 F 表示弹力,以 x 表示形变亦即弹簧的长度变化量,则

$$F = -kx \tag{2-2-8}$$

式(2-2-7)称为胡克定律,式中 k 为弹簧的劲度系数,负号表示弹力的方向总是和弹簧位移的方向相反,这就是说,弹力总是指向要恢复它原长的方向.

3) 摩擦力

两个相互接触的物体在沿接触面相对运动时,或者有相对运动的趋势时,在接触面之间产生一对阻止相对运动的力,称为摩擦力. 相互接触的两个物体在外力作用下,虽有相对运动的趋势,但并不产生相对运动,这时的摩擦力称为静摩擦力. 所谓相对运动的趋势指的是,假如没有静摩擦,物体将发生相对滑动. 正是静摩擦的存在,阻止了物体相对滑动的出现. 值得注意的是,每个物体所受静摩擦力的方向与该物体相对于另一物体的运动趋势的方向相反. 静摩擦力的大小视外力的大小而定,介乎0和某个最大静摩擦力 f_s 之间. 实验证明,最大静摩擦力正比于压力 N,即

$$f_s = \mu_s N \tag{2-2-9}$$

式中:μ_s 为静摩擦系数,它与接触面的材料和表面情况有关. 当外力超过最大静摩擦力时,物体间产生了相对运动,这时也有摩擦力,称为滑动摩擦力. 实验表明,滑动摩擦力 f_k 也与压力 N 成正比.

$$f_k = \mu_k N \tag{2-2-10}$$

式中：μ_k 为滑动摩擦系数，它也和相互接触的两物体材料和表面情况有关，而且还和物体的相对速度有关．在大多数情况下，它随速度的增大而减小．

【例2-2-1】 如图2-2-1所示，物体 A 的质量为 $2m$，物体 B 的质量为 m，用质量不计的定滑轮和细绳连接，并不计摩擦，求重物释放后，物体的加速度和绳的张力．

解：设细绳上的张力为 F，由于 A 的质量大于 B 的质量，故物体释放后，物体 A 向下运动，物体 B 向上运动，且 $a_A = a_B = a$，根据牛顿第二运动定律，物体 A 和 B 的动力学方程分别为

$$\begin{cases} 2mg - F = 2ma_A \\ F - mg = ma_B \end{cases}$$

联立求解，两物体加速度大小和绳子张力分别为

$$a = g/3, F = \frac{4}{3}mg$$

【例2-2-2】 如图2-2-2所示，一质量为80kg的人乘降落伞下降，向下的加速度为 $2.5\text{m} \cdot \text{s}^{-2}$，降落伞质量为2.5kg，求空气作用在伞上的力和人作用在伞上的力．

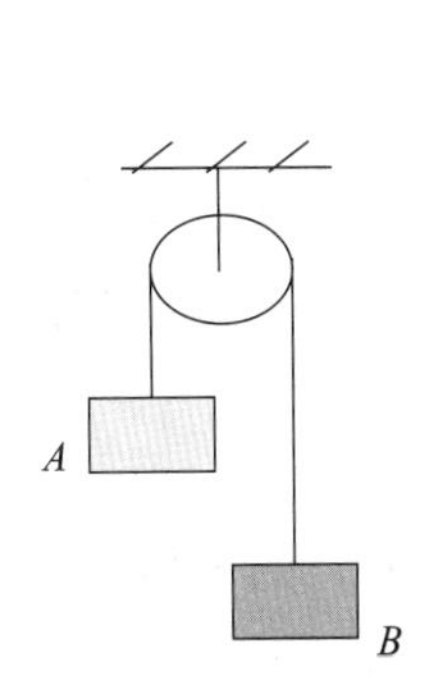

图2-2-1　例2-2-1图

图2-2-2　例2-2-2图

解：(1) 降落伞与人以相同的速度运动，可以看作一个整体进行分析，根据受力分析及牛顿第二定律，得

$$(M+m)g - f_r = (M+m)a$$

$f_r = (M+m)(g-a) = 602(\text{N})$，方向向上．

(2) 以人为研究对象，设其受降落伞的拉力为 T，根据受力分析及牛顿第二定律，得

$$Mg - T = Ma$$

$$T = M(g-a) = 80(9.8-2.5) = 584(\text{N})$$

人作用在伞上的力

$T' = T = 584\text{N}$，方向向下．

2.3　质点的动量与机械能

经验告诉我们，一个物体对另外一个物体的作用效果，不仅与它的速度有关，还与它的质量有关．例如，火车与汽车以相同的速度运动时，让火车停下来比让汽车停下来困难

得多. 这是因为火车的质量比汽车的质量大得多的缘故. 同样,用手扔出一颗子弹,因其速度小,不会产生危险,但从枪口高速飞出的子弹,由于速度大,具有很强的杀伤能力. 可见,研究运动物体对其他物体的作用时,必须同时考虑物体的质量和速度这两个因素. 本节对质点的动量和机械能进行简单介绍.

2.3.1 动量和冲量

1. 动量

物体的质量与其速度的乘积称为该物体的动量,用 $\boldsymbol{p}$ 表示,即

$$\boldsymbol{p}=m\boldsymbol{v} \tag{2-3-1}$$

式中:m 为物体的质量,$\boldsymbol{v}$ 为物体的速度,$\boldsymbol{p}$ 为物体的动量,在国际单位制中,动量的单位为 $\mathrm{kg\cdot m\cdot s^{-1}}$.

动量是描述物体运动状态的物理量,是一个矢量,它的方向与物体速度的方向相同. 利用式(2-3-1),牛顿第二定律可表示为

$$\boldsymbol{F}=\frac{\mathrm{d}(m\boldsymbol{v})}{\mathrm{d}t}=\frac{\mathrm{d}\boldsymbol{p}}{\mathrm{d}t} \tag{2-3-2}$$

因此可以从质点的动量是否变化来判断它所受合力的大小和方向.

2. 冲量

冲量是描述力对时间积累作用的物理量,用符号 $\boldsymbol{I}$ 表示,是一个矢量. 如果物体(质点)所受的外力 $\boldsymbol{F}$ 为一恒力,则冲量的大小等于力与力所作用时间的乘积,方向就是力的方向. 在 $t\sim t_0$ 时间内,物体所受的冲量为

$$\boldsymbol{I}=\boldsymbol{F}(t-t_0) \tag{2-3-3}$$

式中:$\boldsymbol{I}$ 为 $\boldsymbol{F}$ 的冲量. 如果外力是随时间变化的,则运用微积分的思想,可以把力的作用时间分成 n 个微小的时间段 Δt_i,在每一微小时间段 Δt_i 内,力可视为恒力 $\boldsymbol{F}_i$,这样,在 $t\sim t_0$ 时间内力的冲量为

$$\boldsymbol{I}=\sum_{i=1}^{n}\boldsymbol{F}_i\Delta t_i$$

当时间 Δt_i 趋于零时,上式可写为

$$\boldsymbol{I}=\lim_{\Delta t_i\to 0}\sum_{i=1}^{n}\boldsymbol{F}_i\Delta t_i=\int_{t_0}^{t}\boldsymbol{F}\mathrm{d}t \tag{2-3-4}$$

3. 质点的动量定理

由式(2-3-2)可得

$$\boldsymbol{F}\mathrm{d}t=\mathrm{d}(mv)=\mathrm{d}\boldsymbol{p} \tag{2-3-5}$$

积分可得

$$\int_{t_0}^{t}\boldsymbol{F}\mathrm{d}t=\int_{v_0}^{v}\mathrm{d}mv=\Delta\boldsymbol{p} \tag{2-3-6}$$

因此,物体所受合外力的冲量等于物体动量的增量,这就是质点的动量定理. 动量和冲量都是矢量,冲量的方向与动量增量的方向相同. 事实上,式(2-3-5)是动量定理的微分形式,式(2-3-6)是动量定理的积分形式. 在平面直角坐标系中,式(2-3-5)可用正交分解法把冲量和动量向 Ox、Oy、Oz 三个坐标轴进行投影,可得其分量表达式:

$$\begin{cases}\int_{t_0}^{t} F_x \mathrm{d}t = \int_{v_{0x}}^{v_x} m\mathrm{d}v_x = \Delta p_x \\ \int_{t_0}^{t} F_y \mathrm{d}t = \int_{v_{0y}}^{v_y} m\mathrm{d}v_y = \Delta p_y \\ \int_{t_0}^{t} F_z \mathrm{d}t = \int_{v_{0z}}^{v_z} m\mathrm{d}v_z = \Delta p_z \end{cases} \tag{2-3-7}$$

如果物体做直线运动,那么只要建立一个一维坐标系,或规定一个正方向就可以了．例如,质量为 m 的小球,以速率 v 沿水平方向向右运动,与竖直墙壁碰撞后,仍以速率 v 沿反方向运动．那么,小球的动量增量是多少?

由于小球在与竖直墙壁碰撞前、后都是在一条直线上运动,所以,取水平向左为正方向,则物体的末动量(碰撞后的动量)为 mv,初动量(碰撞前的动量)为 $(-mv)$,则动量的增量为

$$\Delta p = mv - (-mv) = 2mv$$

动量增量的方向与规定正方向相同,即向左．如果取水平向右为正方向,则物体末动量为 $(-mv)$,初动量为 mv,则动量的增量为

$$\Delta p = -mv - mv = -2mv$$

负号表示动量增量的方向与规定方向相反,即向左．

在应用动量定理时,如果力的作用时间很短,力的变化很快,像打桩时对桩的打击力、开炮时火药燃烧生成物对炮弹的推力等都属于这样的力.在处理这种情形力的冲量时,为简化问题,往往用平均力代替变力来进行计算,这样,动量定理可以写为

$$\overline{\boldsymbol{F}}\Delta t = \Delta \boldsymbol{p} \tag{2-3-8}$$

式中:$\overline{\boldsymbol{F}}$ 是平均作用力．需要特别注意的是,平均作用力的冲量应当与实际变力的冲量相等,其分量式为

$$\begin{cases}\overline{F}_x \Delta t = \Delta p_x \\ \overline{F}_y \Delta t = \Delta p_y \\ \overline{F}_z \Delta t = \Delta p_z \end{cases} \tag{2-3-9}$$

在实际中,利用动量定理解决问题的思路和方法如下:①确定研究对象;②对研究对象进行受力分析和运动过程分析;③规定正方向,或建立坐标系;④写出初动量和末动量的表达式;⑤根据动量定理列出方程求解．

【例 2-3-1】 质量为 2.5kg 的锤子以 1.0m/s 的速度打在钉子上,假设锤子开始接触钉子到停止运动的时间为 1.0×10^{-4}s,求锤子捶打钉子的平均冲力．

解:如图 2-3-1 所示,以锤子为研究对象,取向上为坐标正方向,在打击过程中,锤子受重力 G 和钉子对锤子的作用力 $\boldsymbol{F}$,$\boldsymbol{F}$ 的方向竖直向上．锤子的动量增量为

$$\Delta p = 0 - (-mv) = mv$$

根据动量定理得

$$(\overline{F} - G)\Delta t = \Delta p$$

$$\overline{F} = \frac{\Delta P}{\Delta t} + G = \frac{mv}{\Delta t} + mg = \frac{2.5\times1.0}{1.0\times10^{-4}} + 2.5\times9.8 \approx 2.5\times10^4(\mathrm{N})$$

4. 质点系的动量定理

当研究对象不是一个质点,而是两个或两个以上的质点构成的系统时,称为质点系．

下面讨论质点系的动量定理.

简单起见,如图2-3-2所示,设质点系由两个质点 m_1 和 m_2 组成. 初始时刻 t_0,其速度分别为 $\boldsymbol{v}_{01}$ 和 $\boldsymbol{v}_{02}$,其他物体对它们的作用力分别是 $\boldsymbol{F}_1$ 和 $\boldsymbol{F}_2$,m_1 对 m_2 的作用力为 $\boldsymbol{f}_1$,m_2 对 m_1 的作用力为 $\boldsymbol{f}_2$. 在末时刻 t,两质点的速度分别变为 $\boldsymbol{v}_1$ 和 $\boldsymbol{v}_2$. 由质点的动量定理得

对 m_1: $$\int_{t_0}^{t}(\boldsymbol{F}_1+\boldsymbol{f}_1)\mathrm{d}t = m_1\boldsymbol{v}_1 - m_1\boldsymbol{v}_{01}$$

对 m_2: $$\int_{t_0}^{t}(\boldsymbol{F}_2+\boldsymbol{f}_2)\mathrm{d}t = m_2\boldsymbol{v}_2 - m_2\boldsymbol{v}_{02}$$

由于 $\boldsymbol{f}_1$ 和 $\boldsymbol{f}_2$ 是一对作用力与反作用力,所以 $\boldsymbol{f}_1=-\boldsymbol{f}_2$,于是得

$$\int_{t_0}^{t}(\boldsymbol{F}_1+\boldsymbol{F}_2)\mathrm{d}t = (m_1\boldsymbol{v}_1+m_2\boldsymbol{v}_2)-(m_1\boldsymbol{v}_{01}+m_2\boldsymbol{v}_{02})$$

将上式推广到由 n 个质点构成的质点系,则有

$$\int_{t_0}^{t}\left(\sum_{i=1}^{n}\boldsymbol{F}_i\right)\mathrm{d}t = \sum_{i=1}^{n}m_i\boldsymbol{v}_i - \sum_{i=1}^{n}m_i\boldsymbol{v}_{0i} \qquad (2-3-10)$$

式中: $\sum_{i=1}^{n}m_i\boldsymbol{v}_{0i}$ 表示质点系在 t_0 时刻的动量; $\sum_{i=1}^{n}m_i\boldsymbol{v}_i$ 表示质点系在 t 时刻的动量. 式(2-3-10)表明,质点系所受外力的冲量等于质点系动量增量. 这就是质点系的动量定理.

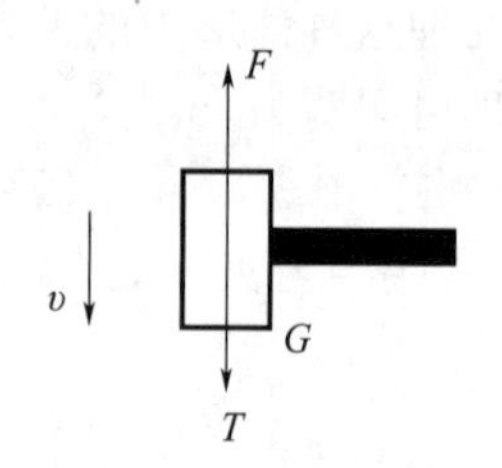

图2-3-1 例2-3-1图

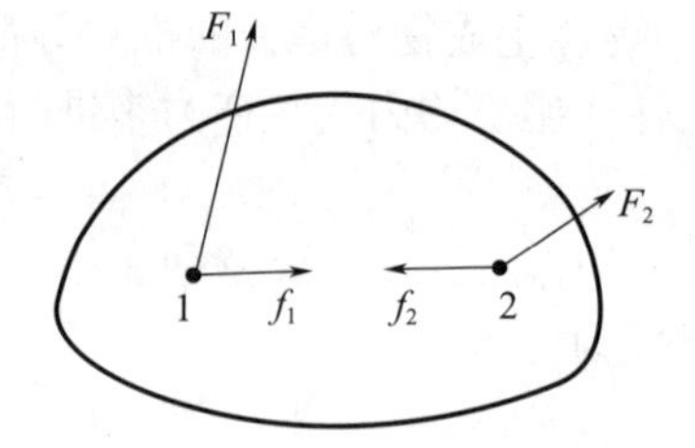

图2-3-2 质点系的动量定理

动量定理在实际生活中有广泛的应用. 有时为避免冲力过大造成损害而想方设法减小冲力;有时为达到获得较大冲力而想方设法增大冲力. 在物体的动量增量一定的条件下,如果力的作用时间长,作用力相应就要小些;相反,若力作用的时间短,作用力就大些. 例如,在码头和船头渡轮都装有橡皮轮胎,贵重物品或易碎物品的包装常采用海绵、纸屑、刨花等作为铺垫物,火车车厢两端的缓冲器和车厢底下的减震器等,都是为了减小冲力.

5. 动量守恒定律

由质点系的动量定理表达式知,在 t_0 到 t 时间内,若 $\sum\boldsymbol{F}_{外}=0$,则

$$\sum_{i=1}^{n}m_i\boldsymbol{v}_i = \sum_{i=1}^{n}m_i\boldsymbol{v}_{0i} = 恒量 \qquad (2-3-11)$$

这就是质点系的动量守恒定律:在某时间段内任意时刻,质点系所受合外力始终为零,则在该时间内质点系的总动量守恒.

动量守恒定律是自然界的普遍规律之一,也是处理力学问题的重要定律之一. 需要说明的是,不管是质点的动量定理、质点系的动量定理,还是质点系的动量守恒定律,与牛顿运动定律一样,都是在惯性系中才成立的. 在使用质点系的动量守恒定律解决实际问

题时,需要注意以下三点:

(1) 质点系的动量守恒是指在任意时刻系统内各质点动量之和为一恒量,而不是指哪一个质点的动量不变,也不是指系统的初动量与末动量相同.

(2) 动量守恒定律成立的条件是$\sum \boldsymbol{F}_i=0$. 在实际中,若外力远小于内力时,外力可以忽略,可近似认为质点系动量守恒.

(3) 外力的矢量和虽然不为零,但在某一方向上的合外力等于零,那么系统在该方向上的动量守恒. 这就是在许多实际问题中经常用到的沿某一方向的动量守恒定律. 取该方向为 Ox 轴,则其表达式为

$$\sum_{i=1}^{n} m_i v_{ix} = \text{常量}$$

【例 2-3-2】 如图 2-3-3 所示,质量为 10g 的子弹以 600m/s 的速度水平射入静止在光滑水平桌面上质量为 2.0kg 的木块,然后以 100m/s 的速度穿出木块,求木块的速度.

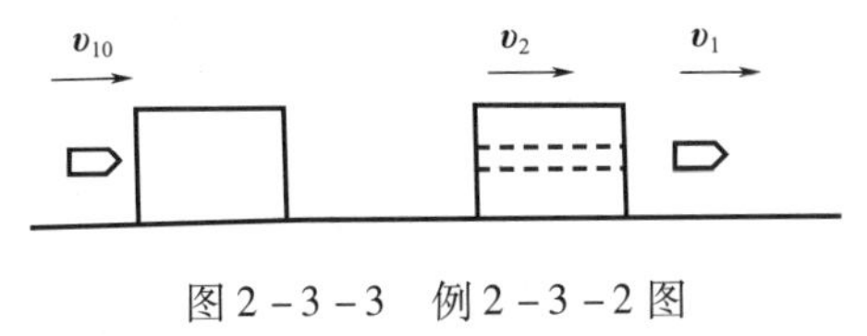

图 2-3-3 例 2-3-2 图

解:选木块和子弹组成的系统为研究对象,木块在竖直方向上受到重力和桌面的支持力,这两个力是一对平衡力. 由于子弹和木块之间的相互作用力为内力,水平方向不受外力作用,木块和子弹组成的系统在水平方向动量守恒. 取子弹初速度的方向为正方向,则

$$m_1 v_1 + m_2 v_2 = m_1 v_{10}$$

$$v_2 = \frac{m_1 v_{10} - m_1 v_1}{m_2} = \frac{0.01 \times (600 - 100)}{2.0} = 2.5(\mathrm{m/s})$$

$v_2 > 0$,说明其方向跟正方向相同,即木块运动方向与子弹前进方向相同.

2.3.2 功和能

1. 直线运动中恒力的功

功的概念是人们在长期实践中逐渐形成的. 一个物体在某力的作用下沿力的方向上发生了位移,就说该力对物体做了功. 如果物体在力的方向上没有发生位移,该力对物体就没有做功. 可见力和物体在力的方向上的位移是做功的两个必要条件.

如图 2-3-4 所示,物体受到恒力 $\boldsymbol{F}$ 的作用,在某时间段内物体在平面上沿直线由 A 移动到 B,其位移为 $\Delta\boldsymbol{r}$,$\boldsymbol{F}$ 与 $\Delta\boldsymbol{r}$ 之间的夹角为 α,那么在这段时间内 $\boldsymbol{F}$ 对物体所做的功为

$$W = F \cdot \Delta r\cos\alpha \qquad (2-3-12)$$

式中:F 为力 $\boldsymbol{F}$ 的大小;Δr 为位移 $\Delta\boldsymbol{r}$ 的大小. 把式(2-3-12)改写为矢量的标积形式为

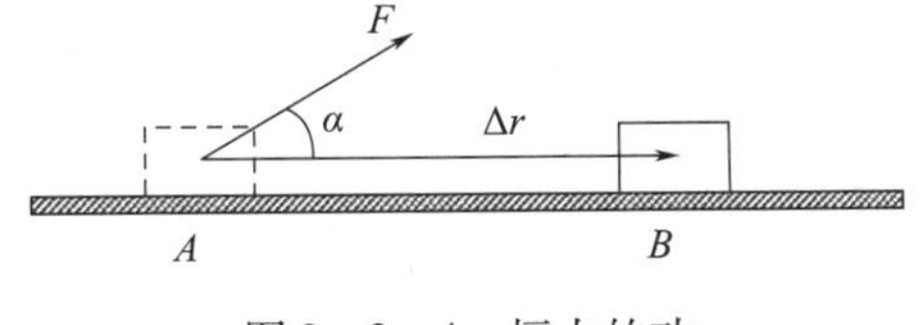

图 2-3-4 恒力的功

$$W = \boldsymbol{F} \cdot \Delta \boldsymbol{r} \tag{2-3-13}$$

可见功是标量，没有方向，但有正负．当 $0 \leqslant \alpha < \pi/2$ 时，$W > 0$，力 $\boldsymbol{F}$ 对质点做正功；若 $\alpha = \pi/2$，$W = 0$，力 $\boldsymbol{F}$ 不做功；当 $\pi/2 < \alpha \leqslant \pi$ 时，$W < 0$，力 $\boldsymbol{F}$ 对质点做负功，也称质点克服阻力做功．在国际单位制中，功的单位是焦耳，简称焦，符号为 J，1J = 1N · m.

2. 变力的功

如图 2-3-5 所示，质点沿曲线从 A 运动到 B，作用于质点上的力 $\boldsymbol{F}$ 是变力，如何计算力 $\boldsymbol{F}$ 在这个过程中所做的功呢？我们可以设想把曲线分割成许多无穷小段，从位置 $\boldsymbol{r}$ 到位置 $\boldsymbol{r} + \mathrm{d}\boldsymbol{r}$ 的一段无穷小位移 $\mathrm{d}\boldsymbol{r}$ 称位移元，在位移元 $\mathrm{d}\boldsymbol{r}$ 上，力的大小和方向可看作不变，力 $\boldsymbol{F}$ 在经过位移元 $\mathrm{d}\boldsymbol{r}$ 的过程中对物体所做的功可以看作是恒力在无穷短直线段上所做的功 $\mathrm{d}W$，称为元功，由式(2-3-13)可得

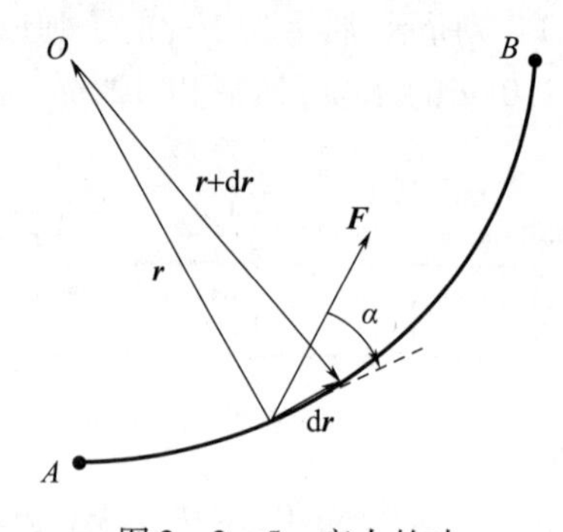

图 2-3-5　变力的功

$$\mathrm{d}W = \boldsymbol{F} \cdot \mathrm{d}\boldsymbol{r} \tag{2-3-14}$$

式中：$\mathrm{d}W$ 为变力 $\boldsymbol{F}$ 的元功．质点从 A 运动到 B，变力 $\boldsymbol{F}$ 所做的总功等于所有无穷小段元功 $\mathrm{d}W$ 之和，根据定积分的意义可得在某段位移内力对物体所做的总功为

$$W = \int_A^B \boldsymbol{F} \cdot \mathrm{d}\boldsymbol{r} \tag{2-3-15}$$

或

$$W = \int_A^B F\cos\alpha \mathrm{d}s \tag{2-3-15'}$$

式中：$\mathrm{d}s$ 为 $\mathrm{d}\boldsymbol{r}$ 的长度，称为路程元，$\mathrm{d}s = |\mathrm{d}\boldsymbol{r}|$；$\alpha$ 为 $\boldsymbol{F}$ 与 $\mathrm{d}\boldsymbol{r}$ 的夹角．积分符号上、下标 A、B 的意思是沿曲线从 A 积分到 B．式(2-3-15)为功的一般计算公式．

当作用在质点上的力不止一个，而是多个时，可以证明合力所做的功等于各个力所做功的代数和，即

$$W = W_1 + W_2 + \cdots + W_n$$

【例 2-3-3】 某物体在平面上沿坐标轴 Ox 的正方向前进，物体运动过程中受到力的方向始终沿 Ox 的负方向，大小随坐标变化的规律为 $F = 1 + x\,(x > 0)$．求从 $x = 0$ 到 $x = L$，该力所做的功．

解：由题意知力的大小为 $F = 1 + x$，方向沿 Ox 的负方向，因此，力和位移的夹角 $\alpha = \pi$，于是 $\cos\alpha = -1$．当物体从 x 移动到 $x + \mathrm{d}x$，力 $\boldsymbol{F}$ 的元功为

$$\mathrm{d}W = F\cos\alpha \mathrm{d}s = -(1 + x)\mathrm{d}x$$

从 $x = 0$ 到 $x = L$，力 $\boldsymbol{F}$ 所做的功为

$$W = \int_0^L [-(1+x)]\mathrm{d}x = -L\left(1+\frac{1}{2}L\right)$$

3. 功率

功的概念中，没有考虑时间因素，但在实际工作中，时间因素非常重要，做同样大小的功，如果做功的时间不同，则做功的快慢不同．为了描述力对物体做功的快慢，引入功率的概念．

设某力在 Δt 时间内做功 ΔW，则此力在 Δt 时间内的平均功率为

$$\overline{P} = \frac{\Delta W}{\Delta t}$$

如果 $\Delta t \to 0$，则把平均功率的极限$\frac{\mathrm{d}W}{\mathrm{d}t}$称为瞬时功率，简称功率．即

$$P = \frac{\mathrm{d}W}{\mathrm{d}t} \tag{2-3-16}$$

在国际单位制中功率的单位是瓦特，简称瓦，符号为 W．把式（2－3－13）代入式（2－3－16），得力 $\boldsymbol{F}$ 的功率为

$$P = \frac{\boldsymbol{F}\cdot \mathrm{d}\boldsymbol{r}}{\mathrm{d}t} = \boldsymbol{F}\cdot\boldsymbol{v} = Fv\cos\alpha \tag{2-3-17}$$

因此，力 $\boldsymbol{F}$ 的瞬时功率等于力 $\boldsymbol{F}$ 在速度方向投影与速度大小的乘积．发动机都有其额定功率，要求其提供的动力越大，其速度就越小，汽车在爬坡时速度不能太大就是这个原理．

【例2－3－4】 某内燃机车的额定功率是 2.65×10^3kW，用它牵引质量为 1.5×10^3t 的列车做加速运动，列车所受阻力是列车重力的 0.005 倍．求：(1) 列车速度为 10m/s 时的牵引力；(2) 列车可达的最大速度．

解：(1) 由 $P=Fv$ 得

$$F = \frac{P}{v} = \frac{2.65\times10^6}{10} = 2.65\times10^5(\mathrm{N})$$

(2) 列车开始时行驶速度较小，牵引力大于列车所受的阻力 f，列车加速行驶，随着速度增大，牵引力 F 减小．当 $F=f$ 时，列车速度达到最大，列车将以该最大速度匀速行驶．设列车的质量为 m，则

$$F = f = 0.005mg = 0.005\times1.5\times10^6\times9.8 = 7.35\times10^4(\mathrm{N})$$

$$v_{\max} = \frac{P}{F} = \frac{2.65\times10^6}{7.35\times10^4} \approx 36(\mathrm{m/s})$$

由上例可知，飞机、火车等交通工具匀速行驶的最大速度是受发动机额定功率限制的，要提高它们的最大速度，必须提高其额定功率．

4. 质点的动能定理

如图2－3－6所示，一质量为 m 的物体受到的合外力沿 Ox 轴方向，设合外力为 $\boldsymbol{F}$，物体在 x_1 处的速率为 v_1，在 x_2 处的速率为 v_2．

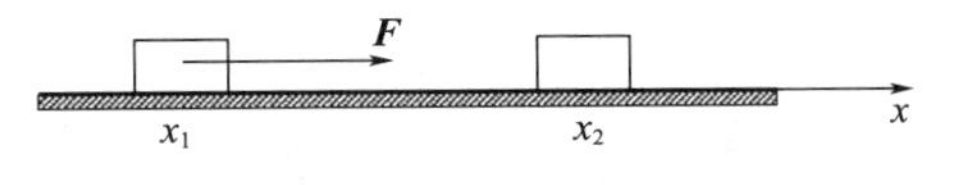

图2－3－6　动能定理

由元功的定义可知该直线运动的元功为

$$dW = \boldsymbol{F} \cdot d\boldsymbol{r} = F dx$$

由牛顿第二定律可得

$$F = ma = m\frac{dv}{dt} = m\frac{dv\,dx}{dx\,dt} = mv\frac{dv}{dx}$$

所以合外力的元功为

$$dW = mv\frac{dv}{dx}dx = mvdv$$

质点从 x_1 处运动到 x_2 处,合外力所做的总功为

$$W = \int_{v_1}^{v_2} mvdv = \frac{1}{2}mv_2^2 - \frac{1}{2}mv_1^2 \tag{2-3-18}$$

尽管式(2-3-18)是从直线运动得到的,但由于曲线运动可以认为由无穷多运动微元构成,每一个运动微元可以看作直线运动,因此式(2-3-18)对于曲线运动、合外力恒定与否,也都是成立的.

式(2-3-18)表明合外力对质点做功的结果是使得 $mv^2/2$ 这个量获得了增量,而 $mv^2/2$ 是与质点的速度有关,由于速度是表征质点运动状态的物理量,我们把 $mv^2/2$ 称为质点的动能,用符号 E_k 表示.

$$E_k = \frac{1}{2}mv^2 \tag{2-3-19}$$

在国际单位制中,动能的单位与功的单位相同,也是焦耳,符号是 J. 依据式(2-3-19), $E_{k1} = \frac{1}{2}mv_1{}^2$、$E_{k2} = \frac{1}{2}mv_2{}^2$ 分别表示质点在初位置和末位置的动能,式(2-3-18)可写为

$$W = E_{k2} - E_{k1} \tag{2-3-20}$$

式(2-3-20)表明,合外力对质点所做的功等于质点动能的增量. 这就是质点的动能定理.

动能定理是功和动能变化的一般关系,当合外力对质点做正功($W>0$)时,质点的动能增大;当合外力对质点做负功($W<0$)时,质点的动能减小.

应该指出,只有合外力对质点做功,才能使质点的动能发生变化,因此功是能量变化的量度. 功与在外力作用下质点位置的移动过程相联系,故功是过程量. 而动能则取决于质点的运动状态,因此是状态量.

5. 质点系的动能定理

设一系统由 n 个质点组成,作用于各个质点的合力所做的功分别为 W_1、W_2、W_3…,使各质点由初动能 E_{k10}、E_{k20}、E_{k30}…改变为末动能 E_{k1}、E_{k2}、E_{k3}…对其中的每个质点应用动能定理,可得

$$W_1 = E_{k1} - E_{k10}$$
$$W_2 = E_{k2} - E_{k20}$$
$$\vdots$$

以上各式相加得

$$\sum_{i=1}^{n} W_i = \sum_{i=1}^{n} E_{ki} - \sum_{i=1}^{n} E_{ki0} \tag{2-3-21}$$

令 $E_{k0}=\sum_{i=1}^{n}E_{ki0}$ 表示系统内各个质点的初动能之和；$E_k=\sum_{i=1}^{n}E_{ki}$ 表示这些质点的末动能之和；$W=\sum_{i=1}^{n}W_i$ 表示作用在系统内各个质点上的合力所做的功．

系统内的质点所受的力，既有来自系统外的力，也有来自系统内各个质点间相互作用的内力，因此可将 W 分为两部分：所有外力做功之和 W_e 与所有内力做功之和 W_i，这样式(2-3-21)可写为

$$W_i+W_e=E_k-E_{k0}\tag{2-3-22}$$

式(2-3-22)的物理意义是：一切外力对质点系所做的功与质点系一切内力所做功的代数和，等于该质点系动能的增量．这就是质点系的动能定理．

例如，汽车行进时，有内力做功(如燃料燃烧后，气体爆发推动汽缸内活塞运动而做功，各机件相对运动时摩擦力做功等)，也有外力做功(如空气阻力和摩擦阻力做功等)，它们有的做正功，有的做负功．当各力做功的代数和为正值时，汽车的动能增加，相应于汽车加速；当总功为负时，汽车的动能减少，相应于减速．

【例2-3-5】 水平桌面上放一质量为 $M=1\text{kg}$ 的厚木块．一质量为 $m=20\text{g}$ 的子弹以 $v_1=200\text{m/s}$ 的速度水平射入木块，穿出木块后的速度为 $v_2=100\text{m/s}$，并使木块获得 $v=2\text{m/s}$ 的速度．求子弹穿透木块的过程中子弹与木块间的摩擦力所做的功(木块与桌面间的摩擦不计)．

解：由于木块与桌面间的摩擦不计，因此子弹穿透木块的过程中，只有子弹与木块间的摩擦内力对子弹和木块组成的质点系做功．子弹射入前木块的速度 $v_0=0$，设摩擦阻力做功为 W，根据质点系的动能定理得

$$W=\frac{1}{2}mv_2^2+\frac{1}{2}Mv^2-\left(\frac{1}{2}mv_1^2+\frac{1}{2}Mv_0^2\right)$$

$$=\frac{1}{2}\times20\times10^{-3}\times100^2+\frac{1}{2}\times1\times2^2-\frac{1}{2}\times20\times10^{-3}\times200^2=-298(\text{J})$$

6. 保守力与非保守力

1）重力做功

如图2-3-7所示，设质量为 m 的质点沿任意曲线从 A 点运动到 B 点，在这一过程中，重力对它所做的功是怎样的？

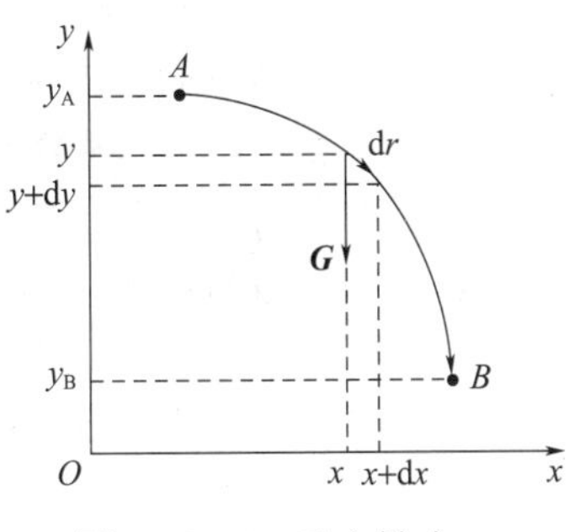

图2-3-7　重力做功

建立如图2-3-7所示直角坐标系 Oxy，用 $G=mg$ 表示重力的大小，$\mathrm{d}s$ 表示与位移元 $\mathrm{d}\boldsymbol{r}$ 大小对应的路程元，重力 $\boldsymbol{G}$ 与位移元 $\mathrm{d}\boldsymbol{r}$ 的夹角为 α，则重力所做的元功为 $\mathrm{d}W=G\cos\alpha\mathrm{d}s$，而 $\mathrm{d}s\cos\alpha=-\mathrm{d}y$，于是

$$\mathrm{d}W=-mg\mathrm{d}y.$$

A 点的纵坐标是 y_A，B 点的纵坐标是 y_B．从 A 到 B，重力做的功为

$$W=-mg\int_{y_A}^{y_B}\mathrm{d}y=-(mgy_B-mgy_A)\tag{2-3-23}$$

因此重力做功只与质点的初、末位置有关，与质点经历的路径无关．

2）弹性力做功

如图 2-3-8 所示，弹簧一端固定，另一端系一物体．取弹簧自然状态物体所在位置为原点，弹簧伸长方向为 Ox 轴的正方向．当物体位于图中所示位置 x 时，作用于物体的弹性力大小为 $f=kx$，方向指向坐标轴的负方向，位移为 $\mathrm{d}x$ 时弹性力所做的元功 $\mathrm{d}W=-kx\mathrm{d}x$，物体从 x_1 移动到 x_2 过程中弹力所做的功为

$$W=\int_{x_1}^{x_2}(-kx)\mathrm{d}x=-\left(\frac{1}{2}kx_2^2-\frac{1}{2}kx_1^2\right) \tag{2-3-24}$$

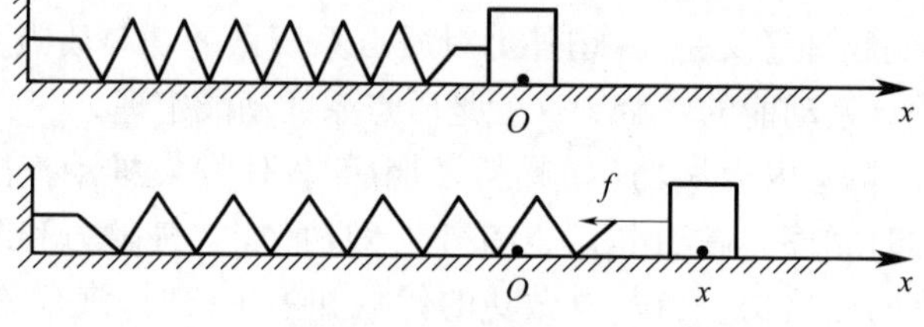

图 2-3-8　弹性力做功

显然，弹力做功只与做功过程的初位置和末位置有关，与路径无关．

3）保守力和非保守力

从上述对重力和弹力做功的讨论中可以看出，它们所做的功只与做功过程的初位置和末位置有关，而与路径无关．把具有这种特点的力称为保守力．不具有这种特点的力称为非保守力．除了重力和弹力是保守力外，万有引力、静电场力和分子力也是保守力．

7．势能

功是能量变化的量度，保守力做功，必定有相应的能量转换．在式(2-3-23)和式(2-3-24)右方出现了只与位置有关的差式，而且差式的两项有完全相同的结构．这样的结果绝非偶然，它指出在保守力做功的同时发生了与质点系中质点间相对位置有关的能量变化．这种由质点系中质点间相对位置决定的能量，称为势能．每种保守力有一种与之对应的势能，与重力对应的势能称为重力势能，与弹性力对应的势能称为弹性势能．

势能概念是对保守力做功特点进行分析后引入的．由于保守力做功只与物体的初末位置有关，所以才存在仅由位置决定的势能函数．势能描述的是某系统的势能，如重力势能描述的是地球与地面物体构成的系统的势能，但通常情况下只说物体的重力势能，事实上是隐含了地球；另外，势能的量值只具有相对意义，只有选择了势能零点，才能确定质点在某位置的势能．质点在某位置所具有的势能值等于将质点从该位置移到势能零点的过程中保守力所做的功. 原则上势能零点可以任意选择，通常情况下根据解决问题方便的需要，选择合适的势能零点，如通常选取地面为重力势能零点，弹簧平衡位置处为弹性势能零点．这样选取势能零点，重力势能与弹性势能的表达式就相对简单，重力势能为 $E_{\mathrm{p}}=mgy$，弹性势能为 $E_{\mathrm{p}}=kx^2/2$. 若 W_{ic} 表示系统的保守内力所做的功，E_{p2} 和 E_{p1} 表示系统的末态势能和初态势，则式(2-3-23)、式(2-3-24)可统一写为

$$W_{\mathrm{ic}}=-(E_{\mathrm{p2}}-E_{\mathrm{p1}}) \tag{2-3-25}$$

此式表明，系统中保守内力所做的功等于系统势能增量的负值．

【例 2-3-6】　如图 2-3-9 所示，设 A 点离地面的高度为 h，B 点在地面上，D 点在地面以下深度为 d 的地方，求：(1)质量为 m 的物体分别处于位置 A、B 和 D 点时，它的重

力势能(请分别以地面和 D 处为零势能点进行计算);(2)该物体在 A、D 两点间的势能之差;(3)该物体由 A 运动到 B 重力所做的功.

解:(1)选地面为重力势能为零点时,物体在 A、B、D 的重力势能分别为

$$E_{pA}=mgh, E_{pB}=0, E_{pD}=-mgd$$

选定物体在 D 点的重力势能为零时,物体在位置 A、B、D 点的重力势能分别为

$$E_{pA}=mg(h+d), E_{pB}=mgd, E_{pD}=0$$

可见,重力势能的数值与势能零点的选择有关,即势能只有相对的意义.

(2) 无论选取何处为势能零点,该物体在 A、D 两点的势能之差都为

$$E_{pA}-E_{pD}=mg(h+d)$$

(3) 由保守力做功与相应势能变化的关系式得该物体由 A 运动到 B 重力所做的功为

$$W=E_{pA}-E_{pB}=mgh$$

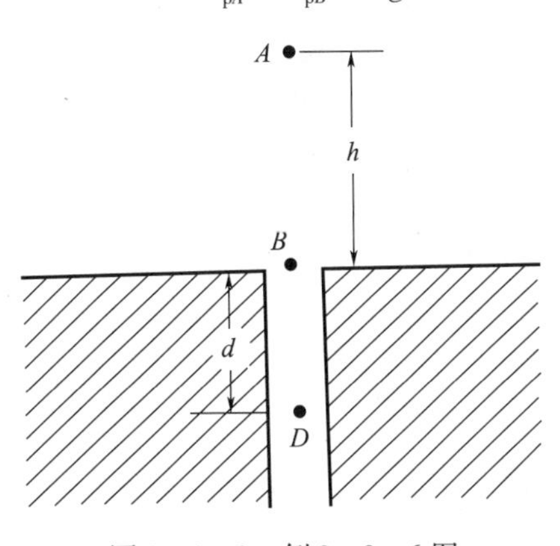

图 2-3-9 例 2-3-6 图

8. 功能原理

按照力做功是否与路径有关,把力分为保守力和非保守力.无论是外力还是内力都可以这样分.因此如果以 W_{ic} 表示质点系内各保守力做功之和,以 W_{in} 表示质点系内各非保守力做功之和,则质点系内一切内力所做的功为

$$W_i=W_{ic}+W_{in} \tag{2-3-26}$$

将式(2-3-26)和式(2-3-25)代入式(2-3-22),得

$$W_e+W_{in}=(E_{k2}+E_{p2})-(E_{k1}+E_{p1}) \tag{2-3-27}$$

式中:E_{k1} 和 E_{k2} 分别为质点系初、末两状态的动能;E_{p1} 和 E_{p2} 分别为质点系初、末两状态的势能.系统内有几种保守力,E_p 就包含几种势能.

动能和势能是力学意义下的能量,通常把系统中所有动能和势能之和称为质点系的机械能,用符号 E 表示,即

$$E=E_k+E_p$$

于是,式(2-3-27)可表示为

$$W_e+W_{in}=E_2-E_1 \tag{2-3-28}$$

式(2-3-28)表明:在质点系中,所有外力和非保守内力做功的代数和,在数值上等于质点系机械能的增量.这一结论被称为质点系的功能原理.

9. 机械能守恒定律

从质点系的功能原理可以看出，如果 $W_e=0$ 和 $W_{in}=0$，则可得到

$$E_{k2}+E_{p2}=E_{k1}+E_{p1} \quad (2-3-29)$$

式(2-3-29)表明：在一个力学系统中，如果只有保守内力做功，非保守内力和一切外力都不做功，那么，系统中动能和势能之间可以相互转换，但机械能始终保持不变．这一结论称为机械能守恒定律．

一个质点系，如果满足机械能守恒条件，则可以根据已知条件写出该质点系机械能守恒的等式．利用此类等式，能大为简化一些力学问题的计算．

【例 2-3-7】 如图 2-3-10 所示，一劲度系数为 k 的轻弹簧，上端 O 点固定不动，下端挂一质量为 m 的小球．将小球托起，使弹簧处于原长时的位置为 A，然后放手，并给小球以向下的初速度 v_0，求小球能下降的最大距离 s.

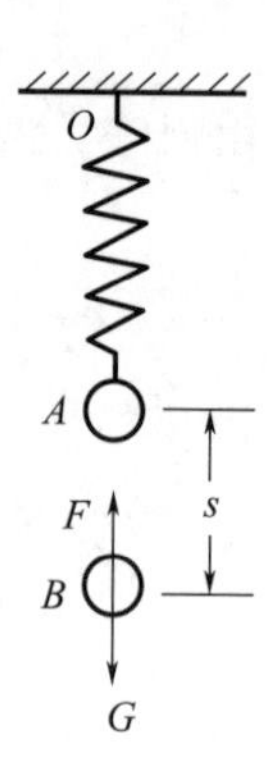

图 2-3-10　例 2-3-7 图

解：取小球、弹簧、地球为一系统．由题意知，小球运动过程中系统内仅有重力和弹力两保守内力做功，无外力做功，因此系统的机械能守恒．设小球下降的最低点为 B，因此在 B 点处小球的动能为零，设小球在 B 点的重力势能为零，弹簧原长时弹性势能为零，则由机械能守恒定律得

$$\frac{1}{2}mv_0^2+mgs=\frac{1}{2}ks^2$$

所以

$$s=\frac{mg+\sqrt{m^2g^2+kmv_0^2}}{k}$$

2.4 刚体定轴转动基础

实验表明，任何物体在外力作用下都会发生不同程度的形变，对有的物体来讲，这种形变非常微小，当这种微小的形变在所研究的问题中不起作用或起的作用可以忽略不计时，我们就认为物体在外力的作用下将保持大小和形状不变，这样的物体称为刚体．刚体与质点一样，是一种理想模型．刚体也是一个特殊的质点系，关于质点系的规律也适用于刚体，同时，由于它的特殊性，它也有自身的特殊规律．本章主要介绍转动的描述方法，以及转动定律、角动量定理和角动量守恒定律．

刚体最简单的运动是平动和转动．如果刚体内任意两点间的连线在运动过程中始终保持平行，这种运动称为平动．例如，汽缸中活塞的运动、刨床上刨刀的运动等，都是平动. 平动的特点是刚体上各点的运动情况完全一样，因此刚体的平动可看作是质点的运动，描述质点运动的各个物理量和质点力学的规律都适用于刚体的平动．

如果刚体运动时，其上各点都绕着同一直线做圆周运动，则这种运动称为转动，这条直线叫作转轴．如果转轴的位置随时间变化，则称为非定轴转动．如果转轴的位置是固定不变的，则这种转轴为固定转轴，此时刚体的转动称为定轴转动．

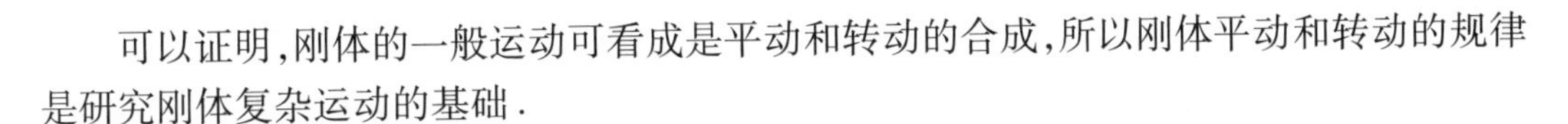

可以证明,刚体的一般运动可看成是平动和转动的合成,所以刚体平动和转动的规律是研究刚体复杂运动的基础.

2.4.1 角速度、角加速度

1. 角速度

如图2-4-1(a)所示,刚体绕定轴转动时,刚体上任一点P将在通过点P且与转轴垂直的平面内做圆周运动,该平面称为转动平面,圆心O是转轴与该平面的交点.因此刚体的定轴转动实质上就是刚体上各个点在垂直于转轴Oz的平面内的圆周运动.

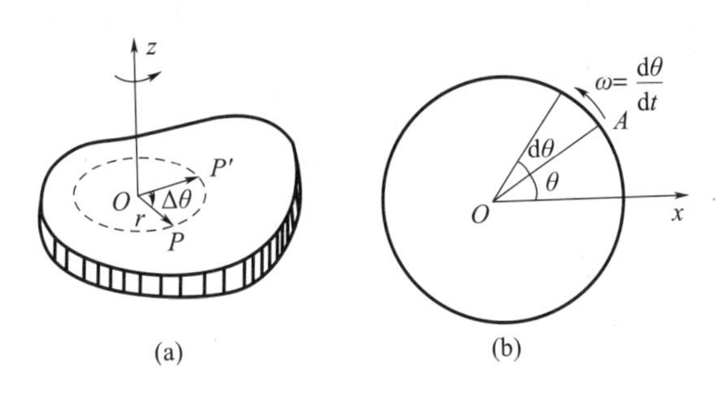

图2-4-1 刚体的定轴转动

刚体绕定轴转动时,虽然刚体上各点的位移、速度、加速度都不相同,但各点的半径在相同时间Δt内扫过的角度$\Delta\theta$却是相同的.显然,用角坐标或角位置θ描述转动更为方便.

如图2-4-1(b)所示,设刚体绕固定轴O在纸面内逆时针转动,A为刚体上的一个质点,它与转轴的距离为r. t时刻,质点A与转轴O的连线与基准方向Ox轴的夹角为θ,称θ为角坐标(或角位置).刚体转动时θ随时间变化,它是时间t的函数,即

$$\theta=\theta(t) \tag{2-4-1}$$

式(2-4-1)称为刚体定轴转动的运动方程.

设t时刻,A点的角坐标是θ,经过一段时间Δt,即在$t+\Delta t$时刻,该质点的角坐标变为$\theta+\Delta\theta$. 那么,称$\Delta\theta$为Δt时间内A点的角位移,它也是刚体上每个质点的角位移,称为刚体的角位移.在国际单位制中,角坐标和角位移的单位是弧度,符号为rad.

与直线运动的描述类似,把刚体转过的角位移$\Delta\theta$与所用时间Δt之比

$$\bar{\omega}=\frac{\Delta\theta}{\Delta t} \tag{2-4-2}$$

称为Δt时间内的平均角速度.当$\Delta t\to 0$时,取式(2-4-2)的极限,得到刚体在t时刻的瞬时角速度,简称角速度,即

$$\omega=\lim_{\Delta t\to 0}\frac{\Delta\theta}{\Delta t}=\frac{\mathrm{d}\theta}{\mathrm{d}t} \tag{2-4-3}$$

可见,角速度等于角坐标对时间的一阶导数,它是描述刚体转动快慢的物理量.在国际单位制中,角速度的单位是弧度每秒,符号为rad/s.

除了用角速度描述物体转动快慢外,还可使用另一个量——转速.通常用符号n表示转速,它的单位是转每分,符号为r/min,表示物体每分钟绕行的圈数.角速度ω与转速n的关系为

$$\omega = \frac{2\pi}{60}n$$

2. 角加速度

在一般情况下,刚体的角速度是随时间变化的,为了描述角速度变化的快慢,引入角加速度的概念. 设在 Δt 时间内,刚体的角速度由 ω_0 变化到 ω,角速度的改变量 $\Delta\omega = \omega - \omega_0$,$\Delta\omega$ 与相应时间 Δt 的比值

$$\bar{\beta} = \frac{\Delta\omega}{\Delta t} \tag{2-4-4}$$

称为刚体在这段时间内的平均角加速度. 当 $\Delta t \to 0$ 时,取式(2-4-4)的极限,得到刚体在 t 时刻的瞬时角加速度,简称角加速度,即

$$\beta = \lim_{\Delta t \to 0}\frac{\Delta\omega}{\Delta t} = \frac{d\omega}{dt} = \frac{d^2\theta}{dt^2} \tag{2-4-5}$$

可见,角加速度等于角速度对时间的一阶导数,等于角坐标对时间的二阶导数,它是描述角速度变化快慢的物理量. 在国际单位制中,角加速度的单位是弧度每二次方秒,符号为 rad/s^2.

为了更好地理解这些描述刚体转动的物理量的物理意义,应该明确,角位移 $\Delta\theta$、角速度 ω 和角加速度 β,不但有大小,而且有转向. 在定轴转动的情况下,它们的转向可用正、负值来表示. 通常规定:沿逆时针转向的 $\Delta\theta$ 和 ω 取正,沿顺时针转向的 $\Delta\theta$ 和 ω 取负. 角加速度 β 的正负号与角速度改变量 $\Delta\omega = \omega - \omega_0$ 的正负一致. 当刚体做加速转动时,β 与 ω_0 同号;当刚体做减速转动时,β 与 ω_0 异号. 因此,这些量在具体计算时可以视为代数量.

显然,刚体中所有质点在任意相等的时间内的角位移都相等,因而各质点都具有相同的角速度和角加速度,这是刚体定轴转动的特点.

3. 刚体的匀变速转动

刚体绕定轴转动,如果在任意相等的时间内,角速度的变化都相同,这种运动称为匀变速转动. 匀变速转动的角加速度 β 为一恒量. 若用 ω_0 表示刚体在0时刻的角速度,用 ω 表示刚体在 t 时刻的角速度,用 $\Delta\theta$ 表示刚体从0时刻到 t 时刻这段时间内的角位移,仿照匀变速直线运动公式的推导,由 $\omega = \frac{d\theta}{dt}$ 和 $\beta = \frac{d\omega}{dt}$ 可得匀变速转动的相应公式为

$$\omega = \omega_0 + \beta t$$

$$\Delta\theta = \omega_0 t + \frac{1}{2}\beta t^2$$

$$\omega^2 - \omega_0^2 = 2\beta\Delta\theta$$

类似地,若以 ω_0 的转向为正方向,则刚体做匀加速转动时,角加速度 β 取正;刚体做匀减速转动时,角加速度 β 取负.

4. 角量和线量的关系

刚体定轴转动时,其上各质点的角速度和角加速度(称为"角量")都相等. 然而,刚体上各质点的速度 $\boldsymbol{v}$ 和加速度 $\boldsymbol{a}$(称为"线量")却不都相同. 那么角量和线量的关系是怎样的呢?

设距转轴 r 处质点线速度大小为 v,切向加速度为 a_τ,法向加速度为 a_n,角速度为 ω,

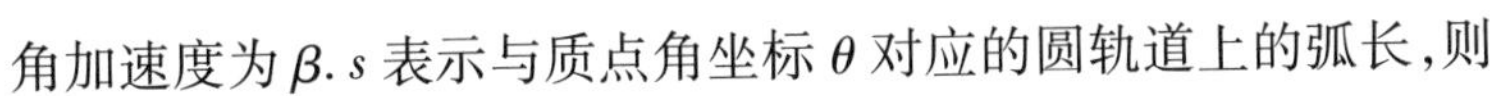

角加速度为β. s 表示与质点角坐标 θ 对应的圆轨道上的弧长，则

$$s = r\theta$$

式中：r 为质点距转轴的距离，即圆轨道的半径．将上式对时间求导数，并注意到线速度的大小 $v = \frac{\mathrm{d}s}{\mathrm{d}t}$，角速度 $\omega = \frac{\mathrm{d}\theta}{\mathrm{d}t}$，于是得

$$v = r\omega \tag{2-4-6}$$

式(2-4-6)表明，质点的线速度大小 v 与角速度 ω 成正比．将式(2-4-6)两边对时间求导数，并注意到切向加速度 $a_\tau = \frac{\mathrm{d}v}{\mathrm{d}t}$，角加速度 $\beta = \frac{\mathrm{d}\omega}{\mathrm{d}t}$，于是

$$a_\tau = r\beta \tag{2-4-7}$$

式(2-4-7)指出，质点的切向加速度 a_τ 与角加速度β 成正比．此外，利用 $a_n = v^2/r$，并借助式(2-4-6)，可得到法向加速度 a_n 与角速度 ω 的关系为

$$a_n = r\omega^2 \tag{2-4-8}$$

由角量和线量的关系，若已知刚体的角量，即可求出刚体上任一点的线量．

2.4.2　力矩、转动定律

我们知道：质点受外力作用时，它的运动状态会发生改变，也就是产生加速度．理论与实践告诉我们，当力作用于定轴转动的刚体时，刚体运动状态能否变化，以及变化的快慢程度，不仅与作用于刚体的力和它的质量有关，而且与力的作用线相对转轴的位置和刚体质量的分布有关．本节对这些因素进行介绍．

1. 力矩

为简单起见，假设刚体所受外力 $\boldsymbol{F}$ 与轴垂直，如图 2-4-2 所示．力 $\boldsymbol{F}$ 作用于刚体上的 P 点，其作用线到转轴的垂直距离 d 叫作力 $\boldsymbol{F}$ 相对转轴的力臂．物理上定义力的大小与其力臂的乘积为力对转轴力矩的大小．为了区分力矩对定轴转动刚体所产生的效果，我们规定：使刚体沿逆时针方向转动时，力矩为正；反之为负．以 M 表示力矩，则有 $M = \pm Fd$.

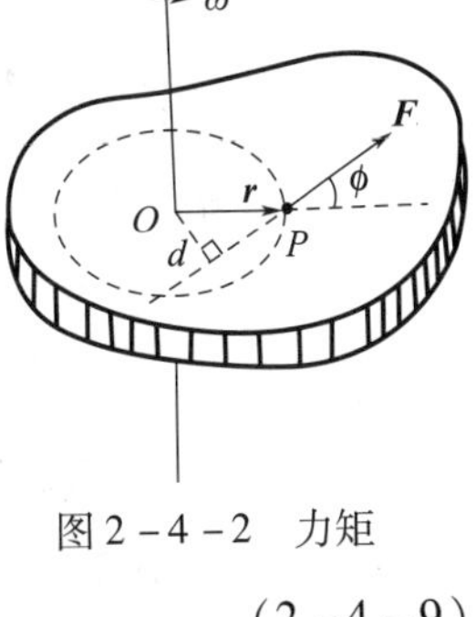

图 2-4-2　力矩

事实上，更具一般性的力矩表示是矢量表示. 如图 2-4-2 所示，力 $\boldsymbol{F}$ 的作用点 P 对转轴的径矢为 $\boldsymbol{r}$，$d = r\sin\phi$，因此

$$M = Fr\sin\phi \tag{2-4-9}$$

这正是两个矢量 $\boldsymbol{r}$、$\boldsymbol{F}$ 叉积的代数量，因此

$$\boldsymbol{M} = \boldsymbol{r} \times \boldsymbol{F} \tag{2-4-10}$$

力矩的矢量表示，既描述了力矩的大小，也描述了力矩的方向. 在国际单位制中，力矩的单位是牛顿·米，符号用 N·m.

在定轴转动中，如果有几个外力同时作用在刚体上，则它们的作用相当于某单个力矩的作用，这个力矩称为这些力的合力矩．由式(2-4-10)可分析出，对于定轴转动的刚体，$\boldsymbol{M}$ 的方向与定轴平行，所以，$\boldsymbol{M}$ 的方向只有两个可能的方向，并且方向相反．因此，这些力对转轴合力矩的量值等于这几个力各自对转轴力矩的代数和．

2. 转动惯量

刚体是一个特殊的质点系，因此对刚体的质量分布对其转动状态影响的描述，需要首先了解简单质点转动的描述.

1）质点的转动惯量

若一质量为 m 的质点绕轴 OO'转动，质点到轴的垂直距离为 r，定义质点的质量与质点到轴的垂直距离平方的乘积为此质点的转动惯量，即

$$J = mr^2 \tag{2-4-11}$$

2）质点系的转动惯量

对于由 n 个质量不连续分布的质点系绕一定轴转动，其转动惯量等于各个质点对轴转动惯量之和，即

$$J = J_1 + J_2 + J_3 + \cdots = m_1 r_1^{\ 2} + m_2 r_2^{\ 2} + m_3 r_3^{\ 2} + \cdots = \sum_{i=1}^{n} m_i r_i^{\ 2} \tag{2-4-12}$$

式中：m_i为第 i 个质点的质量；r_i为第 i 个质点到轴的垂直距离.

3）刚体的转动惯量

刚体是一个连续分布的质点系，其转动惯量由式(2-4-12)可得

$$J = \int r^2 \mathrm{d}m \tag{2-4-13}$$

式中：r 为质量微元 $\mathrm{d}m$ 到轴的垂直距离.

由此可见，刚体的转动惯量由三个因素决定：①刚体的总质量；②刚体的质量分布；③转轴的位置. 因此，刚体的质量越大、质量相对于转轴分布的距离越远，转动惯量就越大. 在国际单位制中，转动惯量的单位是千克・平方米，符号为 $\mathrm{kg \cdot m^2}$.

通常把刚体相对于通过刚体质心转轴的转动惯量称为对质心轴的转动惯量，用 J_C表示. 可以证明，刚体对任意轴的转动惯量为

$$J = J_\mathrm{C} + md^2 \tag{2-4-14}$$

式中：d 为平行于质心轴的轴到质心轴的距离. 这一规律称为平行轴定理.

对于形状不规则，质量分布也不均匀的刚体，转动惯量一般由实验测定. 形状规则、质量分布均匀的刚体，转动惯量可通过计算求得.

3. 刚体的定轴转动定律

刚体在合外力矩的作用下，刚体的转动状态将发生变化，也就是产生一个角加速度. 由牛顿第二定律可以得到

$$\boldsymbol{M} = J\boldsymbol{\beta} \tag{2-4-15}$$

刚体在合外力矩作用下产生的角加速度，与刚体所受合外力矩的大小成正比，与刚体的转动惯量成反比. 这就是刚体定轴转动定律. 由此可见，转动惯量是刚体转动惯性大小的量度，力矩是改变刚体转动状态的原因.

需要注意的是：①式(2-4-15)中 $\boldsymbol{M}$、J、$\boldsymbol{\beta}$ 都是对同一转轴而言的. ②转动定律反映的是力矩和角加速度的瞬时关系. ③ $\boldsymbol{\beta}$ 的正负与 $\boldsymbol{M}$ 的正负一致，因而当 $\boldsymbol{M}$ 与 $\boldsymbol{\omega}$ 符号相同时，刚体加速转动；当 $\boldsymbol{M}$ 与 $\boldsymbol{\omega}$ 符号相反时，刚体减速转动；当 $\boldsymbol{M}$ 为常量时，刚体做匀变速转动；当 $\boldsymbol{M}=0$ 时，刚体做匀速转动或静止不动.

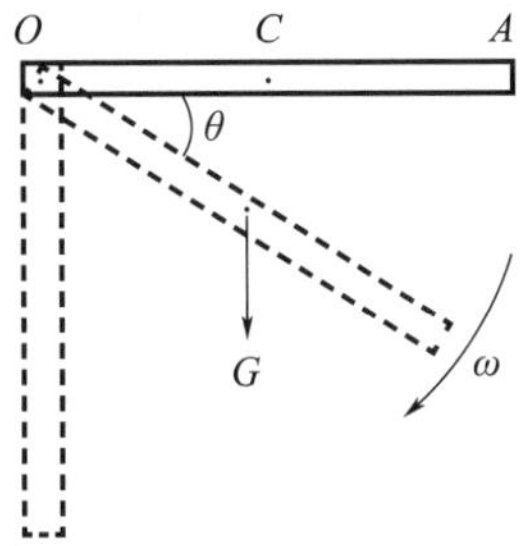

【例2-4-1】 如图2-4-3所示,一质量为m、长为l的均匀细杆,可绕通过其一端且与杆垂直的水平轴O转动.将此杆在水平位置由静止释放,求杆转到竖直位置时的角速度.

图2-4-3 例2-4-1图

解:杆所受竖直向下的重力G通过其质心,也就是杆的中心;轴对杆的支撑力N通过轴O,对转轴的力矩为零.当杆与水平方向成θ角时,重力矩大小为

$$M = mg\frac{1}{2}l\cos\theta$$

依转动定律得

$$mg\frac{1}{2}l\cos\theta = J\beta = J\frac{\mathrm{d}\omega}{\mathrm{d}t}$$

将$J = \frac{1}{3}ml^2$代入,得

$$\frac{g}{2}\cos\theta = \frac{l}{3}\frac{\mathrm{d}\omega}{\mathrm{d}t} = \frac{l}{3}\frac{\mathrm{d}\omega\mathrm{d}\theta}{\mathrm{d}\theta\mathrm{d}t}$$

因为$\omega = \frac{\mathrm{d}\theta}{\mathrm{d}t}$,所以上式可整理为

$$\omega\mathrm{d}\omega = \frac{3g}{2l}\cos\theta\mathrm{d}\theta$$

积分,得

$$\int_0^{\omega}\omega\mathrm{d}\omega = \int_0^{\frac{\pi}{2}}\frac{3g}{2l}\cos\theta\mathrm{d}\theta$$

解得

$$\omega = \sqrt{3g/l}$$

2.4.3 角动量、角动量守恒定律

1. 质点的角动量

设一质量为m的质点,以速度v运动,它的动量为$\boldsymbol{p} = m\boldsymbol{v}$,该质点对惯性系中某一参考点$O$的位置矢量为$\boldsymbol{r}$,该质点对$O$点的角动量$\boldsymbol{L}$定义为

$$\boldsymbol{L} = \boldsymbol{r} \times \boldsymbol{p} = \boldsymbol{r} \times m\boldsymbol{v} \tag{2-4-16}$$

由式(2-4-16)看出,角动量是位置矢量与动量的矢积.设位置矢量$\boldsymbol{r}$与动量$\boldsymbol{p}$之间的夹角为ϕ,则角动量的大小为

$$L = rp\sin\phi \tag{2-4-17}$$

方向由右手螺旋定则确定(图2-4-1).在国际单位制中,角动量的单位为kg·m²/s.

需要指出的是,质点的角动量与位置矢量$\boldsymbol{r}$和动量$\boldsymbol{p}$有关,也就是与参考点O的选择有关.因此在讲述角动量时,必须指明是对哪一点的角动量.

2. 质点的角动量定理

式(2-4-16)两边对时间进行微分得

$$\frac{\mathrm{d}\boldsymbol{L}}{\mathrm{d}t} = \frac{\mathrm{d}\boldsymbol{r}}{\mathrm{d}t} \times \boldsymbol{p} + \boldsymbol{r} \times \frac{\mathrm{d}\boldsymbol{p}}{\mathrm{d}t}$$

根据矢量叉乘和牛顿第二定律可知

$$\frac{\mathrm{d}\boldsymbol{r}}{\mathrm{d}t}\times\boldsymbol{p}=\boldsymbol{v}\times m\boldsymbol{v}=0$$

$$\boldsymbol{r}\times\frac{\mathrm{d}\boldsymbol{p}}{\mathrm{d}t}=\boldsymbol{r}\times\boldsymbol{F}=\boldsymbol{M}$$

因此

$$\boldsymbol{M}=\frac{\mathrm{d}\boldsymbol{L}}{\mathrm{d}t} \qquad (2-4-19)$$

式(2-4-19)表明:质点所受合力对 O 点的力矩等于质点对 O 的角动量随时间的变化率,这与牛顿第二定律 $\boldsymbol{F}=\frac{\mathrm{d}\boldsymbol{p}}{\mathrm{d}t}$在形式上是相似的. 该式还可写成 $\boldsymbol{M}\mathrm{d}t=\mathrm{d}\boldsymbol{L}$,$\boldsymbol{M}\mathrm{d}t$ 为力矩 $\boldsymbol{M}$ 与作用时间 $\mathrm{d}t$ 的乘积,叫冲量矩,在国际单位制中,冲量矩的单位是牛顿·米·秒,符号为 N·m·s. 式(2-4-19)对时间积分,得

$$\int_{t_1}^{t_2}\boldsymbol{M}\mathrm{d}t=\boldsymbol{L}_2-\boldsymbol{L}_1 \qquad (2-4-20)$$

式中:$\boldsymbol{L}_1$、$\boldsymbol{L}_2$ 分别为质点在时刻 t_1 和 t_2 对 O 点的角动量. 式(2-4-20)的物理意义是:对同一点 $\boldsymbol{O}$,在一段时间内作用于质点的合力矩的冲量矩等于质点角动量的增量. 这就是质点的角动量定理,是质点角动量定理的积分形式,式(2-4-19)是质点角动量定理的微分形式.

3. 质点的角动量守恒定律

由式(2-4-20)可知,当质点所受的合外力矩等于零时,则它的角动量保持不变,即如果 $\boldsymbol{M}=0$,则 $\boldsymbol{L}=$恒矢量. 这一结论称为质点角动量守恒定律.

当质点绕惯性系中某一固定点运动,且运动速度 $\boldsymbol{v}$ 和位置矢量 $\boldsymbol{r}$ 始终在同一平面内时,若它受到对固定点的合力矩为零,则其角动量为

$$L=mvr\sin\phi=\text{常量} \qquad (2-4-21)$$

式中:ϕ 为位置矢量 $\boldsymbol{r}$ 与速度 $\boldsymbol{v}$ 的夹角.

例如,地球绕太阳转动的轨道是椭圆,$\boldsymbol{r}$ 与 $\boldsymbol{v}$ 虽然在同一平面内,但它们不一定垂直,$\boldsymbol{M}=0$,因此地球的角动量守恒且满足式(2-4-21). 如果质点绕圆心 O(参考点)做圆周运动,则此时 $\boldsymbol{r}$ 与 $\boldsymbol{v}$ 始终垂直,其角动量守恒式可表示为 $L=rmv=$ 常量,或 $L=mr^2\omega=$ 常量.

【例 2-4-2】 如图 2-4-4 所示,一根穿过竖直管的轻绳一端系一小球,开始时小球在水平面内沿半径为 r_1 的圆周做圆周运动,然后向下拉绳子,使小球的运动轨道半径缩小到 r_2,求此时小球的动能与小球原有的动能之比.

解:小球受重力、支持力和绳子的拉力,相对于参考点圆心,重力和支持力的合力矩为 0,绳子的拉力不产生力矩,则合力矩为 0,小球角动量守恒. 设小球沿半径为 r_1、r_2 运动时速率分别为 v_1、v_2,$r_1mv_1=r_2mv_2$,则动能之比为

$$\frac{E_2}{E_1}=\frac{mv_2^2/2}{mv_1^2/2}=\frac{v_2^2}{v_1^2}=\left(\frac{r_1}{r_2}\right)^2$$

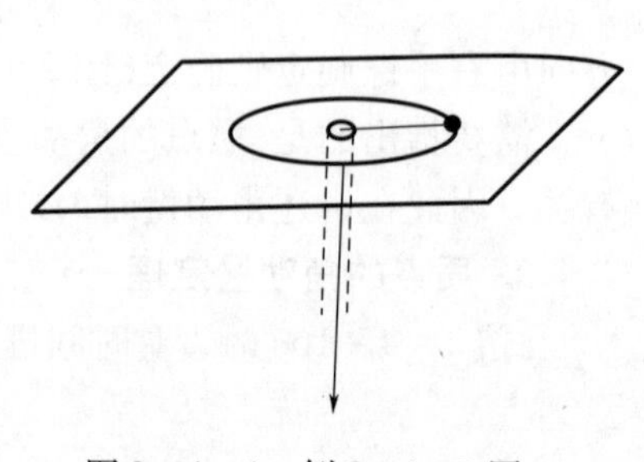

图 2-4-4 例 2-4-2 图

4. 定轴转动刚体的角动量

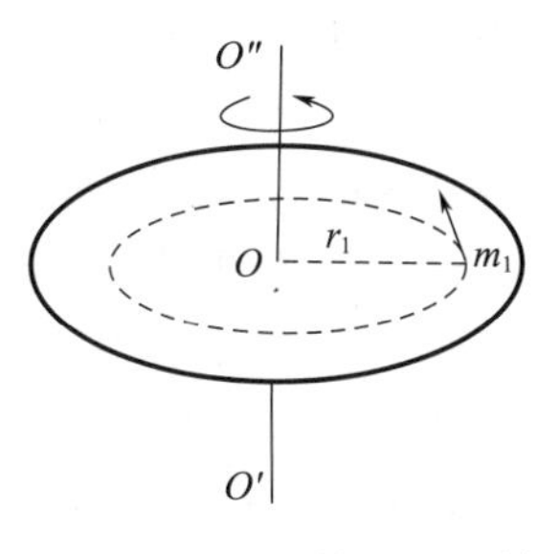

图 2-4-5　刚体对 $O'O''$轴的角动量

如图 2-4-5 所示,当刚体以角速度 ω 绕定轴 $O'O''$转动时,刚体上每个质点都以相同的角速度绕该定轴做圆周运动.其中任一质点 m_i对该定轴的角动量大小为

$$L_i = m_i v_i r_i = m_i r_i^2 \omega$$

式中:r_i为质点 m_i到转轴的垂直距离.整个刚体对 $O'O''$轴的角动量大小应是刚体所有质点对 $O'O''$轴的角动量大小之和,即

$$L = \sum L_i = \sum m_i r_i^2 \omega$$

式中:$\sum m_i r_i^2$ 为刚体对 $O'O''$轴的转动惯量 J,于是

$$L = J\omega \qquad (2-4-22)$$

式(2-4-22)说明:刚体对定轴的角动量大小,等于它对该定轴的转动惯量与角速度大小的乘积.这个关系式与质点动量的表达式 $\boldsymbol{p} = m\boldsymbol{v}$ 在形式上相似.

5. 刚体定轴转动的角动量定理

由刚体定轴转动定律 $M = J\beta = J\dfrac{d\omega}{dt} = \dfrac{dL}{dt}$可得

$$M dt = dL$$

刚体在合外力矩 M 作用下,在时间 $\Delta t = t_2 - t_1$内,其角速度由 ω_1 变为 ω_2,则

$$\int_{t_1}^{t_2} M dt = \int_{L_1}^{L_2} dL = L_2 - L_1 = J\omega_2 - J\omega_1 \qquad (2-4-23)$$

式(2-4-23)表明:一段时间内作用于刚体的合外力矩的冲量矩等于在这段时间内刚体角动量的增量,这一关系称为刚体转动的角动量定理.

导出上述公式时,我们假定定轴转动的物体是刚体,因而 J 是常量.在实际中,某些物体(例如非刚体)的转动惯量可以发生变化,在这种情况下,物体定轴转动的角动量定理为

$$\int_{t_1}^{t_2} M dt = J_2\omega_2 - J_1\omega_1 \qquad (2-4-24)$$

式中:J_1、J_2分别为物体在时刻 t_1和时刻 t_2的转动惯量.

6. 刚体的角动量守恒定律

由式(2-4-24)可知,当刚体所受的合外力矩等于零时,其角动量保持不变,即如果 $\boldsymbol{M} = 0$,则 $\boldsymbol{L} =$ 恒矢量.这一结论称为刚体角动量守恒定律.

当物体绕定轴转动时,受到的合外力矩为零,且转动惯量保持不变,则 $J\omega =$ 常量,故 $\omega =$ 常量,物体做匀角速转动;如果转动惯量可以改变,则 $J_1\omega_1 = J_2\omega_2 =$ 常量,物体的角速度随转动惯量的改变而变化,但乘积 $J\omega$ 保持不变.当 J 变大时,ω 变小;当 J 变小时,ω 变大.对几个物体组成的系统,只要合外力矩为零,系统的总角动量也是守恒的,即

$$J_1\omega_1 + J_2\omega_2 + \cdots + J_n\omega_n = \sum_{i=1}^{n} J_i\omega_i = \text{恒量} \qquad (2-4-25)$$

这一结论在实际生活中有着广泛的应用.例如,花样滑冰表演者或芭蕾舞演员,绕通过重心的铅直轴高速旋转时,由于外力(重力和水平面的支撑力)对轴的力矩总为零,因此表演者对旋转轴角动量守恒.他们可以通过伸展或收回手脚(改变对轴的转动惯量)的

动作来调节旋转的角速度.

这个结论可以通过双手握哑铃的人站在转台上表演给予定性证明. 如图 2-4-6 所示,若忽略转台轴间摩擦力矩和空气阻力矩等影响,则系统(人与转台)对转轴的角动量守恒. 开始时,先使人和转台一起转动,当人将手臂逐渐伸平时,对转轴的转动惯量增大,角速度变小;当手臂收回时,转动惯量减小,角速度变大.

如图 2-4-7 所示的演示系统,一人站在转台上手握转轮并使其轴保持铅直. 开始时轮和转台都不转动,当人用另一只手使轮转动时,则可以看到转台将和轮反向转动. 请读者自己分析这一演示现象如何解释. 这个演示现象非常直观地告诉我们一个事实,即内力矩可以改变系统内部各组成部分的角动量,但不能改变系统的总角动量.

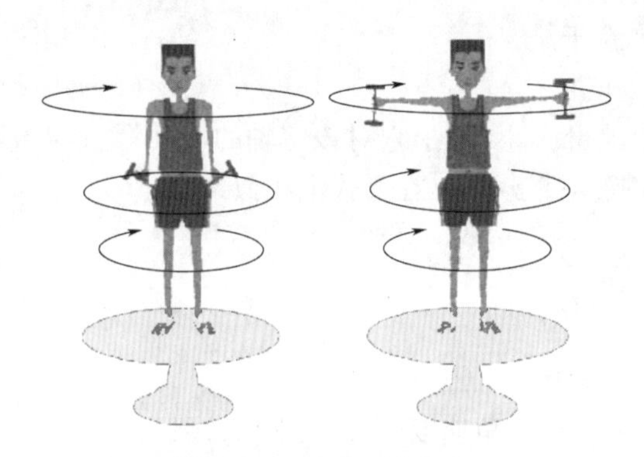

图 2-4-6 角速度变化

图 2-4-7 转轮和转台转向相反

角动量守恒定律在工程实际中也有着广泛应用,如直升飞机在尾部装一个在竖直平面内转动的尾翼,产生一反向角动量,以抵消主翼在水平面内旋转时产生的角动量,从而避免直升飞机在水平面内打转,这也可用角动量守恒定律给以解释.

角动量守恒定律是自然界普遍适用的定律之一. 它不仅适用于包括天体在内的宏观问题,而且适用于原子、原子核等牛顿定律已不适用的微观问题,因此角动量守恒定律是比牛顿定律更为基本的定律.

【例 2-4-3】 如图 2-4-8 所示,一质量为 M、半径为 R 的转动平台,可绕过中心的竖直轴转动,质量为 m 的人站在台的边缘. 最初,人和台都处于静止状态;后来,人在台的边缘开始跑动,设人的角速度大小(相对地面)为 ω,求此时转台的角速度大小.(忽略空气和转轴的摩擦阻力矩)

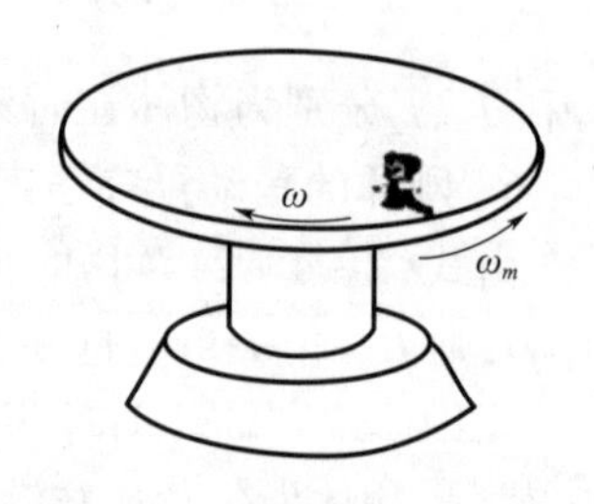

图 2-4-8 例 2-4-3 图

解:以人和转台组成的系统为研究对象,系统所受外力(重力、支持力等)由于与转轴平行或者通过转轴而使合外力矩为零,故系统的角动量守恒.

初始状态,人和转台都静止,角动量为零,即 $\boldsymbol{L}_0=0$;末状态,人的角动量为 $mR^2\omega$,假设转台的角速度为 ω_m,则它的角动量应为

$$J\omega_m=\frac{1}{2}MR^2\omega_m$$

末状态系统的总角动量为

$$L = mR^2\omega + \frac{1}{2}MR^2\omega_m$$

由角动量守恒定律知

$$L = L_0 = 0$$

解得

$$\omega_m = -\frac{2m}{M}\omega$$

这个结果说明,转台相对地面以$\frac{2m}{M}\omega$的角速度沿与人跑动相反的方向转动.

由本题看出,角动量守恒不是指构成系统的各部分的角动量始终不变,而是指系统的总角动量不变.当外力矩等于零,转动系统的一部分由于内力矩作用而改变转动状态时,此系统的另外部分的转动状态将发生相应的变化以实现系统的角动量守恒.

2.5　机械振动基础

机械振动是指物体或质点在其平衡位置附近做有规律的往复运动,日常生活中经常见到机械振动现象,如树叶的摆动、摆钟摆锤的运动、飞鸟扇动的翅膀等,都是机械振动.机械振动种类很多,也相当复杂.但是,所有的复杂振动都可以分解为简单振动来研究.本节研究简单的简谐振动.

2.5.1　简谐振动

物体运动时,如果其离开平衡位置的位移(或角位移)按余弦函数(或正弦函数)规律随时间变化,则这种运动称为简谐振动,简称谐振动.在忽略阻力的情况下,弹簧振子的小幅振动、单摆的小角度振动都是简谐振动.简谐振动是一种最简单和最基本的振动,一切复杂的振动都可以看作是由若干个简谐振动合成的结果.下面以弹簧振子为例讨论简谐振动的特征及其运动规律.

1. 简谐振动的特征及其表达式

如图2-5-1所示,质量为m的物体系于一端固定的轻弹簧(弹簧的质量相对于物体来说可以忽略不计)的自由端,这样的弹簧和物体系统就称为弹簧振子.如将弹簧振子水平放置,当弹簧为原长时,物体所受的合力为零,处于平衡状态,此时物体所在的位置就是平衡位置,如果把物体略加位移后释放,这时由于弹簧被拉长或被压缩,因此有指向平衡位置的弹性力作用在物体上,迫使物体返回平衡位置.这样,在弹性力的作用下,物体在其平衡位置附近做往复运动.

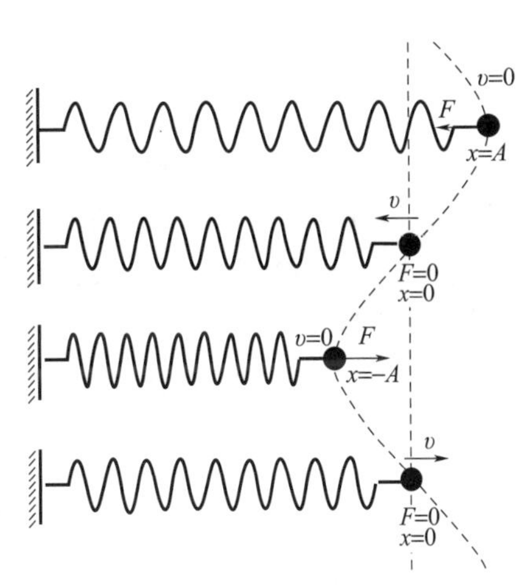

图2-5-1　弹簧振子的振动

取物体的平衡位置为坐标原点,物体沿x轴运动,向右为正向.在小幅度振动情况,根据胡克定

律，物体所受的弹性力 F 与弹簧的伸长即物体相对平衡位置的位移 x 成正比，即

$$F = -kx$$

式中：k 是弹簧的劲度系数，负号表示力和位移的方向相反．

根据牛顿第二定律，物体的加速度为

$$\frac{\mathrm{d}^2x}{\mathrm{d}t^2} = \frac{F}{m} = -\frac{k}{m}x$$

对于一个给定的弹簧振子，k 和 m 都是正值常量，取

$$k/m = \omega^2 \tag{2-5-1}$$

于是有

$$\frac{\mathrm{d}^2x}{\mathrm{d}t^2} + \omega^2 x = 0 \tag{2-5-2}$$

这一微分方程的解为

$$x = A\cos(\omega t + \phi_0) \tag{2-5-3a}$$

因为 $\cos(\omega t + \phi_0) = \sin\left(\omega t + \phi_0 + \frac{\pi}{2}\right)$，因此可令

$$\phi_0' = \phi_0 + \frac{\pi}{2}$$

于是有

$$x = A\sin(\omega t + \phi_0') \tag{2-5-3b}$$

式(2-5-3b)也是微分方程(2-5-2)的解．式中 A 和 ϕ_0（或 ϕ_0'）为积分常数，它们的物理意义和确定方法将在后面讨论．由上可见，弹簧振子运动时，物体相对平衡位置的位移按余弦（或正弦）函数随时间变化，所作的正是简谐振动．

由弹簧振子的振动可知，如果物体受到的力总是与物体对其平衡位置的位移大小成正比、方向相反，那么，该物体的运动就是简谐振动．这种性质的力称为线性回复力．这就是物体作简谐振动的动力学特征．

根据速度和加速度的定义，还可以得到物体作简谐振动时的速度和加速度：

$$v = \frac{\mathrm{d}x}{\mathrm{d}t} = -\omega A\sin(\omega t + \phi_0) = -v_m\sin(\omega t + \phi_0) \tag{2-5-4}$$

$$a = \frac{\mathrm{d}^2x}{\mathrm{d}t^2} = -\omega^2 A\cos(\omega t + \phi_0) = -a_m\cos(\omega t + \phi_0) \tag{2-5-5}$$

式中：$v_m = \omega A$ 和 $a_m = \omega^2 A$ 分别为速度幅值和加速度幅值．由此可见，物体作简谐振动时，其速度和加速度也随时间作周期性变化．图2-5-2给出了简谐振动的位移、速度、加速度与时间的关系．

在振动的起始时刻，即 $t=0$ 时，物体的初位移为 x_0、初速度为 v_0，代入式(2-5-3a)和(2-5-4)，得

$$\begin{cases} x_0 = A\cos\phi_0 \\ v_0 = -\omega A\sin\phi_0 \end{cases} \tag{2-5-6}$$

于是得两个积分常数

$$
\begin{cases}
A = \sqrt{x_0^2 + \dfrac{v_0^2}{\omega^2}} \\
\phi_0 = \arctan\left(-\dfrac{v_0}{\omega x_0}\right)
\end{cases}
\tag{2-5-7}
$$

振动物体在 $t=0$ 时的位移 x_0 和速度 v_0 常称为振动的初始条件.

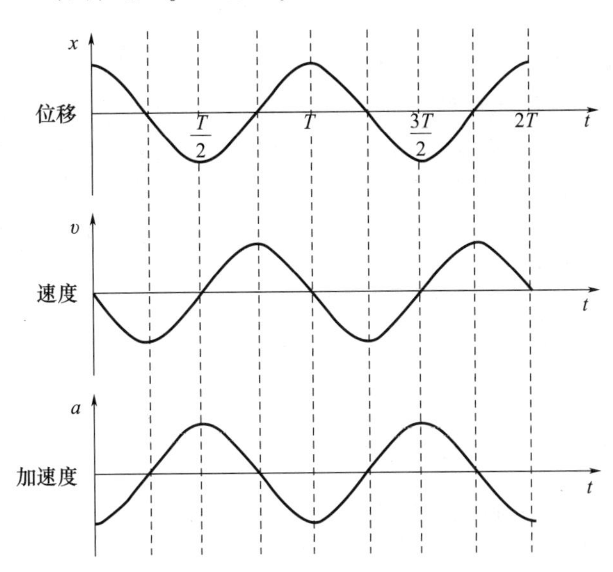

图2-5-2　简谐振动中的位移、速度、加速度与时间的关系

2. 简谐振动的特征量

1）振幅

在简谐振动表达式中,因余弦(或正弦)函数的绝对值不能大于1,所以物体的振动范围在 $+A$ 和 $-A$ 之间,我们把作简谐振动的物体离开平衡位置的最大位移的绝对值 A 称为振幅.

2）周期和频率

简谐振动的特征之一是运动具有周期性,我们把完成一次完整振动所经历的时间称为周期,用 T 表示. 因此,每隔一个周期,振动状态就完全重复一次,即

$$x = A\cos[\omega(t+T)+\phi_0] = A\cos(\omega t+\phi_0)$$

满足上述方程的 T 的最小值应为 $\omega T = 2\pi$,所以

$$T = \frac{2\pi}{\omega} \tag{2-5-8}$$

单位时间内物体所作的完全振动的次数称为频率,用 ν 或 f 表示,单位为赫兹,符号是 Hz. 显然,频率与周期的关系为

$$\nu = \frac{1}{T} = \frac{\omega}{2\pi} \tag{2-5-9}$$

所以 ω 表示物体在 2π 时间内所做的完全振动的次数,称为振动的角频率,也称圆频率,它的单位是 rad/s.

对于弹簧振子,$\omega = \sqrt{k/m}$,所以弹簧振子的周期和频率为

$$T=2\pi\sqrt{m/k}$$

$$\nu=\frac{1}{2\pi}\sqrt{k/m}$$

由于弹簧振子的质量 m 和劲度系数 k 是其本身固有的性质,所以周期和频率完全取决于振动系统本身的性质,因此常称为固有周期和固有频率.

3) 相位和初相位

在角频率 ω 和振幅 A 已知的简谐振动中,由式(2-5-3a)、式(2-5-4)和式(2-5-5)可知,振动物体在任一时刻 t 的运动状态(位移、速度、加速度)都由($\omega t+\phi_0$)决定.($\omega t+\phi_0$)是决定简谐振动运动状态的物理量,称为振动的相位. 显然,ϕ_0 是 $t=0$时的相位,称为初相位. 物体的振动,在一个周期之内,每一时刻的运动状态都不相同,这相当于相位经历从 0 到 2π 的变化. 例如,在用余弦函数表示的简谐振动中,若某时刻$(\omega t+\phi_0)=0$,即相位为零,则可决定该时刻 $x=A,v=0,a=-A\omega^2$,表示物体在正位移最大处而速度为零,加速度为负的最大值;当$(\omega t+\phi_0)=\frac{\pi}{2}$时,即相位为$\frac{\pi}{2}$,则 $x=0$,$v=-A\omega,a=0$,表示物体在平衡位置并以最大速率向 x 轴负方向运动,加速度为零;当$(\omega t+\phi_0)=\frac{3\pi}{2}$时,$x=0,v=A\omega,a=0$,这时物体也在平衡位置,但以最大速率向 x 轴正方向运动,加速度也为零. 可见,不同的相位表示不同的运动状态. 凡是位移和速度都相同的运动状态,它们所对应的相位相差 2π 或 2π 的整数倍. 由此可见,相位是反映周期性特点,并用以描述运动状态的重要物理量.

相位概念的重要性还在于比较两个简谐振动之间在"步调"上的差异. 设有两个同频率的简谐振动,它们的振动表达式为

$$x_1=A_1\cos(\omega t+\phi_{10})$$

$$x_2=A_2\cos(\omega t+\phi_{20})$$

它们的相位差为

$$\Delta\phi=(\omega t+\phi_{20})-(\omega t+\phi_{10})=\phi_{20}-\phi_{10}$$

即它们在任意时刻的相位差都等于它们的初相位差. 当 $\Delta\phi$ 等于 0 或 2π 的整数倍时,这时两振动物体将同时到达各自同方向的位移的最大值,同时通过平衡位置而且向同方向运动,它们的步调完全相同,称这样的两个振动为同相,当 $\Delta\phi$ 等于 π 或者 π 的奇数倍时,一个物体达到正的最大位移,另一个物体到达负的最大位移处,它们同时通过平衡位置但向相反方向运动,即两个振动的步调完全相反. 称这样的两个振动为反相.

当 $\Delta\phi$ 为其他值时,如果 $\phi_{20}-\phi_{10}>0$,则称第二个简谐振动超前第一个振动 $\Delta\phi$,或者说第一个振动落后于第二个振动 $\Delta\phi$. 图 2-5-3 展示了两个同频率同振幅不同初相位的简谐振动的位移时间曲线. 简谐振动(2)和(1)具有恒定相位差 $\phi_{20}-\phi_{10}$,它们步调上相差时间 $\Delta t=(\phi_{20}-\phi_{10})/\omega$. 图 2-5-3(b)、(c)、(d)表示几种具有不同相位差的简谐振动. 在图 2-5-3(b)中,振动(2)比振动(1)超前 $3\pi/2$,也可以说,振动(2)比振动(1)落后 $\pi/2$.

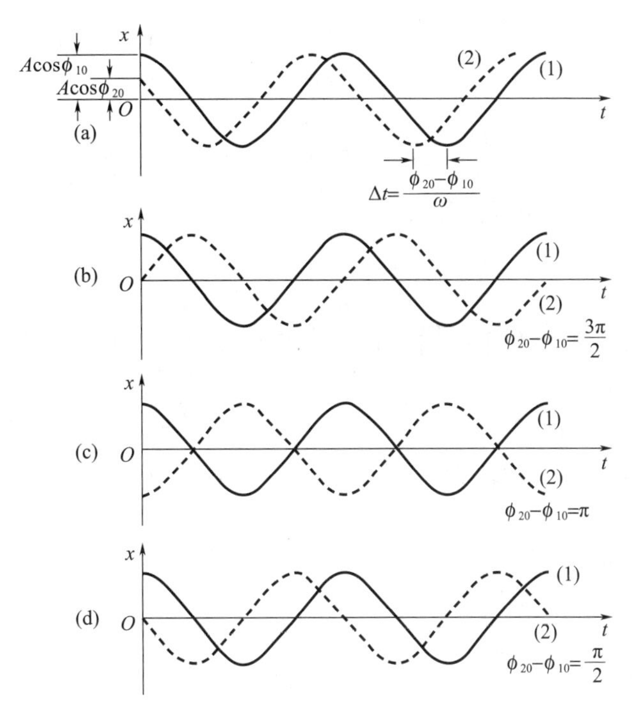

图 2－5－3　两个同振幅、同频率而不同初相的简谐振动的位移时间曲线

相位不但用来比较简谐振动相同物理量变化的步调，也可以比较不同物理量变化的步调．例如，比较物体作简谐振动时的速度、加速度和位移变化的步调，如果我们把速度和加速度的表达式(2－5－4)和式(2－5－5)改写为

$$v=-v_m\sin(\omega t+\phi_0)=v_m\cos\left(\omega t+\phi_0+\frac{\pi}{2}\right)$$

$$a=-a_m\cos(\omega t+\phi_0)=a_m\cos(\omega t+\phi_0+\pi)$$

可以看出，除幅值不同外，速度的相位比位移的相位超前 $\pi/2$，加速度的相位比位移的相位超前 π，或者说落后 π，也就是两者是反相的．速度的相位比加速度的相位落后 $\pi/2$.

【例 2－5－1】　一物体沿 x 轴作简谐振动，振幅 $A=0.12\text{m}$，周期 $T=2\text{s}$. 当 $t=0$ 时，物体的位移 $x=0.06\text{m}$，且向 x 轴正方向运动．求：(1)此简谐振动的表达式；(2)$t=T/4$ 时物体的位置、速度和加速度；(3)物体从 $x=-0.06\text{m}$ 向 x 轴负方向运动，第一次回到平衡位置所需的时间．

解：(1)设这一简谐振动的表达式为

$$x=A\cos(\omega t+\phi_0)$$

由题意知 $A=0.12\text{m}$，$T=2\text{s}$，所以，$\omega=2\pi/T=\pi\text{s}^{-1}$.

由初始条件，即 $t=0$ 时，$x=0.06\text{m}$，可得

$0.06=0.12\cos\phi_0$，$\phi_0=\pm\pi/3$.

由于 $t=0$ 时，物体向 x 轴正方向运动，即 $v_0>0$，所以，$\phi_0=-\pi/3$，那么此简谐振动的表达式为

$$x=0.12\cos\left(\pi t-\frac{\pi}{3}\right)\quad \text{m}$$

(2) 由(1)中简谐振动表达式得

$$v = \frac{dx}{dt} = -0.12\pi\sin\left(\pi t - \frac{\pi}{3}\right) \quad m/s$$

$$a = \frac{dv}{dt} = -0.12\pi^2\cos\left(\pi t - \frac{\pi}{3}\right) \quad m/s^2$$

当 $t = T/4 = 0.5s$ 时,由以上各式可求得

$$x = 0.12 \times \cos\left(\pi \times 0.5 - \frac{\pi}{3}\right) \quad m = 0.06\sqrt{3}\,m = 0.104m$$

$$v = -0.12 \times \pi\sin\left(\pi \times 0.5 - \frac{\pi}{3}\right) \quad m/s = -0.06\pi m/s = 0.18m/s$$

$$a = -0.12 \times \pi^2\cos\left(\pi \times 0.5 - \frac{\pi}{3}\right) \quad m/s^2 = -0.06\sqrt{3}\pi^2 m/s^2 = -1.03m/s^2$$

(3) 设 $x = -0.06m$ 的时刻为 t_1,得 $-0.06 = 0.12\cos(\pi t_1 - \pi/3)$,即 $\cos(\pi t_1 - \pi/3) = -1/2$.

因为物体向 x 轴负方向运动,$v < 0$,所以 $\pi t_1 - \pi/3 = 2\pi/3$,即 $t_1 = 1s$.

设物体第一次回到平衡位置的时刻为 t_2,由于物体向 x 轴正向运动,所以此时物体在平衡位置处的相位为 $3\pi/2$,故

$$\pi t_2 - \pi/3 = 3\pi/2$$

所以

$$t_2 \approx 1.83s$$

故物体从 $-0.06m$ 处第一次回到平衡位置所需时间为

$$\Delta t = t_2 - t_1 = 0.83s$$

3. 简谐振动的能量

现在仍以水平弹簧振子为例来讨论简谐振动的能量. 此时系统除了具有动能以外,还具有势能. 振动物体的动能为

$$E_k = mv^2/2$$

如果取物体在平衡位置的势能为零,则弹性势能为

$$E_p = kx^2/2$$

将式(2-5-3a)和式(2-5-4)代入上式,得

$$E_k = \frac{1}{2}m\omega^2A^2\sin^2(\omega t + \phi_0) \tag{2-5-10}$$

$$E_p = \frac{1}{2}kA^2\cos^2(\omega t + \phi_0) \tag{2-5-11}$$

式(2-5-10)和式(2-5-11)说明物体作简谐振动时,其动能和势能都随时间 t 作周期性变化. 位移最大时,势能达最大值,动能为零;物体通过平衡位置时,势能为零,动能达最大值. 由于在运动过程中,弹簧振子不受外力和非保守内力的作用,其总能量守恒

$$E = E_k + E_p = \frac{1}{2}m\omega^2A^2\sin^2(\omega t + \phi_0) + \frac{1}{2}kA^2\cos^2(\omega t + \phi_0)$$

考虑到 $\omega^2 = k/m$,则上式简化为

$$E = kA^2/2$$

上式说明:谐振系统在振动过程中的动能和势能虽然分别随时间而变化,但总的机械

能在振动过程总是常量. 简谐振动系统的总能量和振幅的平方成正比,这一结论对于任一谐振系统都是成立的.

2.5.2 简谐振动的合成

在实际问题中,常会遇到一个质点同时参与几个振动的情况. 根据运动叠加原理,这时质点所作的运动实际上就是这两个振动的合成. 一般的振动合成问题比较复杂,下面研究几种简单的情况.

1. 同方向同频率的两个简谐振动的合成

设一质点在一直线上同时进行两个独立的同频率的简谐振动,取这一直线为 x 轴,以质点的平衡位置为原点,在任一时刻 t,这两个振动的位移分别为

$$x_1 = A_1\cos(\omega t + \phi_{10})$$

$$x_2 = A_2\cos(\omega t + \phi_{20})$$

式中:A_1、A_2和 ϕ_{10}、ϕ_{20}分别表示两个振动的振幅和初相位. 既然 x_1和 x_2都表示在同一直线方向上、距离同一平衡位置的位移,所以合位移 x 仍在同一直线上,为上述两个位移的代数和,即

$$x = x_1 + x_2 = A\cos(\omega t + \phi_0) \tag{2-5-12}$$

式中:A 和 ϕ_0的值分别为

$$A = \sqrt{A_1^2 + A_2^2 + 2A_1A_2\cos(\phi_{20} - \phi_{10})} \tag{2-5-13a}$$

$$\tan\phi_0 = \frac{A_1\sin(\phi_{10}) + A_2\sin(\phi_{20})}{A_1\cos(\phi_{10}) + A_2\cos(\phi_{20})} \tag{2-5-13b}$$

这说明合振动仍是简谐振动,其振动方向和频率与两个原振动相同.

由式(2-5-13a)可以看出,合振动的振幅与原来的两个振动的相位差 $\Delta\phi = \phi_{20} - \phi_{10}$有关. 下面讨论两个特例,将来在研究声、光等波动过程的干涉和衍射现象时,这两个特例会经常用到.

(1) 两振动同相,即相位差 $\Delta\phi = 2k\pi$,$(k = 0, \pm1, \pm2, \cdots)$,$\cos\Delta\phi = 1$,按式(2-5-13a)得

$$A = \sqrt{A_1^2 + A_2^2 + 2A_1A_2} = A_1 + A_2$$

这就是合振动振幅达到的最大值.

(2) 两振动反相,即相位差 $\Delta\phi = (2k+1)\pi$,$(k = 0, \pm1, \pm2, \cdots)$,$\cos\Delta\phi = -1$,按式(2-5-13a)得

$$A = \sqrt{A_1^2 + A_2^2 - 2A_1A_2} = |A_1 - A_2|$$

这就是合振动振幅达到的最小值. 如果 $A_1 = A_2$,即 $A = 0$,就是说振动合成的结果使质点处于静止状态.

一般情形下,$\Delta\phi = \phi_{20} - \phi_{10}$是其他任意值时,合振动的振幅在 $A_1 + A_2$ 与 $|A_1 - A_2|$之间. 上述结果表明,两个振动的相位差对合振动起着重要作用.

2. 振动方向相互垂直的简谐振动的合成

当一质点同时参与两个不同方向的振动时,质点的位移是这两个振动的位移的矢量和,在一般情形下,质点将在平面上作曲线运动,质点的轨道可有各种形状,轨道的形状由两个振动的周期振幅和相位差决定.

为简单起见,我们仅讨论两个相互垂直、同频率的简谐振动合成.设两个简谐振动的振动方向分别沿 x 轴和 y 轴,振动表达式分别为

$$x = A_1\cos(\omega t + \phi_{10})$$

$$y = A_2\cos(\omega t + \phi_{20})$$

式中:ω 为两个振动的角频率;A_1、A_2 和 ϕ_{10}、ϕ_{20} 分别表示两个振动的振幅和初相位.在任一时刻 t,质点的位置是 (x,y).t 改变时,(x,y) 也改变.以上两方程就是用参量 t 来表示质点的运动轨迹的参量方程.把参量 t 消去,可得到运动轨迹的直角坐标方程,即

$$\frac{x^2}{A_1^2} + \frac{y^2}{A_2^2} - 2\frac{xy}{A_1A_2}\cos(\phi_{20} - \phi_{10}) = \sin^2(\phi_{20} - \phi_{10}) \qquad (2-5-14)$$

一般地说,上述方程是椭圆方程.因为质点的位移 x 和 y 在有限范围内变动,所以椭圆轨道不会超出以 $2A_1$ 和 $2A_2$ 为边的矩形范围,椭圆的性质(即长短轴的大小和方位),由相位差 $(\phi_{20} - \phi_{10})$ 决定.下面分析四种特殊的情形.

(1) $\phi_{20} - \phi_{10} = 0$,即两振动同相.在这种情况下,由式(2-5-14)可知

$$y = (A_2/A_1)x$$

因此,质点的轨迹是一条直线.这条直线通过坐标原点,斜率是这两个振动振幅之比 A_2/A_1,如图 2-5-4(a)所示.在任一时刻 t,质点离开平衡位置的位移

$$s = \sqrt{x^2 + y^2} = \sqrt{A_1^2 + A_2^2}\cos(\omega t + \phi_0)$$

所以合运动也是简谐振动,周期等于原来的周期,振幅为 $A = \sqrt{A_1^2 + A_2^2}$.

(2) $\phi_{20} - \phi_{10} = \pi$,即两振动反相,那么质点在另一条直线 $y = -(A_2/A_1)x$ 上作同频率的简谐振动,其振幅等于 $\sqrt{A_1^2 + A_2^2}$,见图 2-5-4(c).

(3) $\phi_{20} - \phi_{10} = \pi/2$,这时式(2-5-14)变为

$$\frac{x^2}{A_1^2} + \frac{y^2}{A_2^2} = 1$$

即质点运动的轨道是以坐标轴为主轴的椭圆,见图 2-5-4(b).椭圆上的箭头表示质点运动的方向.

(4) $\phi_{20} - \phi_{10} = -\pi/2$(或 $3\pi/2$)时,运动方向与上例相反,见图 2-5-4(d).当两个简谐振动的相位差为 $\phi_{20} - \phi_{10} = \pm\pi/2$,振幅相等时,椭圆将变为圆.

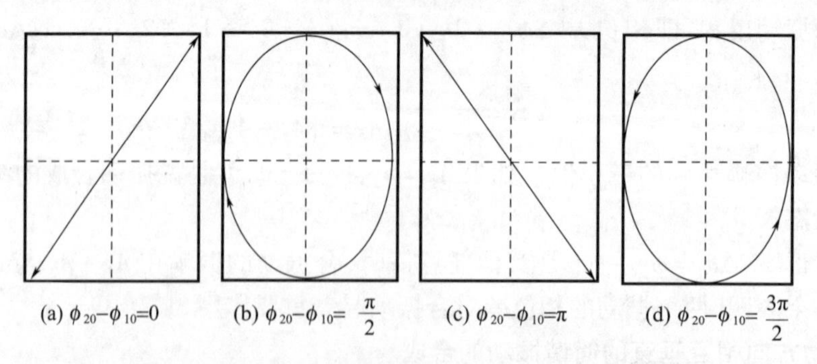

图 2-5-4 两个相互垂直的振幅不同、频率相同的简谐振动的合成

总之,两个相互垂直的同频率简谐振动合成时,合运动的轨迹是椭圆.椭圆的性质视两个振动的相位差 $(\phi_{20} - \phi_{10})$ 而定.图 2-5-4 展示了几种特殊情况的振动方向相互垂

直、频率相同的简谐振动合成后质点的运动轨迹．因此，沿直线的简谐振动、匀速圆周运动、椭圆运动都可以分解成为两个相互垂直的简谐振动．通过这些例子，可使我们对运动叠加原理的认识更加深刻．

当两个振动的频率不相等时，合成的运动比较复杂．但若两个振动的频率有简单的整数比关系，也可得到稳定的封闭运动轨迹．图 2－5－5 展示了两个具有不同频率比(2∶1、3∶1 和 3∶2)、相互垂直的简谐振动的合运动的轨迹，这样的曲线称为李萨如图．当然，频率比不同，李萨如图也不同．利用李萨如图，可由已知一个简谐振动的频率求得另一个振动的未知频率；如频率比已知，可利用李萨如图确定相位关系，这是无线电技术中常用的测定频率、确定相位关系的方法．

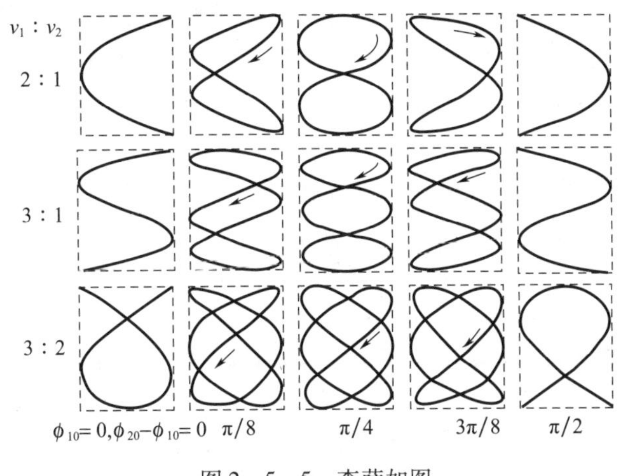

图 2－5－5　李萨如图

2.6　机械波基础

振动状态的传播就是波动，简称波，波动是物质运动的一种普遍的形式．激发波动的振动系统称为波源．通常将波动分为两大类：一类是机械振动在介质中的传播，称为机械波，如水波、声波；另一类是变化电场和变化磁场在空间的传播，称为电磁波，如无线电波、光波、X 射线、γ 射线等．机械波和电磁波在本质上虽然不同，但都具有波动的共同特征．本节以机械波为例，学习波的特征与基本规律．

2.6.1　机械波的产生和传播

1. 机械波产生的条件

在弹性介质内部，怎样才能产生机械波呢？在弹性介质中，各质点间是由弹性力互相联系的．如果介质中有一个质点 P 因受外界扰动而离开其平衡位置，则质点 P 周围的质点将对 P 产生弹性力以对抗这一扰动，使 P 回到平衡位置，并在平衡位置附近作振动．与此同时，当 P 偏离其平衡位置时，P 周围的质点也受到 P 的弹性力作用，于是周围质点也离开各自平衡位置，并使周围质点对其邻接的外围质点产生弹性力，从而由近及远地使周围质点、外围质点以及更外围的质点，都在弹性力的作用下陆续振动起来．这就是说，介质中一个质点的振动引起邻近质点的振动，邻近质点的振动又引起较远质点的振动，于是振动就以一定的速度由近及远地向各个方向传播出去，形成波动．由此可见，机械波的产生，首先要有可以作机械振动的介质，其次介质中的质点间可以产生相互作用，从而把机械振动向外传播．声带、乐器等都是波源，而空气则是传播振动的介质．

应当注意，波动是振动状态的传播，介质中各质点并不随波前进，只在各自的平衡位置附近振动．振动状态的传播速度称为波速．应该注意区分波速与质点的振动速度，不要把两者混淆起来．质点的振动方向和波动的传播方向并不一定相同．

2. 横波和纵波

若质点的振动方向和波的传播方向相互垂直，则这种波称为横波．如图 2－6－1 所示，绳的一端固定，另一端握在手中不停地上下抖动，使手拉的一端做垂直于绳索的振动，我们就可以看到一个接一个的波形沿着绳向前传播，形成绳上的横波．若质点的振动方向和波的传播方向相互平行，则这种波称为纵波．如图 2－6－2 所示，将一根相当长的弹簧放置于水平的光滑平面上，在其左端沿水平方向左右推拉弹簧使该端做左右振动时，就可以看到该端的左右振动形态沿着弹簧的各个环节从该端向右方传播．弹簧的各部分呈现由左向右移动的、疏密相间的纵波波形．空气中传播的声波也是纵波．

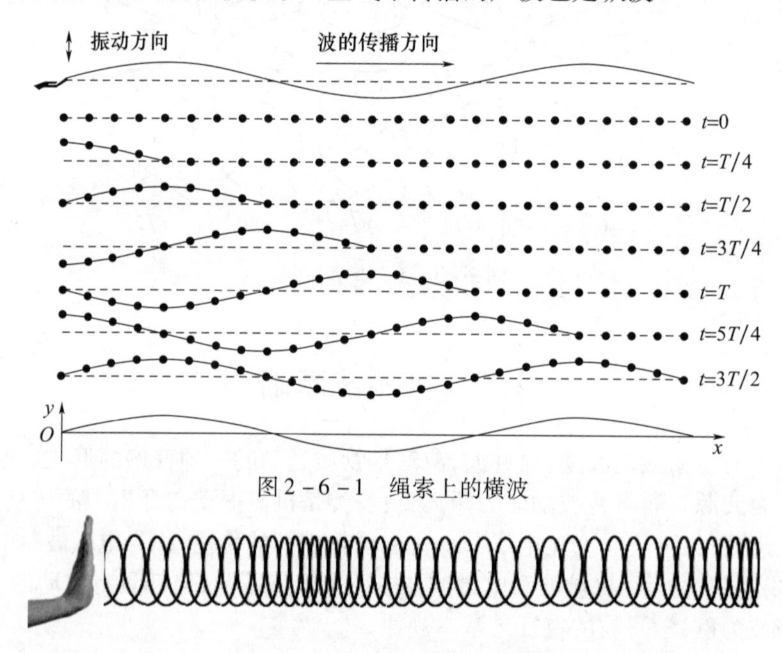

图 2－6－1　绳索上的横波

图 2－6－2　弹簧中的纵波

3. 波阵面和波线

在波传播过程中，振动相位相同的点连成的面称为波阵面或波面，通常把波面中最前面的那个波面称为波前．由于波阵面上各点的相位相同，所以波阵面是同相面．

我们把波阵面是平面的波动称为平面波，波阵面是球面的波动称为球面波．波的传播方向称为波线或波射线．在各向同性的介质中，波线总是与波阵面垂直，平面波的波线是垂直于波阵面的平行直线，球面波的波线是以波源为中心的径向直线．

4. 波的传播速度

波的传播速度取决于介质的特性，例如，弹性波传播速度取决于介质的惯性与弹性．

具体地说，就是取决于介质的密度和弹性模量．

液体和气体只有体变弹性，在液体和气体内部就只能传播与体变有关的弹性纵波．理论证明在液体和气体中纵波的传播速度为

$$u=\sqrt{B/\rho} \tag{2-6-1}$$

式中：B 是介质的体变弹性模量；ρ 是介质的密度．对于理想气体，根据分子动理论和热力学，可推导出理想气体中声速公式为

$$u=\sqrt{\frac{\gamma p}{\rho}}=\sqrt{\frac{\gamma RT}{M}} \tag{2-6-2}$$

式中：M 是气体的摩尔质量；γ 是气体的比热容比；p 是气体的压强；T 是热力学温度；R 是摩尔气体常量．例如空气的 $\gamma=1.40$，在标准大气压下，0℃时的声速为

$$u=\sqrt{\frac{1.40\times1.013\times10^5\,\text{Pa}}{1.293\,\text{kg}\cdot\text{m}^{-3}}}\approx331.15\,\text{m/s}$$

固体中能够产生切变、体变、长变等各种弹性形变，所以在固体中既能传播与切变有关的横波，又能传播与容变或长变有关的纵波．在固体中，横波和纵波的传播速度可分别用下列两式计算：

$$u=\sqrt{G/\rho}\quad（横波） \tag{2-6-3}$$

$$u=\sqrt{Y/\rho}\quad（纵波） \tag{2-6-4}$$

式中：G 和 Y 分别为介质的切变模量和杨氏模量．

5. 波长和频率

简谐波传播时，同一波线上的两个相邻的相位差为 2π 的质点，振动的步调是一致的，它们之间的距离称为波长，用 λ 表示．在横波的情形下，波长 λ 等于两相邻波峰之间或两相邻波谷之间的距离；而在纵波情形下，波长 λ 等于两相邻密集部分中心之间或两相邻稀疏部分中心之间的距离．

波传过一个波长的时间，或一个完整的波通过波线上某点所需的时间，称为波的周期，用 T 表示．所以波速 u、波长 λ 和周期 T 三者之间有如下关系：

$$u=\lambda/T$$

周期的倒数称为频率，用 ν 表示，即 $\nu=1/T$，所以

$$u=\nu\lambda \tag{2-6-5}$$

这是波速、波长和频率之间的基本关系式．质点每完成一次完全振动，波就向前移动一个波长 λ 的距离．在1s内波向前推进了 ν 个波长，即 $\nu\lambda$ 这样一段距离，这就等于波传播的速度（见图2-6-3）．

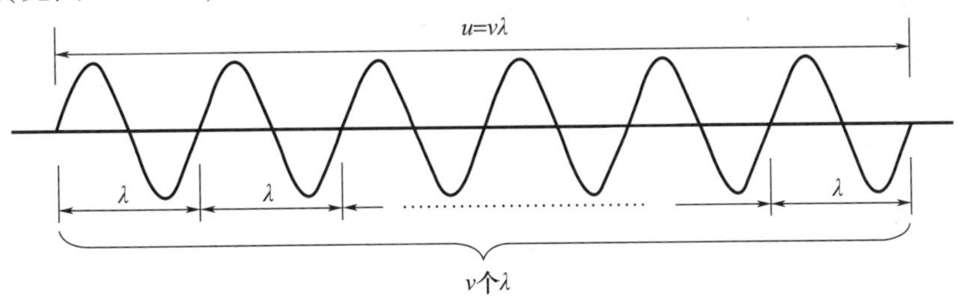

图2-6-3　波长、频率和波速的关系

需要注意的是,在讨论弹性波的传播时认为介质是连续的,因为当波长远大于介质分子之间的距离时,介质中1个波长的距离内,有无数个分子在陆续振动,宏观上看来介质就像是连续的. 当波长小到等于或小于分子间距离的数量级时,就不能再认为介质是连续的,这时介质也就不能传播弹性波了. 频率极高时,波长极小,因此弹性波在给定介质中的传播,存在一个频率上限. 高真空中分子之间的距离极大,不能传播声波,就是这个原因.

【例2-6-1】 频率为3000Hz的声波,以1560m/s的传播速度沿一波线传播,经过波线上的A点后,再经13cm而传至B点. 求:(1)B点的振动比A点落后的时间;(2)波在A、B两点振动时的相位差;(3)设波源作简谐振动,振幅为1mm,求振动速度的幅值,是否与波的传播速度相等?

解:(1)波的周期

$$T=\frac{1}{\nu}=\frac{1}{3000}\mathrm{s}$$

波长

$$\lambda=\frac{u}{\nu}=\frac{1.56\times10^{3}\mathrm{m\cdot s^{-1}}}{3000\mathrm{s^{-1}}}=0.52\mathrm{m}=52\mathrm{cm}$$

B点比A点落后的时间为$\dfrac{0.13\mathrm{m}}{1.56\times10^{3}\mathrm{m\cdot s^{-1}}}=\dfrac{1}{12000}\mathrm{s}$,即$\dfrac{1}{4}T$.

(2) A、B两点相距13cm $=\dfrac{1}{4}\lambda$,B点比A点落后的相位差为$\dfrac{1}{4}\times2\pi=\dfrac{\pi}{2}$.

(3) 如果振幅$A=1\mathrm{mm}$,则振动速度的幅值为

$$v_m=A\omega=0.1\mathrm{cm}\times3000\mathrm{s^{-1}}\times2\pi=1.88\times10^{3}\mathrm{cm/s}=18.8\mathrm{m/s}$$

振动速度是交变的,其幅值为18.8m/s,远小于波速.

2.6.2 平面简谐波的波函数

波的定量描述就是用数学函数式描述介质中各质点的位移随着时间的变化. 这样的函数式称为行波的波函数.

平面简谐行波(余弦波或正弦波)最为简单,也最基本. 我们以平面余弦行波为例,讨论平面简谐波在理想的无吸收的均匀无限大介质中的传播.

平面简谐波传播时,介质中各质点都作同一频率的简谐振动,但在任一时刻,各点的振动相位一般不同,它们的位移也不同,但根据波阵面的定义知道,在任一时刻处在同一波阵面上的各点有相同的相位,它们离开各自的平衡位置的位移相同. 因此,只要知道了与波阵面垂直的任意一条波线上波的传播规律,就可以知道整个平面波的传播规律.

如图2-6-4所示,设有一平面余弦行波,在无吸收的均匀无限大介质中沿x轴的正向传播,波速为u. 取任意一条波线为x轴,并取O点作为x轴的原点. 假定O点处(即$x=0$处)质点的振动表达式为

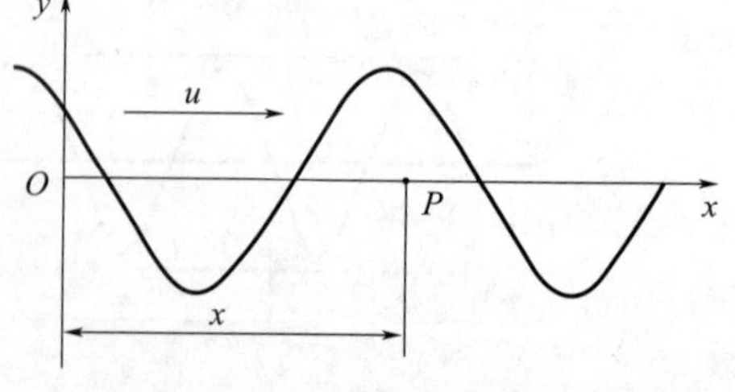

图2-6-4 推导波函数用图

$$y_0(t)=A\cos(\omega t+\phi_0)$$

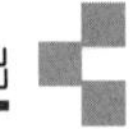

式中：y_0是 O 点处质点在时刻 t 离开其平衡位置的位移（如为横波，则位移方向和 Ox 垂直；如为纵波，则位移沿着 Ox 轴）；A 是振幅；ω 是角频率；ϕ_0 是初相位．现在考察波线上另一个任意点 P，该点离开 O 点距离为 x，平衡位置位于 P 点的质点在时刻 t 的位移将是多少呢？因为振动是从 O 点传过来的，所以 P 点振动的相位将落后于 O 点．如果振动从 O 传到 P 所需的时间为 Δt，那么，在时刻 t，P 处质点的位移就是 O 处质点在 $t-\Delta t$ 时刻的位移（从相位来说，P 点将落后于 O 点，其相位差为 $\omega\Delta t$）．由于所讨论的是平面波，而且在无吸收的均匀介质中传播，所以各质点的振幅相等，于是 P 点处质点在时刻 t 的位移为

$$y_P(t)=A\cos[\omega(t-\Delta t)+\phi_0]$$

若介质中的波速为 u，则 $\Delta t=x/u$，代入上式并将下角标 P 省去得到

$$y(x,t)=A\cos\left[\omega\left(t-\frac{x}{u}\right)+\phi_0\right] \qquad (2-6-6)$$

上式表示波线上任一点（距原点为 x）处的质点任一时刻的位移，这就是我们所需要的沿 x 轴方向前进的平面简谐波的波函数．

利用关系式 $\omega=2\pi/\mathrm{T}=2\pi\nu$ 和 $uT=\lambda$，可以将式(2-6-6)改写为多种形式：

$$y(x,t)=A\cos\left[2\pi\left(\frac{t}{T}-\frac{x}{\lambda}\right)+\phi_0\right]$$

$$y(x,t)=A\cos\left[2\pi\left(\nu t-\frac{x}{\lambda}\right)+\phi_0\right]$$

$$y(x,t)=A\cos(\omega t-kx+\phi_0)$$

式中：$k=2\pi/\lambda$，称为角波数，表示单位长度上波的相位变化，它的数值等于 2π 长度内所包含的完整波的个数．

显然，在波函数中含有 x 和 t 两个自变量．如果 x 给定（考察该处的质点），那么位移 y 就只是 t 函数，这时波函数表示距离原点为 x 处的质点在各不同时刻的位移，也就是该质点在作周期为 T 的简谐振动的情形，并且波函数还给出该点落后于波源 O 点的相位差是 $\omega\Delta t=\omega\dfrac{x}{u}=2\pi\dfrac{x}{\lambda}$．如果以 y 为纵坐标，t 为横坐标，就得到一条位移—时间余弦曲线（图 2-6-5），说明这质点作简谐振动．

如图 2-6-6 所示，某时刻 t 确定（即在某一瞬时纵观处于波线 Ox 上的所有质点），那么位移 y 将只是 x 的周期函数，波函数给出在给定时刻波线上各个不同质点的位移，也就是表示出在给定时刻的波线，犹如拍照片，把波峰和波谷或稠密和稀疏的分布情况记录下来．以 y 为纵坐标、x 为横坐标，将得到“周期”为 λ 的余弦曲线．

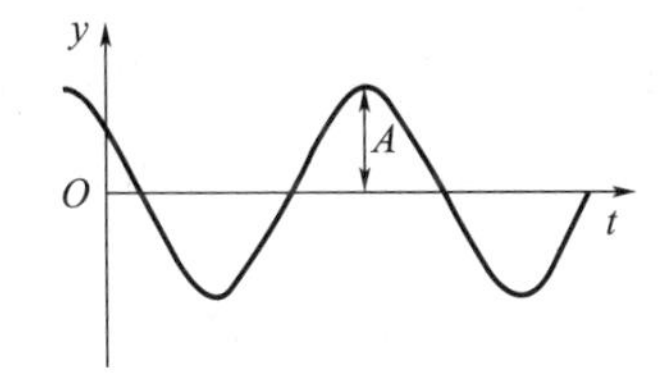

图 2-6-5 振动质点的位移—时间曲线

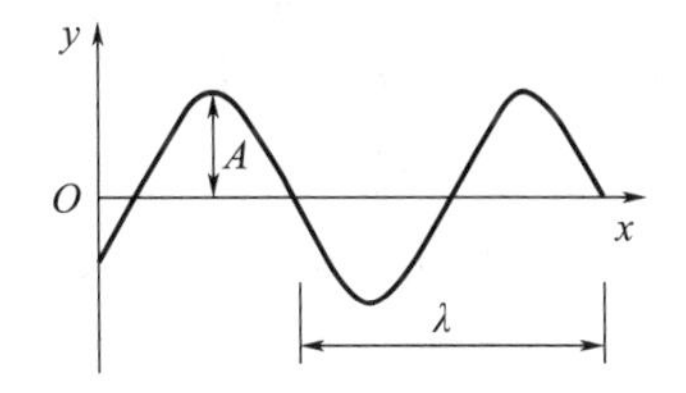

图 2-6-6 某时刻各质点的位移

最后，如果 x 和 t 都在变化，那么这个波函数将表示波线上各个不同质点在不同时刻的位移，或更形象地说，这个波函数反映了波形的传播．如以 y 为纵坐标，x 为横坐标，则

在某一时刻 t_1 得到一条余弦曲线，而在另一时刻 $(t_1+\Delta t)$ 得到另一条余弦曲线，如图 2-6-7所示的实线和虚线．

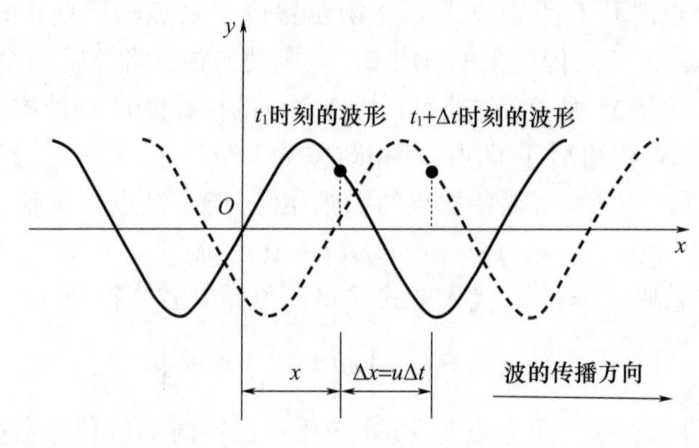

图 2-6-7　波的传播

当 $t=t_1$ 时，按照波函数，组成波形的各个质点的位移应为

$$y(x,t)=A\cos\left[\omega\left(t_1-\frac{x}{u}\right)+\phi_0\right] \tag{2-6-7}$$

式中：t_1 为某确定时刻，是一个定值；x 为变值．当 $t=t_1+\Delta t$ 时，按照波函数，组成波形的各个质点的位移是

$$y(x,t)=A\cos\left[\omega\left(t_1+\Delta t-\frac{x}{u}\right)+\phi_0\right] \tag{2-6-8}$$

一般说来，式(2-6-7)和式(2-6-8)所表明的是在不同时刻 t_1 和 $(t_1+\Delta t)$，x 处的质点的位移是不相同的．可是，当在这两个时刻分别考察两个不同的位置时，为清楚起见，把式(2-6-7)中的 x 用 $x_{(1)}$ 表示，式(2-6-8)中的 x 用 $x_{(2)}$ 表示：

$$y_{(t_1)}=A\cos\left[\omega\left(t_1-\frac{x_{(1)}}{u}\right)+\phi_0\right] \tag{2-6-9}$$

$$y_{(t_1+\Delta t)}=A\cos\left[\omega\left(t_1+\Delta t-\frac{x_{(2)}}{u}\right)+\phi_0\right] \tag{2-6-10}$$

那么，不难发现，如果在式(2-6-10)中取 $x_{(2)}=x_{(1)}+u\Delta t$，将有

$$y_{(t_1+\Delta t)}=A\cos\left[\omega\left(t_1+\Delta t-\frac{x_{(1)}+u\Delta t}{u}\right)+\phi_0\right]=A\cos\left[\omega\left(t_1-\frac{x_{(1)}}{u}\right)+\phi_0\right]$$

因此，在 $(t_1+\Delta t)$ 时刻，位于 $x_{(2)}=x_{(1)}+u\Delta t$ 处的质点的位移等于在 t_1 时刻位于 $x_{(1)}$ 处质点的位移．亦即在 Δt 时间内，整个波形向波的传播方向移动了一段距离 $\Delta x=x_{(2)}-x_{(1)}=u\Delta t$，而波速 u 就是整个波形向前传播的速度．由于振动状态是由相位决定的．波也是振动相位的传播，波速 u 有时也称为相速度．

在导出上述平面余弦波函数时，假定波沿着 x 轴的正向传播，如果波动沿 x 轴的负方向传播，那么 P 点处质点(图 2-6-4)的振动要比 O 点处质点早开始一段时间，即 P 点处质点在时刻 t 的位移等于 O 点处质点在时刻 $(t+x/u)$ 的位移，P 点相位比 O 点要超前，相位差为 $2\pi x/\lambda$．所以 P 点处质点的振动表达式，亦即沿 x 轴负方向传播的平面余弦行波的波函数为

$$y(x,t)=A\cos\left[\omega\left(t+\frac{x}{u}\right)+\phi_0\right] \qquad (2-6-11)$$

应该严格区别波的传播速度 u 和介质中质点的振动速度 v. 波速 $u=\lambda\nu$，而任一质点的振动速度为

$$v=\frac{\partial y}{\partial t}=-A\omega\sin\left[\omega\left(t-\frac{x}{u}\right)+\phi_0\right]$$

显然，质点的振动速度 v 与波的传播速度 u 是不同的．质点的加速度为

$$a=\frac{\partial^2 y}{\partial t^2}=-A\omega^2\cos\left[\omega\left(t-\frac{x}{u}\right)+\phi_0\right]$$

【例 2-6-2】 频率为 $\nu=12.5\text{kHz}$ 的平面余弦纵波沿细长的金属棒传播，棒的杨氏模量为 $Y=1.9\times10^{11}\text{N/m}^2$，棒的密度 $\rho=7.6\times10^3\text{kg/m}^3$. 如以棒上某点为坐标原点，已知原点处质点振动的振幅为 $A=0.1\text{mm}$，试求：(1) 原点处质点的振动表达式；(2) 波函数；(3) 离原点 10cm 处质点的振动表达式；(4) 离原点 20cm 和 30cm 处质点振动的相位差；(5) $t=0.0021\text{s}$ 时的波形．

解： 在本题中，式中 x 以单位 m 计，t 以单位 s 计．棒中的波速

$$u=\sqrt{\frac{Y}{\rho}}=\sqrt{\frac{1.9\times10^{11}\text{N}\cdot\text{m}^2}{7.6\times10^3\text{kg}\cdot\text{m}^3}}=5.0\times10^3\text{m/s}$$

$$\lambda=\frac{u}{v}=\frac{5.0\times10^3\text{m}\cdot\text{s}^{-1}}{12.5\times10^3\text{s}^{-1}}=0.40\text{m},T=\frac{1}{v}=8\times10^3\text{s}$$

(1) 原点处质点的振动表达式可写为

$$\begin{aligned}y_0&=A\cos\omega t=0.1\times10^{-3}\cos(2\pi\times12.5\times10^3 t)\text{m}\\&=0.1\times10^{-3}\cos(25\times10^3\pi t)\text{m}\end{aligned}$$

(2) 波函数为

$$y=A\cos\omega\left(t-\frac{x}{u}\right)=0.1\times10^{-3}\cos25\times10^3\pi\left(t-\frac{x}{5\times10^3}\right)\text{m}$$

(3) 离原点 10cm 处质点的振动表达式为

$$\begin{aligned}y&=0.1\times10^{-3}\cos25\times10^3\pi\left(t-\frac{0.1}{5\times10^3}\right)\text{m}\\&=0.1\times10^{-3}\cos(25\times10^3\pi t-\pi/2)\text{m}\end{aligned}$$

可见此点的振动相位比原点落后，相位差为 $\pi/2$.

(4) 该两点间的距离 $\Delta x=10\text{cm}=0.10\text{m}=\lambda/4$，相应的相位差为

$$\Delta\phi=\pi/2$$

(5) $t=0.0021\text{s}$ 时的波形为

$$y=0.1\times10^{-3}\cos25\times10^3\pi\left(0.0021-\frac{x}{5\times10^3}\right)\text{m}=0.1\times10^{-3}\sin(5\pi x)\text{m}$$

2.6.3　波的叠加

1. 波的叠加原理

几个波源产生的波，同时在一介质中传播，如果这几列波在空间某处相遇，那么每一列波都将独立地保持自己原有的特性(频率、波长、振动方向等)传播，就像没有遇到其他

波一样，这称为波传播的独立性．在管弦乐队合奏或几个人同时讲话时，我们能够辨别出各种乐器或各个人的声音，这就是波的独立性的例子．通常天空中同时有许多无线电波在传播，我们能接收到某一电台的广播，这也是电磁波传播的独立性的例子．在相遇区域内，任一点处质点的振动为各列波在该点引起的振动的合振动，即任一时刻，某处质点的振动位移是各个波在该处所引起位移的矢量和．这一规律称为波的叠加原理．

叠加原理在物理上的重要性，还在于可将一列复杂的波分解为简谐波的组合．事实上，任何一质点的周期运动，都可用简谐振动的合成来表示．

2. 波的干涉

一般地说，振幅、频率、相位等都不相同的几列波在某一点叠加时，情形是很复杂的．下面只讨论一种最简单而又最重要的情形，即两列频率相同、振动方向相同、相位差恒定的简谐波的叠加．满足这些条件的波在空间相遇时，在空间某些位置振动始终加强，而在另一些位置振动始终减弱或完全抵消，这就是干涉现象．能产生干涉现象的波称为相干波，相应的波源称为相干波源．

设有两相干波在空间某点 P 相遇，两波在该点引起振动的波函数分别为

$$y_1 = A_1\cos\left(\omega t + \phi_{10} - \frac{2\pi r_1}{\lambda}\right)$$

$$y_2 = A_2\cos\left(\omega t + \phi_{20} - \frac{2\pi r_2}{\lambda}\right)$$

式中：A_1 和 A_2 分别为两列波各自在 P 点引起振动的振幅；ϕ_{10} 和 ϕ_{20} 分别为两列波的初相位，并且 $(\phi_{20} - \phi_{10})$ 是恒定的；r_1 和 r_2 分别为 P 点离开两个波源的距离．根据叠加原理，P 点的合振动为

$$y = y_1 + y_2 = A\cos(\omega t + \phi_0)$$

利用三角函数运算可得

$$A = \sqrt{A_1^2 + A_2^2 + 2A_1A_2\cos\left(\phi_{20} - \phi_{10} - 2\pi\frac{r_2 - r_1}{\lambda}\right)}$$

$$\tan\phi_0 = \frac{A_1\sin\left(\phi_{10} - \frac{2\pi r_1}{\lambda}\right) + A_2\sin\left(\phi_{20} - \frac{2\pi r_2}{\lambda}\right)}{A_1\cos\left(\phi_{10} - \frac{2\pi r_1}{\lambda}\right) + A_2\cos\left(\phi_{20} - \frac{2\pi r_2}{\lambda}\right)}$$

令 $\Delta\phi = \phi_{20} - \phi_{10} - 2\pi\frac{r_2 - r_1}{\lambda}$，这正是两列波在 P 点相遇时的相位差，对于确定的位置而言，该相位差是一个恒定值，因此，对于确定的位置，A 也是一个恒定值．但随着空间位置的改变，即各点到波源的距离差 $(r_2 - r_1)$ 的不同，空间各点的合振幅 A 也不同．

$$\begin{cases} A = A_1 + A_2, & \Delta\phi = 2k\pi, k = 0, \pm1, \pm2, \cdots \\ A = |A_1 - A_2|, & \Delta\phi = (2k+1)\pi, k = 0, \pm1, \pm2, \cdots \end{cases} \tag{2-6-12}$$

如果 $\phi_{10} = \phi_{20}$，即对于初相位相同的相干波源，则上述条件可简化为

$$\begin{cases} A = A_1 + A_2, & \delta = r_1 - r_2 = k\lambda, k = 0, \pm1, \pm2, \cdots \\ A = |A_1 - A_2|, & \delta = r_1 - r_2 = (k + 1/2)\lambda, k = 0, \pm1, \pm2, \cdots \end{cases} \tag{2-6-13}$$

$\delta = r_1 - r_2$ 表示从波源 S_1、S_2 发出的两个相干波到达 P 点时所经路程之差，称为波程

差．式(2－6－13)说明，两列相干波源同相位时，在两列波的叠加区域内，波程差等于零或等于波长的整数倍的各点振幅最大；波程差等于半波长的奇数倍的各点振幅最小．

由于波的强度正比于振幅的平方，所以两列波叠加后的强度为

$$I \propto A^2 = A_1^2 + A_2^2 + 2A_1A_2\cos\Delta\phi$$

通常情况下，考察波强度时主要考察其相对值，在不考虑波强度的绝对值而只考虑其相对值时，把波强度 I 和波的振幅 A 之间的关系表示为

$$I = A^2 \tag{2-6-14}$$

所以两列波叠加后的波强度为

$$I = I_1 + I_2 + 2\sqrt{I_1I_2}\cos\Delta\phi \tag{2-6-15}$$

由此可知，叠加后波的强度随着两列相干波在空间各点所引起的振动相位差的不同而不同，就是说，空间各点的强度重新分布了，有些地方加强($I > I_1 + I_2$)，有些地方减弱($I < I_1 + I_2$)．如果 $I_1 = I_2$，那么叠加后波的强度

$$I = 2I_1[1 + \cos(\Delta\phi)] = 4I_1\cos^2\frac{\Delta\phi}{2} \tag{2-6-16}$$

当 $\Delta\phi = 2k\pi(k = 0, \pm1, \pm2, \cdots)$时，在这些位置波的强度最大，等于单个波强度的4倍($I = 4I_1$)．当 $\Delta\phi = (2k+1)\pi(k = 0, \pm1, \pm2, \cdots)$时，波的强度最小($I = 0$)．叠加后波的强度 I 随相位差 $\Delta\phi$ 变化的情况如图2－6－8所示．

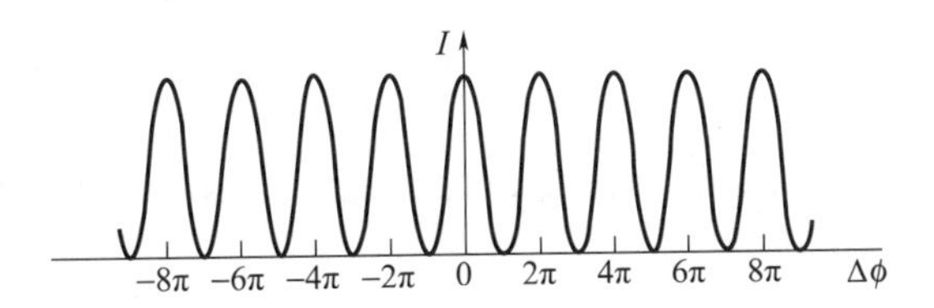

图2－6－8　干涉现象的强度分布

3. 驻波

现在来讨论两列振幅相同、沿同一直线相向传播的两相干波的叠加．如图2－6－9所示，左边放一电振音叉，音叉末端系一水平的细绳 AB，B 处有一尖劈，可左右移动以调节 AB 间的距离，细绳经过滑轮 P 后，末端悬一重物 m，使绳上产生张力．音叉振动时，绳上产生波动向右传播，达到 B 点时，在 B 点反射，产生反射波向左传播．这样入射波和反射波在同一绳子上沿相反方向传播，它们将互相叠加．移动劈尖至适当位置，结果形成图上所示波动状态．从图上可以看出，由上述两列波叠加而成的波，从 B 点开始被分成好几段，每段两端的点固定不动，而每段中的各质点作振幅不同、相位相同的独立振动．中间点振幅最大，越靠近两端的点振幅越小．而且，相邻两段的振动方向是相反的．此时绳上各点，只有段与段之间的相位突变，而没有振动状态或相位的逐点传播，亦即没有什么“跑动”波形，也没有什么能量向外传播，所以称这种波为驻波．驻波中始终静止不动的点称为波节，振幅最大的点称为波腹．

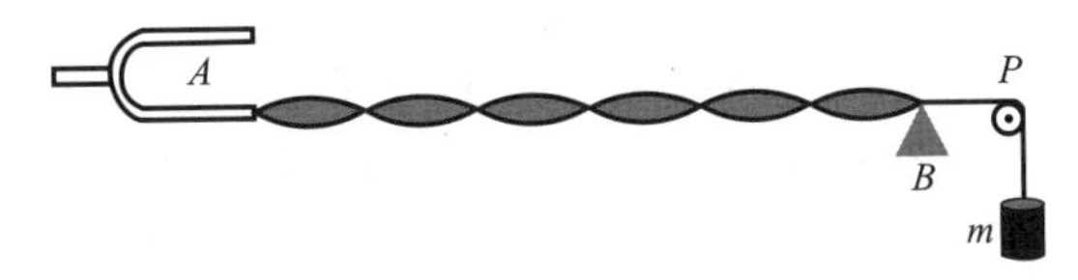

图2－6－9　驻波实验

现在用图 2-6-10 说明驻波的产生．在图中，用长虚线表示向右传播的波，而用短虚线表示向左传播的波．取两波的振动相位始终相同的点作为坐标原点，且在 $x=0$ 处振动质点向上达最大位移时开始计时．图中画出了这两列波在 $t=0, T/8, T/4, 3T/8, T/2$ 各时刻的波形，实线表示合成波．由图可见，不论什么时刻，合成波在波节的位置（图中以"•"表示）总是不动的，在两波节之间同一分段上的所有点，振动的相位都相同，各分段的中点是具有最大振幅的点（图中用"+"表示），就是波腹．相邻两分段上各点的振动则相位相反，与实验事实是一致的．

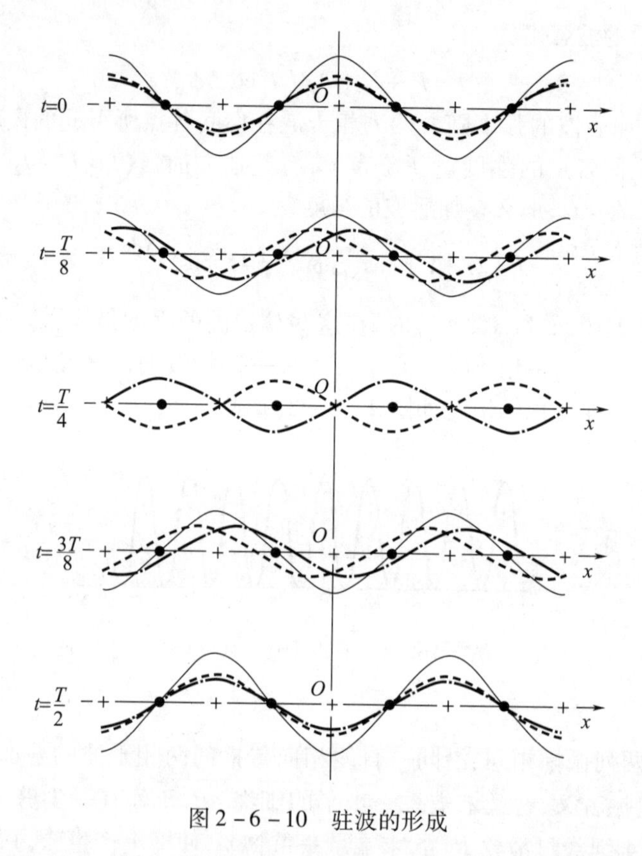

图 2-6-10　驻波的形成

现在用简谐波的波函数对驻波进行定量描述．为此，把沿 x 轴的正向、负向传播的波分别写为

$$y_1 = A\cos 2\pi\left(\frac{t}{T} - \frac{x}{\lambda}\right)$$

$$y_2 = A\cos 2\pi\left(\frac{t}{T} + \frac{x}{\lambda}\right)$$

其合成波为

$$y = y_1 + y_1 = A\left[\cos 2\pi\left(\frac{t}{T} - \frac{x}{\lambda}\right) + \cos 2\pi\left(\frac{t}{T} + \frac{x}{\lambda}\right)\right] = \left(2A\cos\frac{2\pi}{\lambda}x\right)\cos\frac{2\pi}{T}t$$

由上式可看出，合成以后各点都在作同周期的简谐振动，但各点的振幅为 $|2A\cos(2\pi x/\lambda)|$，即驻波上的各质点的振幅与位置有关（与时间无关）．振幅最大值发生在 $|\cos(2\pi x/\lambda)|=1$ 的点，因此波腹的位置为

$$\frac{2\pi}{\lambda}x = k\pi, k = 0, \pm 1, \pm 2, \cdots$$

$$x = k\frac{\lambda}{2}, k = 0, \pm 1, \pm 2, \cdots$$

由此可见,相邻两个波腹间的距离为

$$x_{k+1} - x_k = \lambda/2$$

同样,振幅最小值发生在$\left|\cos\frac{2\pi}{\lambda}x\right| = 0$的点,因此波节的位置为

$$\frac{2\pi}{\lambda}x = (2k+1)\frac{\pi}{2}, k = 0, \pm 1, \pm 2, \cdots$$

$$x = (2k+1)\frac{\lambda}{4}, k = 0, \pm 1, \pm 2, \cdots$$

由此可见,相邻两个波节间的距离也是$\lambda/2$.

现在考察驻波中各点的相位. 设在某一时刻t,$\cos\frac{2\pi}{T}t$为正. 这时,在$x=0$处左右的两个波节之间,即在$x = -\lambda/4$与$x = \lambda/4$两点之间,$\cos\left(2\pi\frac{x}{\lambda}\right)$取正值,表示这一分段(把两个相邻波节之间的所有各点,叫作一分段)中所有各点都在平衡位置上方. 在同一时刻,对于在右方第一和第二波节之间的点(即在$x = \lambda/4$和$x = 3\lambda/4$之间的各点),$\cos\left(2\pi\frac{x}{\lambda}\right)$取负值,这表示它们都在平衡位置的下方. 可见,在驻波中,同一分段上的各点有相同的振动相位;而相邻两分段上的各点,振动相位则相反. 因此,和行波不同,在驻波进行过程中没有振动状态(相位)和波形的定向传播.

进一步考察驻波的能量. 当介质中各质点的位移达到最大值时,其速度为零,即动能为零. 这时除波节外,所有质点都离开平衡位置,而引起介质的最大的弹性形变,所以这时驻波上的质点的全部能量都是势能. 由于在波节附近的相对形变最大,所以势能最大;而在波腹附近的相对形变为零,所以势能为零. 因此驻波的势能集中在波节附近.

当驻波上所有质点同时到达平衡位置时,介质的形变为零,所以势能为零,驻波的全部能量都是动能. 这时在波腹处的质点速度最大,动能最大;而在波节处质点的速度为零,动能为零. 因此驻波的动能集中在波腹附近.

由此可见,介质在振动过程中,驻波的动能和势能不断地转换. 在转换过程中,能量不断地由波腹附近转移到波节附近,再由波节附近转移到波腹附近. 这就是说在驻波中没有能量的定向传播.

在图2-6-9所示的实验中,反射点B是固定不动的,在该处形成驻波的一个波节. 这一结果说明,当反射点固定不动时,反射波与入射波在B点是反相位的. 如果反射波与入射波在B点是同相位的,那么合成的驻波在B点应是波腹. 这就是说,当反射点固定不动时,反射波与入射波间有π的相位突变. 因为相距半波长的两点相位差为π,所以这个π的相位突变一般形象化地称为"半波损失". 如反射点是自由的,合成的驻波在反射点将形成波腹,这时,反射波与入射波之间没有相位突变.

4. 弦线上的驻波

驻波现象有许多实际的应用. 例如,弦线的两端拉紧固定(或细棒的两端固定),当拨

动弦线时,弦线中就产生经两端反射而成的两列反向传播的波,叠加后形成驻波. 由于在两固定端必须是波节,因而其波长有一定限制,波长与弦长 L 必须满足条件

$$L=n\frac{\lambda_n}{2},n=1,2,3,\cdots$$

而波速 $u=\lambda\nu$,于是有

$$\nu_n=n\frac{u}{2L},n=1,2,3,\cdots \qquad (2-6-17)$$

就是说,只有波长(或频率)满足上述条件的一系列波才能在弦上形成驻波. 其中与 $n=1$ 对应的频率称为基频,对弦来说,$\nu_1=\frac{u}{2L}$,其他频率依次称为2次、3次……谐频(对声驻波则称为基音和泛音)(见图2-6-11). 各种允许频率所对应的驻波(即简谐振动方式)即为简正模式,相应的频率为简正频率. 对两端固定的弦,这一驻波系统,有无限多个简正模式和简正频率. 一个系统的简正模式所对应的简正频率反映了系统的固有频率特性,如果外界驱使系统振动,则当驱动力频率接近系统某一固有频率时,系统将被激发,产生振幅很大的驻波,这种现象也称为共振.

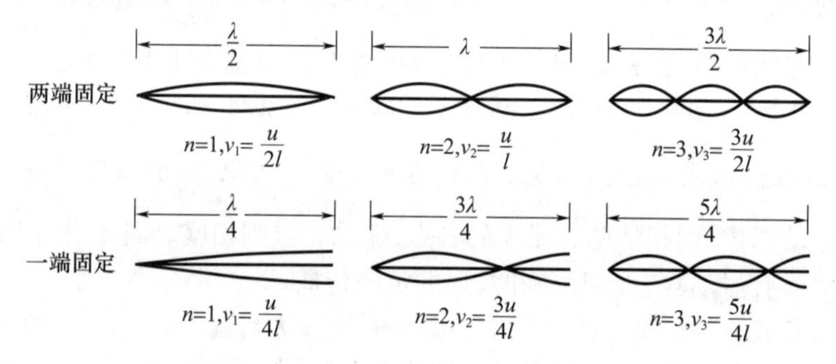

图2-6-11 弦(管)振动的简正模式

对一端固定、另一端自由的棒(或一端封闭、另一端开放的管),或对两端自由的棒(或两端开放的管),也可作类似的分析,以确定其简正模式(图2-6-11). 此外,锣面、鼓皮也都是驻波系统,由于是二维的情况,因此它们的简正模式要比棒的简正模式复杂得多.

2.6.4 多普勒效应

在日常生活中,常会遇到这种情形:当一列火车迎面开来时,听到火车汽笛的声调变高,即频率增大;当火车远离而去时,听到火车汽笛的声调变低,即频率减小. 只有波源与接收器(观察者)相对静止时波源的频率才与观察者接收到的频率相等. 这种由于波源与观察者发生相对运动而观测到频率发生变化的现象称为多普勒效应,是奥地利物理学家多普勒(C. Doppler)于1842年发现的.

1. 波源S相对于介质静止,观察者A以速度 $\boldsymbol{v}_0$ 相对于介质运动

设波源的频率为 f,声波在介质中的传播速度为 u,如图2-6-12所示,图中两相邻波面之间的距离为一个波长.

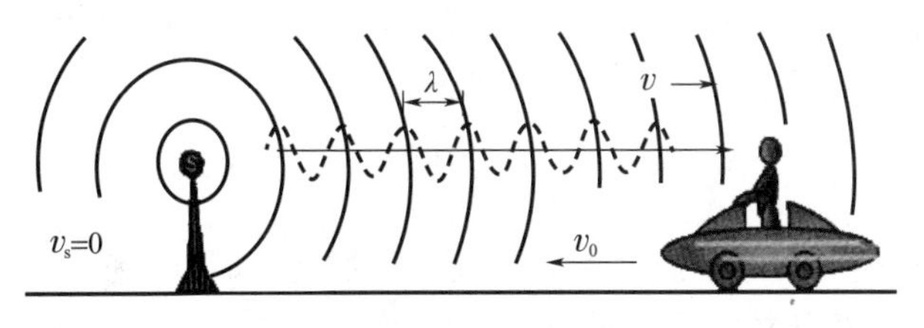

图 2-6-12　波源静止

当观察者以速度 v_0 向着波源运动时，单位时间内原来在观察者处的波面向右传播了 u 的距离，同时观察者向左移动了 v_0 的距离，这相当于波通过观察者的总距离为 $u+v_0$（相当于波以速度 $u+v_0$ 通过观察者）．因此在单位时间内通过观察者的完整波的个数（即频率）为

$$f' = \frac{u+v_0}{\lambda} = \frac{u+v_0}{uT} = \frac{u+v_0}{u}f > f \tag{2-6-18}$$

观察者接收的频率为原来的 $(1+v_0/u)$ 倍，变大了．

同理，当观察者以速度 v_0 远离波源时，观察者接收到的频率为

$$f' = \frac{u-v_0}{u}f < f \tag{2-6-19}$$

显然，观察者接收到的频率变小了．

2. 观察者相对于介质静止，波源 S 以速度 $\boldsymbol{v}_s$ 相对于介质运动

如图 2-6-13 所示，设波源向着观察者运动．因为波在介质中的传播速度与波源的运动无关，因此振动一旦从波源发出，由惠更斯原理可知，它就在介质中以球面波的形式向四周传播，球心就在发生该振动时波源所在的位置．经过时间 T，波源向前移动了一段距离 v_sT，显然下一个波面的球心向右移动 v_sT 距离．以后每个波面的球心都向右移动 v_sT 的距离，使得依次发出的波面都向右"挤"紧了，这就相当于通过观察者所在处的波的波长比原来缩短 v_sT，即观察者接收到的波长实际为 $\lambda' = \lambda - v_sT$，如图 2-6-14 所示．因此在单位时间内通过观察者的完整波的个数为

$$f' = \frac{u}{\lambda - v_sT} = \frac{u}{(u-v_s)T} = \frac{u}{(u-v_s)}f > f \tag{2-6-20}$$

可见观察者接收的频率增大了，为原来频率的 $u/(u-v_s)$ 倍，音调升高了．

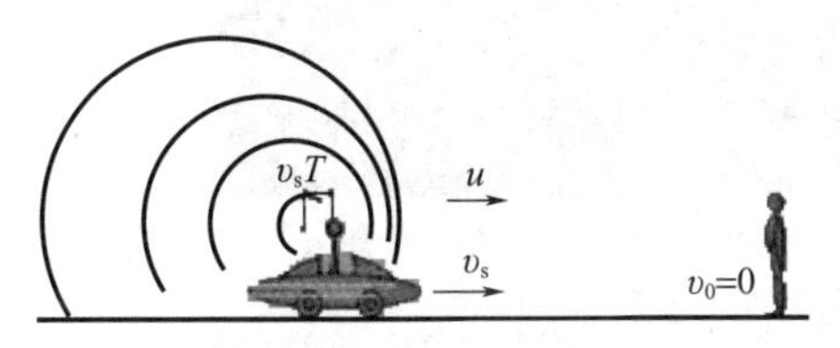

图 2-6-13　观察者静止

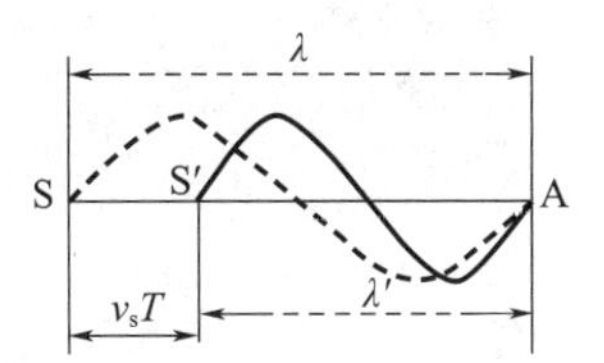

图 2-6-14　观察者实际接收到的波长

同理，当波源 S 以速度 v_s 远离观察者运动时，v_s 为负值，可得

$$f' = \frac{u}{u+v_s}f < f \tag{2-6-21}$$

显然，观察者接收的频率变小了，音调降低了．

3. 波源 S 和观察者同时相对于介质运动

由以上讨论可知，波源和观察者都相对于介质运动时，改变频率的因素有两个：一是

波源 S 的移动使波长变为 $\lambda' = \lambda - v_s T$；二是观察者的移动使单位时间内波通过观察者的总距离变为 $u + v_0$，所以观察者接收到的频率为

$$f' = \frac{u + v_0}{u - v_s} f \tag{2-6-22}$$

式中，观察者靠近源运动时，v_0 为正；观察者远离波源运动时，v_0 为负．波源向着观察者运动时，v_s 为正；波源背离观察者运动时，v_s 为负．总之，波源与观察者相互接近时，就会产生频率升高的多普勒效应；波源与观察者彼此远离时，会产生频率降低的多普勒效应．

4. 冲击波

当波源的运动速度 v_s 超过波速 $\boldsymbol{u}$ 时，根据式(2－6－22)可得频率小于零，此时失去意义，多普勒公式不再成立．这时波源就会冲出自身发出的波阵面，波源前方不可能有任何波动产生．它所发出的一系列波面的包络是一个圆锥体，所有的波面都将被压缩在波源后方的狭小锥体（马赫锥）之内，锥体的顶角 α 称为马赫角，如图 2－6－15所示．在这个圆锥面上，波的能量高度集中，容易造成巨大的破坏，称为冲击波或激波．如高速快艇在其两侧激起的舷波，飞机、炮弹等以超声速飞行生成的声波．

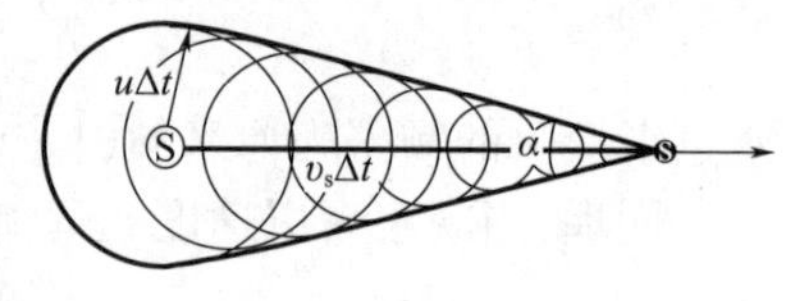

图 2－6－15　马赫锥

当波源运动速率刚好等于波速时，马赫锥的顶角 α＝π，锥面变为平面．波源在各时刻发射的波几乎与波源自身共处于同一平面，这时冲击波的能量非常集中，强度和破坏力极大，可使空气的密度、温度急剧变化，并产生高温、高压，足以损伤耳膜和内脏，打碎窗户上的玻璃，甚至摧毁建筑物等，这种现象称为“声爆”或“音爆”．例如，火药及核爆炸时、火箭飞行中都会在空气中激起强烈的冲击波；再如，飞机刚好以声速飞行时，机体所产生的任一振动都将尾随在机体附近，并引起机身的共振，给飞行带来危险．因此，超声速飞机在飞行时都要尽快越过这道“音障”．图 2－6－16 所示是四种冲击波形成的“音爆云”．

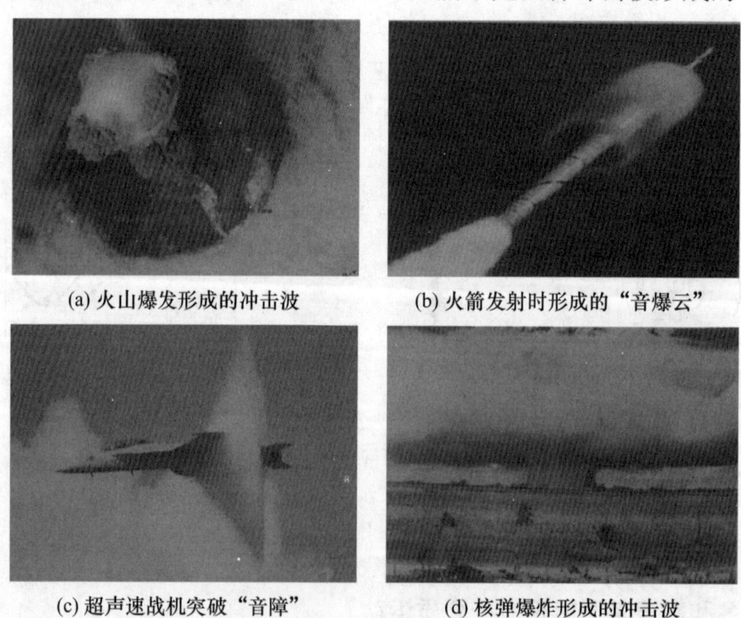

(a) 火山爆发形成的冲击波　(b) 火箭发射时形成的“音爆云”

(c) 超声速战机突破“音障”　(d) 核弹爆炸形成的冲击波

图 2－6－16　不同冲击波形成的“音爆云”

【例2-6-3】　车上一警笛发射频率为1500Hz的声波，该车正以20m/s的速度向某方向运动，某人以5m/s的速度跟踪其后，已知空气中的声速为330m/s. 求该人听到的警笛发声频率以及在警笛后方空气中声波的波长.

解：由题意知$f=1500\text{Hz}$，$u=330\text{m/s}$；在忽略风速影响的情况下，观察者向着警笛运动，应取$v_0=5\text{m/s}$，而警笛背着观察者运动，应取$v_s=20\text{m/s}$，因而这个人听到的频率为

$$f_1=\frac{u+v_0}{u-v_s}f=\frac{330+5}{330+20}\times1500=1436(\text{Hz})$$

警笛后方空气并不随波前进，相当于$v_0=0$，故其后方空气中声波的频率为

$$f_2=\frac{u}{u-v_s}f=\frac{330}{330+20}\times1500=1414(\text{Hz})$$

相应的波长为

$$\lambda_2=\frac{u}{f_2}=\frac{330}{1414}=0.233(\text{m})$$

【例2-6-4】　高速公路上的测速仪发出频率为100kHz的超声波，当汽车向着测速仪行驶时，测速仪接收到从汽车反射回来的波的频率为110kHz，如图2-6-17所示. 已知空气中的声速为$u=330\text{m/s}$，求汽车的行驶速度.

图2-6-17　例2-6-4图

解：(1) 汽车为接收器，汽车接收到的测速仪发出的超声波的频率为

$$f'=\frac{u+v_0}{u}f$$

(2) 汽车为反射波源，其速度$v_s=v_0$，所以，测速仪接收到的反射超声波频率为

$$f''=\frac{u}{u-v_s}f'=\frac{v_0+u}{u-v_0}f$$

将$f=100\text{kHz}$，$f''=110\text{kHz}$，$u=330\text{m/s}$代入上式，得车速为

$$v_0=\frac{f''-f}{f''+f}u=15.7\text{m/s}=56.6\text{km/h}$$

多普勒效应的应用非常广泛，如多普勒声呐定位、多普勒超声诊断、多普勒雷达测速、多普勒血流计、用于贵重物品和机密室的防盗系统、卫星跟踪系统等，可参阅有关资料.

2.7　流体力学基础

像液体和气体一样能够流动的物质称为流体. 流体没有固定的形状，可以发生形状和大小的改变，很容易相对运动，流体的这一性质称为流动性. 研究流体性质及其运动规律的科学称为流体力学. 流体力学在工程技术上有着广泛的应用，如航空、航海、气象、冶金、液压和气体传动等. 本节仅对不可压缩流体的连续性方程和理想流体的伯努利方程作简单介绍.

2.7.1 流体流动的描述

1. 理想流体

流体除了具有流动性外，还具有其他的一些性质．流体流动时，其内部相邻两层之间存在阻碍流动的内摩擦力或黏滞阻力，流体的这种性质称为黏性. 在静止流体中，黏性表现不出来；在流体流动时，将明显表现出黏性．如河流中心的水流动较快，由于黏性，靠近岸边的水却几乎不动．水和空气的黏性比较小，一般情况下，可以近似地认为它们流动时没有黏性．

无论是气体还是液体都是可压缩的，具可压缩性，就液体来说，压缩量一般很小，可以不考虑液体的可压性；气体的可压缩性非常明显，如用不太大的力推动活塞就可使气缸中的气体明显地压缩. 但是，在一定条件下，如果流动气体中各处的密度不随时间发生明显变化，则可以不考虑气体的可压缩性．在研究气体流动的许多问题中，气体的可压缩性可以忽略，如低速运动的气体就认为是不可压缩的．

在某些问题中，流体的主要特性就是流动性，流体的可压缩性和黏性是影响流体运动的次要因素．为了突出研究流体的流动性，可以忽略其黏性和可压缩性．为此，称绝对不可压缩、完全没有黏性的流体为理想流体．一般情况下，密度不发生明显变化的气体、黏滞性小的液体均可看成理想流体．通常情况下的水和空气就可以看作是理想流体．需要说明的是，海洋、河流中的水、输油管中的石油空中流动的气流等都是常见的实际流体，实际流体的运动比较复杂，决定其运动的因素多种多样.

2. 定常流动

流体的流动一般是很复杂的，流体是由许多微小质点组成的，在流体流动的过程中，每个位置都有流体质点以某一速度运动，相当于在空间每一点(x,y,z)有一个速度v. 在空间各点，流体质点的流动速度不一定相同，即速度v是位置(x,y,z)的函数．通常，流体的流动速度$\boldsymbol{v}$还随时间变化，那么速度$\boldsymbol{v}$也是时间t的函数，即

$$\boldsymbol{v}=\boldsymbol{v}(x,y,z,t) \tag{2-7-1}$$

这种描述流体运动的方法是瑞士科学家欧拉(L. Euler)提出来的，在流体力学中得到了广泛应用．如果流体在流动时，空间任意固定位置的流速v都不随时间变化，即速度的空间分布不随时间变化，则式(2-7-1)变为

$$\boldsymbol{v}=\boldsymbol{v}(x,y,z)$$

这种任意空间位置的流速不随时间变化的流动称为定常流动，简称定常流．这是一种理想化的流动方式．如果实际流体的流动情况随时间的变化并不显著，则可以认为是定常流动．例如，自来水管里的水流、输油管中输送的石油，以及从大型蓄水池中流出的水流等，在流速不太大的情况下，都可以近似地看作是定常流．本节只讨论定常流．

3. 流线

为了形象地描述流体中这种速度的分布和流动的情况，可以设想流体中有一系列的曲线，且曲线上每一点的切线方向和该位置流体质点的速度方向一致，这些曲线称为流线. 图2-7-1给出的是理想流体流经截面为圆形的物体的流线分布图．实际上，定常流动中流线就是流体质点经过的路线．对于定常流动来说，每个位置速度不随时间变化，所以定常流动的流线也不随时间变化．因为流体中每个质点能有一个确定的速度方向，所

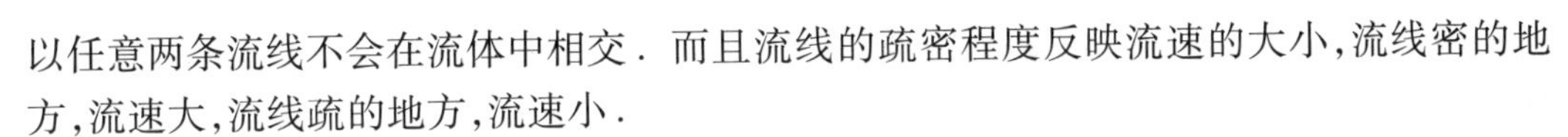

以任意两条流线不会在流体中相交．而且流线的疏密程度反映流速的大小，流线密的地方，流速大，流线疏的地方，流速小．

4. 流管

如图2－7－2所示，在流体中由流线围成的管状空间就称为流管．流管仿佛是一根虚拟的水管，其周围曲面可以视为虚拟的管壁．当不可压缩的流体沿着一个真实管子作定常流动时，管子本身就可以看成一个流管．由于任意两条流线不能相交，所以流管内的流体不会穿越管壁而流动，流体只能从流管的一端流入，从另一端流出．那么，对于不可压缩的流体来说，因为密度不变，一段流管内的流体质量就是守恒的．

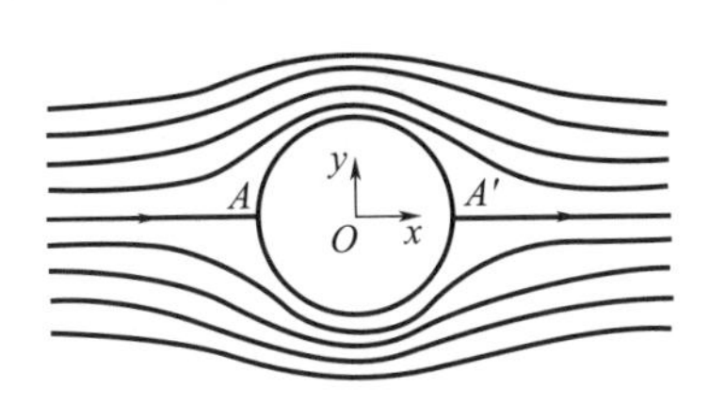

图2－7－1 圆柱绕流流线示意图

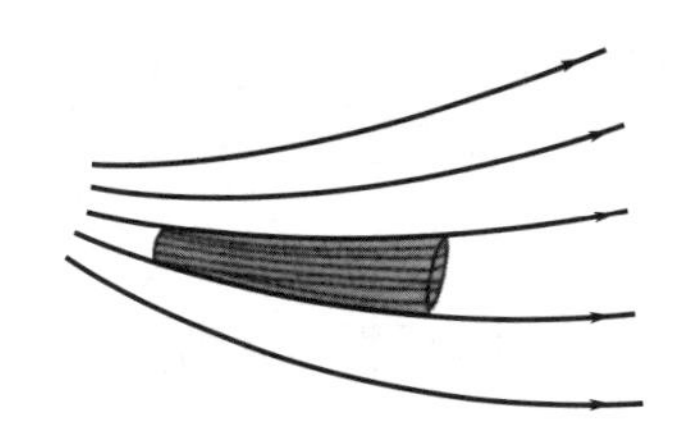

图2－7－2 流管

2.7.2 连续性方程

流体在流动过程中，具有哪些特性呢？下面我们就在流体内任取一小段细流管进行研究．如图2－7－3所示，任意取两个垂直于流管的截面．S_1、S_2表示截面面积．由于流管很细，可认为垂直于流管同一截面上各点的流速相等．S_1处的流速大小为v_1，S_2处的流速大小为v_2.

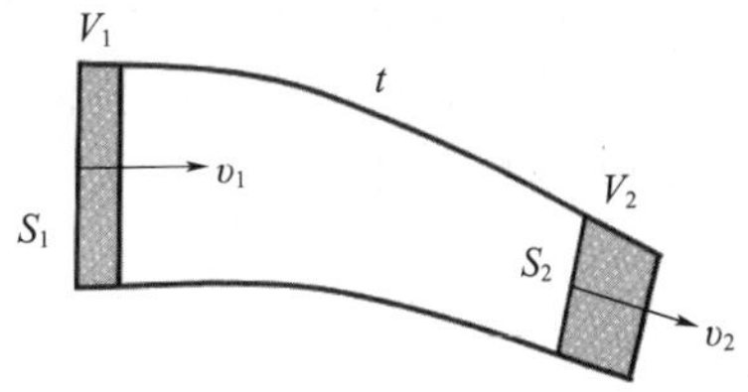

图2－7－3 讨论连续性方程

对于不可压缩的流体，一段流管内流体的质量是守恒的，因此在单位时间内流入流管的流体质量应等于流出流管的流体质量．假设经过时间t，流管的流体体积$V_1=v_1tS_1$；同理，流出的流体体积$V_2=v_2tS_2$.

根据质量守恒知$\rho_1v_1tS_1=\rho_2v_2tS_2$；而不可压缩流体的密度不变，于是得

$$v_1S_1=v_2S_2 \tag{2-7-2}$$

也就是说，单位时间内通过截面S_1流入这段流管的体积也等于通过截面S_2流出的体积．

由于这两个界面是任意选取的，所以对流管中任何截面都成立，由此得出$vS=$恒量，表示单位时间内流过某一截面流体的体积，称为流过该截面的体积流量．在国际单位制中，体积流量的单位是立方米每秒，符号为m^3/s.

式(2－7－2)表明：不可压缩的流体通过同一流管中任何截面的体积流量都相等．这就是不可压缩流体的连续性方程，本质是质量守恒定律在流体力学中的表述形式．

从式(2－7－2)可以看出，对于同一个流管，流管截面积小处速度大，截面积大处速度小．如在同一条河流中，河面窄、河底浅的地方水流得快，河面宽、河水深的地方水流得慢，就是这个道理．

【例2－7－1】 图2－7－4是消防队员使用的喷水龙头示意图，已知入水端的截面

直径是 6.4×10^{-2}m,出水端的截面直径是 2.5×10^{-2}m,若入水速度大小是 4.0m/s,求出水速度的大小.

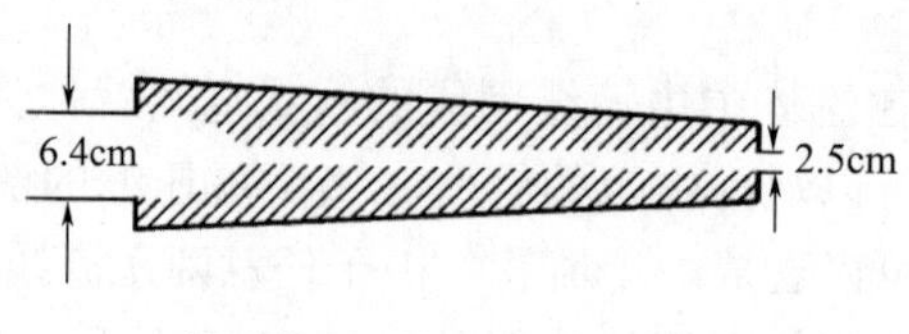

图 2-7-4　例 2-7-1 图

解:设入水端截面积为 S_1,流速为 v_1,出水端面积为 S_2,流速为 v_2.

根据连续性方程 $v_1S_1=v_2S_2$,得

$$v_2=\frac{s_1}{s_2}v_1=\frac{(6.4)^2}{(2.5)^2}\times4.0=26(\mathrm{m/s})$$

2.7.3　伯努利方程及其应用

1. 伯努利方程

伯努利方程研究的是理想流体作定常流动时,同一流管中任一点处压强、流速和该点高度三者之间的关系,它是流体力学的一条基本定律,是质点系功能原理在流体中的应用.

如图 2-7-5 所示,在流体中取一段细流管 AB,A 处的截面积为 S_1,流速大小为 v_1,距地面高为 h_1,所受外界压强为 p_1,方向向右;B 处截面积为 S_2,流速大小为 v_2,距地面高为 h_2,所受外界压强为 p_2,方向向左.经过极短的时间 Δt 后,两个截面流到了 A' 和 B',p_1 作用的距离为 AA',也就是 $v_1\Delta t$,p_2 作用的距离为 $v_2\Delta t$.

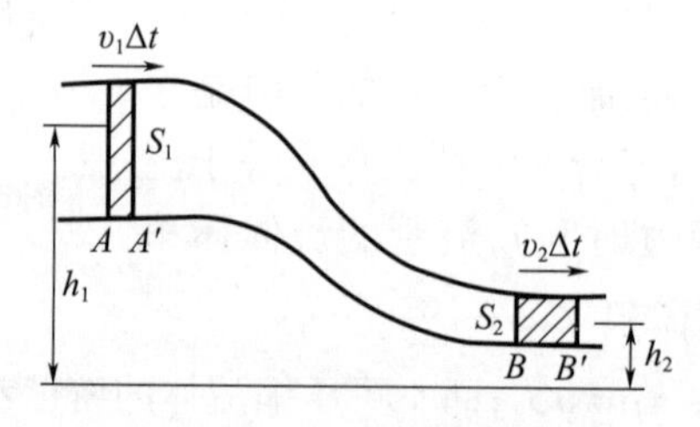

图 2-7-5　讨论伯努利方程

流体可以看成是由许多质点组成的,根据质点系的功能原理,得

$$W_e+W_{in}=E-E_0=\Delta E \tag{2-7-3}$$

由于研究的是理想流体,不存在黏性力,因此没有非保守内力做功,即 $W_{in}=0$,于是式(2-7-3)变为

$$W_e=E-E_0=\Delta E \tag{2-7-4}$$

或

$$W_e=(E_k+E_p)-(E_{k0}+E_{p0}) \tag{2-7-5}$$

式(2-7-5)左端为外力对流体做的功,右端为这部分流体机械能的增量.这段流体两端所受的外来压力为 $p_1\Delta S_1$ 和 $-p_1\Delta S_1$,然后分别乘以在 Δt 时间内作用的距离就可以得到它们所做的功为

$$W_e = p_1 S_1 v_1 \Delta t - p_2 S_2 v_2 \Delta t \qquad (2-7-6)$$

在 Δt 时间内,此段流体的 A 端和 B 端分别前进了 $v_1\Delta t$ 和 $v_2\Delta t$,与原来的位置比较,这段流体的新位置增加了 $v_2\Delta t$ 这一段,而减少了 $v_1\Delta t$ 一段．由于研究的是定常流动,$A'B$ 之间流体的流速分布不随时间变化,所以这部分流体的动能不变,而 $A'B$ 间流体高度没有变化,势能不变．因此,Δt 时间内整个过程机械能的变化是:增加了 $v_2\Delta t$ 这段流体的机械能,减少了 $v_1\Delta t$ 流体的机械能．由于理想流体不可压缩,因此若 ρ 表示流体密度,则 BB' 段的动能、势能分别为$\frac{1}{2}\Delta m_2 v_2^2 = \frac{1}{2}(\rho S_2 v_2 \Delta t) v_2^2$,$\Delta m_2 g h_2 = (\rho S_2 v_2 \Delta t) g h_2$;$AA'$段的动能、势能分别为$\frac{1}{2}\Delta m_1 v_1^2 = \frac{1}{2}(\rho S_1 v_1 \Delta t) v_1^2$,$\Delta m_1 g h_1 = (\rho S_1 v_1 \Delta t) g h_1$. 所以,机械能的增量为

$$\Delta E = \left[\frac{1}{2}(\rho S_2 v_2 \Delta t) v_2^2 + (\rho S_2 v_2 \Delta t) g h_2\right] - \left[\frac{1}{2}(\rho S_1 v_1 \Delta t) v_1^2 + (\rho S_1 v_1 \Delta t) g h_1\right] \qquad (2-7-7)$$

将式(2-7-6)、式(2-7-7)代入式(2-7-4),并化简整理得

$$\left(p_1 + \frac{1}{2}\rho v_1^2 + \rho g h_1\right) S_1 v_1 = \left(p_2 + \frac{1}{2}\rho v_2^2 + \rho g h_2\right) S_2 v_2$$

应用连续性方程 $v_1 S_1 = v_2 S_2$,得

$$p_1 + \frac{1}{2}\rho v_1^2 + \rho g h_1 = p_2 + \frac{1}{2}\rho v_2^2 + \rho g h_2 \qquad (2-7-8)$$

由于截面 A 和 B 是任意选取的,所以对同一流管中任何截面上式都成立,因而,可把式(2-7-8)写为

$$p + \frac{1}{2}\rho v^2 + \rho g h = \text{恒量} \qquad (2-7-9)$$

式(2-7-8)和式(2-7-9)称为伯努利方程．它把定常流理想流体的同一细流管上任意两点的压强、速度及高度之间的联系用方程表示出来．

应当注意,伯努利方程仅适用于理想流体定常流动的情况,而且只有在同一细流管中各截面上才有这种关系．

【例2-7-2】 微孔流速问题．水库放水、水塔经管道向城市输水以及挂瓶为病人输液等,其共同特点是液体自大容器经小孔流出．由此可以建立以下理想模型(图2-7-6):大容器下部有一小孔,小孔的线度与容器内液体自由表面至小孔处的高度 h 相比很小．液体视作理想流体,求在重力场中液体从小孔流出的速度．

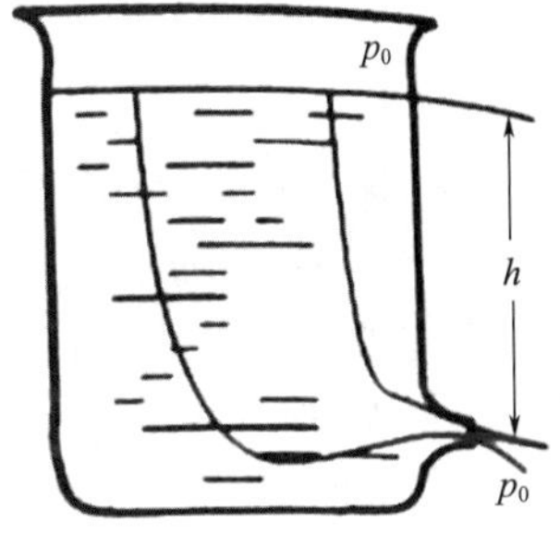

图2-7-6　例2-7-2图

解:随着液面的下降,小孔处的流速也会逐渐降低,严格说来,并不是定常流动．但因为孔径极小,若观测时间较短,液面高度没有明显变化,则可以看作是定常流动,选择小孔中心作为势能零点,可认为液体自由表面的流速为零,由伯努利方程得

$$\rho g h + p_0 = \frac{1}{2}\rho v^2 + p_0$$

式中:p_0 为大气压;v 为小孔处流速大小;ρ 为液体密度. 则

$$v=\sqrt{2gh}$$

结果表明:小孔处流速和物体自高度 h 处自由下落得到的速度是相同的.

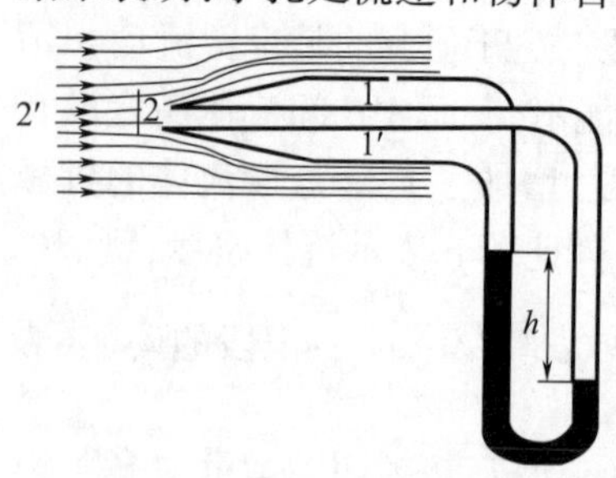

图2-7-7　例2-7-3图

【例2-7-3】　皮托管原理. 皮托管常用来测量气体的流速,如图2-7-7所示,开口1和1′与气体流动的方向平行,开口2则垂直于气体流动的方向,两开口分别通向U形管压强计的两端,根据液面的高度差便可求出气体的流速. 已知气体密度为 ρ,液体密度为 $\rho_液$,管内液面高度差为 h,求气体流速. 气流沿水平方向,皮托管水平放置. 空气视作理想流体,并相对于皮托管作定常流动.

解:因空气可视作理想流体,又知空气作定常流动,所以可应用伯努利方程. 用皮托管测流速,相当于在流体内放一障碍物,流体被迫分成两路绕过此物体,在物体前方流体开始分开的地方,流线上流速等于零的一点,称为驻点(如例2-7-3图中2点). 通过1、2各点的流线均来自远处,在远处未受皮托管干扰的地方,流体内各部分均相对于仪器以相同的速度作匀速直线运动(如飞机在空中匀速直线飞行),空间各点的 $p+\rho v^2/2+\rho gh$ 为一恒量,对于1、2两点来说,有

$$p_1+\frac{1}{2}\rho v_1^2+\rho gh_1=p_2+\rho gh_2$$

式中:h_1、h_2分别表示1、2两点相对于势能零点的高度. h_1和h_2的高度差很小,可以忽略,因此,$\rho v_1^2/2=p_2-p_1$.

皮托管的大小和气体流动的范围相比是微乎其微的,仪器的放置对流速分布的影响不大,可近似认为 v_1即为预测流速,于是

$$v=\sqrt{\frac{2(p_2-p_1)}{\rho}}$$

又根据U形管内液面高度差得

$$p_2-p_1=\rho_液 gh$$

故流速大小为

$$v=\sqrt{2\rho_液 gh/\rho}$$

将皮托管用在飞机上,可测空气相对于飞机的速度,也就是飞机的航速. 但飞机上不宜采用U形管,而是采用金属盒,其内外分别与图2-7-7中1、2点相通,根据内外压强差引起金属盒的变形来测量航速.

2. 伯努利方程的应用

1) 静止液体内的压强

在液体内部同一点各个方向的压强都相等,而且深度增加,压强也增加. 若液体的密度是 ρ,则在液体内部 h 深度处液体产生的压强为

$$p=\rho gh$$

如果液体表面处压强为 p_0,则深 h 处的总压强为

$$p=p_0+\rho gh \tag{2-7-10}$$

在国际单位制中,压强的单位是帕斯卡,简称帕(Pa),1Pa=1N/m². 工程上常用单位

还有厘米汞柱(cmHg)、毫米汞柱(mmHg,1mmHg = 133.322Pa)、工程大气压(atm,latm = 1.01325 × 10^5Pa)等.

实际上,流体静压强公式是各处的流速为零时,伯努利方程的一个特例. 当 $v_1 = v_2 = 0$ 时,由伯努利方程得

$$p_1 + \rho g h_1 = p_2 + \rho g h_2$$

所以

$$p_2 = p_1 + \rho g (h_1 - h_2)$$

这里 p_1 就是式(2-7-10)中的 p_0, $h_1 - h_2$ 就是式(2-7-10)中的 h,可见上式与式(2-7-10)是一致的.

2)水平流管中压强和流速的关系

对于水平流管如图2-7-8所示,由于为细流管,所以 AB 两截面的高度可以认为是相等的,即 $h_1 = h_2$,伯努利方程可以表示为

$$p_1 + \rho v_1^2/2 = p_2 + \rho v_2^2/2$$

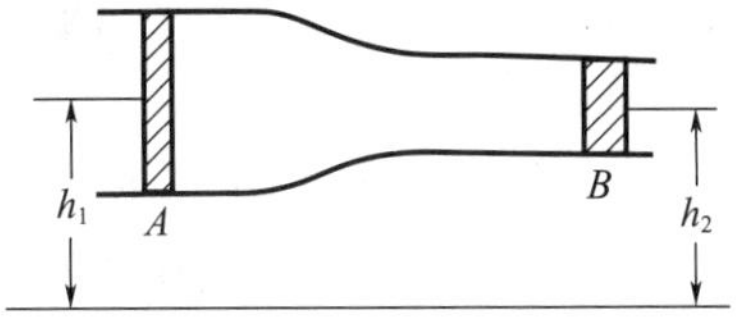

图2-7-8　水平流管

上式表明:在同一流管内,流速小的地方压强太,流速大的地方压强小. 由流体的连续性方程 $v_1S_1 = v_2S_2$,可知流管截面小处的流速大,截面大处的流速小.

综上可得,理想流体在同一水平流管中定常流动时,在截面大的地方,流速小,压强大;在截面小的地方,流速大,压强小. 这个原理在生产生活中有着广泛的应用.

3)飞机升力

如图2-7-9所示,仔细观察机翼的形状,机翼的上表面比较凸,而下表面比较平,当飞机前进时,机翼与周围的空气发生相对运动,相当于气流迎面流过机翼,气流被机翼分成上下两部分,由于机翼横截面上下不对称,机翼上表面流管较细,流过上表面的气流流速较快,根据伯努利原理,流动快的大气压强较小,而机翼下表面流管较粗,流过下表面的气流较慢,流动慢的大气压强较大,这样机翼下表面的压强就比上表面的压强高,存在的压强差从而产生压力差,便形成了飞机的升力,随着飞机在跑道上速度越来越大,当升力大于重力时,飞机即可升空. 当然,实际中飞机升力的大小除了和速度有关外,还和机身环流状态以及飞机的仰角有很大关系.

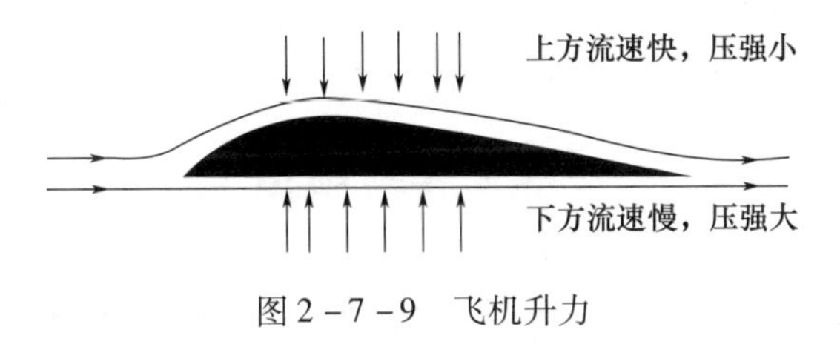

图2-7-9　飞机升力

4)船吸现象

1912年9月20日,隶属于英国的“奥林匹克”号游轮正开往纽约,在怀特岛东北海域,与皇家海军的“豪克”号巡洋舰相遇,当“豪克”号距离这艘当时世界上最大远洋轮100米时,忽然“豪克”号向左拐过去,“奥林匹克”号像一块巨大的磁铁一样,几乎笔直地向大船冲来,“豪克”号和“奥林匹克”号撞到了一起,“豪克”号的船头撞到“奥林匹克”号的船

舷上，这次撞击非常强烈，以致“豪克”号把“奥林匹克”号的船舷撞了一个大洞．

如图2－7－10所示，当水流在广阔范围内流动时，可以近似看成是以直线互不干涉的平行流动，但当水流遇到轮船阻碍时，水流就会绕开船体流动，而如果此时出现两条距离近并且平行的船只时，就会在两船之间形成一个速度非常快的通道，其速度远远超出船体外侧水流速度，根据伯努利效应，流体的流速越大，压强越小，反之就越大，外部压强远大于内部压强时，最终外侧压力将两船推到一起，导致碰撞“船吸”，而且速度越快，后果越严重．因此，国际航海规则规定两艘轮船不能近距离平行航行．

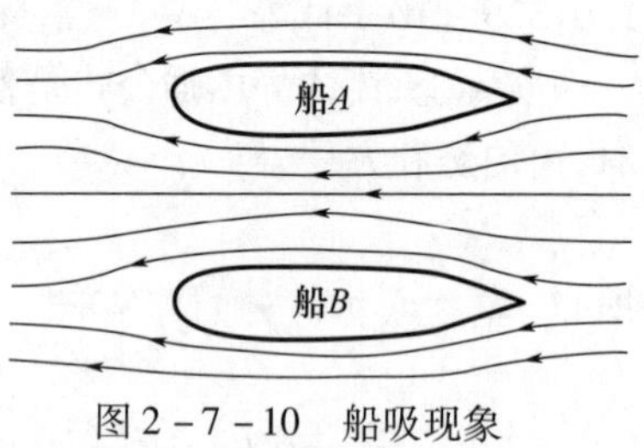

图2－7－10　船吸现象

5）雾化器

如图2－7－11所示，向右推动水平管中的活塞，产生气流，在截面大的A处，压强近似为大气压，流速较小，在截面小的B处，速度增大，压强小于大气压，而瓶C中液体表面压强也是大气压，于是C处和B处的压强差把液体从C瓶压入B处，吸入的液体被气体吹成细小颗粒，散成雾．

如图2－7－12所示，汽油发动机的雾化器与喷雾器的原理相同．空气由上向下流入．根据连续性方程，喉管处截面变窄，流速变大，再由伯努利方程，流速大则压强变小，从而把汽油从喷口吸入，汽油被气流吹成细小的颗粒，很快被蒸发成雾状，为进入汽缸充分燃烧做好准备．

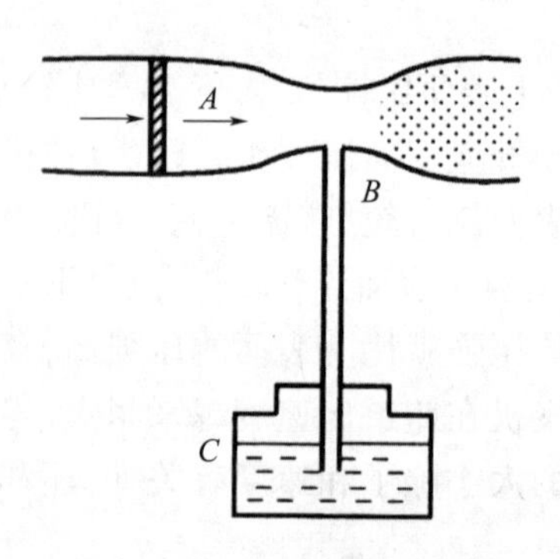

图2－7－11　喷雾器原理图

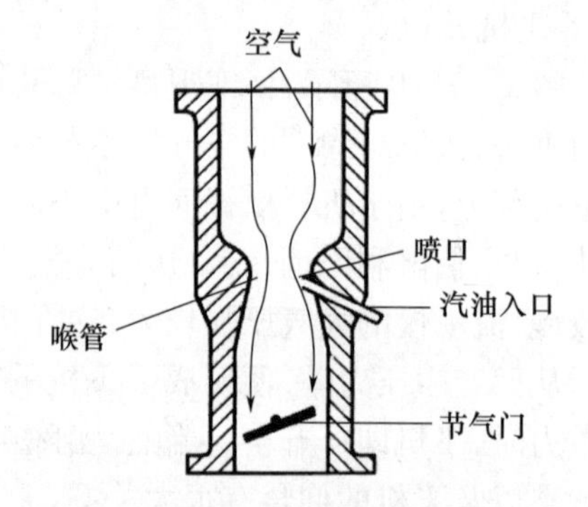

图2－7－12　汽油雾化器原理图

2.8　实验项目

实验2－1　利用气垫导轨测量速度、加速度

【实验目的】

1. 会使用气垫导轨实验仪和气垫导轨测试仪．
2. 掌握在气垫导轨上测量速度和加速度的方法．

【实验仪器】

气垫导轨实验仪、气垫导轨测试仪、挡光片、滑块、气源等．

【实验原理】

1. 速度的测量

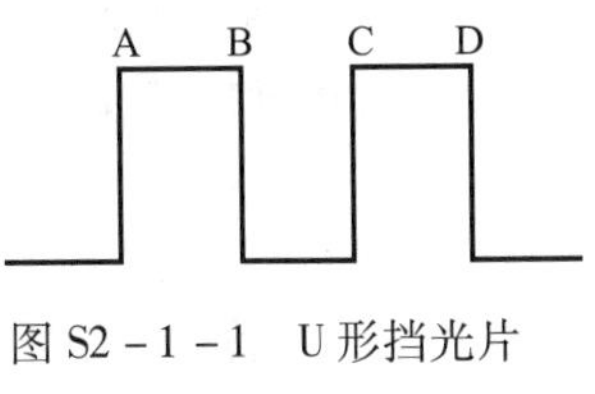

图 S2－1－1 U形挡光片结构示意图

图 S2－1－1 所示为 U 形挡光片，当它通过光电传感器上的缺口时，其开口被光电传感器中发光管发出的红外线扫过，在 AB 和 CD 的二边缘产生两次挡光，第一次挡光计时器开始计时，第二次挡光计时停止计时. 本实验利用该装置和气垫导轨测试仪共同进行光电门第一次挡光到第二次挡光之间的时间间隔的测量. 设 A 边与 C 边的间隔为 Δx，测出滑块移动 Δx 所需的时间 Δt，即可计算出滑块通过光电门时的速度：

$$v \approx \Delta x / \Delta t \tag{S2-1-1}$$

2. 加速度的测量

将气垫导轨的一端垫高形成斜面，使滑块所受合外力为不是 0 的恒定量，滑块将沿轨道做匀变速直线运动. 气垫导轨上相距 S 的两处设置两个光电门，测出滑块通过两光电门的速度 v_1 和 v_2，则滑块的加速度

$$a = (v_2^2 - v_1^2)/(2S) \tag{S2-1-2}$$

【实验内容及步骤】

1. 检查光电门

调节气垫导轨测试仪使其处于正常工作状态.

2. 导轨水平调节

导轨水平程度是气垫导轨实验的关键. 气垫导轨正常工作状态下，导轨水平时滑块处于静止或者作匀速直线运动状态.

（1）粗调. 在导轨中注入压缩空气形成气垫后，将滑块放在导轨中部，观察滑块运动方向来判断导轨的倾斜方向. 调整导轨支座独脚螺丝，使滑块在导轨上基本稳定.

（2）细调. 轻轻推动滑块，观察滑块在气轨上的运动，滑块和气轨两端的缓冲弹簧的碰撞情况. 将测试仪开机，分别记下滑块经过两个光电门时的时间 t_1 和 t_2，试比较 t_1 和 t_2 的数值，若 t_1 和 t_2 之差小于 1ms，则导轨接近水平，此时可近似认为滑块作匀速直线运动；若 t_1 和 t_2 相差较大，则通过调节导轨底座螺钉使导轨水平.

说明：气垫导轨测试仪屏幕上显示“THQQD－Ⅰ型气垫导轨测试仪”时，按菜单键进入主菜单界面，此时屏幕显示 4 种功能，即“1：计时，2：速度，3：加速度，4：碰撞”，默认状态下为“计时”功能.

3. 速度的测量

（1）测试仪在“速度”模式下，按“确定”按钮，此时屏幕显示“S＝1cm”，可按上调或下调键设置 S 为 1cm（默认值），再按“确定”按钮，屏幕显示“S＝×××cm√”，数秒后，屏幕自动跳转为“t＝0000ms　v＝0000mm/s”.

（2）把 1cm 间距的 U 形挡光片固定在滑块上方，放置在水平导轨上.

（3）在导轨上将滑块从左到右或从右到左用适当的力推一下，由测速仪测出滑块经过某一个光电门的速度（另一光电门不用）.

挡光片第一次经过光电传感器时开始计时，第二次经过光电传感器时停止计时，并自动存储数据，第三次经过光电传感器时，“t_0”则变为“t_1”，第四次经过光电传感器时停止

计时，并自动算出速度 v 值，与 t 值一起存储供查询.

（4）改变挡光片的宽度再次测量，将数据填入表 S2－1－1.

4. 加速度的测量

（1）用垫块把已调好的水平导轨垫高.

（2）将测试仪选择至“加速度”模式下，按“确定”按钮，屏幕显示“$S=S_1=$　”（S 为所选挡光片宽度，S_1 为两个光电门之间的距离）. 按“确定”按钮设置 S 的参数（默认为 1cm），再按确定设置 S_1 参数，屏幕显示“$S=1\text{cm}\surd S_1=1\text{cm}$”，设光电门之间的距离为 50cm，则将 S_1 设为 50cm. 按“确定”按钮，屏幕显示“$t_1=0000\text{ms}$　$t_2=0000\text{ms}$”.

（3）使滑块从导轨最高处（或某一固定位置）自由下滑，测试仪记录下 t_1 和 t_2 的值，并算好其相应的速度和加速度，可按“查询”按钮查询出滑块在两个光电门之间的加速度，多次测量取平均值，将数据填入表 S2－1－2.

【数据记录和处理】

表 S2－1－1　滑块运动速度的测量

项目 / 次数	挡光片宽度 $S=1\text{cm}$	挡光片宽度 $S=4\text{cm}$
	$v/(\text{mm/s})$	$v/(\text{mm/s})$
1		
2		
3		
4		
平均		

表 S2－1－2　滑块加速度的测量

项目 / 次数	垫块高度 $h=1\text{cm}$	垫块高度 $h=2\text{cm}$
	$a/(\text{mm/s}^2)$	$a/(\text{mm/s}^2)$
1		
2		
3		
4		
平均		

【注意事项】

1. 开始时先开气源后放滑块，结束时先拿滑块，后关气源.
2. 应特别注意保护滑块，切不可掉在地上. 各组滑块不要相互挪用.
3. 气垫导轨一经调平，在实验过程中就不能移动.
4. 不能用手触摸导轨表面，以免汗渍污染腐蚀导轨.
5. 如果使用不同间距的挡光片做实验，S 值也应做相应的更改.
6. 实验结束后将两滑块放于紧靠导轨的桌面上，各种配件放回盒内.

实验 2－2　利用自由落体测量重力加速度

测量重力加速度的方法较多，这里我们将采用落球法测量重力加速度. 若忽略空气

阻力的影响,物体自由下落的加速度即为重力加速度.

【实验目的】

1. 掌握用落体法测定重力加速度原理.

2. 了解光电门的工作原理,掌握光电门和通用计数器的使用方法,并用单光电门法和双光电门法测量重力加速度.

【实验仪器】

自由落体实验仪,DHTC-1A 通用计数器.

【实验原理】

当物体从静止自由下落时,在重力作用下,其运动方程为

$$h=\frac{1}{2}gt^2 \tag{S2-2-1}$$

式中:h 为在 t 时间内物体下落的高度. 本实验关键是精确测量 h 和 t.

图 S2-2-1 为自由落体实验仪的结构图. 立柱 10 固定在底座 11 上,调节底座上的水平调节机脚 12 可以将底座调节水平,本质上是为了调节立柱竖直. 立柱是否竖直由水平泡 5(由支架 6 固定在立柱上)进行判断. 在立柱顶端装有电磁铁 1 及其控制电源插座 2 来控制电磁铁的磁性. 待测小球 3 可以吸在电磁铁上. 在立柱上还装有光电门Ⅰ和光电门Ⅱ,在其下方装有接球盒 9. 立柱上还装有标尺 8,用于测量 h. 时间 t 由光电门和通用计数器(使用说明见附录 FS2-2-1). 下面介绍单光电门法和双光电门法测量重力加速度的原理.

1. 利用单光电门计时方式测量 g

单光电门测量方式与式(S2-2-1)阐述的原理一致,假定光电门Ⅰ与落球点位置之间距离为 h,如图 S2-2-2 所示,开启电磁铁释放小球的同时开始计时,当小球经过光电门Ⅰ后停止计时,测出时间 t,则由式(S2-1-2)可得

$$g=2h/t^2 \tag{S2-2-2}$$

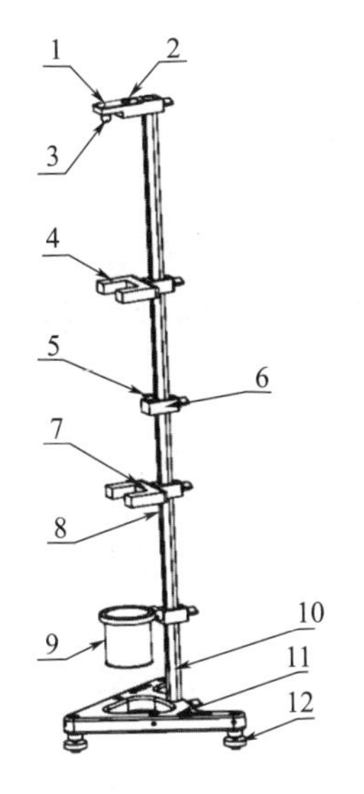

图 S2-2-1 仪器结构图

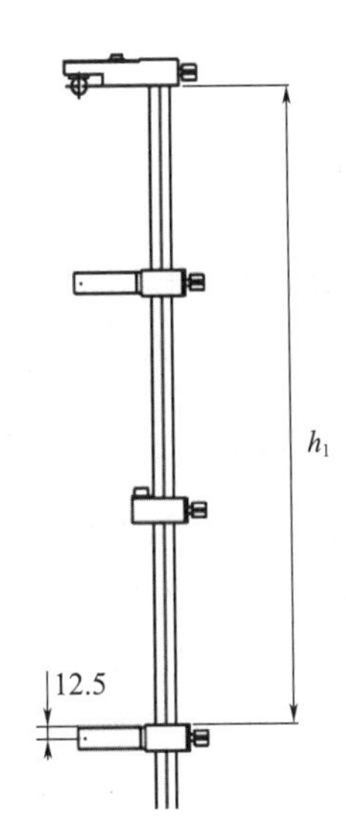

图 S2-2-2 单光电门 h 测量

2. 利用双光电门计时方式测量 g

采用一个光电门测量会存在较大误差，一是 h 不容易测量准确；二是电磁铁有剩磁，t 不易测量准确．为了解决这两个问题，采用双光电门进行测量．图 S2－2－3、图 S2－2－4 分别为双光电门法的实物图和原理图．小球在竖直方向从 0 点（落球点）开始自由下落，设它到达 A 点（光电门Ⅱ）的速度为 v_1，从 A 点起，经过时间 t_1 后小球到达 B 点（光电门Ⅰ）．令 A、B 两点间的距离为 S_1，则

$$S_1 = v_1 t_1 + g t_1^2/2 \tag{S2-2-3}$$

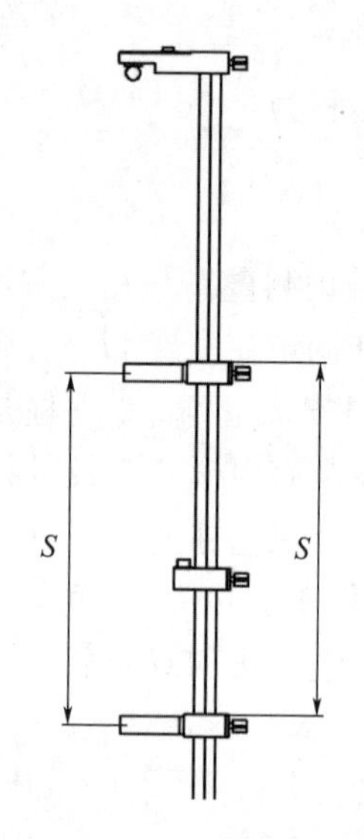

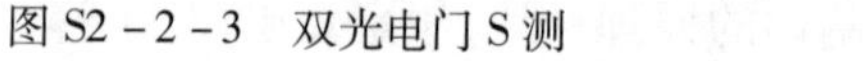
图 S2－2－3　双光电门 S 测

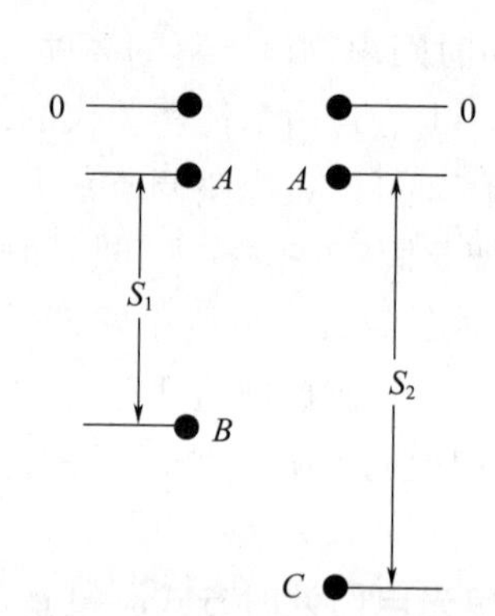

图 S2－2－4　双光电门测试原

移动光电门Ⅰ至 C 点，保持其他条件不变，重复上述过程，从 A 点（光电门Ⅱ）起，经时间 t_2后，小球到达 C 点（光电门Ⅰ），设 A、C 两点间的距离为 S_2，则

$$S_2 = v_1 t_2 + g t_2^2/2 \tag{S2-2-4}$$

由式（S2－2－3）和（S2－2－4）可以得出

$$g = 2\frac{(S_2/t_2) - (S_1/t_1)}{t_2 - t_1} \tag{S2-2-5}$$

利用上述方法测量，将原来难于精确测定的距离 h（落球点位置与光电门Ⅰ之间距离）转化为 S_1、S_2（两光电门之间的距离）的测量，并且解决了电磁铁剩磁所引起的时间测量误差．

【实验内容与要求】

1. 采用单光电门法测量重力加速度

（1）调节底座上的水平调节机脚，观测水平泡水平状态，使立柱垂直．

（2）将图 S2－2－1 中下端光电门Ⅰ与测试仪传感器Ⅰ相连，开启测试仪电源．

（3）进入测试仪自由落体实验功能，进入实验菜单，选择方式 1（单光电门测试模式）．

（4）将直径为 16mm 的钢球吸在电磁铁吸盘中心位置，用标尺多次测量小球中心位置到光电门Ⅰ激光束之间的垂直距离 h（图 S2－2－3）．

（5）在方式1菜单中，按 start 开始测量，当小球经过光电门Ⅰ后，显示测量时间，可多次测量、保存和查看时间 t（详见《通用计数器》使用说明）.

（6）改变光电门Ⅰ的位置，重复实验步骤（3）和（4），测量不同的 h 和 t.

（7）自拟表格，记录实验数据，根据 $g=\frac{2h}{t^2}$，计算重力加速度和实验误差.

2. 采用双光电门法测量重力加速度

（1）调节底座上的水平调节机脚，观测水平泡水平状态，使立柱垂直.

（2）将图 S2-1-1 所示下端光电门Ⅰ与测试仪传感器Ⅰ相连，上端光电门Ⅱ与测试仪传感器Ⅱ相连，开启测试仪电源.

（3）进入测试仪自由落体实验功能，进入实验菜单，选择方式2（双光电门测试模式）.

（4）将直径为16mm的钢球吸在电磁铁吸盘中心，用标尺多次测量两光电门激光束之间的距离 S_1，也等于光电门固定座之间的相对距离（图 S2-2-3）.

（5）在方式2菜单中，按 start 开始测量，当小球依次经过光电门Ⅱ和光电门Ⅰ后，显示测量时间，可多次测量、保存和查看时间 t_1.

（6）保持上端光电门Ⅱ的位置不动，改变光电门Ⅰ的位置，重复实验步骤（3）~（5），测量此时对应的 S_2 和 t_2.

（7）自拟表格，记录实验数据，根据式（S2-2-5），计算重力加速度和误差.

备注：单光电门测量时，$h=h_1+12.5\text{mm}$，如图 S2-2-3 所示；双光电门测量时 S 如图 S2-2-4 所示；郑州地区 $g_{标准}=9.797\text{m/s}^2$.

【思考题】

如果实验中仪器底座没有调水平（仪器没有处在竖直状态），此时测量的重力加速度是偏大还是偏小？分析其原因.

【附录 FS2-2-1】　DHTC-1A 通用计数器使用说明

1. FS2-2-1 DHTC-1A 通用计数器简介

通用计数器是一款智能化物理实验仪器，广泛用于高校物理实验室测量周期和脉宽.同时还能拓展旋转体的转速、计时秒表以及自由落体等相关实验，能自动记录、存储、处理多组实验数据，并计算出多组实验数据的平均值.

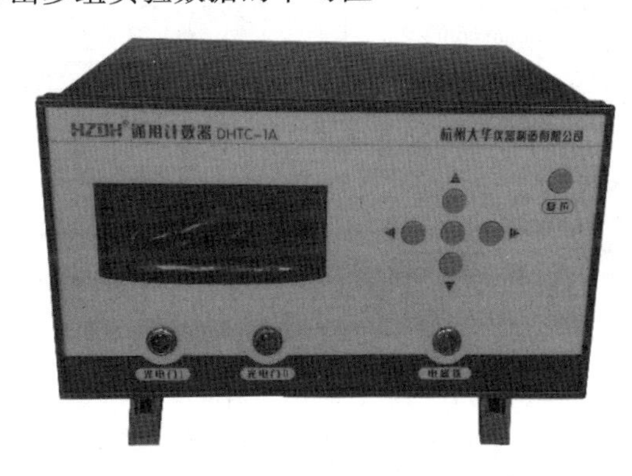

图 FS2-2-1　通用计数器

通用计数器采用智能单片机控制系统以及液晶显示系统，具有测试精度高、功能强、产品性能稳定、可靠等优点．

2. 主要技术参数

（1）含 2 个兼容 TTL 信号传感器接口和 1 个 DC9V 电磁铁输出控制接口．

（2）具有周期测量、脉宽测量、计时秒表等功能．

（3）采用液晶显示器，功能按键菜单切换，带数据存储和查询功能．

（4）周期测量和脉宽测量范围为 10～999999999μs，测试分辨力为 1μs.

（5）周期测量次数 0～99 次任意可设，脉宽测量 1～50 次任意可设．

（6）秒表功能测试范围为 0～999999ms.

（7）自由落体测试范围为 0～999999999μs，含单（双）传感器测试模式．

（8）角加速度测量功能：用于拓展塔轮式转动惯量测试实验，内置线性拟合程序，智能测算匀加速段和匀减速段角加速度．

3. 通用计数器使用说明

（1）开机或按复位键后，进入欢迎界面：

Universal Counter
www. hzdh. com

（2）在欢迎界面下，按任意键进入如下菜单界面：

＞周期测量	角加速度
脉宽测量	
秒表计时	
自由落体	

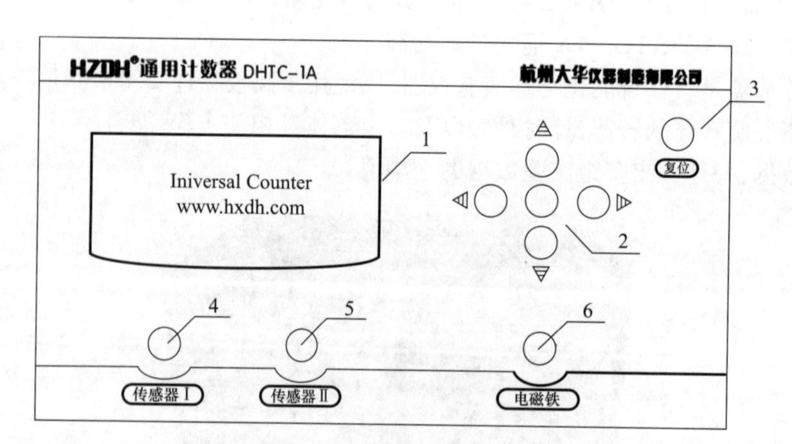

图 FS2－2－2　通用计数器面板图

1—液晶显示器；2—功能键盘（含上键、下键、左键、右键和“确认”键）；3—系统复位键；4—传感器Ⅰ接口（光电门Ⅰ）；5—传感器Ⅱ接口（光电门Ⅱ）；6—电磁铁输出接口（控制电压 DC9V）.

按上、下功能键选择功能菜单：

周期测量	角加速度
脉宽测量	
>秒表计时	
自由落体	

(3) 周期测量功能菜单(备注:实验时测试仪外接传感器Ⅰ(光电门Ⅰ)).

① 选择周期测量功能后,按“确认”键后进入如下菜单:

>设置周期数 n:xx
开始测量
数据查询
返回

按上、下功能键选择功能菜单:

设置周期数 n:xx
>开始测量
数据查询
返回

② 选择“设置周期数 n:xx”后,按左、右键改变 xx 来设定周期数 n,n 最大可以设置为 99,所设即所得,不用再按“确认”键.

>设置周期数 n:10
开始测量
数据查询
返回

③ 选择“开始测量”,按“确认”键进入测试,显示如下界面:

周期数 n:10
测量中……
XXX
返回

xxx 为 0~2n,动态显示;挡光杆每经过一次光电门,xxx 自动+1,直到 xxx 为 2n 时直接显示测试结果界面如下:

周期数 n:10
t:xxx,xxx,xxx μs (10 个周期总时间)
T:xxx,xxx,xxx μs (单周期平均时间)
保存 返回

按左、右键切换“保存”和“返回”功能,按“确认”键选择相应功能:

```
周期数 n:10
t:xxx,xxx,xxx μs
T:xxx,xxx,xxx μs
保存        [返回]
```

选择“返回”,按“确认”键返回上级;选择“保存”,按“确认”键进入如下界面:

```
Save data to
Group    xx  (xx 为 1-30 之间,每次测量后 xx 自动加 1)
```

数据保存成功后显示:

```
Saved success(1 秒后自动返回周期测量菜单)
```

最多保存 30 组数据,如果超出 30 组,将从第一组数据开始向后覆盖.

④ 选择“数据查询”功能进入如下界面:

```
组数  xx       [返回]
周期数 n:10                    (数据组 xx 对应的周期数)
t:xxx,xxx,xxx μs               (数据组 xx 对应的 n 个周期总时间)
T:xxx,xxx,xxx μs               (数据组 xx 对应的单周期平均时间)
```

在该界面上按“确认”键返回周期测量菜单,按下、上键翻看数据组 x ±1:

```
组数  x ±1       [返回]
周期数 n:10
t:xxx,xxx,xxx μs
T:xxx,xxx,xxx μs
```

(4) 脉宽测量功能菜单(备注:实验时测试仪外接传感器Ⅰ(光电门Ⅰ)).

① 选择“脉宽测量”功能后,按“确认”键进入脉宽测量功能菜单:

```
>设置次数 n:  xx
开始测量
数据查询
返回
```

按上、下键在菜单中进行切换.

② 选择“设置次数 n”功能,按左、右键改变 xx,1-50 变化,如:

>设置次数 n: 20 开始测量 数据查询 返回

③ 选择“开始测量”功能,按“确认”键后,进入如下界面:

次数 n: 20 测量中... XX 返回

X 为 0 ~ n,X 动态显示,挡光杆经过一次光电门,X 自动 +1,直到 X = n 时直接显示测试结果,界面如下:

次数 n:20 t1:xxx,xxx,xxx μs　　(t1 的脉宽时间) t2:xxx,xxx,xxx μs　　(t2 的脉宽时间) **保存**　　返回

在该界面下,按上、下键翻看数据如下:

次数 n:20 t3:xxx,xxx,xxx μs t4:xxx,xxx,xxx μs **保存**　　返回

在该界面下,按左、右键选择“保存”或者“返回”功能.

选择“保存”后,按“确认”键进入如下界面:

Save data to Group　xx　　(xx 取 1 ~ 30,每次测量后 xx 自动加 1)

数据保存成功后显示如下界面:

Saved success(1s 后自动返回到脉宽测量菜单)

最多保存 10 组数据,如果超出 10 组,将从第一组数据开始向后覆盖.

④ 选择“数据查询”进入如下界面:

组数 1	返回
次数 n:xx	
t1:xxx,xxx,xxx μs	
t2:xxx,xxx,xxx μs	

在该界面上按左、右键改变数据组 group x,按上、下键翻看该组中对应的数据如下:

组数 3	返回	(查看数据组 3 数据)
次数 n:20		(每组中 n 可能不一样)
t6:xxx,xxx,xxx μs		(第 3 组中的第 6 个数据)
t7:xxx,xxx,xxx μs		(第 3 组中的第 7 个数据)

在该界面中,按“确认”键将返回到脉宽测量功能菜单.

(5) 秒表测量功能菜单.

① 选择“秒表计时”功能后,按“确认”键进入如下菜单:

重置	开始	返回
000,000 ms		

按左、右键选择功能,按“确认”键进入功能.

② 选择“开始”,按“确认”键开始测量:

重置	停止	返回
000,000 ms		

③ 选择“停止”,按确认键后显示测得的时间:

重置	开始	返回
123,456 ms		

在上界面中,选择“重置”,按确认键后,测试时间值复位;不选择“重置”,直接选择“开始”并按确认键后,将在原来计时基础上继续计时.

(6) 自由落体实验功能菜单.

① 选择“自由落体”功能,进入如下菜单:

自由落体	
>方式 1	(方式 1,单光电门模式)
方式 2	(方式 2,双光电门模式)
返回	(返回上级菜单)

按上、下键选择功能，按“确认”键进入功能.

② 选择“方式1”后，按“确认”键进入如下菜单：

开始　　数据查询　　返回 ○ Gate 1(光电门1)(此时电磁铁开启，吸引钢球)

左、右键选择功能，“确认”键确认该功能；在上界面中选择“开始”并按“确认”键后显示如下界面：

保存　　数据查询　　**返回** ○ Gate 1 测量中...　　　(电磁铁释放，定时开始)

当小球经过光电门1后，测量完毕并显示：

保存　　数据查询　　返回 ● Gate 1(触发光电门1，灯亮，计时完成) t：xxx，xxx，xxx μs　　(自由落体计时时间)

选择“保存”后，按“确认”键显示：

Save data to No. xx　　　(xx为1～30，每次测量后xx自动加1)

数据保存成功后显示如下界面：

Saved success(1秒后自动返回方式1实验界面)

最多保存30组数据，如果超出30组，将从第一组数据开始向后覆盖.

③ 在“方式1”菜单中选择“数据查询”并按“确认”键后显示：

开始　　数据查询　　**返回** No. 1　xxx，xxx，xxx μs No. 2　xxx，xxx，xxx μs

此时按上、下键切换显示存储的数据，数据以行为单位上移或下移：

开始　　数据查询　　**返回** No. 7　xxx，xxx，xxx μs No. 8　xxx，xxx，xxx μs

④ 在“方式 2”菜单中,按“确认”键进入如下菜单:

开始　　数据查询　　返回

○ Gate 1　○ Gate 2(光电门 1,光电门 2)
(此时电磁铁开启,吸引钢球)

按左、右键选择功能,按“确认”键确认.
选择“开始”并确认后显示如下界面:

保存　　数据查询　　返回

○ Gate 1　○ Gate 2
测量中……　　　　(电磁铁释放,测试中……)

在测量过程中,当钢球通过上端光电门时,计时开始.
当钢球通过下端光电门时,计时完毕,显示如下;

保存　　数据查询　　返回

●Gate 1　　●Gate 2(计时结束)
t:xxx,xxx,xxx μs

选择“保存”并按“确认”键后显示:

Save data to No. xx

数据保存成功后显示如下界面:

Saved success(1 秒后自动返回方式 2 实验界面)

最多保存 30 组数据,如果超出 30 组,将从第一组数据开始向后覆盖.
⑤ 在方式 2 实验界面中选择“数据查询”并按“确认”键后显示:

开始　　数据查询　　返回

○ Gate 1　○ Gate 2
No. 1　xxx,xxx,xxx μs
No. 2　xxx,xxx,xxx μs

按上、下键切换显示存储的数据,数据以行为单位上移或下移:

```
开始      数据查询      返回

○ Gate 1    ○ Gate 2
No. 7   xxx,xxx,xxx μs
No. 8   xxx,xxx,xxx μs
```

(7) 角加速度测量功能菜单(备注:实验时测试仪外接传感器I(光电门I)).

① 角加速度测量功能后,按“确认”键后进入如下菜单:

```
设置次数  xx
设置弧度  xπ

开始      数据查询      返回
```

按上、下功能键选择功能菜单:

```
设置次数  xx
设置弧度  x π

开始      数据查询      返回
```

② 选择“设置次数 xx”后,按左、右键改变 xx 来设定测量次数 n,n 最大可以设置为 99,所设即所得,不用再按“确认”键.

```
设置次数  xx
设置弧度  xπ

开始      数据查询      返回
```

③ 选择“设置弧度”,显示如下界面:

```
设置次数  xx
设置弧度  x π

开始      数据查询      返回
```

按左、右功能键选择 0.5π、1π、2π.

④ 选择“开始”,按“确认”键,进入测量状态,显示如下界面:

设置次数 n:xx
设置弧度 x π
测量中…… xx
开始 数据查询 返回

在上述界面中按“确认”键将停止此次测量.

xx 为 0 ~ n,动态显示;挡光杆每经过一次光电门,xx 自动 +1,计时器自动记录每个弧度点对应的时刻,直到 xx 为 n 时直接显示测试结果界面如下:

次数:xx 弧度:xπ
B1 = xxxx B2 = xxxx
t = xxx,xxx,xxx μs
保存 返回

B1 为匀加速阶段的角加速度;B2 为匀减速阶段的交加速度(B1 和 B2 是通过测得的数据,单片机内部直接数据拟合得到,准确度较高).

按左、右键切换“保存”和“返回”功能.

选择“返回”,按“确认”键返回上级;选择“保存”,按“确认”键进入如下界面:

Save data to
Group xx (xx 为 1 ~ 5,每次测量后 xx 自动加 1)

数据保存成功后显示:

Saved success(1 秒后自动返回周期测量菜单)

最多保存 5 组数据,如果超出 5 组,将从第一组数据开始向后覆盖.

⑤ 选择“数据查询”功能进入如下界面:

组数 xx 次数:xx 弧度 xπ
B1 = xxxx B2 = xxxx
t01: xxx,xxx,xxx μs
t02: xxx,xxx,xxx μs 返回

在该界面上按“确认”键返回角加速度测量菜单,按左、右键翻看数据组 x ±1:

组数 x ±1 次数:xx 弧度 xπ
B1 = xxxx B2 = xxxx
t01: xxx,xxx,xxx μs
t02: xxx,xxx,xxx μs 返回

按上、下键翻看数据组 x 对应 t、t+1 时刻的时间.

组数 x±1	次数:xx	弧度 xπ
B1 = xxxx	B2 = xxxx	
t06: xxx,xxx,xxx	μs	
t07: xxx,xxx,xxx	μs	返回

实验 2-3 利用气垫导轨验证碰撞中的动量守恒定律

【实验目的】

1. 进一步熟悉气垫导轨和数字毫秒计使用方法.
2. 验证弹性碰撞和完全非弹性碰撞情况下的动量守恒定律.

【实验仪器】

气垫导轨实验仪、气垫导轨测试仪、挡光片、滑块、气源等.

【实验原理】

由 2.3.1 节可知,如果一个系统所受合外力为零或在某方向上的合外力为零,则该系统总动量守恒或在某方向上守恒. 即

$$\sum m_i v_i = 恒量 \tag{S2-3-1}$$

如图 S2-3-1 所示,本实验利用气垫导轨上两个质量分别为 m_1、m_2 的滑块的碰撞(忽略空气阻力)来验证动量守恒定律. 根据动量守恒有

$$m_1\boldsymbol{v}_{10} + m_2\boldsymbol{v}_{20} = m_1\boldsymbol{v}_{11} + m_2\boldsymbol{v}_{21} \tag{S2-3-2}$$

由于滑块做一维运动,因此式(S2-3-2)中矢量 $\boldsymbol{v}$ 可改成标量 v,其方向由正、负号决定,若与所选取的坐标轴方向相同则取正号,反之则取负号. 只要测出两个滑块在碰撞前后的速度,称出滑块质量,即可验证动量守恒定律.

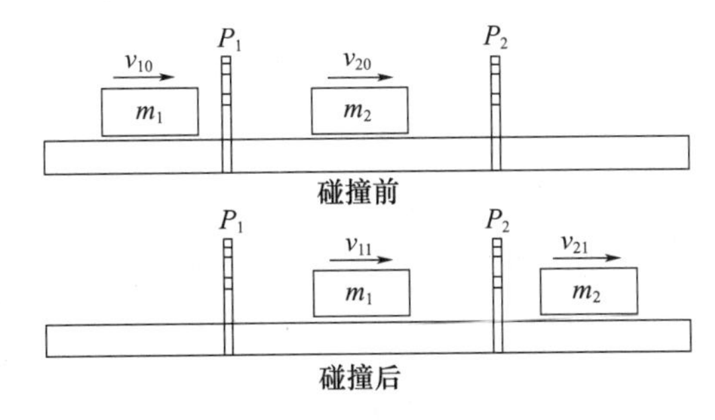

图 S2-3-1 碰撞实验示意图

1. 完全弹性碰撞

完全弹性碰撞的标志是碰撞前后动量守恒,动能也守恒,即满足式(S2-3-2),也满足

$$\frac{1}{2}m_1v_{10}^2 + \frac{1}{2}m_2v_{20}^2 = \frac{1}{2}m_1v_{11}^2 + \frac{1}{2}m_2v_{21}^2 \tag{S2-3-3}$$

由式(S2-3-2)、式(S2-3-3)可解得碰撞后的速度为

$$v_{11}=\frac{(m_1-m_2)v_{10}+2m_2v_{20}}{m_1+m_2} \tag{S2-3-4}$$

$$v_{21}=\frac{(m_2-m_1)v_{20}+2m_1v_{10}}{m_1+m_2} \tag{S2-3-5}$$

如果 $v_{20}=0$,则有

$$v_{11}=\frac{(m_1-m_2)v_{10}}{m_1+m_2} \tag{S2-3-6}$$

$$v_{21}=\frac{2m_1v_{10}}{m_1+m_2} \tag{S2-3-7}$$

动量损失率为

$$\frac{\Delta P}{P_0}=\frac{P_0-P_1}{P_0}=\frac{m_1v_{10}-(m_1v_{11}+m_2v_{21})}{m_1v_{10}} \tag{S2-3-8}$$

能量损失率为

$$\frac{\Delta E}{E_0}=\frac{E_0-E_1}{E_0}=\frac{\frac{1}{2}m_1v_{10}^2-\left(\frac{1}{2}m_1v_{11}^2+\frac{1}{2}m_2v_{21}^2\right)}{\frac{1}{2}m_1v_{10}^2} \tag{S2-3-9}$$

理论上动量损失和能量损失都为零,但在实验中,由于空气阻力和气垫导轨本身的原因,不可能完全为零,但在一定误差范围内可认为是守恒的.

对于完全弹性碰撞,要求两个滑行器的碰撞面用弹性良好的弹簧组成的缓冲器,我们可以用钢圈作完全弹性碰撞器.必须保证是对心碰撞.

2. 完全非弹性碰撞

碰撞后,两滑块粘在一起以同一速度运动,即为完全非弹性碰撞.在完全非弹性碰撞中,系统动量守恒,满足式(S2-3-2),但动能不守恒,不满足式(S2-3-3).
实验中 $v_{20}=0$,碰撞后两滑块以相同速度运动,设其速度为 v,则有

$$m_1v_{10}=(m_1+m_2)v \tag{S2-3-10}$$

$$v=\frac{m_1v_{10}}{m_1+m_2} \tag{S2-3-11}$$

动量损失率

$$\frac{\Delta P}{P_0}=\frac{P_0-P_1}{P_0}=1-\frac{(m_1+m_2)v}{m_1v_{10}} \tag{S2-3-12}$$

能量损失率

$$\frac{\Delta E}{E_0}=\frac{E_0-E_1}{E_0}=\frac{m_2}{m_1+m_2} \tag{S2-3-13}$$

对于完全非弹性碰撞,碰撞面可以用尼龙搭扣、橡皮泥或油灰等以保证碰撞后两滑块以相同速度运动,同时保证是对心碰撞.

【实验内容及步骤】

1. 调整仪器

在导轨的安装滑轮端装上弹射架,两光电门分别置于导轨 30cm 和 80cm 处,打开气源,调节气垫导轨水平.

调节气垫导轨水平的方法:①把滑块放在导轨上,调节底脚螺丝,使滑块能够在任何位置保持静止,说明导轨处于水平;②给滑块一定的初速度,滑块在缓冲弹簧的作用下在导轨上往返运动,记下滑块经过两个光电门的挡光时间 t_1、t_2,调整底脚螺丝,使 $t_1 \approx t_2$,表明滑块基本做匀速运动,导轨已接近水平状态.

2. 弹性碰撞实验

(1) 两个滑块上分别安装上1cm 的挡光片,在其相对的端面上装弹簧片.

(2) 选择测试仪工作模式为碰撞模式,设置好参数.两个滑块分别放在导轨两端处作为运动起始点.用手同时推动两个滑行器使其相向运动,且保证它们在两个光电门之间发生碰撞,碰撞后,各自朝相反方向运动,再次分别通过两个光电门,此时计时器会自动测出4个时间:t_{10}、t_{11}、t_{20}、t_{21}.

(3) 记录两滑块碰撞前后通过两个光电门的速度 v_{10}、v_{11}、v_{20}、v_{21}.

(4) 将上述测定的速度代入式(S2-3-8),计算动量损耗率,判断在误差范围内,验证了动量守恒定律.

(5) 重复进行多次碰撞.将数据填入表 S2-3-1,并进行相关计算验证.

3. 完全非弹性碰撞

(1) 将滑块上的弹性碰撞器换成尼龙搭扣.

(2) 将计时器功能选择在“碰撞”挡,将滑块 m_2 放在两个光电门中间并处于静止状态,另一滑块 m_1 放在导轨进气口端.用手推动滑块 m_1 向滑块 m_2 方向运动.通过其一光电门后,自动测出时间 t_{10}.与滑块 m_2 发生完全非弹性碰撞后,两个滑块沿同一方向继续运动通过另一光电门后,自动测出时间 t.立即用手轻轻止动滑块.

(3) 记录两滑块在完全非弹性碰撞前后通过光电门的对应速度 v_{10} 和 v_{20}.

(4) 根据上述测定的速度代入式(S2-3-12)中计算动量损耗率,判断误差范围内 $v_{10}=2v_{20}$ 是否成立,验证了动量守恒定律.

(5) 重复进行多次碰撞.将数据填入表 S2-3-2,并进行相关计算验证.

【数据记录和处理】

表 S2-3-1 弹性碰撞实验

实验次数	v_{10}/(mm/s)	v_{11}/(mm/s)	v_{20}/(mm/s)	v_{21}/(mm/s)
1				
2				
3				
4				

表 S2-3-2 完全非弹性碰撞实验

实验次数	v_{10}/(mm/s)	v/(mm/s)
1		
2		
3		
4		

【注意事项】

1. 实验开始时先开气源后放滑块,结束时先拿滑块后关气源.
2. 应特别注意保护滑块,切不可掉在地上. 各组滑块不要相互挪用.
3. 气垫导轨一经调平,在实验过程中不能移动.
4. 不能用手触摸导轨表面,以免汗渍污染腐蚀导轨.
5. 实验结束后,将两滑块放于紧靠导轨的桌面上,各种配件放回盒内.

实验 2-4　扭摆法测定物体转动惯量

转动惯量的测量,一般都是使刚体以一定形式转动,通过表征其转动特征的物理量与转动惯量的关系,进行转换测量. 本实验使物体作扭转摆动,由摆动周期及其他参数的测定计算出物体的转动惯量.

【实验目的】

1. 掌握扭摆法测量刚体转动惯量的原理和方法.
2. 学会用游标卡尺测量刚体的尺寸.

【实验仪器】

游标卡尺、待测物体(空心金属圆柱体、实心塑料圆柱体、木球)、转动惯量测试仪.

【实验原理】

图 S2-4-1 所示为扭摆实物图,垂直轴上装有一根薄片状的螺旋弹簧,用以产生恢复力矩. 在垂直轴上方可以装上待测物体. 垂直轴与支座间装有轴承,以降低摩擦力矩. 通过调节三角底座上的底角螺钉可以使扭摆装置水平,由装在支架上的水平仪判断.

将装在垂直轴上的待测物体在水平面内转过一角度 θ 后,螺旋弹簧因形变产生弹力,也就是弹簧产生了系统的恢复力,在恢复力矩作用下,物体开始绕垂直轴往返摆动. 根据胡克定律,弹簧受扭转产生的恢复力矩 $M = -k\theta M$,其中 k 为弹簧的扭转常数. 根据转动定律

$$M = J\beta$$

式中:J 为物体相对垂直轴的转动惯量;β 为角加速度,所以

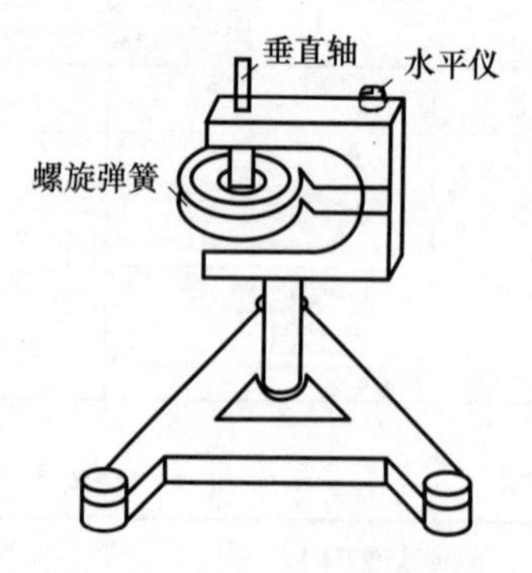

图 S2-4-1　扭摆的构造

$$\beta = \frac{M}{J} = -\frac{k}{J}\theta \qquad \text{(S2-4-1)}$$

令 $\omega^2 = k/J$,忽略轴承的摩擦阻力矩,由式(S2-4-1)得

$$\beta = \frac{d^2\theta}{dt^2} = -\frac{k}{J}\theta = -\omega^2\theta$$

该方程是简谐振动的动力学方程,因此扭摆做简谐振动,方程的解为

$$\theta = A\cos(\omega t + \varphi)$$

式中:A 为谐振动的角振幅;φ 为初相位;ω 为角速度,谐振动的周期为

$$T = \frac{2\pi}{\omega} = 2\pi\sqrt{\frac{J}{k}} \tag{S2-4-2}$$

所以

$$J = \frac{kT^2}{4\pi^2} \tag{S2-4-3}$$

因此,利用扭摆法测量待测物体的转动惯量,如果弹簧的扭转常数 k 已知,则只要测得物体摆动的摆动周期即可以计算得到物体的转动惯量 J. 如果实验室没有给出 k 值,我们可以通过测量规则几何形状物体在扭摆装置中的周期,以及由该物体的质量和几何尺寸直接计算得到的转动惯量,首先确定弹簧的扭转常数 k,再对其他物体的转动惯量进行测量.

【实验内容与步骤】

1. 测量待测物体的几何尺寸和质量(各测量3次).
2. 调整扭摆基座底脚螺丝,使水平仪的气泡位于中心.
3. 装上金属载物盘,调整光电探头位置使载物盘上的挡光杆处于其缺口中央且能遮住发射、接收红外光线的小孔. 测定摆动周期 T_0.
4. 将塑料圆柱体垂直放在载物盘上,测定摆动周期 T_1.
5. 用金属圆筒代替塑料圆柱体,测定摆动周期 T_2.
6. 取下载物金属盘,装上木球,测定摆动周期 T_3.
7. 计算塑料圆柱、金属圆筒、木球的转动惯量,并与理论值比较.

【数据记录和处理】

把测得的实验数据填入表 S2-4-1.

表 S2-4-1 几种物体转动惯量理论值及测量值表

<table>
<tr><th>物体
名称</th><th>质量/kg</th><th colspan="2">几何尺/m</th><th colspan="2">周期/s</th><th>转动惯量
理论值</th><th>转动惯量
实验值</th></tr>
<tr><td rowspan="4">金属载物盘</td><td rowspan="4"></td><td rowspan="4" colspan="2"></td><td rowspan="3">T_0</td><td></td><td rowspan="4"></td><td></td></tr>
<tr><td></td><td></td></tr>
<tr><td></td><td></td></tr>
<tr><td>$\overline{T}_0$</td><td></td><td></td></tr>
<tr><td rowspan="4">塑料
圆柱</td><td rowspan="4"></td><td rowspan="3">D_1</td><td></td><td rowspan="3">T_1</td><td></td><td rowspan="4"></td><td></td></tr>
<tr><td></td><td></td><td></td></tr>
<tr><td></td><td></td><td></td></tr>
<tr><td>$\overline{D}_1$</td><td></td><td>$\overline{T}_1$</td><td></td><td></td></tr>
</table>

续表

物体名称	质量/kg	几何尺/m		周期/s		转动惯量理论值	转动惯量实验值
金属圆柱		$D_{外}$		T_2			
		$\overline{D_{外}}$					
		$D_{内}$		$\overline{T_2}$			
		$\overline{D_{内}}$					
木球		$D_{直}$		T_3			
		$\overline{D_{直}}$		$\overline{T_3}$			

细杆夹具转动惯量实验值

$$J=\frac{K}{4\pi^2}T^2-J_0=\frac{3.567\times10^{-2}}{4\pi^2}\times0.741^2-4.929\times10^{-4}=0.321\times10^{-4}\text{kg}\cdot\text{m}^2$$

球支座转动惯量实验值

$$J=\frac{K}{4\pi^2}T^2-J_0=\frac{3.567\times10^{-2}}{4\pi^2}\times0.740^2-4.929\times10^{-4}=0.187\times10^{-4}\text{kg}\cdot\text{m}^2$$

【注意事项】

1. 由于弹簧的扭转常数 k 值不是固定常数,它与摆动角度略有关系,摆角在90°左右基本相同,所以应使摆角在90°左右.

2. 为了降低实验时由于摆动角度变化过大带来的系统误差,在测定各种物体的摆动周期时,摆角不宜过小,摆幅也不宜变化过大.

3. 光电探头宜放置在挡光杆平衡位置处,挡光杆不能和它相接触,以免增大摩擦力矩.

4. 机座应保持水平状态.

5. 在安装待测物体时,其支架必须全部套入扭摆主轴,并将止动螺丝旋紧,否则扭摆不能正常工作.

6. 称金属细杆与木球的质量时必须将支架取下,否则会带来极大误差.

【附录 FS2-4-1】 TH-2 型转动惯量测试仪

TH-2 型转动惯量测试仪由主机和光电传感器两部分组成,主机采用新型的单片机作为控制系统,用于测量物体转动和摆的周期,能自动记录、存储多组实验数据并能够精确地计算多组实验数据的平均值.

光电传感器主要由红外发射管和红外接收管组成,将光信号转换为电信号,送入主机工作.虽然人眼无法直接观察仪器工作是否正常,但是可用遮光物体往返遮挡光电探头发

射光束的通路,检查计时器是否开始计数和到达预定周期数时是否停止计数.为防止过强光线对光电探头的影响,光电探头不能置放在强光下,实验时采用窗帘遮光,确保计时准确. TH-2 型转动惯量测试仪面板图如图 FS2-4-1 所示,操作与功能介绍如下.

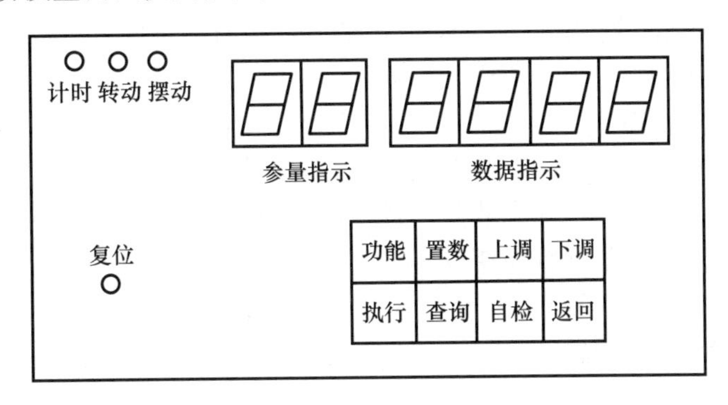

图 FS2-4-1 TH-2 型转动惯量测试面板图

(1) 开启主机电源后"摆动"指示灯亮,参量显示"P1",数据显示"————",若情况异常(死机),可按复位键,即可恢复正常。按键"功能""置数""执行""查询""自检""返回"有效。开机默认状态为"摆动",默认周期数为 10,执行数据皆空,为 0。

(2) 功能选择:

按"功能"键,可以选择"摆动、转动"两种功能(开机及复位默认值为"摆动")。

(3) 置数:按"置数"键,参量显示"n =",数据显示"10",按"上调"键,周期数依次加 1,按"下调"键,周期数依次减 1,周期数能在 1~20 内任意设定,再按"置数"键确认,显示"F1 end"或"F2 end"。更改后的周期数不具有记忆功能,一旦切断电源或按"复位"键,便恢复原来的默认周期数。周期数一旦预置完毕,除切断电源、复位和再次置数外,其他操作均不改变预置的周期数。

(4) 执行:按"执行"键,数据显示为"000.0",表示仪器已处在等待测量状态,此时,当被测的往复摆动物体上的挡光杆第一次通过光电门时,由"数据显示"给出累计的时间,同时仪器自行计算周期 C1 予以存储,以供查询和作多次测量求平均值,至此,P1(第一次测量)测量完毕。再次按"执行"键,"P1"变为"P2",数据显示又回到"000.0",仪器处在第二次待测状态,本机设定重复测量的最多次数为 5 次,即(P1,P2...P5)。通过"查询"键可知各次测量的周期值 CI(I=1,2...5)以及它们的平均值 CA。

以摆动为例:

将刚体水平旋转约 90°后让其自由摆动,按"执行"键,即时仪器显示"P1 000.0",当被测物体上的挡光杆第一次通过光电门时开始计时,同时,状态指示的计时指示灯点亮,随着刚体的摆动,仪器开始连续计时,直到周期数等于设定值时,停止计时,计时指示灯随之熄灭,此时仪器显示第一次测量的总时间。重复上述步骤,可进行多次测量。本机设定重复测量的最多次数为 5 次,即(P1、P2、P3、P4、P5)。执行键还具有修改功能,例如要修改第三组数据,按执行键直到出现"P3 000.0"后,重新测量第三组数据。

(5) 查询:按"查询"键,可查询每次测量的周期(C1-C5)和多次测量的周期平均值 CA,及当前的周期数 n,若显示"NO"表示没有数据。

(6) 自检:按"自检"键,仪器应依次显示"n = N-1","2n = N-1","SC GOOD",并自

动复位到“P1 ——”,表示单片机工作正常。

(7)返回:按“返回”键,系统将无条件的回到最初状态,清除当前状态的所有执行数据,但预置周期数不改变。

(8)复位:按“复位”键,实验所得数据全部清除,所有参量恢复初始时的默认值。

(9)显示信息说明:

P1 ——— 初始状态

n = N - 1 转动计时的脉冲次数 N 与周期数 n 的关系

2n = N - 1 摆动计时的脉冲次数 N 与周期数 n 的关系

n = 10 当前状态的预置周期数

F1 end 摆动周期预置确定

F2 end 转动周期预置确定

Px 000.0 执行第 X 次测量(X 为 1 - 5)

Cx xxx.x 查询第 X 次测量(X 为 1 - 5,A)

SC Good 自检正常

实验 2 - 5 简谐振动与弹簧劲度系数的测量

【实验目的】

1. 学习用伸长法测量弹簧劲度系数,验证胡克定律.

2. 了解转换的物理思想,掌握通过测量弹簧做简谐振动的周期,测定弹簧劲度系数的方法.

3. 掌握数据处理的常用方法——逐差法.

【实验仪器】

新型焦利秤,多功能计时器,弹簧,霍尔开关传感器,磁钢,砝码等.

【实验原理】

1. 胡克定律

设一长为 Y 的弹簧,受到沿其轴线方向的外力 F 拉伸而伸长了 ΔY,在弹性变形范围内,外力 F 和弹簧的形变量 ΔY 成正比,即

$$F = K\Delta y \tag{S2-5-1}$$

式中:K 为弹簧的劲度系数(单位:N/m),实验证明,劲度系数 K 与外力 F 无关,由弹簧的材料、形状决定. 通过测量 F 和相应的 ΔY,就可计算出弹簧的劲度系数 K.

2. 简谐振动及其周期

将弹簧的一端固定在支架上,把质量为 M 的物体垂直悬挂于弹簧的自由端,构成一个弹簧振子. 若物体在外力作用下离开平衡位置少许,然后释放,则物体就在平衡点附近做简谐振动,其周期为

$$T = 2\pi\sqrt{M/K} \tag{S2-5-2}$$

实际上弹簧本身具有质量,它对周期必定会产生影响,可修正为

$$T = 2\pi\sqrt{(M + pM_0)/K} \tag{S2-5-3}$$

式中:M_0 是弹簧自身的质量;pM_0 为弹簧的有效质量. 其中 p 是待定系数,它的值近似为 1/3. 通过测量弹簧振子的振动周期 T,就可由式(S2-5-3)计算出弹簧的劲度系数 K,即

$$K=4\pi^2(M+pM_0)/T^2 \qquad (S2-5-4)$$

本实验利用霍尔开关测定弹簧的振动周期,集成开关型霍尔传感器简称霍尔开关,是一种高灵敏度磁敏开关.其脚位分布如图 S2-5-1 所示,实际应用参考电路如图 S2-5-2 所示.当垂直于该传感器的磁感应强度大于某值时,该传感器处于"导通"状态,这时在 OUT 脚和 GND 脚之间输出电压极小,近似为零;当磁感强度小于某值时,该传感器处于"闭合"状态,输出电压等于 VCC 到 GND 之间所加的电源电压.利用集成霍尔开关这个特性,可以将传感器输出信号接入周期测定仪,测量弹簧的振动周期.本实验中,在弹簧的下端吸附一个小磁钢,当弹簧做简谐振动时,霍尔开关上方的磁场随之发生周期性变化,对应计时器的指示灯明暗交变,可借此测量弹簧的振动周期.

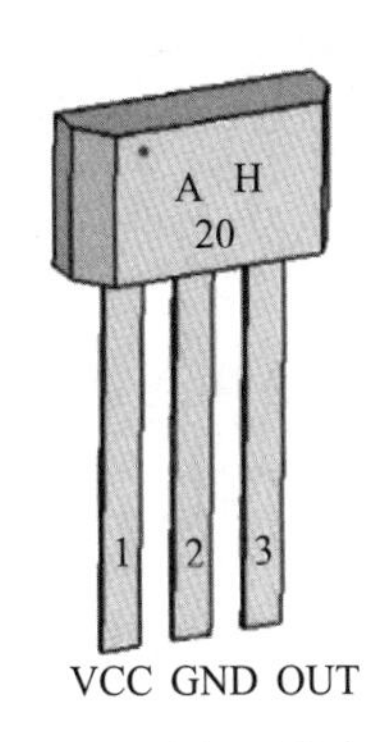

图 S2-5-1 霍尔开关脚位分布图

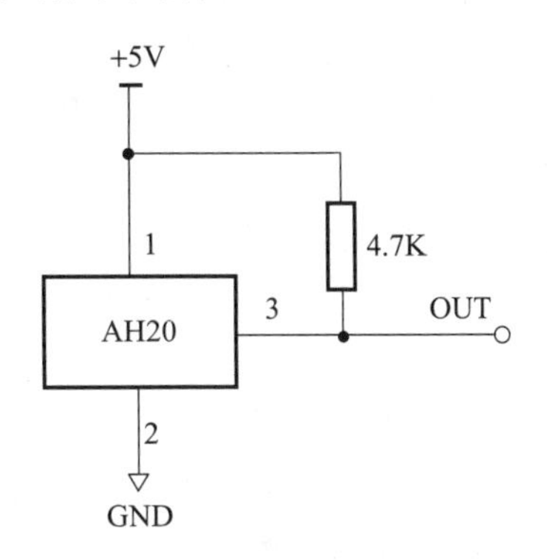

图 S2-5-2 AH20 参考应用电路

3. 简谐振动与弹簧劲度系数测量仪

实验装置如图 S2-5-3 所示.立柱 3 固定在底座 1 上,通过调节水平调节螺钉 2 调整底座水平(可利用水平仪进行判断),从而保证立柱处于水平状态.弹簧 6 通过挂钩 7 与顶端的横梁 8 相连,横梁固定在立柱顶端.

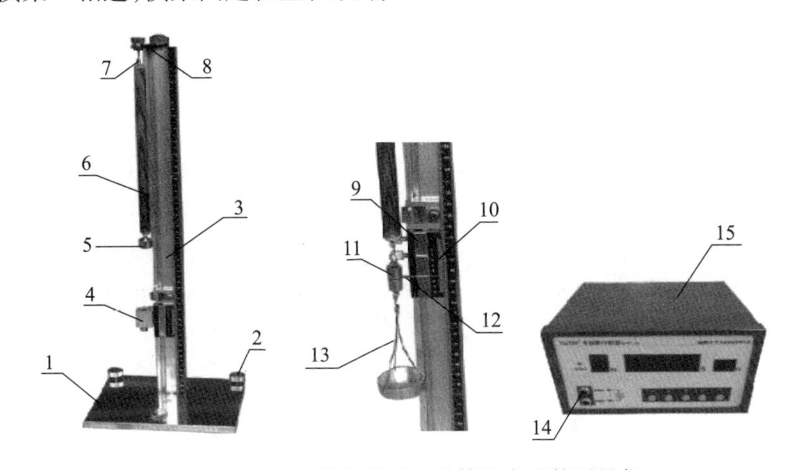

图 S2-5-3 简谐振动与弹簧劲度系数测量仪

1—底座;2—水平调节螺钉;3—立柱;4—霍尔开关组件(上端面为霍尔开关,下端面为接口);5—砝码;6—弹簧;7—挂钩;8—横梁;9—反射镜;10—游标尺;11—配重砝码组件;12—指针;13—砝码盘;14—传感器接口(霍尔开关);15—计时器.

【实验内容与要求】

1. 用焦利称测定弹簧的劲度系数 *K*

(1) 将水准泡放置在底座上,调节三个水平调节螺丝,使焦利秤立柱垂直.

(2) 在立柱顶部横梁挂上挂钩,再依次安装弹簧、配重砝码组件以及砝码盘;配重砝码组件由两只砝码构成,中间夹有指针,砝码上下两端均有挂钩;配重砝码组件的上端挂弹簧,下端挂砝码盘.

(3) 调整游标尺的位置,使指针对准游标尺左侧的基准刻线,然后锁紧固定游标的锁紧螺钉;滚动锁紧螺钉左边的微调螺丝使指针、基准刻线以及指针像重合,此时可以通过主尺和游标尺读出初始读数.

(4) 先在砝码托盘中放入 500mg 砝码,然后重复实验步骤(3),读出此时指针所在的位置值. 再依次放入 9 个 500mg 砝码,通过主尺和游标尺读出每个砝码被放入后小指针的位置值;再依次从托盘中把这 9 个砝码一一取下,记下对应的位置值(读数时要正视并且确保弹簧稳定后再读数).

(5) 记录每次放入或取下砝码时弹簧受力和对应的伸长值,用逐差法求得弹簧的劲度系数 K.

2. 测量弹簧作简谐振动的周期并计算弹簧的劲度系数

(1) 取下弹簧下的砝码托盘、配重砝码组件,在弹簧上挂入 20g 铁砝码. 将小磁钢吸在砝码的下端面(注意磁极,否则霍尔开关将无法正常工作).

(2) 将霍尔开关组件装在镜尺左侧面,霍尔元件朝上,接口插座朝下,如图 S2－5－3 所示,把霍尔开关组件通过专用连接线与多功能计时器的接口相连.

(3) 开启计时器电源,仪器预热 5～10min.

(4) 上下调节游标尺位置,使霍尔开关与小磁钢间距约 4cm;确保小磁钢位于砝码端面中心并与霍尔开关敏感中心正面对准,使小磁钢在振动过程中有效触发霍尔开关,当霍尔开关被触发时,计时器上信号指示灯将由亮变暗.

(5) 向下垂直拉动砝码,使小磁钢贴近霍尔传感器正面,这时可观察到计时器信号指示灯变暗;然后松开手,让砝码上下振动,此时信号指示灯闪烁.

(6) 设定计时器计数次数为 50 次,按执行开始计时,通过测量的时间计算振动周期以及弹簧的劲度系数.

3. 实验数据处理

(1) 把数据记入表 S2－5－1,用逐差法求 $\overline{\Delta Y}$.

(2) 计算弹簧劲度系数及其不确定度,正确表示测量结果.

表 S2－5－1　弹簧的伸长量数据记录表

次数 i	拉力 F/N	拉力增读数 Y_i/mm	拉力减读数 Y_i/mm	$\overline{Y}_i$/mm	$\Delta Y_i(\overline{Y}_{i+5}-\overline{Y}_i)$/mm
0					$\Delta Y_0=$
1					$\Delta Y_1=$
2					$\Delta Y_2=$
3					$\Delta Y_3=$

续表

次数 i	拉力 F/N	拉力增读数 Y_i/mm	拉力减读数 Y_i/mm	$\overline{Y}_i$/mm	$\Delta Y_i(\overline{Y}_{i+5}-\overline{Y}_i)$/mm
4					$\Delta Y_4=$
5					$\Delta Y_5=$
6					平均值:$\overline{\Delta Y}=$
7					
8					
9					

【注意事项】

1. 实验时弹簧每圈之间要有一定距离,确保一定伸长,以克服弹簧自身静摩擦力,否则会带来较大误差.

2. 在弹簧弹性限度内使用弹簧,不可随意玩弄拉伸弹簧,实验完成后,需取下弹簧,防止弹簧长时间处于伸长状态.

【思考题】

1. 用逐差法处理数据有何优点?

2. 你认为哪一种测量方法更好? 原因是什么?

实验 2-6　数字示波器的使用

数字存储示波器是 20 世纪 70 年代初发展起来的一种新型示波器. 这种类型的示波器可以方便地实现对模拟信号波形进行长期存储,并能利用机内微处理器系统对存储的信号做进一步的处理,例如对被测波形的频率、幅值、前后沿时间、平均值等参数的自动测量以及多种复杂的处理. 数字存储示波器的出现使传统示波器的功能发生了重大变革.

【实验目的】

1. 了解数字示波器的结构和工作原理.

2. 学习 DS1102 Z-E 型数字示波器的使用方法.

3. 了解数字存储示波器的存储和数据处理功能.

【实验仪器】

DS1102 Z-E 型数字存储示波器,信号发生器.

【实验原理】

数字存储示波器的基本组成框图如图 S2-6-1 所示,由控制部分、取样存储部分、读数显示三大部分组成,它们通过数据总线、地址总线和若干控制线互相联系和交换信息.

控制部分由 CPU 和只读存储器 ROM 等组成. CPU 控制所有的接口、随机存储器 RAM 的读写以及地址总线和数据总线的使用. 在只读存储器 ROM 中,存有示波器操作功能全部指令. 工作时,微处理器 CPU 根据面板上各按钮的设置,调出并执行 ROM 中的对应指令. 取样和存储部分主要由取样保持电路、A/D 变换器和随机存储器 RAM 组成. 放大后的模拟输入信号取样经 A/D 变换器变换成二进制数字码,存入半导体随机存储器 RAM 中. 在此过程中,通常采用取样保持电路,使模拟输入信号在足够时间内保持稳定,

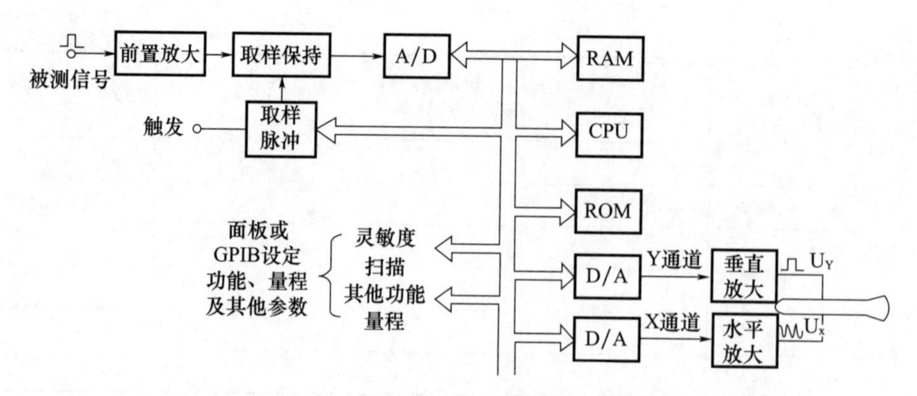

图 S2-6-1　数字示波器的结构与功能

以便变换器完成变换动作,并可降低 A/D 变换的孔径时间(A/D 变换器中,由模拟量变为数字量所用时间称为孔径时间). 取样脉冲形成电路受触发信号控制,也受 CPU 控制. 图 S2-6-2中(a)到(c)描述了波形量化过程. 将量化量 a_0、a_1、…、a_n分别经 A/D 变换成相应数字量 H_0、H_1、…、H_n,这就完成了被测波形数字化过程. 然后将数字量 H_0、H_1、…、H_n依次存入首地址为 L_i的存储器 RAM 中,完成采样点存储过程,取点的多少完全取决于存储器 RAM 的容量.

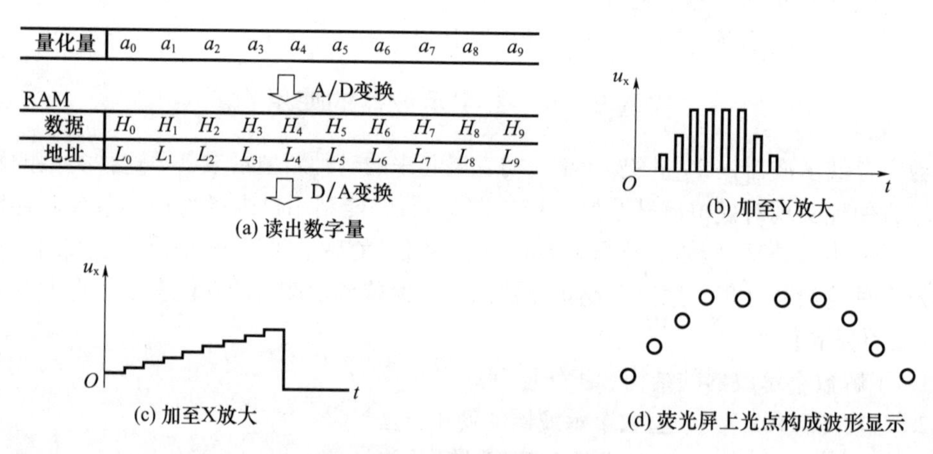

图 S2-6-2　读出显示示意图

读出显示部分主要由 X 通道、Y 通道及 CRT 组成. X 通道和 Y 通道有各自的 D/A 变换器. 当需要显示时,通过 CPU 将存储于 RAM 中的数字化信号调出,分别对 X 和 Y 通道进行 D/A 变换,并在 Y 通道得到模拟电压,在 X 通道得到扫描电压. 图 S2-6-2 给出了读出和显示过程的示意图.

首先,从 RAM 中依次读出 L_0、L_1、…、L_n 地址中的数据 H_0、H_1、…、H_n,送至垂直系统的 D/A 变换器变为对应的电压信号,加至垂直放大器,从而驱动垂直偏转板. 同时 CPU 将 RAM 的地址 L_0、L_1、…、L_n 依次送入水平系统 D/A 变换器,形成一个阶梯形的电压信号并加到水平放大器,这就是扫描电压,驱动水平偏转板. 这样在屏幕上就可以显示出一排细密的光点,重现出了模拟输入信号. 当阶梯足够多时,出现的波形将与输入信号完全相同.

存储示波器的取样存储和读出显示的速度都可以任意选择:例如可以高速存入、低速读出,也可以相反．这样使用就十分灵活方便．例如,采用低速存入、高速读出,即使观测甚低频信号波形,也不会像模拟示波器那样由于屏幕余辉时间不够而使波形产生闪烁．

【实验内容与要求】

1. 用数字示波器观察光点的简谐振动．

2. 用数字存储示波器观察信号并存储相应波形,并测量相应信号的峰－峰值电压、周期、上升时间、下降时间．

(1)方波信号;(2)正弦波信号(1MHz)．

3. 用数字存储示波器观察相互垂直振动的合成,并存储李萨如图形．

【思考题】

数字示波器有哪些主要功能,了解其在信号检测中的应用．

【附录 FS2－6－1】　DS1000 系列数字示波器使用说明

1. 概述

DS1000Z－E 系列数字存储示波器是新型便携式高性能的数字存储示波器．具有数据存储、光标和参量自动测量、波形运算、FFT 分析等功能．DS1102Z－E 带宽为 100MHz,DS1202Z－E 带宽为 200MHz. 这里以 DS1202Z－E 型示波器为例介绍 DS1000Z－E 系列数字存储示波器的功能与使用方法,DS1102Z－E 型示波器的面板和使用方法也是一样的,只是带宽不一样.

如图 FS2－6－1 所示为 DS1202Z－E 数字存储示波器的前面板图,表 FS2－6－1 给出了前面板说明.

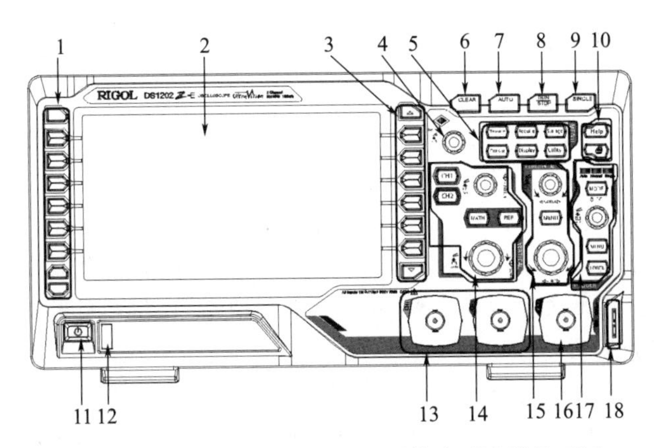

图 FS2－6－1　DS1202Z－E 系列数字示波器前面板

表 FS2－6－1　前面板说明

编号	说明	编号	说明
1	测量菜单操作键	10	内置帮助/打印键
2	LCD	11	电源键
3	功能菜单操作键	12	USB Host 接口
4	多功能旋钮	13	模拟通道输入

续表

编号	说明	编号	说明
5	常用操作键	14	垂直控制区
6	全部清除键	15	水平控制区
7	波形自动显示	16	外部触发输入
8	运行/停止控制键	17	触发控制区
9	单次触发控制键	18	探头补偿信号输出端/接地端

图 FS2－6－2 为 DS1202Z－E 系列数字示波器后面板，下面对后面板做一简要说明.

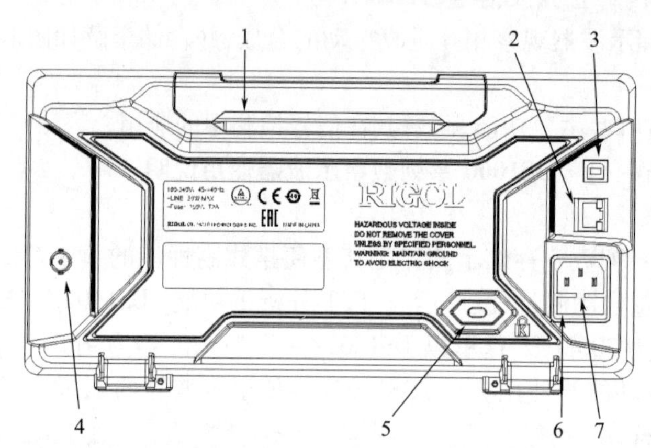

图 FS2－6－2　DS1202Z－E 系列数字示波器后面板

（1）手柄

垂直拉起该手柄，可方便提携示波器. 不需要时，向下轻按手柄即可.

（2）LAN

通过该接口将示波器连接到网络中，对其进行远程控制. 本示波器符合 LXI CORE 2011 DEVICE 类仪器标准，可快速搭建测试系统.

（3）USB Device

通过该接口可将示波器连接至计算机或 PictBridge 打印机. 连接计算机时，用户可通过上位机软件发送 SCPI 命令或自定义编程控制示波器. 连接打印机时，用户通过打印机打印屏幕显示的波形.

（4）触发输出与通过/失败

触发输出：示波器产生一次触发时，可通过该接口输出一个反映示波器当前捕获率的信号，将该信号连接至波形显示设备，测量该信号的频率，测量结果与当前捕获率相同.

通过/失败：在通过/失败测试中，当示波器监测到一次失败时，将通过该连接器输出一个负脉冲，未监测到失败时，通过该连接器持续输出低电平.

（5）锁孔

可以使用安全锁（请用户自行购买），通过该锁孔将示波器锁定在固定位置.

（6）保险丝

如需更换保险丝，请使用符合规格的保险丝. 本示波器的保险丝规格为 250V，T2A. 操作方法如下：

① 关闭仪器,断开电源,拔出电源线.

② 使用小一字螺丝刀插入电源插口处的凹槽,轻轻撬出保险丝座.

③ 取出保险丝,更换指定规格的保险丝,然后将保险丝座安装回原处.

(7) AC 电源插孔

AC 电源输入端. 本示波器的供电要求为 100V－240V,45Hz－440Hz. 请使用附件提供的电源线将示波器连接到 AC 电源中,按下前面板电源键即可开机.

2. 数字示波器的功能及使用

(1) 垂直控制

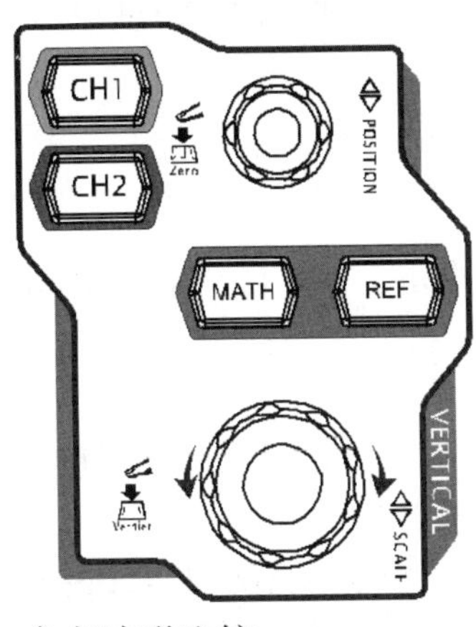

CH1、CH2:模拟通道设置键.2 个通道标签用不同颜色标识,并且屏幕中的波形和通道输入连接器的颜色也与之对应. 按下任一按键打开相应通道菜单,再次按下关闭通道.

MATH:按MATH→MATH 可打开 A+B、A－B、A×B、A/B、FFT、A&&B、A ‖ B、A^B、! A、Intg、Diff、Sqrt、Lg、Ln、Exp、Abs 和 Filter 运算. 按下MATH还可以打开解码菜单,设置解码选项.

REF:按下该键打开参考波形功能. 可将实测波形和参考波形比较.

垂直 POSITION:修改当前通道波形的垂直位移. 顺时针转动增大位移,逆时针转动减小位移. 修改过程中波形会上下移动,同时屏幕左下角弹出的位移信息(如 POS:216.0mV)实时变化. 按下该旋钮可快速将垂直位移归零.

垂直 SCALE:修改当前通道的垂直挡位. 顺时针转动减小挡位,逆时针转动增大挡位. 修改过程中波形显示幅度会增大或减小,同时屏幕下方的挡位信息(如 1 = 200mV)实时变化. 按下该旋钮可快速切换垂直档位调节方式为"粗调"或"微调".

(2) 水平控制

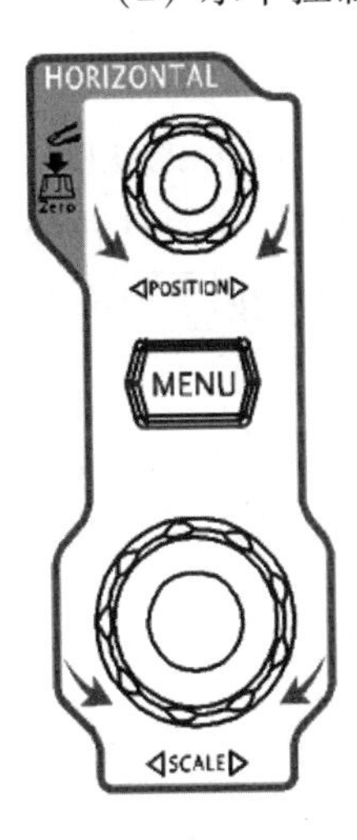

水平 POSITION:修改水平位移. 转动旋钮时触发点相对屏幕中心左右移动. 修改过程中,所有通道的波形左右移动,同时屏幕右上角的水平位移信息(如D －200000000ns) 实时变化. 按下该旋钮可快速复位水平位移(或延迟扫描位移).

MENU:按下该键打开水平控制菜单. 可打开或关闭延迟扫描功能,切换不同的时基模式.

水平 SCALE:修改水平时基. 顺时针转动减小时基,逆时针转动增大时基. 修改过程中,所有通道的波形被扩展或压缩显示,同时屏幕上方的时基信息(如 H 500ns)实时变化. 按下该旋钮可快速切换至延迟扫描状态.

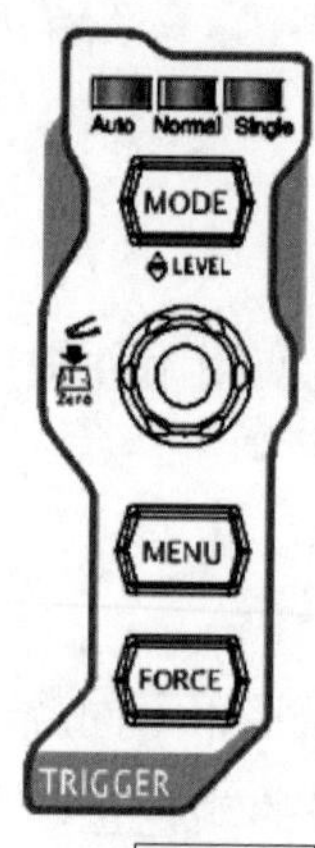

(3) 触发控制

MODE:按下该键切换触发方式为 Auto、Normal 或 Single,当前触发方式对应的状态背光灯会变亮.

触发 LEVEL:修改触发电平. 顺时针转动增大电平,逆时针转动减小电平. 修改过程中,触发电平线上下移动,同时屏幕左下角的触发电平消息框(如 Trig Level:428mV)中的值实时变化. 按下该旋钮可快速将触发电平恢复至零点.

MENU:按下该键打开触发操作菜单. 本示波器提供丰富的触发类型,请参考"触发示波器"中的详细介绍.

FORCE:按下该键将强制产生一个触发信号.

(4) 全部清除

按下该键清除屏幕上所有的波形. 如果示波器处于"RUN"状态,则继续显示新波形.

(5) 波形自动显示

按下该键启用波形自动设置功能. 示波器将根据输入信号自动调整垂直挡位、水平时基以及触发方式,使波形显示达到最佳状态.

注意:应用波形自动设置功能时,若被测信号为正弦波,要求其频率不小于 41Hz;若被测信号为方波,则要求其占空比大于 1% 且幅度不小于 20mVpp. 如果不满足此参数条件,则波形自动设置功能可能无效,菜单显示的快速参数测量功能不可用.

(6) 运行控制

按下该键"运行"或"停止"波形采样. 运行(RUN)状态下,该键黄色背光灯点亮;停止(STOP)状态下,该键红色背光灯点亮.

(7) 单次触发

SINGLE

按下该键将示波器的触发方式设置为"Single". 单次触发方式下,按 FORCE 键立即产生一个触发信号.

(8) 多功能旋钮

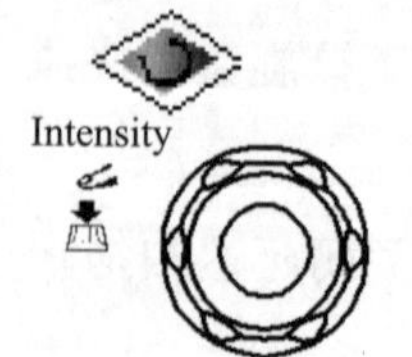

调节波形亮度:非菜单操作时,转动该旋钮可调整波形显示的亮度. 亮度可调节范围为 0% 至 100%. 顺时针转动增大波形亮度,逆时针转动减小波形亮度. 按下旋钮将波形亮度恢复至 60%. 您也可按 Display 调节波形亮度.

多功能:菜单操作时,该旋钮背光灯变亮,按下某个菜单软键后,转动该旋钮可选择该菜单下的子菜单,然后按下旋钮可选中当前选择的子菜单. 该旋钮还可以用于修改参数、输入文件名等.

(9) 功能菜单

Measure:按下该键进入测量设置菜单. 可设置测量信源、打开或关闭频率计、全部测量、统计功能等. 按下屏幕左侧的 MENU,可打开 37 种波形参数测量菜单,然后按下相

应的菜单软键快速实现“一键”测量,测量结果将出现在屏幕底部.

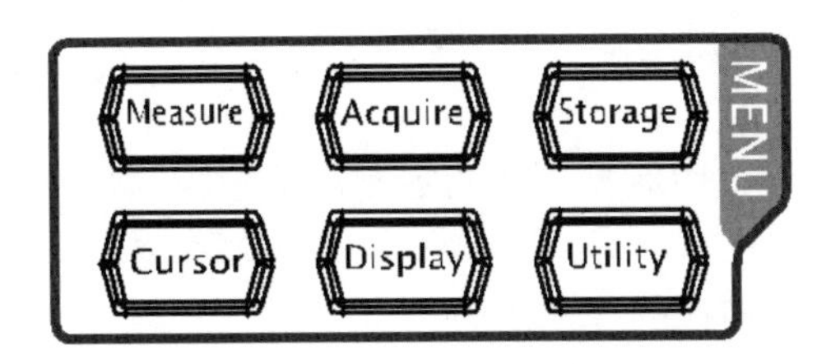

Acquire:按下该键进入采样设置菜单. 可设置示波器的获取方式和存储深度.

Storage:按下该键进入文件存储和调用界面. 可存储的文件类型包括:图像存储、轨迹存储、波形存储、设置存储、CSV 存储和参数存储. 支持内、外部存储和磁盘管理.

Cursor:按下该键进入光标测量菜单. 示波器提供手动、追踪、自动和 XY 四种光标模式. 其中,XY 模式仅在时基模式为“XY”时有效.

Display:按下该键进入显示设置菜单. 设置波形显示类型、余辉时间、波形亮度、屏幕网格和网格亮度.

Utility:按下该键进入系统功能设置菜单. 设置系统相关功能或参数,例如接口、声音、语言等. 此外,还支持一些高级功能,例如通过/失败测试、波形录制等.

(10) 打印

按下该键打印屏幕或将屏幕保存到 U 盘中. 若当前已连接 PictBridge 打印机,并且打印机处于闲置状态,按下该键将执行打印功能. 若当前未连接打印机,但连接 U 盘,按下该键则将屏幕图形以指定格式保存到 U 盘中,具体请参考“存储类型”中的介绍. 同时连接打印机和 U 盘时,打印机优先级较高.

注意:DS1000Z - E 仅支持 FAT32 格式的 Flash 型 U 盘.

实验 2 -7 声速的测定

声波是一种可在气体、液体和固体等弹性媒质中传播的机械波. 根据其振动频率分为可闻声波、超声波和次声波. 振动频率在 20Hz ~ 20kHz 的声波可以被人耳听到,称为可闻声波;频率超过 20kHz 的声波称为超声波;频率低于 20Hz 的声波称为次声波. 声波中超声波具有波长短、易于发射等优点,声波的测量在探伤、定位、显示、测距等应用中具有十分重要的意义.

声波的波长、强度、声速、频率、相位等是表征声波性质的重要参量. 特别是超声波在媒质中的传播速度与媒质的特性及状态因素有关. 因而通过媒质中声速的测定,可以了解媒质的特性或状态变化. 例如,测量氯气(气体)、蔗糖(溶液)的浓度,氯丁橡胶乳液的相对密度,以及输油管中不同油品的分界面等,这些数据都可以通过测定这些物质中的声速来解决. 可见,声速测定在工业生产上具有一定的实用意义.

【实验目的】

1. 了解压电换能器和数显尺的结构和功能,进一步熟悉示波器与信号源的使用方法.

2. 学习用共振干涉法、相位比较法和时差法测定超声波在空气中传播速度的方法.

3. 加深对驻波及振动合成等知识的理解.

【实验仪器】

SV4 型声速测定仪,SV－DDS 型声速测定专用信号源,数字示波器.

【实验原理】

声波空气中传播时,其声速的理论值为

$$u = 331.45\sqrt{\left(1 + \frac{t}{T_0}\right)} \tag{S2-7-1}$$

式中:331.45 的含义是在标准大气压下,温度为 0℃时空气中的声速为 331.45m/s;t 为测量声速时空气的摄氏温度;T_0为开氏温度,0K 时的摄氏温度的大小 $T_0 = 273.15$℃.

由 2.4.2 节可知,波速 u、波长 λ 和频率 f 之间的关系为 $u = f\lambda$,实验中可通过测定声波的波长 λ 和频率 f 来求得声速 u. 常用的方法有共振干涉法与相位比较法. 其中声波频率可由产生声波的电信号发生器的振荡频率读出,波长可用共振法和相位法进行测量.

在实际的实验测量中,由于超声波具有波长短,易于定向发射,易于反射等优点,便于在短距离内较为精确地测出声速,因此本实验将利用超声波进行声速测定. 超声波的发射和接收一般通过电磁振动与机械振动的相互转换实现,最常见的是利用压电换能器(图 S2－7－1)实现声能(声压)和电能(电压)间的相互转换. 压电陶瓷片是压电换能器的核心,具有可逆压电效应. 利用逆压电效应发射超声波,在交变电信号的作用下压电陶瓷片按电信号的频率产生机械振动,从而推动介质振动激发出超声波. 利用压电效应接收超声波,压电陶瓷片受到机械振动后,将机械振动转换为相同频率的电信号. 在压电陶瓷片的头尾两端胶粘两块金属,组成夹心形振子. 由于振子是以纵向长度的伸缩直接影响头部轻金属做同样的纵向长度伸缩振动,故所发射的波方向性强、平面性好.

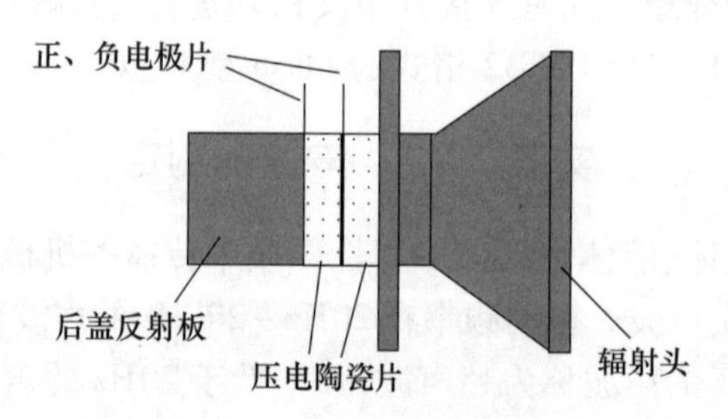

图 S2－7－1　压电换能器结

压电换能器有一谐振频率 f_0,当外加声波信号的频率等于此频率时,压电换能器将发生机械谐振,发射的声波振幅最大,作为发生器,辐射功率最强. 当外加强迫力的频率等于 f_0 时,压电换能器产生机械谐振,转换出的电信号最强,作为接收器灵敏度最高. 实验装置中使用两个压电传感器:一个作为发射器,另一个作为接收器.

1. 共振干涉法(驻波法)测量声速

由 2.4.3 节可知,相向传播的两列相干波相遇可以产生驻波,驻波的相邻波腹(或波节)间的距离为 $\lambda/2$. 驻波法就是基于此来进行波长的测量.

如图 S2－7－2 所示,压电陶瓷换能器 S_1 在信号源提供的交流电信号作用下发出超声波,经介质传播到 S_2,而换能器 S_2 作为声波的接收器,由 S_2 在接收超声波的同时,还向

S_1 反射一部分超声波，如果接收面(S_2)与发射面(S_1)严格平行，则由 S_1 发出的超声波和由 S_2 反射的超声波在 S_1 和 S_2 之间的区域干涉而形成驻波．我们在示波器上实际观察到的是这两个相干波合成后在声波接收器 S_2 处的振动情况．

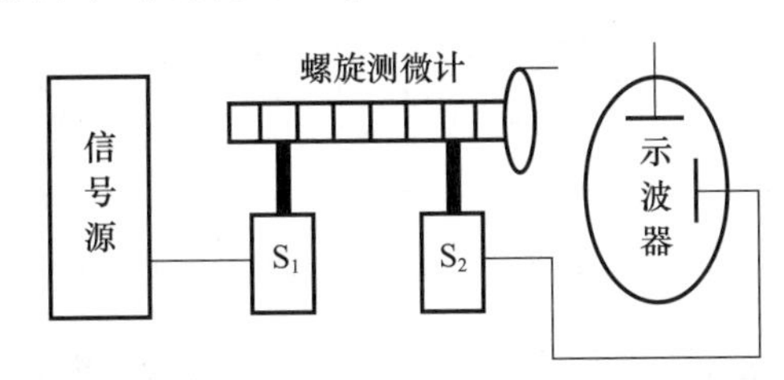

图 S2－7－2　共振干涉法示意图

如图 S2－7－3 所示，移动 S_2(即改变 S_1 与 S_2 之间的距离)，此时在示波器的荧光屏上所显示的波形幅值发生周期性的变化．从示波器显示上会发现振动幅值不断地由最大(波腹处)变到最小(波节处)再变到最大．根据波的干涉理论可以知道：振幅最大的点，声波的压强最小；相反，振幅最小的点，声波的压强最大．任何两相邻的振幅最大值的位置之间(或两相邻的振幅最小值的位置之间)的距离均为 $\Delta L = L_{k+1} - L_k = (k+1)\dfrac{\lambda}{2} - k\dfrac{\lambda}{2} = \dfrac{\lambda}{2}$.
故幅值每一次周期性的变化，就相当于两相邻的振幅最大之间 S_2 移动过的距离为 $\lambda/2$.

为测量声波的波长，可以在一边观察示波器上声压振幅值的同时，缓慢地改变 S_1 和 S_2 之间的距离．压电换能器 S_2 至 S_1 之间距离的改变可通过转动螺杆的鼓轮来实现，而超声波的频率又可由声波测试仪信号源频率显示窗口直接读出．在连续多次测量相隔半波长(相邻两次接收信号达到极大值时)的 S_2 的位置变化及声波频率 f 以后，可利用公式 $u = f\lambda$ 计算出声速．实际测量时，为提高测量精度，用逐差法处理测量的数据．

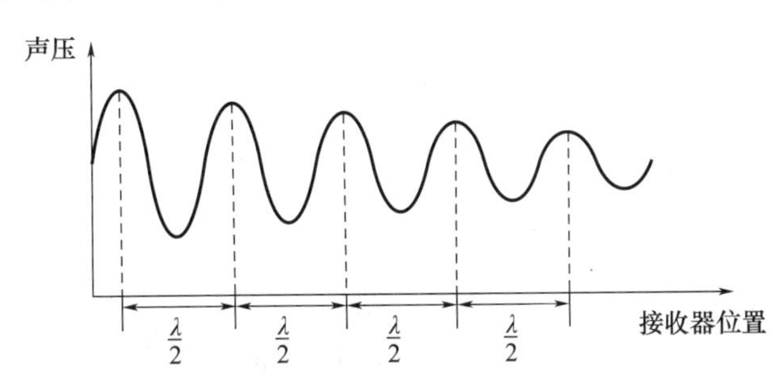

图 S2－7－3　驻波振幅的分布

2. 相位法测量声速

相位比较法也称行波法，是基于测量行波上不同位置相位差的变化来测量声速的方法．声源 S_1 发出声波后，在其周围形成声场，声场在介质中任一点的振动相位是随时间而变化的．但它和声源的振动相位差 $\Delta\phi$ 不随时间变化．

设声源方程为 $y = y_0\cos\omega t$，距声源 X 处 S_2 接收到的振动为 $y' = y'_0\cos(\omega t + \Delta\phi)$，两处振动的相位差为 $\Delta\phi$. 当把 S_1 和 S_2 的信号分别输入示波器的 X 轴和 Y 轴时，电子束受合成场控制，沿其合成振动(即 $X-Y$ 函数)轨迹运动，可在荧光屏上描画出两个正交简谐振动的合成图形(李萨如图形)，其形状随两个信号的频率和相位差的不同而不同．当两者的频率相同时，合成的轨迹为直线或椭圆，其形状主要由两个正弦信号的相位差决定．如两个振动的相位差从0到π再到2π变化，则李萨如图会由斜率为正的直线变为椭圆，然后变为斜率为负的直线，再经过椭圆变为斜率为正的直线，如图 S2－7－4 所示．

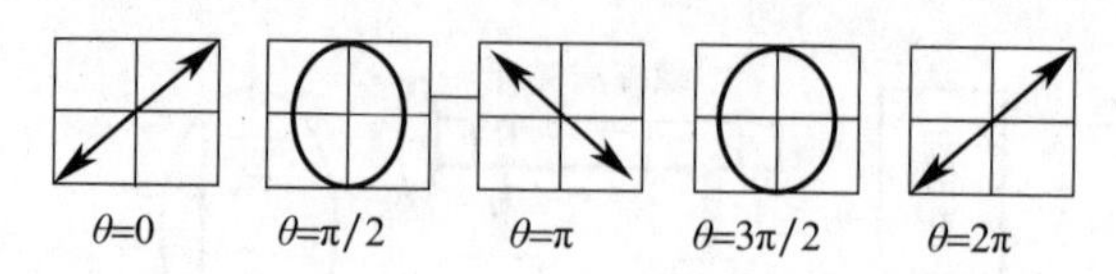

图 S2－7－4　接收信号与发射信号形成李萨如图形

当$X=n\lambda$即$\Delta\phi=2n\pi$时，合振动为一斜率为正的直线，当$X=(2n+1)\lambda/2$，即$\Delta\phi=(2n+1)\pi$时，合振动为一斜率为负的直线，当X为其他值时，合成振动为椭圆（图 S2－7－4）．移动S_2，当其合振动为直线的图形斜率正、负更替变化一次，S_2移动的距离为$\Delta L=(2n+1)\lambda/2-n\lambda=\lambda/2$时，$\lambda=2\Delta L$，同理，每移动一个波长就会重复出现同样斜率的直线．实际上，在示波器上观察的图形为两个相互垂直、频率为1∶1波合成的李萨如图形，准确观测相位差变化一个周期（或半个周期）时接收器S_2移动的距离，即可得出其对应声波的波长（半个波长），再根据声波的频率，即可求出声波的传播速度．

3. 时差法测量声速

将经脉冲调制的电信号加到发射换能器上，作为接收器的压电陶瓷换能器，在接收到来自发射换能器波列的过程中，能量不断积聚，电压变化波形曲线振幅不断增大，当波列过后，接收器两级上的电荷运动呈阻尼振荡，声波在传播过程中经过多次反射、叠加而产生混响波形，导致电压变化，如图 S2－7－5 所示．声波在介质中传播，经过t时间后，到达L距离处的接收换能器．根据运动定律可知，声波传播的距离L与传播的时间t的关系为$L=ut$，声波在介质中传播的速度$u=L/t$.

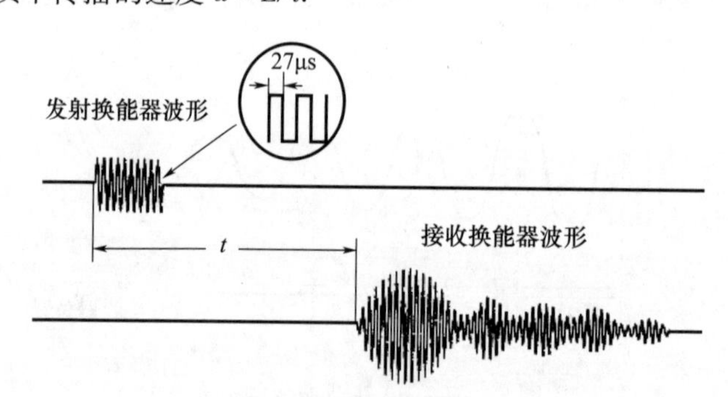

图 S2－7－5　用时差法测量声速的波形图

发射换能器发出脉冲调制超声波时，计时电路开始计时，同时接收器的控制电路也开始检测是否收到超声波信号，收到信号时计时电路停止计时，从而测出超声波传播时间t.这样，测量出脉冲调制超声波在介质中传播L距离所用时间t，就可计算出声速．

【实验内容与要求】

1. 声速测量系统连接

测量声速时专用信号源、SV4 型声速测定仪、示波器之间连接方法见图 S2－7－6 和图 S2－7－7.

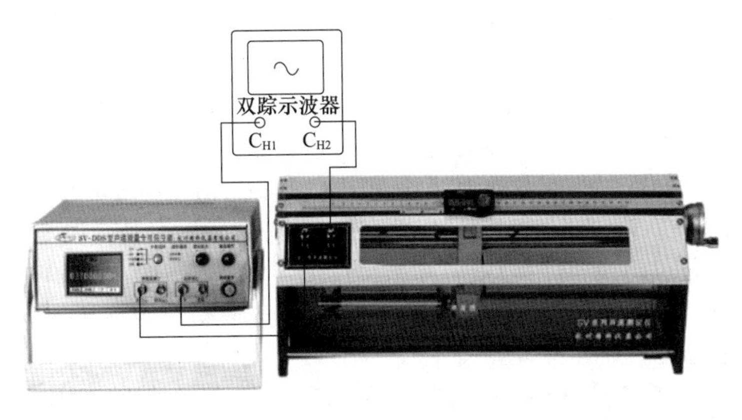

图 S2-7-6　共振法、相位法测量声速线路连接

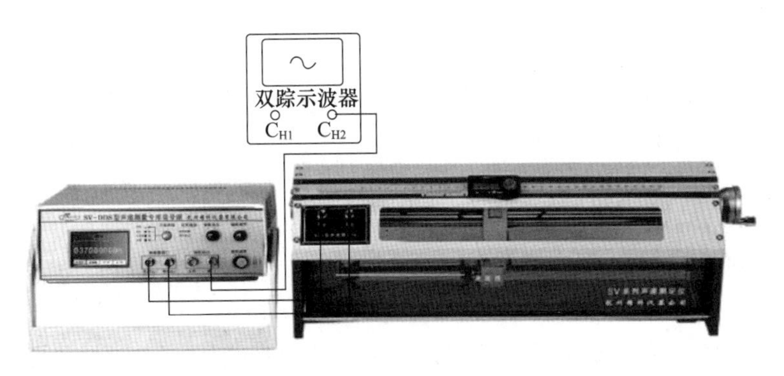

图 S2-7-7　时差法测量声速线

2. 谐振频率的调节

根据测量要求初步调节好示波器．将专用信号源输出为正弦信号（打开电源默认是正弦波，或按屏的“正弦波”按钮），频率调节到换能器的谐振频率，以使换能器发射出较强的超声波，能较好地进行声能与电能的相互转换，以得到较好的实验效果，方法如下：

（1）将“发射波形”端接至示波器，调节示波器，能清楚地观察到同步的正弦波信号．

（2）专用信号源的上“幅度调节”旋钮，使其输出电压在 $20V_{P-P}$左右，然后将换能器的接收信号接至示波器，调整信号频率（25～45kHz），观察接收波的电压幅度变化，若接收信号偏小，可调节“接收放大”旋钮，在某一频率点处（34.5～39.5kHz，因不同的换能器或介质而异）电压幅度最大，此频率即压电换能器 S_1、S_2 相匹配的频率点，记录此频率 f_i.

（3）改变 S_1、S_2 的距离，使示波器的正弦波振幅最大，再次调节正弦信号频率，直至示波器显示的正弦波振幅达到最大值．共测 5 次取平均频率 f（方波的频率与正弦波相同，故须先调准正弦波谐振频率）.

3. 共振干涉法、相位法、时差法测量声速的步骤

1）共振法（驻波法）测量波长

专用信号源在“连续波”方式．按前面实验内容 2 的方法，确定最佳工作频率．观察示波器，找到接收波形的最大值，记录幅度为最大时的距离，由数显尺上直接读出或在机械刻度上读出；记下 S_2 的位置 X_0. 然后，向着同方向转动调节鼓轮，这时波形的幅度会发生变化（同时在示波器上可以观察到来自接收换能器的振动曲线波形发生相移），逐个记

下振幅最大的 $X_1, X_2, \cdots, X_9$ 共 10 个点,单次测量的波长 $\lambda_i = 2|X_i - X_{i-1}|$. 用逐差法处理数据,即可得到波长 λ.

2) 相位比较法(李萨如图法)测量波长

信号源选择"连续波"方式. 确定最佳工作频率,双踪示波器设置为"X - Y"显示模式,"CH1"通道通入接收端信号,"CH2"通入发射端信号,适当调节示波器,出现李萨如图形. 转动距离调节鼓轮,观察波形为一定角度的斜线,记下 S_2 的位置 X_0,再向前或者向后(必须是一个方向)移动距离,依次记下示波器屏上斜率负、正的直线出现的对应位置 X_1, $X_2, \cdots, X_9$. 单次波长 $\lambda_i = 2|X_i - X_{i-1}|$. 多次测定用逐差法处理数据,即可得到波长 λ.

3) 干涉法、相位法的声速计算

已知波长 λ 和平均频率 f(频率信号源频率显示窗口直接读出),则声速 $u = f\lambda$. 由于声速还与介质温度有关,故请记下介质温度 t(℃).

4. 时差法(脉冲波)测量声速

1) 空气介质

(1) 测量空气声速时,将专用信号源上"介质选择"置于"空气"位置. 按屏幕上的"时差法"按钮,进入"时差法"(脉冲波)方式.

(2) 调节 S_1 和 S_2 之间的距离(≥50mm)与"接收放大",使示波器上显示的接收波信号幅度在 300~400mV(峰-峰值),以使计时器工作在最佳状态. 然后记录此时的距离值和显示的时间值 L_{i-1}、t_{i-1}(时间由声速测试仪信号源时间显示窗口直接读出);移动 S_2,记录下这时的距离值和显示的时间值 L_i、t_i,则声速 $v_1 = (L_i - L_{i-1})/(t_i - t_{i-1})$.

(3) 记录传播介质温度 t(℃). 说明:由于声波的衰减,要根据计时器读数显示情况和两换能器之间距离的大小合理调节"接收放大"旋钮,使计时器读数显示正常且稳定. 当移动换能器使测量距离变大(这时时间也变大)时,如果测量时间值出现跳变,则应顺时针方向微调"接收放大"旋钮,增大接收增益,以补偿信号的衰减;反之当测量距离变小时,如果测量时间值出现跳变,则应逆时针方向微调"接收放大"旋钮,减小接收增益,以使计时器能正确计时.

2) 液体介质

(1) 测量液体介质中的声速时,先小心将金属测试架从储液槽中取出,取出时应用手指稍稍抵住储液槽,再向上取出金属测试架. 然后向储液槽内注入液体至"液面线"处(不要超过液面线),然后将金属测试架装回储液槽.

(2) 信号源上"介质选择"置于"液体"位置,换能器的连接线接至测试架上的插座上,即可进行测试,步骤与在空气介质中的相同. 记下介质温度 t(℃).

【数据处理】

1. 自拟表格记录实验数据,表格要便于用逐差法进行数据处理.
2. 在空气介质中,计算出共振干涉法和相位法测得的波长平均值 λ.
3. 按理论值公式 $u_S = u_0\sqrt{T/T_0}$,计算出理论值 u_S.
4. 计算出通过二种方法测量的 u 以及 Δu 值,其中 $\Delta u = u - u_S$.
5. 计算百分误差. 分析误差产生的原因.

【注意事项】

1. 使用时,应避免信号源的信号输出端短路,以免损坏仪器.

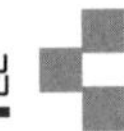

2. 测量中,必须使鼓轮朝一个方向转动,不能任意进退,以免由于螺纹间距而引入回程误差.

3. 触点屏幕不能用尖硬物件,否则会损坏屏幕.

【思考题】

1. 声速测量中共振干涉法、相位法、时差法有何异同?

2. 为什么要在谐振频率条件下测量声速? 如何调节和判断测量系统是否处于谐振状态?

3. 驻波法测量声速时,为何测量波节间的距离而不是波腹间的距离?

【附录 FS2-7-1】 SV4 型声速测定仪与 SV-DDS 型信号源

1. 概述

SV4 型声速测定仪及 SV-DDS 型声速测定专用信号源,其外形结构见图 S2-7-8. SV-DDS 型声速测量组合仪适用于空气、液体介质声速测定使用. 组合仪主要由储液槽、传动机构、数显标尺、压电换能器等组成. 压电换能器供测量气体和液体声速用. 作为发射超声波用的换能器 S_1 固定在储液槽的左边,另一只接收超声波用的接收换能器 S_2 装在可移动滑块上. 通过传动机构进行位移,并由数显表头显示位移的距离.

S_1 发射换能器超声波的正弦电压信号由 SV-DDS 声速测定专用信号源供给,换能器 S_2 把接收到的超声波声压转换成电压信号,用示波器观察;时差法测量时,还要接到专用信号源进行时间测量,测得的时间值具有保持功能.

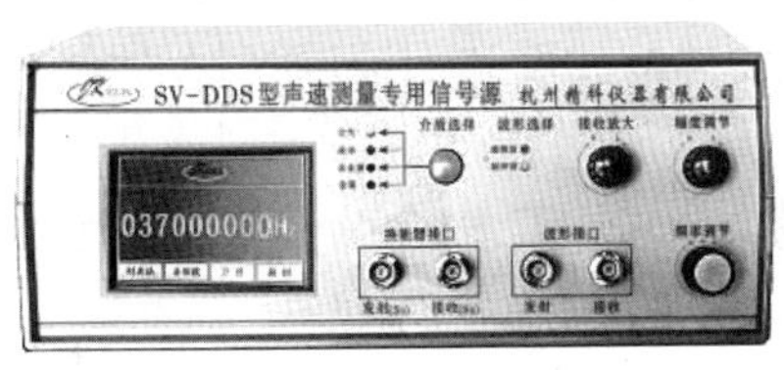

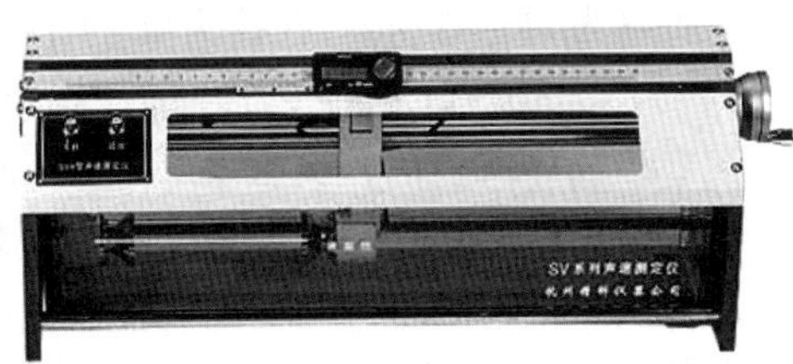

图 S2-7-8 SV-DDS 型声速测定仪

2. SV-DDS 型多功能物理实验信号源使用方法

(1) 介质选择:按面板上的“介质选择”按钮,可选“空气”“液体”“非金属”“金属”,选中有指示灯亮.

(2) 波形选择:开机默认为“连续波”的“正弦波”,按屏幕的“方波”或“正弦波”按钮,可改为连续的方波或正弦波输出.

按屏幕的“时差法”按钮,可改为“脉冲波”输出,有指示灯亮.

(3) 频率调节:轻触点屏幕需要调整的频率数字位,该选中的数字位会显示白色方框,然后旋转“频率调节”旋钮,可调该位频率. 也可以向里按一下“频率调节”旋钮,再旋转“频率调节”旋钮进行快速调节频率.

(4) 断电记忆:轻触点屏幕的“返回”按钮一次,就能断电记忆当前频率,下次开机就是此频率.

(5) 接收放大:旋转“接收放大”旋钮,可调节接收到信号的放大量.

(6) 幅度调节:旋转“幅度调节”旋钮,可调节输出信号的幅度.

3. 声速测定仪数显表头使用方法

(1) inch/mm 按钮为英制/公制转换用,测量声速时用“mm”.

(2)“OFF”“ON”按钮为表头电源开关.

(3)“ZERO”按钮为表头数字回零用.

(4) 数显表头在标尺范围内,接收换能器处于任意位置都可设置“0”位. 摇动丝杆,接收换能器移动的距离为表头显示的数字.

习　题

1. 一质点沿 Ox 轴运动,坐标与时间的关系为 $x=4t-2t^3$. 求:(1)质点的速度;(2)2s 末的瞬时速率.

2. 一质点运动方程为 $x=4t^3-2t^2+5$(SI). 求:2s 末的速率和 3s 末的加速度大小.

3. 一质点做直线运动,其运动方程是 $x=2t-t^2$. 求质点的速度和加速度.

4. 载人航天器上升时的最大加速度是 $8g$,若航天员为 60kg,则上升时座椅对他的支持力是多大?($g=10\text{m/s}^2$)

5. 大小分别为 6N 和 8N 的两个共点力,作用在某一物体上,若该物体产生的最大加速度为 $a_1=1.4\text{m/s}^2$,求:(1)物体所受的最大合外力;(2)物体的质量;(3)物体所受的最小合外力;(4)物体的最小加速度.

6. 一个质量为 2kg 的物体,在拉力 F 的作用下沿光滑水平面做直线运动. 已知该物体的运动方程为 $x=10+2t+2t^2+2t^4$. 求:(1)该物体的速度和加速度;(2)该物体所受的拉力以及 1s 末该物体所受的拉力大小.

7. 已知一个简谐振动的振幅 $A=2\text{cm}$,圆频率 $\omega=4\pi\text{s}^{-1}$,以余弦函数表达运动规律时的初相位 $\phi=\pi/2$. 试画出位移和时间的关系曲线(振动曲线).

8. 一质量为 0.02kg 的质点作简谐振动,其运动方程为 $x=0.60\cos(5t-\pi/2)$m. 求:(1)质点的初速度;(2)质点在正向最大位移一半处所受的力.

9. 在一轻弹簧下悬挂 $m_0=100\text{g}$ 的物体时,弹簧伸长 8cm. 现在这根弹簧下端悬挂 $m=250\text{g}$ 的物体,构成弹簧振子. 将物体从平衡位置向下拉动 4cm,从静止状态释放(令这时 $t=0$). 选 x 轴向下,求振动方程.

10. 已知某质点做简谐运动,振动曲线如题图所示,试根据图中数据,求:(1)振动表达式;(2)与 P 点状态对应的相位;(3)与 P 点状态相应的时刻.

11. 如图,有一水平弹簧振子,弹簧的劲度系数 $k=24\text{N/m}$,重物的质量 $m=6\text{kg}$,重物静止在平衡位置上,设以一水平恒力 $F=10\text{N}$ 向左作用于物体(不计摩擦),使之由平衡位置向左运动了 0.05m,此时撤去力 F,当重物运动到左方最远位置时开始计时,求物体的运动方程.

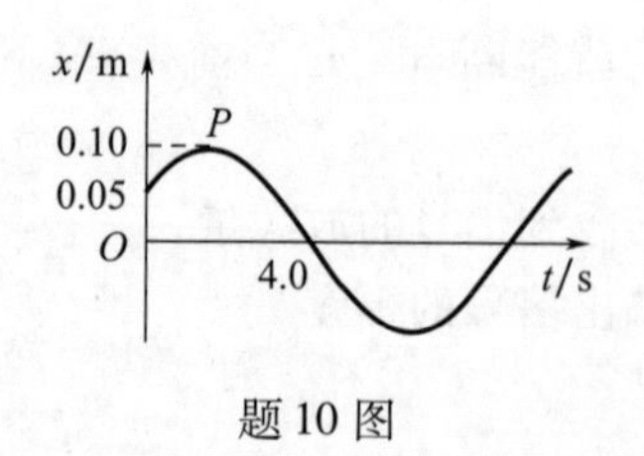

题 10 图

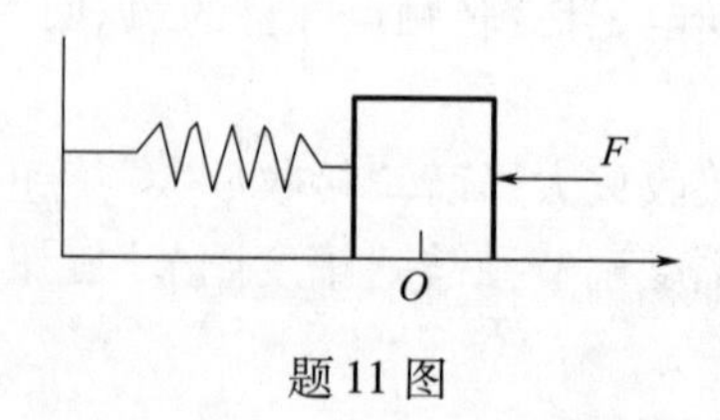

题 11 图

12. 一水平放置的弹簧系一小球在光滑的水平面作简谐振动．已知球经平衡位置向右运动时，$v=100\text{cm/s}$，周期 $T=1.0\text{s}$，求再经过 1/3s 时间，小球的动能是原来的多少倍？（弹簧的质量不计）．

13. 一质点做简谐振动，其振动方程为 $x=6.0\times10^{-2}\cos(\pi t/3-\pi/4)\text{m}$.

（1）当 x 值为多大时，系统的势能为总能量的一半？

（2）质点从平衡位置移动到此位置所需最短时间为多少？

14. 如图为一平面简谐波在 $t=0$ 时刻的波形图，试写出 P 处质点与 Q 处质点的振动方程，并画出 P 处质点与 Q 处质点的振动曲线，其中波速 $u=20\text{m/s}$.

15. 如图所示，一平面简谐波沿 Ox 轴正向传播，波速大小为 u，若 P 处质点振动方程为 $y_P=A\cos(\omega t+\varphi)$．求：(1) O 处质点的振动方程；(2)该波的波动方程．

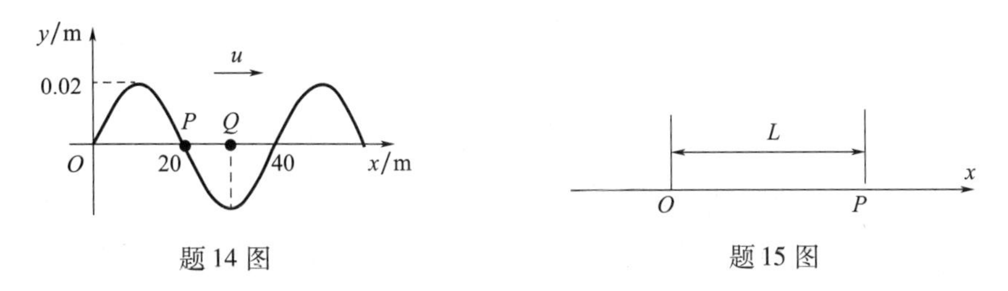

题14图　　题15图

16. 一平面简谐波沿 x 轴正向传播，其振幅和圆频率分别为 A 和 ω，波速为 u，设 $t=0$ 时的波形曲线如图所示．(1)写出此波的波动方程；(2)求距 O 点分别为 $\lambda/8$ 和 $3\lambda/8$ 两处质点的振动方程；(3)求距 O 点分别为 $\lambda/8$ 和 $3\lambda/8$ 两处的质点在 $t=0$ 时的振动速度．

17. 沿 x 轴负方向传播的平面简谐波在 $t=2\text{s}$ 时刻的波形曲线如图所示，设波速 $u=0.5\text{m/s}$，求原点处的振动方程．

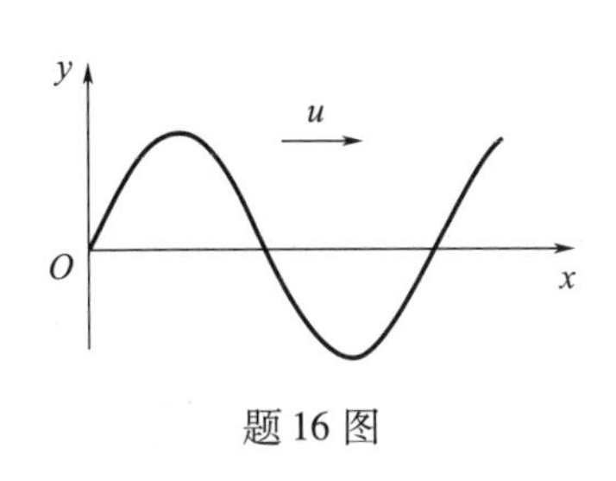

题16图

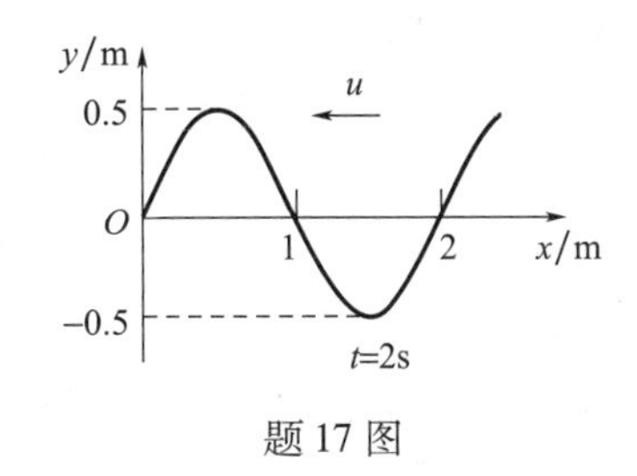

题17图

18. 如图所示，两相干波源 S_1 和 S_2 相距 $3\lambda/4$，λ 为波长，设两波在 S_1S_2 连线上传播时，它们的振幅都是 A，并且不随距离变化．已知在该直线上 S_1 左侧各点的合成波强度为其中一个波强度的4倍，求两波源的初相位差．

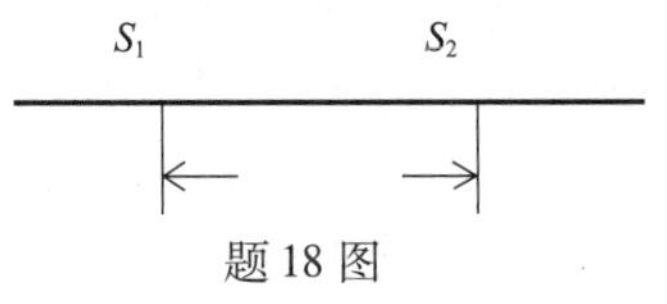

题18图

19. 两波在一根很长的细绳上传播，它们的方程分别为 $y_1=0.06\cos\pi(x-4t)$，$y_2=0.06\cos\pi(x+4t)$．(1)求两波的频率、波长、波速和传播方向；(2)证明这细绳作驻波式振动，求波节位置和波腹位置；(3)求波腹处振幅和 $x=1.2\text{m}$ 处的振幅．

20. 一弦上的驻波方程为 $y=3.00\times10^{-2}(\cos1.6\pi x)\cos550\pi t$．(1)若将此驻波看作传播方向相反的两列波叠加而成，求两波的振幅和波速；(2)求相邻波节间的距离；(3)求 $t=3.00\times10^{-3}\text{s}$ 时，位于 $x=0.625\text{m}$ 处质点的振动速度．

21. 如图所示，一轻绳跨过轴承光滑的定滑轮，绳两边受拉力分别为：T_1，大小为300N，方向竖直向下；T_2，大小为100N，方向竖直向下，滑轮的半径 $r=1\text{m}$. 求滑轮受到合外力矩的大小.

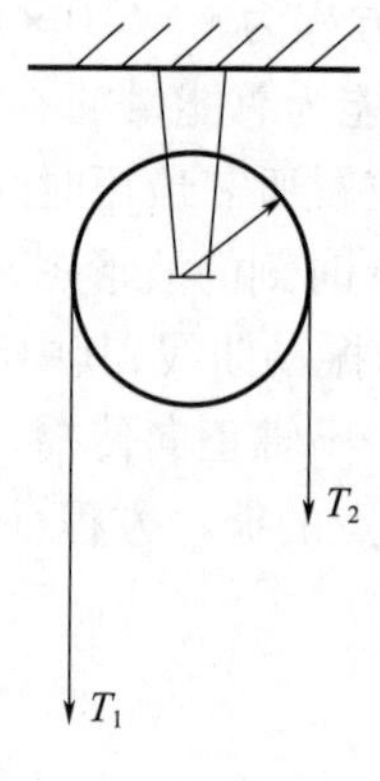

题21图

22. 在 Oxy 平面内两个质点的质量与坐标分别为 $m_a=5\text{kg}$，(3,2)，$m_b=25\text{kg}$，(−4，−3)，长度的单位是 m，求：(1) a 质点对 Ox 轴的转动惯量；(2) 此系统绕 Ox 轴的转动惯量.

23. 在 Oxy 平面内有 a、b、c 三个质点，其质量与坐标分别为 $m_a=5\text{kg}$，(2,2)，$m_b=25\text{kg}$，(−3，−3)，$m_c=30\text{kg}$，(−2,4). 长度的单位是 m，求此系统绕 Oy 轴的转动惯量.

24. 一长为2m、质量为30kg的匀质细杆 AB，转轴通过棒的一端且与棒垂直，求它的转动惯量.

25. 一长为2m的匀质细杆 AB 的转动惯量 $40\text{kg}\cdot\text{m}^2$，转轴通过棒的一端且与棒垂直，求匀质细杆的质量.

26. 一质量为30kg的匀质细杆 AB 的转动惯量 $40\text{kg}\cdot\text{m}^2$，转轴通过棒的一端且与棒垂直，求匀质细杆的长度.

27. 一质量为10kg，半径为0.5m的均质圆盘，以通过圆盘中心与盘面垂直的转轴转动，求它的转动惯量.

28. 一质量为10kg的均质圆盘，以通过圆盘中心与盘面垂直的转轴转动，它的转动惯量 $1.25\text{kg}\cdot\text{m}^2$，求均质圆盘的半径.

29. 一半径为0.5m的均质圆盘，以通过圆盘中心与盘面垂直的转轴转动，它的转动惯量 $1.25\text{kg}\cdot\text{m}^2$，求均质圆盘的质量.

30. 一轻绳绕于飞轮边缘，在绳端施以拉力使飞轮以 39.2rad/m^2 的角加速度转动，飞轮的转动惯量 $J=0.5\text{kg}\cdot\text{m}^2$. 飞轮与转轴间的摩擦不计，试求飞轮的力矩.

31. 在一根水平流管中，测得直径 $d_1=15\text{cm}$ 处的流速大小 $v_1=2\text{m/s}$，$p_1=2.0\times10^4\text{Pa}$，在直径 $d_2=10\text{cm}$ 处的流速大小 $v_2=4\text{m/s}$，求此处的压强 p_2.

32. 在一根粗细不均匀的管道中，测得直径 $d_1=20\text{cm}$ 处的流速大小 $v_1=25\text{cm/s}$，求水在直径 $d_2=10\text{cm}$ 处的流速大小.

第3章　电磁学基础与实验

电磁学是研究电磁运动基本规律及物质电磁学性质的一门学科．电磁学在生产技术、国防建设、医疗卫生、日常生活等领域中具有广泛的应用．它是电工学、电子学、电化学、自动控制和电子计算机技术的基础，在现代物理学中占有重要的位置．本章介绍电磁基本规律及其应用．

3.1　静电场基础

3.1.1　电荷、库仑定律

1. 电荷

大量实验表明，自然界中只存在两种性质不同的电荷：一种是负电荷，如电子带的就是负电荷；另一种是正电荷，如质子带的就是正电荷．物质由原子和分子构成，而原子由带正电的原子核和一定数量的绕核运动的电子构成，原子核所带正电的总和等于核外电子所带负电的总和，因此原子对外显示电中性．原子核一般由带电的质子和不带电的中子构成．通常情况下，物体显示电中性，但在一定条件下，如不同材料相互摩擦，会使一个物体失去电子而带上正电，另一个物体获得电子而带上负电，这时，我们说物体带了电荷．物体所带电荷的总量称为电量，常用 Q 或 q 表示，单位为库仑(C)．

1913 年，密立根(Millikan)利用油滴实验测定了电子的带电量，也就是基本电荷，同时也证明了电荷的量子性．也就是说，物体所带电量总是基本电荷量的整数倍．电荷的这种只能取分立的、不连续的量值的特性称为电荷的量子化．基本电荷就是电子所带电量的绝对值，常用 e 表示．现在公认量值为

$$e = 1.602 \times 10^{-19}\mathrm{C}$$

2. 电荷守恒定律

大量实验表明：电荷既不能被创造，也不能被消灭，只能从一个物体转移到另一个物体，或者从物体的一部分转移到另一部分，也就是说，在任何物理过程中，电荷的代数和是守恒的．这个定律称为电荷守恒定律．电荷守恒定律不仅在一切宏观过程中成立，近代科学实践证明，它也是一切微观过程(如核反应过程)所普遍遵守的．它是物理学中普遍的基本定律之一．

3. 库仑定律

发现电现象后两千多年的长时期内，人们对电的了解一直处于定性的初级阶段．这是因为，一方面，社会生产力的发展还没有提出应用电力的急迫需要，另一方面，人们对电的规律的研究必须借助于较精密的仪器，这只有在生产水平达到一定高度时才能实现．这种状况一直延续了很久，直到 19 世纪人们才开始对电的规律及其本质有比较深入的了解．

1784—1785年,库仑通过扭秤实验总结出两个静止点电荷间相互作用的规律,现称为库仑定律.所谓点电荷,是指这样的带电体,它本身的几何线度比起它到其他带电体的距离小得多.这种带电体的形状和电荷在其中的分布已无关紧要,因此我们可以把它抽象成一个几何点.因此,点电荷也是一种理想的物理模型,只有带电量,没有大小.库仑定律表述如下:

真空中两个静止的点电荷 q_1 和 q_2 之间相互作用力的大小与它们所带电量 q_1 和 q_2 的乘积成正比,与它们之间距离 r 的平方成反比;作用力的方向沿着它们的连线,同号电荷相斥,异号电荷相吸.

令 $\boldsymbol{F}_{12}$ 代表 q_1 给 q_2 的力,r 代表两电荷间的距离,$\hat{\boldsymbol{r}}_{12}$ 表示由 q_1 指向 q_2 的单位矢量,则

$$\boldsymbol{F}_{12} = k\frac{q_1 q_2}{r^2}\hat{\boldsymbol{r}}_{12} \tag{3-1-1}$$

无论 q_1、q_2 的正负如何,此式都适用.当 q_1、q_2 同号时,$\boldsymbol{F}_{12}$ 沿 $\hat{\boldsymbol{r}}_{12}$ 方向,即为排斥力;当 q_1、q_2 异号时,q_1 与 q_2 的乘积为负,$\boldsymbol{F}_{12}$ 沿 $-\hat{\boldsymbol{r}}_{12}$ 方向,即为吸引力.当下标1、2对调时,$\hat{\boldsymbol{r}}_{12} = -\hat{\boldsymbol{r}}_{21}$,故式(3-1-1)还表明,$q_1$ 给 q_2 的力 $\boldsymbol{F}_{12} = -\boldsymbol{F}_{21}$(见图3-1-1),即静止电荷之间的库仑力满足牛顿第三定律.$\boldsymbol{F}_{12}$、$\boldsymbol{F}_{21}$ 的大小为

图3-1-1 库仑

$$F = k\frac{q_1 q_2}{r^2} \tag{3-1-2}$$

式(3-1-1)和式(3-1-2)中,k 是比例系数,它的数值取决于式中各量的单位,在国际单位制中,力的单位为N,长度的单位为m,电量的单位为C,比例系数为 $k = \frac{1}{4\pi\varepsilon_0}$,则

$$F = \frac{1}{4\pi\varepsilon_0}\frac{q_1 q_2}{r^2} \tag{3-1-3}$$

式中:ε_0 是真空介电常数(或真空电容率),其数值为

$$\varepsilon_0 = 8.85\times10^{-12}\mathrm{C}^2\cdot\mathrm{N}^{-1}\cdot\mathrm{m}^{-2}$$

3.1.2 电场、电场强度

库仑定律描述了任意两个点电荷之间相互作用力的大小和方向,但它们之间的作用是怎样进行的?电荷之间的作用力是怎样传递的?下面进行简单说明.

1. 电场

近代物理学的发展告诉我们,凡是有电荷的地方,周围就存在着电场,即任何电荷都在自己周围的空间激发电场;而电场的基本性质是,它对于处于其中任何其他电荷都有作用力,这种作用力称为电场力.电荷与电荷之间的作用力是通过电场进行传递的,也就是电荷之间是通过电场来进行相互作用的.

电荷不仅可以激发电场,运动电荷还可以激发磁场,而且电场与磁场还可以相互激发,且可以脱离电荷和电流而独立存在,具有自己的运动规律.那么,电场性质是怎样的呢?

2. 电场强度

为了解电场的性质,可将正试验电荷q放入电场中,通过观察q在电场中各点的受力

情况来了解电场的空间分布规律．为此，要求试验电荷所带的电量必须很小以致它的引入不会对所研究的电场有显著的影响；同时试验电荷的线度必须充分小，即可以把它看作点电荷，这样才可以用来研究空间各点的电场性质．

实验指出，在一般情况下，把试验电荷 q 放在电场中不同点时，q 所受力的大小和方向是逐点不同的；但若位置不变，改变 q 的量值，发现 q 所受力的方向不变，大小改变了，但是所受力的大小与电量 q 之比 F/q 具有确定的量值；由此可见比值 F/q 只与试验电荷 q 所在位置的电场性质有关，而与试验电荷 q 无关，因此可以用比值 F/q 来描述电场．

定义：试验电荷 q 在某场点处所受电场力 $\boldsymbol{F}$ 与其带电量 q 的比值，称为该点处的电场强度，电场强度是矢量，用 $\boldsymbol{E}$ 表示，即

$$\boldsymbol{E}=\boldsymbol{F}/q \tag{3-1-4}$$

若(3－1－4)式中 $q=1$，则 $\boldsymbol{E}=\boldsymbol{F}$，即电场中某点的电场强度在量值上等于单位正电荷所受电场力的大小．其方向为正电荷在该场点处所受电场力的方向．

【例3－1－1】 求带电量为 Q 的点电荷 Q 位于 O 点，求 Q 在距离 O 点 r 处的 P 点所激发的电场强度．

解：设在距离 Q 为 r 的某点放一带正电量 q 的试验电荷，由库仑定律知在该点处，试验电荷受到的电场力为

$$\boldsymbol{F}=k\frac{Qq}{r^2}\hat{\boldsymbol{r}}$$

式中：$\hat{\boldsymbol{r}}$ 为由 Q 指向 q 的单位矢量．由电场强度定义式(3－1－4)得

$$\boldsymbol{E}=\boldsymbol{F}/q=k\frac{Qq}{r^2q}\hat{\boldsymbol{r}}=k\frac{Q}{r^2}\hat{\boldsymbol{r}}$$

所以，点电荷 Q 在空间激发的电场为：距离 Q 为 r 的位置处电场强度大小为 $\left|k\dfrac{Q}{r^2}\right|$，方向为：若 Q 为正电荷，由 Q 指向场点位置；若 Q 为负电荷，由场点位置指向 Q．如图3－1－2所示．

3. 电场线

为了形象描述电场的分布，通常引入电场线的概念．利用电场线可以对电场中各处的电场强度进行直观展示．

如图3－1－3所示，在显示电荷周围电场的图中画出一系列有方向的曲线，曲线上每点的切线方向表示该点电场强度的方向，曲线的疏密程度显示该点处场强的强弱，这样的曲线称为电场线．需要说明的是，这样的曲线在实际中是不存在的，只是为了形象描述电场而引入的．

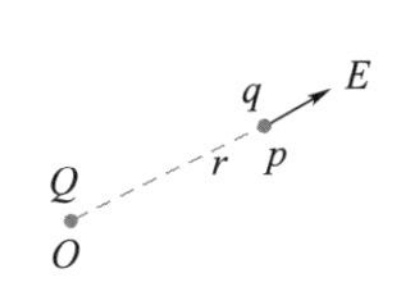

图3－1－2　点电荷的方向

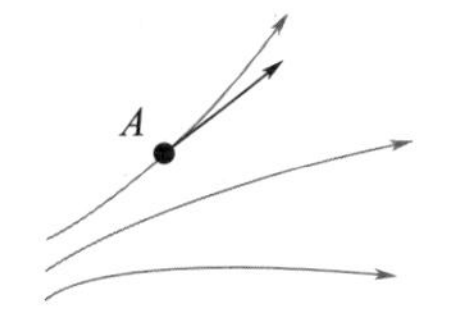

图3－1－3　电场线

电场线具有如下特征：①静电场的电场线起于正电荷(或无穷远)止于负电荷(或无

穷远);②电场线上每一点的切线方向,都和该点的场强方向一致;③电场线疏密反映电场强弱,电场线密的地方场强大,电场线疏的地方场强小;④电场线不相交. 如图 3-1-4 所示为几种常见电荷的电场线.

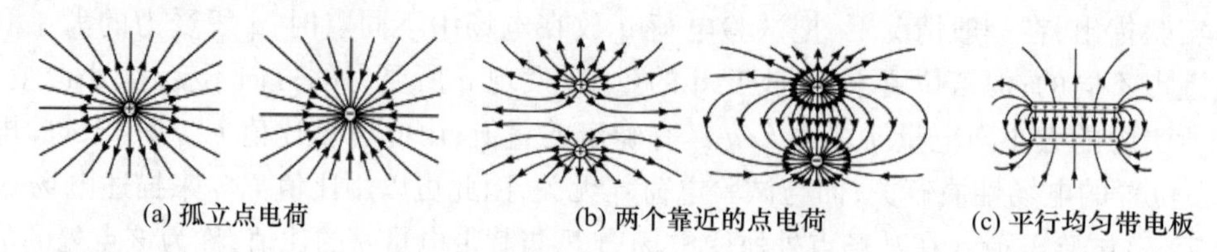

(a) 孤立点电荷　　(b) 两个靠近的点电荷　　(c) 平行均匀带电板

图 3-1-4　几种常见电荷的电场线

4. 电场强度叠加原理

电场力是矢量,它服从矢量叠加原理. 即,如果 $\boldsymbol{F}_1$、$\boldsymbol{F}_2$、…、$\boldsymbol{F}_k$ 分别表示点电荷 q_1、q_2、…、q_k 单独存在时电场施于某位置处带电量为 q_0 的电荷 q_0 的电场力,则它们共同激发的总电场施于同一位置处的电荷 q_0 的电场力为 $\boldsymbol{F}_1$、$\boldsymbol{F}_2$、…、$\boldsymbol{F}_k$ 的矢量和,即

$$\boldsymbol{F} = \boldsymbol{F}_1 + \boldsymbol{F}_2 + \cdots + \boldsymbol{F}_k$$

将上式除以 q_0,得

$$\boldsymbol{E} = \boldsymbol{E}_1 + \boldsymbol{E}_2 + \cdots + \boldsymbol{E}_k \tag{3-1-5}$$

式中:$\boldsymbol{E}_1 = \boldsymbol{F}_1/q_0$,$\boldsymbol{E}_2 = \boldsymbol{F}_2/q_0$,…,$\boldsymbol{E}_k = \boldsymbol{F}_k/q_0$ 分别代表 q_1、q_2、…、q_k 单独存在时在空间同一点的场强,而 $\boldsymbol{E} = \boldsymbol{F}/q_0$ 代表它们同时存在时该点的总场强.

由此可见,点电荷组在某点产生的场强等于各点电荷单独存在时在该点产生场强的矢量叠加. 这称为电场强度叠加原理.

【例 3-1-2】 如图 3-1-5 所示,一对等量异号点电荷 $+q$ 和 $-q$,其间距离为 l,求两电荷延长线上一点 P 的场强,P 到两电荷联线中点 O 的距离为 r.

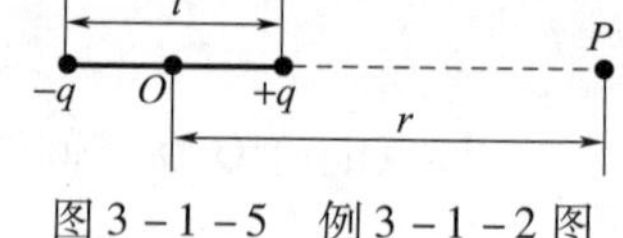

图 3-1-5　例 3-1-2 图

解:P 点到 $\pm q$ 的距离分别为 $r \mp l/2$,所以 $\pm q$ 在 P 点产生场强大小分别为

$$\begin{cases} E_+ = \dfrac{1}{4\pi\varepsilon_0} \cdot \dfrac{q}{(r - l/2)^2} \\ E_- = \dfrac{1}{4\pi\varepsilon_0} \cdot \dfrac{q}{(r + l/2)^2} \end{cases}$$

E_+ 向右,E_- 向左,所以,总场强大小为

$$E = \frac{1}{4\pi\varepsilon_0} \cdot \left[\frac{q}{(r - l/2)^2} - \frac{q}{(r + l/2)^2}\right],方向向右$$

例 3-1-2 中一对靠得很近的等量异号电荷构成的带电体系,称为电偶极子,是一个简单且重要的带电系统. 实际中电偶极子的例子是很多的. 例如分子中正、负电荷中心产生微小的相对位移,就形成了电偶极子.

3.1.3 电通量、高斯定理

1. 电通量

如图 3-1-6 所示,设位于电场中的某一曲面 S 上的一个无限小面元 $\mathrm{d}\boldsymbol{S}$ 处的电场强度为 $\boldsymbol{E}$(可以认为面元处的电场为匀强电场),$\mathrm{d}\boldsymbol{S}$ 的大小为面元的面积 $\mathrm{d}S$,方向为该面元

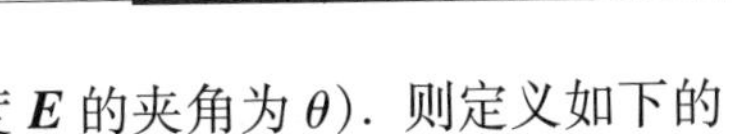

的法线方向，记面元的单位法向矢量为 $\boldsymbol{n}$（与该点电场强度 $\boldsymbol{E}$ 的夹角为 θ）．则定义如下的物理量为通过面元 $\mathrm{d}\boldsymbol{S}$ 的电通量：

$$\mathrm{d}\boldsymbol{\Phi}=\boldsymbol{E}\cdot\mathrm{d}\boldsymbol{S}=\boldsymbol{E}\cdot\mathrm{d}S\boldsymbol{n}=E\mathrm{d}S\cos\theta \tag{3-1-6}$$

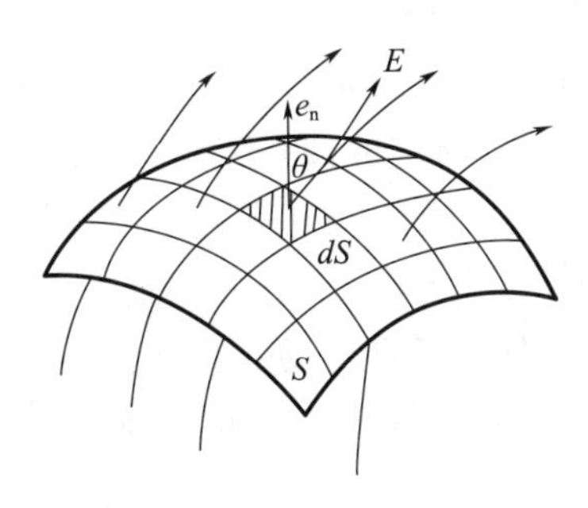

图3-1-6　电通量

对于曲面 S 上的各个点，其电场一般是不同的，要计算通过曲面 S 的电通量，需要如图3-1-6所示把曲面 S 细分成许多面元 $\mathrm{d}\boldsymbol{S}$，并按式(3-1-6)计算通过每个面元的电通量 $\mathrm{d}\boldsymbol{\Phi}$，然后再叠加起来，得到通过曲面 S 的总的电通量 $\boldsymbol{\Phi}$. 当所有面元趋于无限小时，叠加在数学上就表示为沿曲面的积分：

$$\boldsymbol{\Phi}=\iint_S\boldsymbol{E}\cdot\mathrm{d}\boldsymbol{S}=\iint_S E\mathrm{d}S\cos\theta \tag{3-1-7}$$

一个曲面有正反两面，与此对应，它的法向矢量也有正反两种取法．正和反本是相对的，对于单个面元或不闭合的曲面，法向矢量的正向朝哪一面选取是无关紧要的．但闭合曲面则把整个空间划分成内外两部分，其法线矢量正方向的两种取向就有了特定的含义：指向曲面外部空间的叫外法向矢量，指向曲面内部空间的叫内法向矢量．今后我们约定：对于通过闭合曲面的电通量 S 总是取它的外法向矢量（图3-1-7）．这样一来，在电场线穿出曲面的地方（如图3-1-7中的 $\mathrm{d}\boldsymbol{S}_1$），$\theta<\pi/2$，$\cos\theta>0$，电通量 $\mathrm{d}\boldsymbol{\Phi}$ 为正；在电场线进入曲面的地方（如图3-1-7中的 $\mathrm{d}\boldsymbol{S}_2$），$\theta>\pi/2$，$\cos\theta<0$，电通量 $\mathrm{d}\boldsymbol{\Phi}$ 为负．

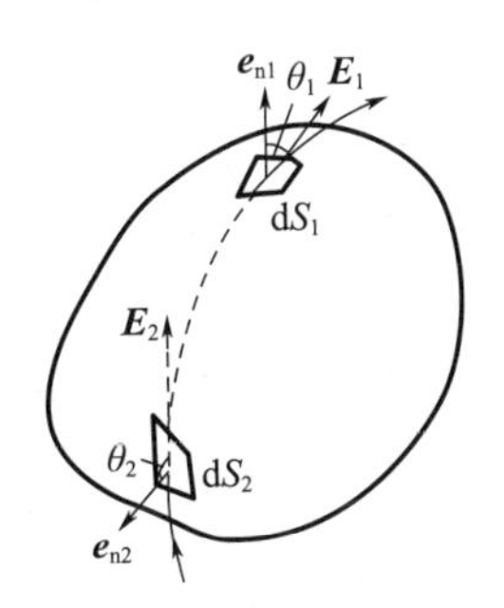

图3-1-7　通过闭合曲面的电通

2. 高斯定理

通过一个任意闭合曲面 S 的电通量 $\boldsymbol{\Phi}$ 等于该面所包围的所有电量的代数和 $\sum q$ 除以 ε_0，与闭合面外的电荷无关，其数学表述如下：

$$\boldsymbol{\Phi}=\oint_S\boldsymbol{E}\cdot\mathrm{d}\boldsymbol{S}=\oint_S E\mathrm{d}S\cos\theta=\frac{1}{\varepsilon_0}\sum_{i(S内)}q_i$$

这里$\oiint$表示沿一个闭合曲面的积分,这闭合曲面习惯上称为高斯面. 对于高斯定理的证明,可以通过库仑定律和场叠加原理进行证明,这里不再证明. 利用高斯定理可以方便地计算一些具有对称性电荷周围的场强.

【例3-1-3】 如图3-1-8(a)所示,一均匀带正电的无限长圆柱面,已知其单位长度的电量为η,半径为R. 利用高斯定理计算圆柱面周围的电场强度.

解:由电荷分布的轴对称性可以确定,带电圆柱面产生的电场也具有轴对称性,即垂直于圆柱面轴线等距离处各点的场强大小相等,方向都垂直于圆柱面向外,如图3-1-8(b)所示. 为了求出无限长圆柱面外任一点P的场强,可过P点作一封闭圆柱面(高斯面),柱面高为l,底面半径为r,轴线与无限长带电圆柱面的轴线重合(图3-1-8(a)). 由于此高斯面的侧面上各点$\boldsymbol{E}$的大小相等,方向处处与侧面正交,所以通过该侧面的电通量为$E2\pi rl$;由于底面法线方向与电场方向正交,所以通过两底面的电通量为零. 故,通过此高斯面的电通量为

$$\Phi=\Phi_{侧}+\Phi_{底}=2\pi rlE+0=2\pi rlE$$

又因封闭柱面(高斯面)所包围的电荷为ηl,所以根据高斯定理有

$$2\pi rlE=\eta l/\varepsilon_0$$

即

$$E=\frac{\eta}{2\pi r\varepsilon_0},\quad r>R$$

用同样的方法可知圆柱面内各点的场强为0,即

$$E=0,\quad r<R$$

可见,均匀带电的无限长圆柱面的电场分布为:圆柱面外各点的场强大小与该点到圆柱面轴线的距离成反比;圆柱面内各点的场强为0;在圆柱面的界面处($r=R$),场强有一个突变,如图3-1-8(c)所示.

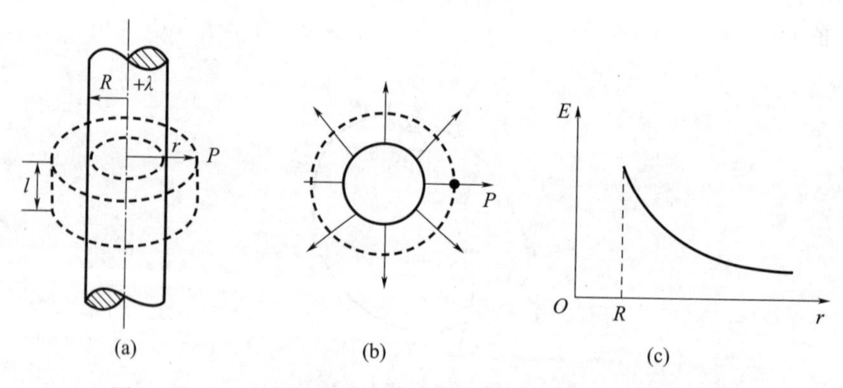

图3-1-8 用高斯定理求均匀带电无限长圆柱面的场强分布

3.1.4 电势

1. 静电场力所做的功与路径无关

在第2章的学习中我们知道,重力做功,与其实际经过的路径无关,只与其始末位置有关. 同样可以证明,静电场力做功也与电荷经过的实际路径无关,只与其始末位置有

关. 很容易证明点电荷的电场对试验电荷的电场力做功与路径无关,在此基础上利用叠加原理可以证明任意电荷产生的静电场的情况. 这里不再进行详细证明.

静电场做功与路径无关这一结论,还可以表述为另一等价形式,在静电场中取任意闭合环路 L,把电场强度 $\boldsymbol{E}$ 沿此闭合环路的积分 $\Gamma = \int_L \boldsymbol{E} \cdot \mathrm{d}\boldsymbol{l}$ 称为电场沿此闭合环路的环量,可以证明:

$$\oint_L \boldsymbol{E} \cdot \mathrm{d}\boldsymbol{l} = 0 \tag{3-1-8}$$

式(3-1-8)表明,静电场中电场强度沿任意闭合环路的线积分,即环量恒等于零. 这就是静电场的环路定理,如图3-1-9所示.

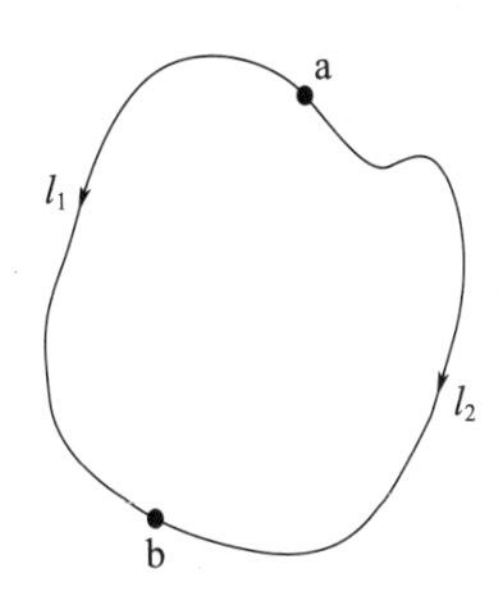

图3-1-9　静电场的环路定理

2. 电势能

由于静电场力做功与路径无关,因此静电场力与重力一样也是保守力,因此我们仿照重力势能,认为电荷在电场中任一位置也具有势能,称为电势能,电场力所做的功就是电势能改变的量度. 若以 W_a、W_b 分别表示试验电荷 q 在起点 a 和终点 b 处的电势能,试验电荷 q 若在电场力的作用下由 a 运动到 b,在这一过程中,电场力所做的功为 A_{ab},则

$$W_b - W_a = A_{ab} \tag{3-1-9}$$

式(3-1-9)只说明了 a、b 两点的电势能的变化量,而不能确定 q 在电场中某点的电势能,因为电势能和重力势能一样,是一个相对量,只有选定了零势能点(参考点)的位置,才能确定 q 在电场中某一点的电势能. 电势能零点的选择是任意的,当电荷分布在有限空间时,通常选择 q 在无限远处的电势能为零. 当选定无限远处的电势能为零时,电荷 q 在电场中某点 a 处的电势能 W_a 量值上等于 q 从 a 点移到无限远处电场力所做的功 A.

电场力所做的功有正有负,所以电势能也有正有负. 与重力势能相似,电势能也是属于整个系统的,某电荷 q 在电场中某位置的电势能是属于电荷 q 和电场这个系统的.

3. 电势

可以证明电荷 q 在电场中某点 a 的电势能与 q 的大小成正比. 而比值与 q 无关,只决定于电场的性质以及电场中给定点 a 的位置,所以可以用它来描述电场.

定义:电荷 q 在电场中某点 a 的电势能 W 跟它的电量的比值叫作该点的电势(电位)用 U 表示,即

$$U = W/q \tag{3-1-10}$$

当 $q = 1\mathrm{C}$ 时,$U = W$,即电场中某点的电势在量值上等于单位正电荷放在该点时的电势能. 与电势能一样,电势也是相对量,它与零电势位置的选择有关,若电荷分布在有限

空间内，通常选取无穷远处作为电势零点，即 $U_{\infty}=0$. 当选定无限远处的电势为零时，电场中某点的电势在量值上等于单位正电荷从该点经过任意路径移到无穷远处时电场力做的功.

电势是标量，其值可正可负. 在国际单位制中，电势的单位为“伏特”，简称“伏”，符号为 V，1V = 1J/C.

在静电场中，任意两点 a 和 b 的电势之差称为电势差，也叫电压，用公式表示为

$$U_{ab}=U_a-U_b \tag{3-1-11}$$

在电场中 a、b 两点的电势差，在量值上等于单位正电荷从 a 点经过任意路径到达 b 点时电场力所做的功. 如果已知 a、b 两点间的电势差，可以很容易知道电荷 q 从点 a 移到 b 点时，静电场力所做的功. 根据式(3-1-11)可知

$$A_{ab}=qU_a-qU_b=qU_{ab} \tag{3-1-12}$$

在实际生活中，常常会用到两点之间的电势差，而较少用到电势，通常情况下，我们取地球这一导体作为电势零点，使用起来比较方便. 当然了，电势零点的选取是任意的，这要看处理问题的方便来选取.

4. 等势面

在电场中，电势值相等的各点连起来所构成的曲面称为等势面. 通常约定在画等势面时，使相邻两等面的电势差相等. 对于一个点电荷，它的等势面是一系列以点电荷所在点为球心的同心球面，如图 3-1-10(a)所示，图中还画出了几种常见的带电体电场的等势面和电场线，虚线代表等势面，实线代表电场线. 等势面与场线之间有如下关系：①等势面与电场线处处正交，电场线的方向，也就是电场强度的方向，总是指向电势降低的方向；②电势线较密的地方，电场强度较大；③电荷沿等势面移动，电场力不做功. 实际的等势面是一些三维曲面，这里画出的等势面只是等势面与纸面的交线.

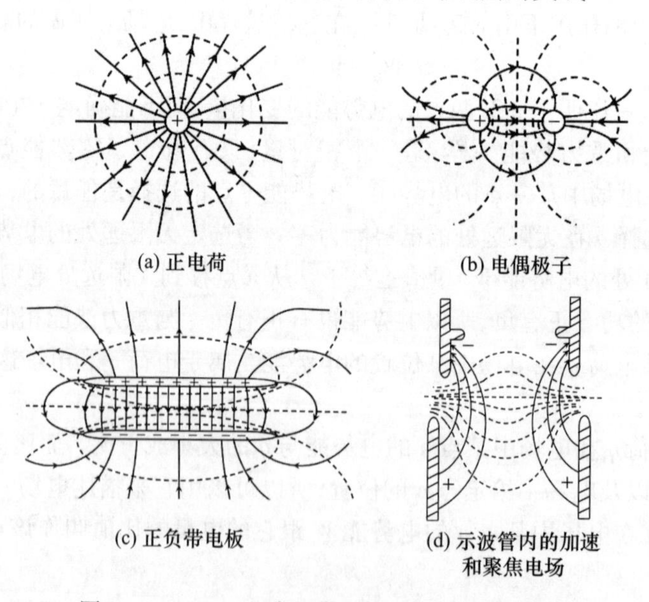

图 3-1-10　一些常见带电体的等势面和电场线

3.1.5　静电场中的导体

前面介绍了静电场的基本概念和一般规律，本节研究静电场中存在导体时，电场分布情况的变化和导体带电的规律，以及导体内的稳恒电场的基本性质和规律．

1. 导体的静电平衡

在金属导体中，带正电的离子规则排列形成晶体点阵，大量的电子可以在点阵中自由运动，这种电子称为自由电子．当导体不带电，也不受外电场作用时，金属导体中的自由电子只有无规则热运动，没有宏观的定向运动．导体内正、负电荷均匀分布，整个导体呈现电中性状态．

如果将导体置于静电场中，导体中的自由电子将受到静电场的作用而产生定向运动，这运动将改变导体上的电荷分布：原来呈中性的导体出现某些部位带正电，另一些部位带负电的情况，这种现象称为静电感应．而原来带电的导体，由于静电感应而使导体上的电荷重新分布，重新分布的电荷又反过来作用于电场，从而影响导体内部和周围的电场分布. 这种电荷和电场分布的变化将一直进行到导体达到静电平衡状态为止，但这一过程是十分短暂的，通常只经历 $10^{-14} \sim 10^{-13}$s.

所谓导体的静电平衡状态是指导体内部和表面都没有电荷做定向移动的状态．所以当导体处于静电平衡状态时，必须满足以下条件：①导体内部任何一点的电场强度为零；②导体表面的电场强度处处垂直于导体表面．

对于条件①，若导体内某处 $E \neq 0$，则该处自由电子将会在电场力的作用下移动，导体就没有达到平衡．反之亦成立，即若导体内场强处处为零，则导体处于静电平衡；对于条件②，因为只有导体表面的电场处处与导体表面垂直时，电场在导体表面上的投影分量才处处为零，所以导体表面不会有电荷移动．

导体的静电平衡条件，还可以从电势角度表述为：①导体是等势体，其表面是等势面；②导体表面电势与内部电势相等．

导体内若存在电势差，则 $E \neq 0$；若导体表面有电势差，自由电子也会沿导体表面移动，可见静电平衡时，导体中各点的电势相等，导体是等势体．

2. 静电平衡时导体上的电荷分布

当导体处于静电平衡状态时，导体内部和表面不再有电荷做定向运动，导体上的电荷分布达到了稳定状态，这时导体具有以下特征：

（1）实心导体内部各处净电荷为零，净电荷只分布在导体表面上．

这一结论可用高斯定理来证明．在导体内部任取一点P，围绕P点作一高斯面 S，如图3－1－11所示．由于导体内部场强处处为零，因此通过此高斯面的电通量为零．根据高斯定理，此高斯面内所包围的电荷的代数和必然为零．由于高斯面可以任意小，而且P点是导体内任意点，所以整个导体内处处没有净电荷，净电荷只能分布在导体的表面上.

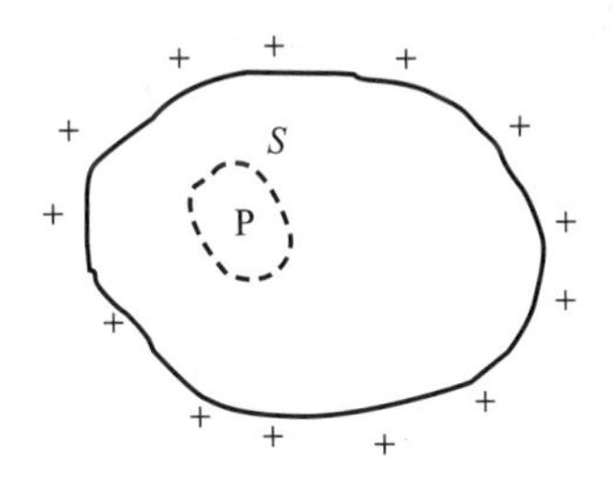

图3－1－11　实心导体上净电荷的分布

（2）导体内部有空腔，空腔内无其他带电体. 则静电平衡时，导体内部处处没有净电荷，而且空腔内表面上各处的

面电荷密度也为零，电荷只能分布在导体的外表面上．

在导体内取一高斯面 S 包围空腔，如图 3－1－12(a)所示．由于导体在静电平衡时，导体内的场强为零，因而通过高斯面 S 的电通量为零，由高斯定理可知，空腔内表面上也没有净电荷．然而在空腔内表面上是否有可能出现等量异号的正、负电荷，而使净电荷为零呢？如图 3－1－12(b)所示，设想，如果在空腔内表面 A 点附近出现 $+q$，而在空腔内表面 B 点附近出现 $-q$，这样，在空腔内就有始于正电荷，止于负电荷的电场线．也就是说，空腔内的场强不等于零．这时场强沿 A 到 B 的线积分也将不等零．于是 A、B 两点间就存在电势差．显然，这与静电平衡时导体是等势体相矛盾．因此，空腔导体在静电平衡时，电荷只能分布在空腔导体的外表面上，空腔内表面不存在任何电荷，空腔内的电场强度也处处为零．这表明：腔内无带电体，空腔导体外的电场由空腔导体外表面的电荷分布和其他带电体的电荷分布共同决定．空腔内不受外电场的影响．

(3) 导体内部有空腔，并且空腔内有其他带电体．设带电体带电量为 q，则在静电平衡时，空腔内表面上分布有 $-q$ 的感应电荷，外表面上分布有 $Q+q$ 的电荷，Q 是空腔导体原来所带的电荷，如图 3－1－12(c)所示．

在空腔导体内作一个高斯面 S，由于静电平衡时导体内电场强度为零，故该高斯面的总通量为零，由此可知高斯面内电荷量的代数和为零，而腔内有电荷 q，故腔内表面必带 $-q$ 电荷，又由电荷守恒定律知，腔外表面所带电荷必为 $Q+q$，并且腔内电荷的位置不影响腔外电荷分布及腔外电场分布，而只会改变空腔导体内表面的电荷分布．当把空腔导体接地时，如图 3－1－12(d)所示，导体外表面上的感应电荷因接地而被中和，空腔导体外相应的电场也随之消失，这就实现了消除空腔内电荷对外界的影响．

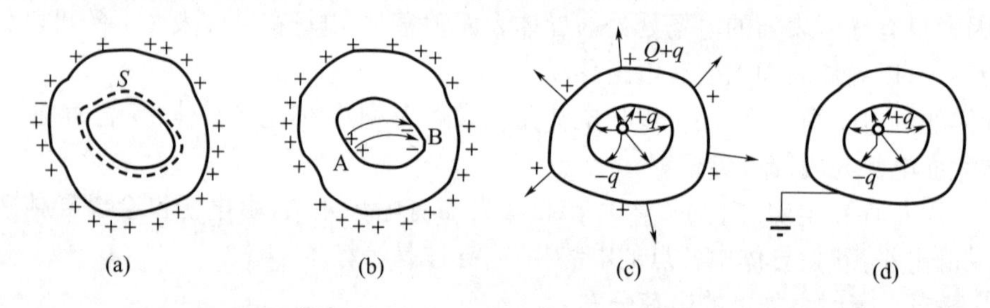

图 3－1－12　空腔导体电荷的分布

可见，在静电平衡状态下，空腔导体外的带电体不会影响空腔内部的电场分布；一个接地空腔导体，空腔内的带电体对腔外的物体不会产生影响．这种利用导体使腔内不受外界影响或接地的空腔导体将腔内带电体对外界的影响隔绝的现象称为静电屏蔽．静电屏蔽在生产技术上有广泛的应用．

(4) 孤立的导体处于静电平衡时，它的表面各处的面电荷密度与各处表面的曲率有关，曲率越大的地方，面电荷密度也越大．例如，在表面凸出的尖锐部分(曲率是正值且较大)，电荷面密度较大；在较平坦部分(曲率较小)，电荷面密度较小；在表面凹进部分，电荷密度最小，如图 3－1－13 所示．对于孤立导

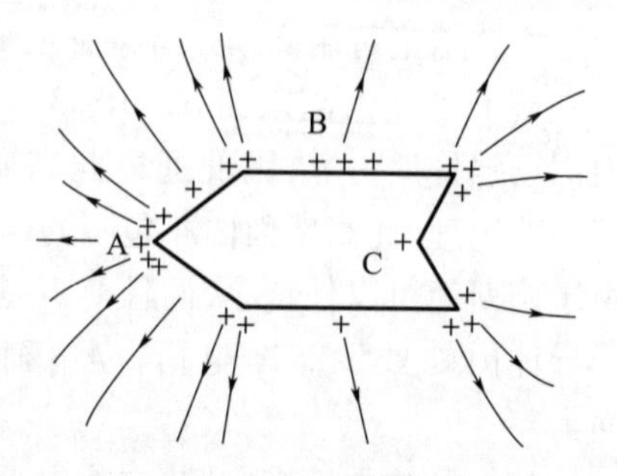

图 3－1－13　导体表面曲率对电荷分布的影响

体球,其表面电荷均匀分布.

3. 静电的应用

1) 静电屏蔽的应用

(1) 使电器设备免受干扰.

为了使仪器不受外电场的影响,可将它用导体壳罩起来,如图3-1-14(a)所示. 由于静电平衡时导体壳内场强处处为零,而且无论壳外的带电体或电场如何变化,壳内的电场始终为零. 又如为了不使带电体影响周围空间,把带电体用金属导体壳封闭起来接地,外表上的感应电荷被大地电荷中和,导体壳外的电场随之消失. 高压电气设备用接地的金属外壳封闭起来,而避免其电场对外界的影响,如图3-1-14(b)所示. 此外,还有一些电子线路、信号传输线等也常常用接地的金属壳和金属网线套(称屏蔽线)包起来,以免受外来的电磁干扰.

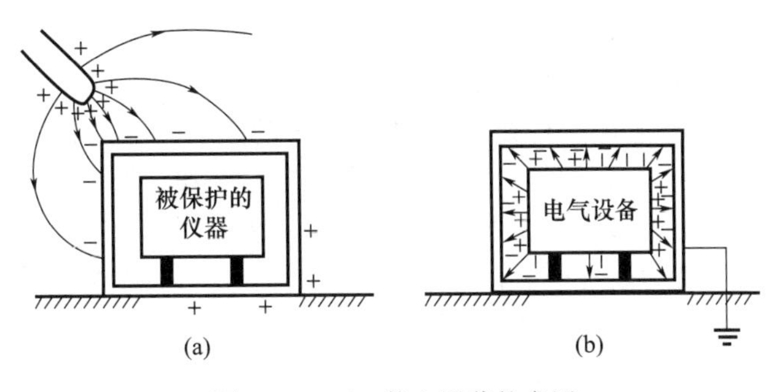

图3-1-14 静电屏蔽的应用

(2) 使高压带电作业更安全.

高压输电线上的电压是很高的,但它与铁塔间是绝缘的,当检修人员登上铁塔和高压线接近时,由于人体与铁塔都和地相通,高压线与人体间有很高的电势差,其间存在很强的电场,足以使周围的空气电离而放电,危及人体安全. 为解决这个问题,通常运用高绝缘性能的梯架,作为人从铁塔走向输电线的过道,这样,人在梯架上就完全与地绝缘,当与高压线接触时,就会和高压线等电势,不会有电流通过人体流向大地. 但是,由于输电线上通有交流电,在电线周围有很强的交变电场,因此只要人靠近电线,就会在人体中有较强的感应电流而危及生命. 为解决这个问题,利用静电屏蔽原理,用细铜丝(或导电纤维)和纤维编织在一起制成导电性能良好的工作服,通常叫屏蔽服,它把手套、帽子、衣裤和袜子连成一体,构成一导体网壳,工作时穿上这种屏蔽服,就相当于把人体用导体网罩起来,这样,交变电场不会深入人体内,感应电流也只在屏蔽服上流通,避免了感应电流对人体的危害. 即使在手接触电线的瞬间,放电也只是在手套与电线之间产生,这时人体与电线仍有相等的电势,检修人员就可以在不停电的情况下,安全地在几十万伏的高压输电线上工作.

2) 尖端放电

对于具有尖端的带电导体,因尖端曲率大,分布的面电荷密度也大,在尖端附近的电场也就特别强,当场强达到一定量值时,附近的空气存在的离子在这个强电场作用下获取巨大速度,并与空气的分子碰撞进而产生更多离子,那些和导体上电荷异号的离子,因受导体电荷吸引而移近尖端,与导体上的电荷相中和,而和导体上电荷同号的离子,则因受导体电荷排斥而飞开. 如图3-1-15所示,从外表上看,就好像尖端上的电荷被"喷射"

出来一样,所以这种现象称为尖端放电. 在高压设备中,为了防止因尖端放电而引起的危险和漏电造成的损失,输电线的表面应是光滑的. 具有高电压的零部件的表面也必须做得十分光滑并尽可能做成球面. 与此相反,人们还可以利用尖端放电. 例如,火花放电设备的电极往往做成尖端形状,避雷针也是利用尖端的缓慢放电而避免“雷击”的.

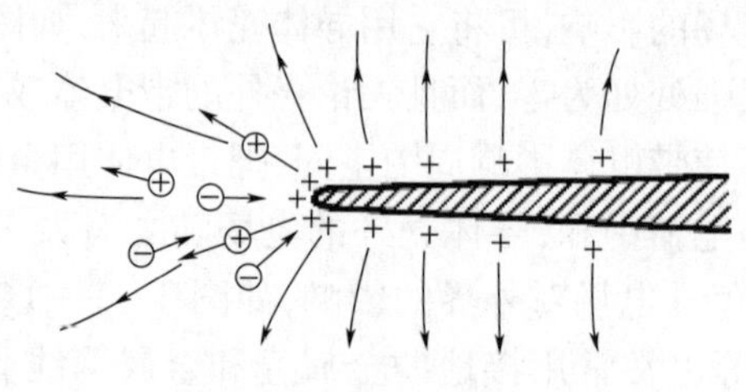

图 3-1-15　尖端放电

3）静电除尘

静电除尘是利用静电场的作用,使气体中悬浮的尘粒带电而被吸附,并将尘粒从烟气中分离出来而将其去除. 它的原理如图 3-1-16(a)所示,B 是一个金属圆筒,A 是悬挂在圆筒中心处的金属丝. 金属丝与几十千伏的负高压端相接. 圆筒 B 接高压电源正极并接地. 这样,在金属丝附近形成一个强电场区,足以使周围气体电离. 这些被电离的气体在运动中与尘埃相遇,使尘埃带电. 在电场力的作用下,这些带电的尘埃将向电极(A、B)运动,到达电极后就顺着电极逐渐落下来. 因此,可以减少尘埃对大气的污染.

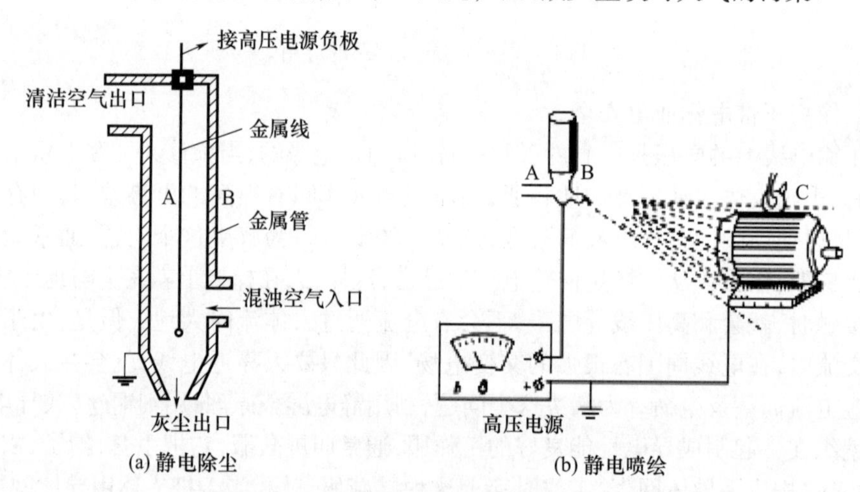

图 3-1-16　静电除尘与静电喷绘

4）静电喷绘

静电喷绘的原理与静电除尘相同,也是利用高压所形成的静电来进行喷漆的新技术. 它与人工喷漆相比具有效率高、浪费少、质量好、有利于工人健康等优点. 图 3-1-16(b)所示为一旋杯式静电喷漆装置. 油漆通过输漆管 A 进入高速旋转的金属杯 B,从喷杯喷出的油漆,由于喷杯的高速旋转而被雾化. 油漆粒子因喷杯接负高压(60 ~ 120kV)而带负电,互相排斥均匀散开,同时,在电场的作用下,向接正高压的工件 C 飞去并被吸附在工作表面上形成光亮牢固的油漆层. 静电喷漆由于电场力作用范围小,所以不会污染空气. 目前,静电喷漆已得到广泛应用.

3.1.6 电容、电容器

1. 孤立导体的电容

在真空中，一个带有电量 Q 的孤立导体，其电势为 U. 理论和实验表明当电量 Q 增加时，导体的电势也增加，而电量 Q 与电势 U 的比值却保持不变；对于形状和大小不同的导体要达到相同的电势，它们所带的电量是不同的，但一个孤立导体所带的电量与其电势的比值却是一个常量，即 Q/U 为常量．这个结果对任意形状的孤立导体都成立，因此把孤立导体所带的电量 Q 与其电势 U 的比值叫作孤立导体的电容，电容用 C 表示．即有

$$C = Q/U \tag{3-1-13}$$

在国际单位制中，电量的单位是库仑(C)，电势的单位是伏特(V)，电容的单位由式(3-1-13)规定，称为法拉(F)，1F = 1C/V. 法拉是个非常大的单位，例如像地球这么大的导体球，其电容也只有 7.1×10^{-4}F. 实际应用中，往往用微法(μF)、皮法(pF)作为单位，它们与法拉的关系是 $1\text{F} = 10^{6}\mu\text{F} = 10^{12}\text{pF}$.

电容是表征导体储电能力的物理量，其物理意义是：使导体升高单位电势所需的电荷量．对一定的导体，其电容是一定的，与导体是否带电没有关系．需要说明的是，孤立导体的电势事实上是导体与电势零点(默认为地球)之间的电势差，因此，孤立导体的储电能力应该是导体与地球构成的系统的储电能力，其电容应是导体与地球构成的系统的电容．只要是可以存储电荷的设备都有电容，这样的设备称为电容器．

2. 电容器

1）平板电容器

平板电容器是由大小相同的两块平行金属板组成的．对于处在真空中的两个相距 d 很小，正对面积为 S 的平行金属板而言，若两板上分别带有 $+Q$ 和 $-Q$ 的电荷．忽略边缘效应，两板间的电场为

$$E = \frac{\sigma}{\varepsilon_0} = \frac{Q}{\varepsilon_0 S}$$

两板间电压为 $U = Ed = \dfrac{Qd}{\varepsilon_0 S}$，根据电容定义，该平行板电容器的电容为

$$C = \varepsilon_0 S/d \tag{3-1-14}$$

如果两板间充满了相对介电常数为 ε_r 的电介质，则其电容为

$$C = \frac{\varepsilon_r \varepsilon_0 S}{d} \tag{3-1-15}$$

由式(3-1-15)可知，通过改变极板相对面积的大小、极板间距离以及极板间电介质的方法，来改变电容器的电容大小．

2）圆柱形电容器

圆柱形电容器由两个长直同轴的金属圆筒构成．设筒的长度为 L，两筒的半径分别为 R_1 和 R_2，两筒之间充满相对介电常数为 ε_r 的电介质．可以证明圆柱形电容器的电容为

$$C = \frac{2\pi\varepsilon_r\varepsilon_0 L}{\ln(R_2/R_1)} \tag{3-1-16}$$

显然，圆柱形电容器的电容也由两极板间的电解质、同轴金属圆筒(极板)长度、半径决定其大小．

除了上述两种类型的电容器，还有球形电容器等，这里不再详细介绍．不管什么形状的电容器，电容的大小都与其极板的面积和距离，以及板间介质有关，且电解质的介电常数越大、极板面积越大、板间距离越小，其电容越大．如图 3－1－17 所示为几种常见的普通电容器，分别是空气可变电容器、电解电容器、陶瓷电容器．这些电容器的电容一般都不大，在微法、皮法量级．电容器像电阻一样是电子线路中的常用器件．实际的电工和电子装置中任何两个彼此隔离的导体之间都有电容，例如两条输电线之间，电子线路中两段靠近的导线之间都有电容．这种电容实际上反映了两部分导体之间通过电场的相互影响，叫作“杂散电容”或“分布电容”．在有些情况下（如高频电路），这种杂散电容对电路的性质产生明显的影响，因此，要注意良好的接地处理．

(a) 空气可变电容器

(b) 电解电容器

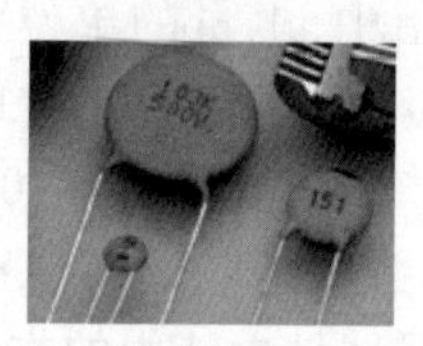

(c) 陶瓷电容器

图 3－1－17　常见电容器

3）超级电容器

随着科技进步，对储电能力更大的电容的需求越来越大，近些年出现了超级电容器．如图 3－1－18 所示，与普通电容器相比，超级电容器是在导体极板表面涂覆了一层多孔碳，多孔碳材料像海绵吸水把水存在海绵孔隙之间一样，可以把电荷吸附在其多孔表面，而多孔碳材料的比表面积（单位质量的表面积）可以达到 $2000m^2/g$；另一方面极板间距离也大大缩小，可以达到 $1\mu m$，并且在极板间充以相对介电常数较大的介质，从而使电容器的电容大幅度提高．

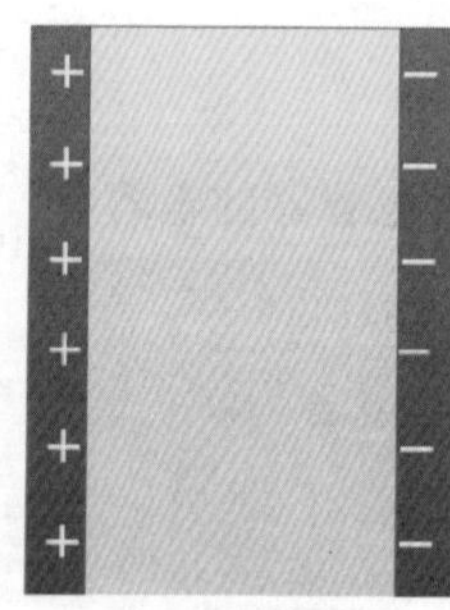

(a) 普通电容器

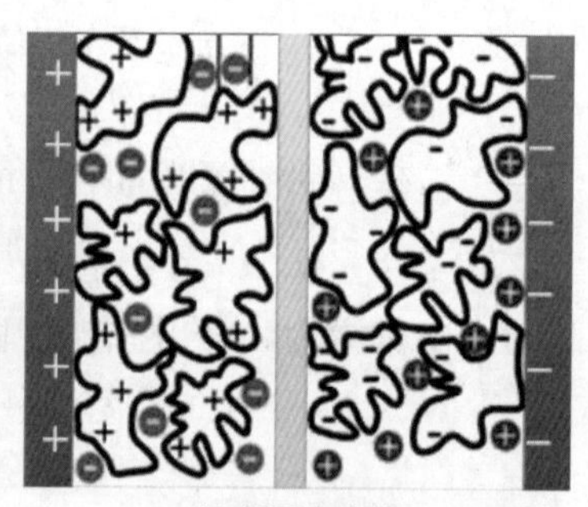

(b) 超级电容器

图 3－1－18　普通电容器与超级电容器

中国中车制造的一款体积约为 $200cm^3$ 的超级电容器电容可达 7500F，比同样体积的平行板电容器的电容高 14 个数量级．超级电容器可作为轻轨动车电源、储能式无轨电车动力电源、军用高功率电源．事实上，电磁炮、激光武器等舰载高能武器，在发射时都需要储能系统在极短的时间内输出大功率的脉冲电能，超级电容正好满足这些要求．我军首批八一勋章获得者马伟明院士，正是利用蓄电池加超级电容器的混合储能方案，二十年磨一剑，接连攻克高能量密度和高功率密度等技术难题，为我军舰艇装上了超级电容器“中国心”！

3.2　稳恒电流

3.2.1　电流、电流密度

1. 电流

我们知道,电流是电荷做定向运动形成的. 例如导体中电子可以在导体内自由运动,在没有外部电场时,电子做无规则的热运动. 如将导体置于一定的电场中,则导体中的电子在电场作用下会做定向运动,电子的这种定向运动就形成了电流. 因此,就一般而言,可以说电流是由大量电荷定向移动而形成的. 电流的强弱用电流强度(简称电流)这一物理量来描述,用符号 I 表示. 设有一截面为 S 的导体,若在 $\mathrm{d}t$ 时间内,通过导体横截面 S 的电量为 $\mathrm{d}q$,则导体中的电流强度 I 为单位时间内通过导体截面的电量,数学形式为

$$I=\frac{\mathrm{d}q}{\mathrm{d}t} \tag{3-2-1}$$

在国际单位制中,电流的单位是安培(A),1A = 1C/s,常用的还有 mA、μA 等.

如果电流的大小和方向不随时间变化,则称为恒定电流. 除了导体可以导电外,还有半导体等其他一些物质也可以导电. 起导电作用的电荷称为载流子,在金属导体中载流子就是大量可以自由运动的电子;半导体中载流子是电子或带正电的空穴;电解液中的载流子是其中的正、负离子. 由于历史的原因,规定正电荷定向运动的方向为电流的方向. 如果起导电作用的是负电荷,则其运动方向与电流的方向相反. 值得说明的是,电流是标量,所谓的电流的方向指电流沿导体循环的方向.

电流 I 虽能描述电流的强弱,但它只能反映通过导体截面的整体电流特征,却不能说明电流通过截面上各点的情况. 例如电流通过粗细不均匀导体时,通过各个横截面上的电流都相同,但导体内部不同点的电流情况不同. 电流这个物理量不能细致反映出电流在导体中的分布. 因此,必须引入一个新的物理量——电流密度矢量来描述导体内各点电流分布情况.

2. 电流密度

电流密度通常用 $\boldsymbol{j}$ 表示,它是矢量,对其大小和方向做如下规定:导电介质中任一点电流密度的方向为该点正电荷的运动方向(场强 E 的方向),大小等于通过垂直于电流方向的单位面积的电流,记作

$$j=\frac{\mathrm{d}I}{\mathrm{d}S} \tag{3-2-2}$$

式中:$\mathrm{d}S$ 为在导电介质中某点附近面积微元. 电流密度是空间位置的矢量函数,它能精确地描述导体中电流分布情况. 若以单位矢量 $\hat{\boldsymbol{n}}$ 表示面元 $\mathrm{d}S$ 的正法线方向,且 $\hat{\boldsymbol{n}}$ 与该点的电流密度 $\boldsymbol{j}$ 的方向一致,如图 3-2-1(a)所示,那么式(3-2-2)可表示为

$$\boldsymbol{j}=\frac{\mathrm{d}I}{\mathrm{d}S}\hat{\boldsymbol{n}} \tag{3-2-3}$$

如果面元 $\mathrm{d}S$ 的正法线方向 $\hat{\boldsymbol{n}}$ 和电流密度 $\boldsymbol{j}$ 之间有一夹角 θ,如图 3-2-1(b)所示,则通过面元的电流强度为

$$\mathrm{d}I=\boldsymbol{j}\cdot\mathrm{d}\boldsymbol{S}=j\mathrm{d}S\cos\theta \tag{3-2-4}$$

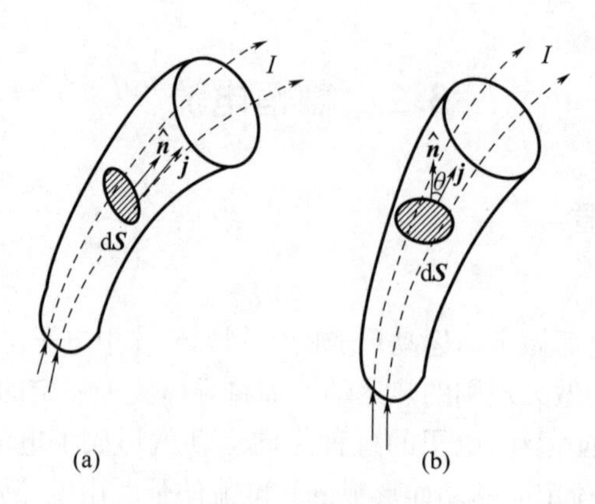

图 3-2-1 电流密度

通过任意面积 S 的电流强度应为

$$I = \int_S \boldsymbol{j} \cdot \mathrm{d}\boldsymbol{S} \tag{3-2-5}$$

式(3-2-5)表明,通过某一面积的电流强度,等于该面积上的电流密度的通量. 在国际单位制中,电流密度的单位为 $\mathrm{A/m^2}$.

导电介质内各处的电流密度 $\boldsymbol{j}$ 都不随时间变化的电流叫作稳恒电流. 在稳恒电流的情况下,虽然存在电荷的定向运动,但导电介质内的电荷处于动态平衡,介质内的电荷分布、介质内、外电场都不随时间变化,这样的电场称为稳恒电场. 稳恒电场与静电场具有相同的性质,稳恒电场也遵守静电场的高斯定理和环路定理,因此可以用稳恒电场模拟静电场.

3.2.2 基本恒定电路

1. 部分电路的欧姆定律

在电流恒定和温度一定的条件下,通过一段导电物体的电流强度和加在物体两端的电压 U 成正比,与这段物体的电阻 R 成反比,即

$$I = U/R \tag{3-2-6}$$

电阻 R 由导电物体自身性质和尺寸决定. 导电物体的电阻越大,对电流的阻碍作用越大. 在国际单位制中,电阻的单位为欧姆(符号为 Ω). 一定材料、横截面积均匀的导电物体的电阻 R 与其长度 l、横截面积 S 的关系为

$$R = \rho l/S \tag{3-2-7}$$

式中:ρ 为电阻率,由导体材料性质和导体所处的环境(如温度)决定. 在国际单位制中,电阻率的单位为欧姆·米(Ω·m). 实验证明,各种材料的电阻率都随温度变化,纯金属的电阻率随温度的变化比较规则,在 0℃附近,温度变化不大的范围内电阻率与温度有线性关系,表示为

$$\rho = \rho_0(1 + \alpha t) \tag{3-2-8}$$

式中:ρ_0 为 0℃时的电阻率;α 为电阻温度系数,单位是 $\mathrm{K^{-1}}$,不同材料的 α 值也不相同.

从表 3-2-1 可以看出,金属和合金等导体的电阻率都很小,而石英、木材的电阻率都很大,表明绝缘体对电流的阻碍作用大,半导体介于两者之间. 使用时,可根据需要,参

照电阻率表选择合适的材料. 例如,在输电线路中,为了减小电阻从而减小电的损耗,就要选用电阻率小的铜、铝,在精密电子线路中,由于导线很细同时要求电阻很小,常选用延展性更好、电阻率更小的银. 在电器和电工工具的绝缘部分,就要选择绝缘体材料.

表 3-2-1 几种常用材料的电阻率和电阻温度系数

材料名称			电阻率 $\rho/(\Omega\cdot m)(20℃)$	电阻温度系数 $\alpha(K^{-1})$
导体	纯金属	银(Ag)	1.59×10^{-8}	3.8×10^{-3}
		铜(Cu)	1.67×10^{-8}	3.9×10^{-3}
		铝(Al)	2.66×10^{-8}	3.9×10^{-3}
		钨(W)	5.65×10^{-8}	4.5×10^{-3}
	合金	锰铜(84% Cu,12% Mn,4% Ni)	$\sim44\times10^{-8}$	$\sim0.6\times10^{-5}$
		康铜(58.8% Cu,48% Ni. 1.2% Mn)	$\sim48\times10^{-8}$	$\sim0.5\times10^{-5}$
半导体		锗(Ge)	0.46	-4.8×10^{-2}
		硅(Si)	640	-7.5×10^{-2}
绝缘体		石英	7.5×10^{17}	
		玻璃	$10^{10}\sim10^{14}$	
		木材	$10^{8}\sim10^{11}$	
		聚四氟乙烯	10^{13}	

2. 电源的电动势和内阻

日常生活中大量使用各种电源,电源的作用就是能够在其两端保持恒定的电势差,并对用电器持续地提供电流. 电源是如何做到这一点的呢?

在3.1.6节中提到电容器可以存储静电能,在电容器的两端接上用电器,也可以获得电流. 但是电容器不能在其两端保持恒定的电势差,也不能给用电器提供稳定的输出电流. 这是因为电容器在放电过程中,正极板上的正电荷通过用电器流入负极板后,正电荷被负极板上的负电荷中和. 因此正负极板上的电荷逐渐减少,两极板间的电势差也逐渐下降,电流随之减小. 所以,仅依靠短暂的静电场,不可能在导体中维持恒定的电流. 为了在导体中维持恒定的电流,要保持正负极板间电势差不变,就需要一个能提供与静电力不同的"非静电力"的装置,这就是电源.

电源与电容器的不同之处在于电源内部存在着非静电场 E_k,如图3-2-2所示. 非静电场的作用是把流到负极板上的正电荷再次从负极板上移动到正极板上(两极板间的静电场不能起到这种作用,因为两极板间的静电力是阻碍正电荷向正极板移动的),这就使得两极板间的电荷量不因极板间的放电而下降,从而在电源的两个输出端之间维持了稳定的电流和电压.

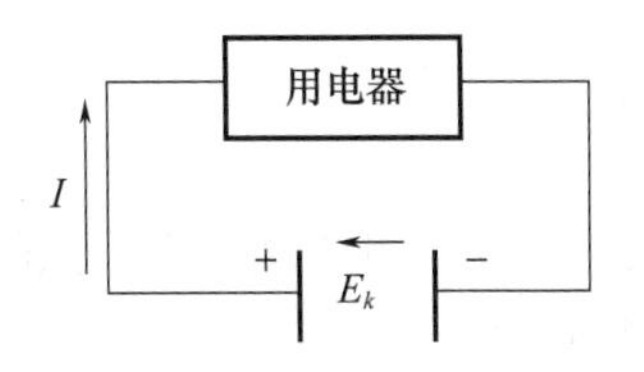

图3-2-2 电源内部存在非静电

在电源内部和电源外部,形成稳恒电流的起因是不同的. 在电源内部,正电荷在非静电力作用下从负极流向正极形成电流,在外电路,正电荷在静电力作用下从正极流向负极形成电流. 电源中的非静电力是在闭合电路中形成稳恒电流的根本原因. 在电源内部,非静电力移送正电荷的过程中要克服静电力做功,从而将电源本身所具有的能量(化学能、机械能、热能等)转换为电能;因此,从能量观点看,电源就是将其他形式的能量转变成电能的装置，这种转换就是由电源内部的非静电场实现的.

非静电场的场强定义为单位正电荷在场中所受的非静电力，即

$$E_k = \frac{F_k}{q} \tag{3-2-9}$$

把非静电力将单位正电荷从负极板移到正极板时所做的功定义为电源的电动势 ε，由此可得电源电动势与非静电场强的关系为

$$\varepsilon = \frac{1}{q}\int_{-}^{+} q\boldsymbol{E}_k \cdot \mathrm{d}\boldsymbol{l} = \int_{-}^{+} \boldsymbol{E}_k \cdot \mathrm{d}\boldsymbol{l} \tag{3-2-10}$$

由此看出，电动势是标量．但是，将由电源内部负极指到正极的方向规定为电动势的方向．通过以上分析知道，电动势的方向就是电源内部非静电场的方向．实际上，电源在没有连接用电器时的电动势就等于电池两端的电势差 U. 电源两端的电势差是由电源内部的非静电场维持的.

应该指出，电源内部也有电阻，叫作电源的内阻，一般用符号 R_i 表示．当有电流流过时，内阻的存在也会产生电压降．这就会对电路产生一定影响.

一般家用铜导线的电阻，每米约为 0.032Ω，而常用电池的内阻约为 12Ω. 所以，一般电路中导线的电阻常常可忽略不计．但是对远距离的电力传输线来说，其导线的电阻不能忽略，因为长距离导致整个导线的电阻很大.

3. 全电路欧姆定律

前面讨论了电流通过一段均匀电路的欧姆定律，但实际上我们遇到的是包含电源在内的各种电路．下面先讨论含有电源的全电路欧姆定律.

考虑如图 3-2-3 所示的一个最简单的闭合回路，图中电源的电动势和内阻分别为 ε 和 R_i，外电路电阻（或称外电路负载电阻）为 R. 由电流连续性可知，在这个电路中每个部分通过的电流相同，均为 I. 设电流的流向如图中所示，为顺时针方向．若从图中的点 A 出发，沿闭合电路顺时针绕行一周回到点 A，各部分电势降落（常称电势降）的总和应当为零，在忽略导线电阻的情况下，有

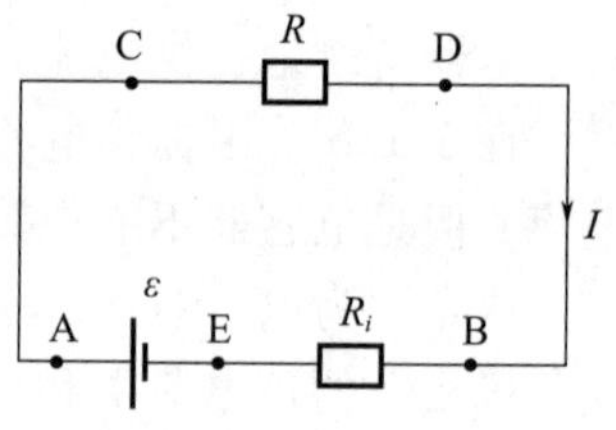

图 3-2-3 闭合回路

$$U_R + U_i - \varepsilon = 0 \tag{3-2-11}$$

即

$$\varepsilon = I(R + R_i) \tag{3-2-12}$$

上式表示，闭合电路中电源的电动势与总电阻之比等于电路中的电流，这就是全电路的欧姆定律.

由式（3-2-12）可得外电路的电势降（或称电源的端电压）为

$$U_{\mathrm{AB}} = \varepsilon - IR_i \tag{3-2-13}$$

因为对于确定的电源来说，电动势和内阻是一定的，从上式可以看出，端电压随负载电流的减小而增大．当外电路断开（即开路）时，电流 I 为零，则

$$U_{\mathrm{AB}} = \varepsilon \tag{3-2-14}$$

即在开路时，电源的端电压等于电源的电动势.

在一个闭合电路中，怎样确定回路中各部分的电势降是取正值，还是取负值呢？我们

可以规定如下：首先选定回路的绕行方向；如果通过电阻的电流方向和绕行方向相同，那么此电阻的电势降取正值，反之取负值；当由电源的正极经电源内部到负极的指向与绕行方向相同时，电动势取正值，反之取负值.

【例3-2-1】 在图3-2-4中，$R_1=8.0\Omega$，$R_2=5.0\Omega$. 当单刀双掷开关S扳到位置1时测得电流$I_1=0.20A$；当S扳到位置2时，测得电流$I_2=0.30A$. 求电源电动势ε和内阻R.

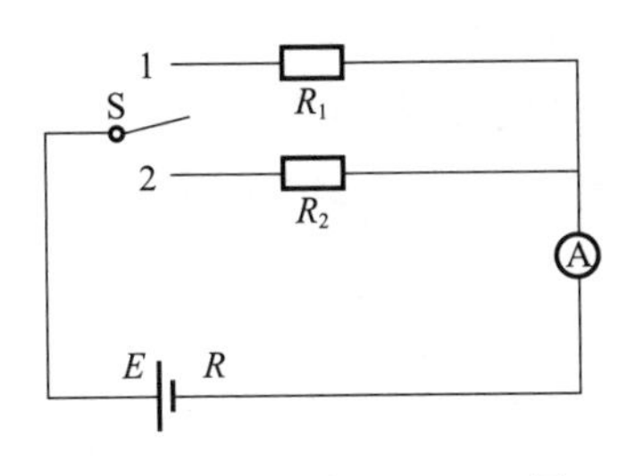

图3-2-4　例3-2-1图

解：根据全电路欧姆定律，得

$$\begin{cases}\varepsilon=I_1(R+R_1)\\ \varepsilon=I_2(R+R_2)\end{cases}$$

代入数据，得$\varepsilon=1.8V$，$R=1.0\Omega$.

这也是实验室中常用的测量电源电动势和内阻的方法.

4. 电流的功和功率

在稳恒电流情况下，电流通过一段电路时电场力移动电荷所做的功为

$$A=qU=UIt \tag{3-2-15}$$

式中：q为在时间t内通过某段电路的电量；U为该段电路两端的电势差；I为电路中的电流强度. 这个功称为电流I的功，简称电功，其相应的功率为

$$P=A/t=UI \tag{3-2-16}$$

P称为电流的功率，简称电功率. 在国际单位制中，电功的单位为焦耳(J)，电功率的单位为瓦特(W)，$1W=1J/s=1V\cdot A$.

一般用电器的铭牌上标有额定功率和额定电压，如：电灯泡上标着“PZ22025”，表示额定电压是220V，额定功率是25W. 电器只有以额定电压工作时才能达到额定功率. 如果把电器接到高于它的额定电压的电路上，电器消耗的电功率会超过它的额定功率，就有被烧坏的危险；而接到低于它的额定电压的电路上，电器消耗的实际功率就比额定功率小.

【例3-2-2】 有一个额定值为“200W，220V”的电灯泡，正常工作时的电流是多大？如果由于供电紧张，电灯泡两端的电压下降到180V，那么它的实际功率将是多少？

解：根据电功率公式$P=UI$，电灯泡正常工作时的电流为I_0，则

$$I_0=\frac{P}{U}=\frac{200}{220}=0.91(A)$$

由部分电路欧姆定律，电灯泡的电阻为

$$R=\frac{U}{I}=\frac{220}{0.91}=242(\Omega)$$

当电灯泡两端的电压为180V时，其电阻不变，根据欧姆定律和电功率定义知：此时电灯泡的功率为

$$P=U'I'=U'\frac{U'}{R}=\frac{U'^2}{R}=\frac{180^2}{242}=134(\mathrm{W})$$

需要指出，若电路中是一阻值为 R 的纯电阻，那么式(3－2－16)可改写为

$$P=I^2R \tag{3-2-17}$$

这时的电功率又称为热功率．当电路是纯电阻时，式(3－2－16)和式(3－2－17)是等效的，当电路中除有电阻外，还有电动机、充电的蓄电池等转换能量的电器时，式(3－2－16)和式(3－2－17)所表示的意义就各不相同了．式(3－2－16)适应于计算任何电路的电功率，它具有普遍意义．

5. 焦耳定律

生活中，许多电器接通电源后都伴有热现象产生．电流通过导体使电能转化成热能，这个现象叫作电流的热效应．

在某一电路中，电器是一纯电阻 R，由能量转换与守恒定律可知，电源电路的电能将全部转化为热能．因此，电流流过这段电路时所产生的热量(通常称为焦耳热)应等于电流的功．用 Q 表示电流产生的热量，则有

$$Q=I^2Rt \tag{3-2-18}$$

这一关系称为焦耳定律．它表明，当电流流过导体时，所产生的热量等于导体内电流的平方、导体的电阻以及通电时间三者的乘积．

不管什么电阻，只要有电流的通过，都会产生热效应．电源的内阻也会产生电，我们会发现电池会发热，这就是内阻消耗电能而发热．

6. 高压输电

电站发出的电能都要通过输电线路送到各个用电地方．根据输送距离的远近，采用不同的高电压．从我国现在的电力情况来看，送电距离在200～300km时采用220kV的电压输电；在100km左右时采用110kV的电压输电；50km左右采用35kV的电压输电；在15～20km时采用10kV的电压输电．输电电压在110kV以上的线路称为超高压输电线路. 在远距离送电时，我国还有500kV的超高压输电线路．

为什么要采用高压输电呢？这要从输电线路上损耗的电功率谈起，当电流通过导线时，就会有一部分电能变为热能而损耗．我国目前普遍采用的三相三线制交流输电线路上损耗的电功率为 $P=3I^2R$，式中的 R 为每一条输电线的电阻，I 为输电线中的电流．如果要输送的电功率为 P，输电线路的线电压为 U，每相负载的功率因数为 $\cos\varphi$，则输电电流还可表示为 $I=P/(1.732U\cos\varphi)$.

假设送电距离为 L，所用输电线的电阻率为 ρ，其横截面积为 S，则 $R=\rho L/S$. 于是损耗的电功率可写为

$$P_{耗}=3I^2R=3\left(\frac{P}{1.732U\cos\varphi}\right)^2\frac{\rho L}{S}=\frac{C}{U^2S}$$

式中，在输送的电功率、输电距离、输电导线材料及负载功率因数都一定的情况下，C 为一常数．由上式可以看出，输电线截面积 S 一定时，输电电压 U 越高，损耗的电功率 P 就越小；当允许损耗的电功率 $P_{耗}$ 一定时(一般不得超过输送功率的10%)，电压越高，输电导

线的截面积就越小，这可大大节省输电导线所用的材料．从减少输电线路上的电功率损耗和节省输电导线所用材料两个方面来说，远距离输送电能要采用高电压或超高电压．但不能盲目提高输电电压，因为输电电压愈高，输电架空线的建设对所用各种材料的要求愈严格，线路的造价就愈高．所以，要从具体的实际情况出发，做到输电线路既能减少功率损耗，又能节约建设投资．

高压输电能减少电功率的损耗，但从发电方面来看，发电机不能产生 220kV 那样的高电压，因为发电机要产生那么高的电压，从它的用材、结构以及安全运行生产等方面都有几乎无法克服的困难．从用电方面看，绝大多数的用电设备也不能在高电压下运行．这就决定了从发电、输电到用电要用到一系列电力变压器来升高或降低电压．

7. 电路的连接

办公室、实验室、训练场等场所都会有不止一个用电器，这些用电器都会接在该场所的电源上，那么这些用电器怎样连接呢？众多电器在连接时，有不同的连接方法．应根据需要选择最佳连接方法．

1）串联电路

如图 3－2－5 所示，把电阻 R_1 和 R_2 首尾相连，并把两端接到电源上的正负极 A、B 上，就组成了串联电路．串联电路特点是：

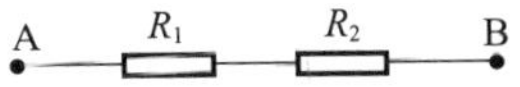

A　R_1　R_2　B

图 3－2－5　串联电路

（1）串联电路中各处电流相等．图 3－2－5 中，若 R_1、R_2 中电流强度为 I_1、I_2，则 $I_1=I_2$.

（2）串联电路中，总电压等于各部分电路电压之和，设电路 AB 两端总电压为 U，R_1、R_2 上的电压分别为 U_1、U_2，则 $U=U_1+U_2$.

（3）串联电路的总电阻等于各个电阻之和，设总电阻为 R，则 $R=R_1+R_2$.

（4）串联电路分压：串联电路中各个电阻两端电压跟它的阻值成正比．

图 3－2－5 所示电路中，有

$$\frac{U_1}{R_1}=\frac{U_2}{R_2}\quad U_1=\frac{R_1}{R_1+R_2}U\quad U_2=\frac{R_2}{R_1+R_2}U$$

在串联电路中，总电压被分配到各个电阻上．阻值大的电阻分得的电压大，阻值小的电阻分得的电压小，所以串联电路又叫分压电路，串联电路的这种作用叫作分压作用．分压电路在生产、生活、科技和实验中有广泛的用途．

【例 3－2－2】　把一个量程为 2V、内阻为 1kΩ 的电压表改装成量程为 10V 的电压表，应该怎样改装？

解：依据题意，改装后的电压表的量程 $U=10\text{V}$，是原来电压表量程 $U_{满}=2\text{V}$ 的 $n=\frac{U}{U_{满}}=\frac{10}{2}=5$ 倍．

根据串联分压原理，需要把原电压表串联 1 个电阻进行分压，使原电压表满偏时，串联电阻两端的电压与原电压表的电压之和为改装后的电压表的量程 $U=10\text{V}$. 根据欧姆定律和串联电路的特性知

$$\frac{U_1}{R_1}=\frac{U_{满}}{R}$$

所以

$$R_1=\frac{U_1}{U_{满}}R=\frac{U-U_{满}}{U_{满}}R=(n-1)R=(5-1)\times 1\text{k}\Omega=4\text{k}\Omega$$

由此可知,在量程为 2V、内阻为 1kΩ 的电压表上串联一个 4kΩ 的电阻就可以把它改装成量程为 10V 的电压表.

也就是说,要把一个电压表改装成一个量程为原电压表量程 n 倍的电压表,只需要给原电压表串联一个 $n-1$ 倍原电压表内阻的电阻就可以了.

2) 并联电路

如图 3-2-6 所示,把两个或几个电阻的两端分别连在一起并接到电源的正、负极上,就组成了并联电路.

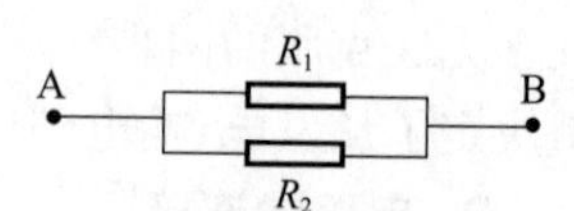

图 3-2-6 并联电路

并联电路的特点:

(1) 并联电路中各支路两端电压相等,且等于 A、B 两端总电压 U. 若 R_1、R_2 两端电压分别为 U_1,U_2,则 $U_1=U_2=U$.

(2) 并联电路总电流强度等于各支路电流强度之和,即 $I=I_1+I_2$.

(3) 并联电路总电阻倒数,等于各个导体的电阻倒数之和,即

$$\frac{1}{R}=\frac{1}{R_1}+\frac{1}{R_2}$$

因此,$R<R_1$,$R<R_2$,并联电阻越多总电阻越小,不是 R_1 或 R_2 越大,总电阻越小.

(4) 并联电路分流. 如图 3-2-6 所示电路,通过 R_1 的电流强度 $I_1=U/R_1$,通过 R_2 的电流强度 $I_2=U/R_2$. 可见,在并联电路中通过各电阻的电流强度跟它的电阻成反比,即电阻的阻值越大,通过它的电流小. 各个并联电阻可以分担一部分电流,并联电路的这种作用叫作分流作用,做这种用途的电阻又叫分流电阻. 并联电路分流作用的用途很多. 例如,当电路中的电流超过某元件或用电器所允许通过的电流时,就可以给它并联一个阻值合适的分流电阻以减少通过它的电流. 电流表量程的扩大就是并联电路的分流作用的应用实例之一.

【例 3-2-3】 把内阻 $R_A=5000\Omega$,满偏电流 $I_A=100\mu\text{A}$ 的电流表要改装成量程为 5mA 的电流表,需要并联多大的分流电阻?

解:改装电路如图 3-2-7 所示. 根据并联电路分流作用的特点,可知分流电阻需要分担的电流为 $I_R=I-I_A$(I 为改装后电表的量程,$I=50\text{mA}$),所以

$$n=\frac{I}{I_A}=\frac{5\times 10^3\mu\text{A}}{100\mu\text{A}}=50$$

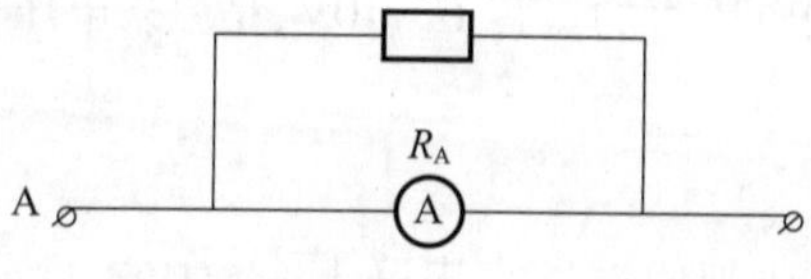

图 3-2-7 例 3-2-3 图

即改装后电流表的量程是原来电表量程的 50 倍.

因为分流电阻两端的电压与电流表两端的电压相等,所以由欧姆定律,得 $I_AR_A=I_RR$,所以

$$R=\frac{I_{\mathrm{A}}}{I_{R}}R_{\mathrm{A}}=\frac{I_{\mathrm{A}}}{I-I_{\mathrm{A}}}R_{\mathrm{A}}=\frac{1}{n-1}R_{\mathrm{A}}=\frac{1}{50-1}\times 5000=102.0(\Omega)$$

也就是说,要把电流表的量程扩大到原来的 n 倍,只需要把电流表并联一个 $\frac{1}{n-1}$ 电流表内阻的小电阻就可以了.

关于电压表和电流表的改装,可以在后面的实验中进行练习和体会.除了磁电式仪表的改装,还有数字式电表的改装,这些需要在实验中理解其改装原理和方法.

3.3 磁学基础

3.3.1 稳恒磁场

1. 磁的基本现象和基本规律

电与磁经常联系在一起并互相转化,所以凡是用到电的地方,几乎都有磁过程参与其中.在现代技术、科学研究和日常生活中,大至发电机、电动机、变压器等电力装置,小到电报电话、收音机和各种电子设备,无不与磁现象有关.本节将讨论磁现象的规律以及它和电现象之间的关系.

在磁学的领域内,我们的祖先作出了很大贡献.远在春秋战国时期,随着冶铁业的发展和铁器的应用,对天然磁石(磁铁矿)已有了一些认识.这个时期的一些著作,如《管子·地数篇》《山海经·北山经》(相传是夏禹所作,据考证是战国时期的作品),《鬼谷子》《吕氏春秋·精通》中都有关于磁石的描述和记载.我国古代"磁石"写作"慈石",意思是"石铁之母也.以有慈石,故能引其子"(东汉高诱的慈石注).我国河北省的磁县(古时称慈州和磁州),就是因为附近盛产天然磁石而得名.汉朝以后有更多的著作记载磁石吸铁现象,东汉的王充在《论衡》中所描述的"司南勺"(图3-3-1)已被公认为最早的磁性指南器具.指南针是我国古代的伟大发明之一,对世界文明的发展有重大的影响.11世纪北宋的沈括在《梦溪笔谈》中第一次明确地记载了指南针.沈括还记载了以天然强磁体摩擦进行人工磁化制作指南针的方法,北宋时期还有利用地磁场磁化方法的记载,西方在200多年后才有类似的记载.此外,沈括还是世界上最早发现地磁偏角的人,他的发现比欧洲早400年.沈括在他的《梦溪笔谈》中写道:"方家以石磨针锋,则能指南,然常微偏东,不全南也."12世纪初,我国已有关于指南针用于航海的明确记载.

图3-3-1 司南勺

现在知道,人们最早发现的天然磁铁矿石的化学成分是四氧化三铁(Fe_3O_4).近代制造人工磁铁是把铁磁物质放在通有电流的线圈中去磁化使之变成暂时的或永久的磁铁.

为进一步了解磁现象,下面较详细地分析一下磁铁的性质. 如果将条形磁铁投入铁屑中,再取出时可以发现,靠近两端的地方吸引的铁屑特别多,即磁性特别强(图 3-3-2),磁性特别强的区域称为磁极,中部没有磁性的区域叫作中性区.

若将条形磁铁或狭长磁针的中心支撑或悬挂起来,使它能够在水平面内自由转动(图 3-3-3),则两磁极总是分别指向南北方向的. 指北的一端称为北极(N 极),指南的一端称为南极(S 极).

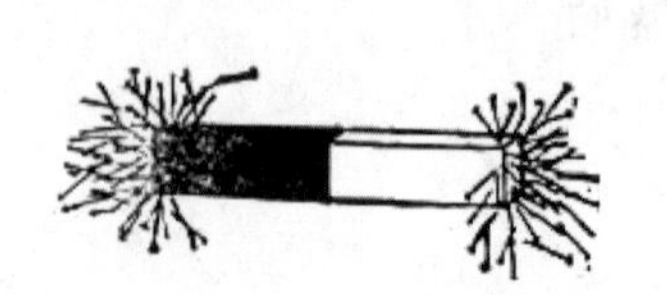

图 3-3-2 磁极

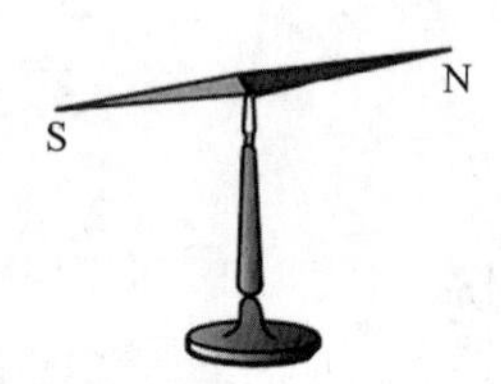

图 3-3-3 指南针

如果将一根磁铁悬挂起来使它能够自由转动,并用另一磁铁去接近它,则同性磁极互相排斥,异号的磁极互相吸引. 由此可以推想,地球本身是一个大磁体,其 N 极位于地理南极附近,S 极位于地理北极附近. 以上所述便是指南针(罗盘)的工作原理,我国古代这个重大发明至今在航海、地形测绘等方面仍有着广泛的应用.

在相当长一段时间内,人们一直把磁现象和电现象看成彼此独立无关的两类现象. 直到 1820 年,奥斯特首先发现了电流的磁效应. 后来安培发现,放在磁铁附近的载流导线或载流线圈也要受到力的作用而发生运动. 进一步实验还发现,磁铁与磁铁之间,电流与磁铁之间,以及电流与电流之间都有磁相互作用. 上述实验现象引起了人们对"磁性本源"的研究,使人们进一步认识到磁现象起源于电荷的运动,磁现象和电现象之间有着密切的联系. 主要表现在:

(1) 通电流导线(也叫载流导线)附近的磁针,会受到磁力作用而偏转.

(2) 放在蹄形磁铁两极间的载流导线,也会受力而运动.

(3) 载流导线之间也有相互作用力. 当两平行载流直导线的电流方向相同时,它们相互吸引;电流方向相反时,则相互排斥.

(4) 通过磁极间的运动电荷也受到磁力的作用. 如电子射线管,当阴极和阳极分别接到高压电源的正极和负极上时,电子流通过狭缝形成一束电子射线. 如果在电子射线管外面放一块磁铁,可以看到电子射线的路径发生弯曲.

在 3.2 节介绍过,静止电荷之间的相互作用力是通过电场来传递的,电场力是近距作用力. 磁极和电流之间的相互作用也是这样的,它是通过另一种场——磁场来传递的. 磁极或电流在自己周围产生一个磁场,而磁场的基本性质之一是它对任何置于其中的电流或磁极施加力的作用. 用磁场的观点,可以把上述磁铁与磁铁、磁铁与电流、电流与电流之间的相互作用统一起来,所有这些作用都是通过磁场来传递的.

2. 磁感应强度

为了定量描述电场的分布,引入电场强度矢量 $\boldsymbol{E}$ 的概念. 同样,为了定量描述磁场的分布,也需要引入一个类似电场强度的矢量,这就是磁感应强度 $\boldsymbol{B}$,其中 $\boldsymbol{B}$ 的大小表示磁

场的强弱，$\boldsymbol{B}$ 的方向表示磁场的方向，磁场中某点磁感应强度 $\boldsymbol{B}$ 的方向可以由置于磁场中该点的自由小磁针 N 极的指向表示（如图 3－3－4 所示）．这里没有把它称为磁场强度，是因为历史上把磁场强度这个名字错误地给了后面将引入的另一个量 $\boldsymbol{H}$.

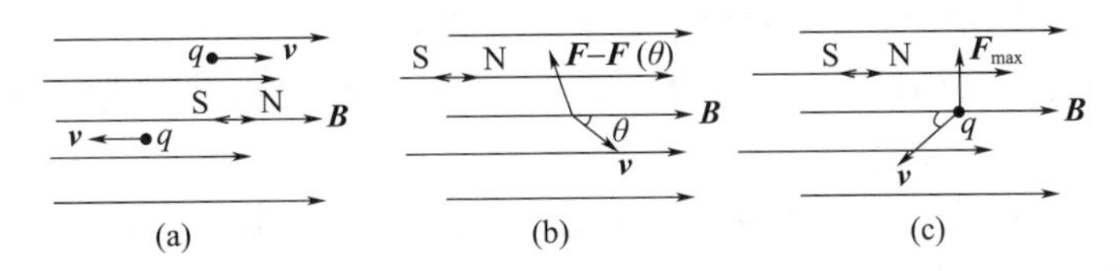

图 3－3－4 运动电荷在磁场中的受力

大量实验表明：运动电荷在磁场中所受的磁力不仅与运动电荷的电量有关，还与运动电荷的速度（大小和方向）有关，其规律归纳如下：

（1）运动电荷所受磁力 $\boldsymbol{F}$ 的方向总是与电荷的运动方向垂直，即 $\boldsymbol{F}\perp\boldsymbol{v}$.

（2）运动电荷 q 以速度 v 与某点处磁场方向相同或相反时，它不受磁力作用，即 $\boldsymbol{F}=0$，如图 3－3－4（a）所示；当运动电荷 q 以速度 v 与磁场方向成一定角度 θ 运动时，运动电荷将受一与角度有关的力 $\boldsymbol{F}=\boldsymbol{F}(\theta)$，如图 3－3－4（b）所示；当运动电荷 q 以速度 $\boldsymbol{v}$ 在该点处垂直磁场方向时，所受磁力最大，即 $\boldsymbol{F}=\boldsymbol{F}_{\max}$，如图 3－3－4（c）所示．

（3）磁力的大小正比于运动电荷的电量，即 $F\propto q$. 如果电荷是 $-q$，则它所受力的方向与电荷 q 受力方向相反．

（4）磁力的大小正比于运动电荷的速率，即 $F\propto v$.

根据上述规律，磁感应强度 $\boldsymbol{B}$ 的大小定义为：磁场中某点磁感应强度 $\boldsymbol{B}$ 的大小为运动电荷所受最大磁场力 $F_{\max}$ 与运动电荷 q 和速率 v 乘积的比值．

$$B=\frac{F_{\max}}{qv} \tag{3-3-1}$$

该比值与运动电荷 q 和速率 v 无关，仅由该点处磁场性质决定．

磁感应强度 $\boldsymbol{B}$ 是描述磁场性质的物理量．在国际单位制中，磁感应强度的单位取决于 F、q 和 v 的单位，F 的单位是牛顿（N），q 的单位是库仑（C），v 的单位是米/秒（m/s），因此按上述定义，B 的单位是 $\mathrm{NC^{-1}m^{-1}s=NA^{-1}m^{-1}}$，称为特斯拉或特（T），历史上磁感应强度的单位还用高斯（Gs），$1\mathrm{T}=10^4\mathrm{Gs}$. 特斯拉是一个比较大的单位，地球磁场的磁感应强度只有约 $5.0\times10^{-5}\mathrm{T}$，一般的永磁体的最强磁场处的磁感应强度约为 $10^{-2}\mathrm{T}$，医学影像中的核磁共振仪产生的强磁场的磁感应强度为 1～2T.

应当指出，如果磁场中某一区域内各点 $\boldsymbol{B}$ 的方向一致、大小相等，那么该区域内的磁场就叫均匀磁场．不符合上述情况的磁场就是非均匀磁场．

3. 磁感应线

为了形象地描述磁场分布情况，像在电场中用电场线来描绘电场的分布一样，用磁感应线来描绘磁场的分布．为此规定：磁感应线上任一点处的切线方向与该点的磁感应强度 $\boldsymbol{B}$ 的方向一致；磁感应线的密度表示 $\boldsymbol{B}$ 的大小．因此，$\boldsymbol{B}$ 大的地方磁感应线就密集；$\boldsymbol{B}$ 小的地方，磁感应线就稀疏．由于激发磁场的原因与激发电场的原因不同，磁场与电场也有根本的不同，形象描述磁场的磁感应线也与电场线有不同的性质，磁感应线的重要性质有

（1）任何磁场的磁感应线都是无头无尾的闭合曲线，这是磁感应线与电场线的根本不同点，它说明任何磁场都是涡旋场．

（2）对于稳恒电流形成的磁场，每条磁感应线都与形成磁场的电流回路互相套合着．磁感应线的回转方向与电流的方向遵循右手螺旋法则．

（3）磁场中每一点都只有一个磁场方向，因此任何两条磁感应线都不会相交．磁感应线的这一特性和电场线相同．

图3－3－5显示了一些常见磁场的磁感应线，图中磁力线上的箭头方向表示磁力线的正方向．各种磁场的磁感应线可以通过置于磁场中的铁粉在磁场作用下的规则排列形象地显示出来．图3－3－6为马蹄形磁铁的磁感应线和铁粉在其磁场作用下所显示的磁感线的粗略形状．

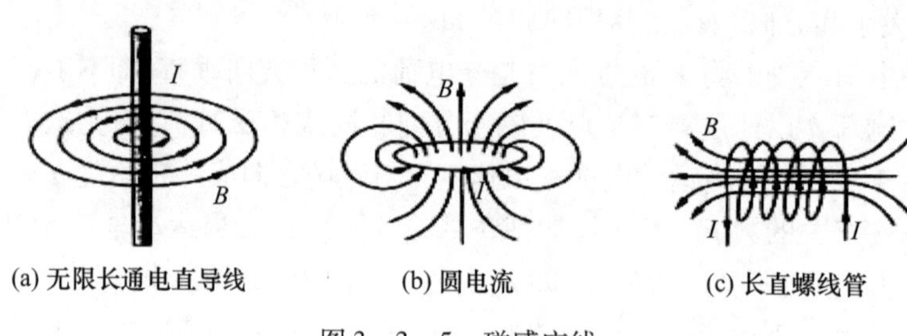

图3－3－5　磁感应线

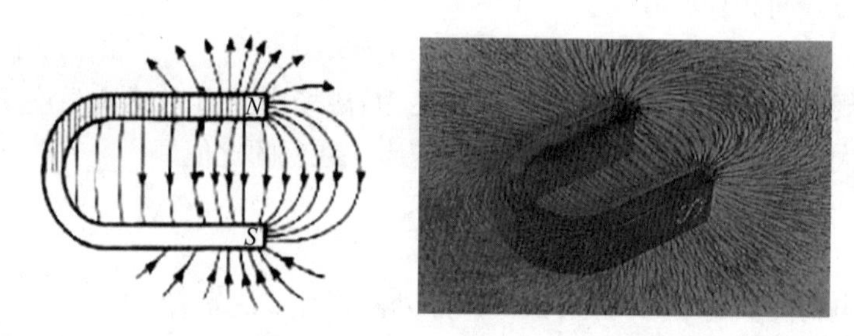

图3－3－6　马蹄形磁铁的磁感应线及其铁粉展示

4. 磁通量

与电通量相似，如图3－3－7所示，设位于磁场中的某一曲面S上的一个无限小面元$\mathrm{d}\boldsymbol{S}$处的磁感应强度为$\boldsymbol{B}$（可以认为面元处的磁场为匀强磁场），$\mathrm{d}\boldsymbol{S}$的大小为面元的面积$\mathrm{d}S$，方向为该面元的法线方向，记为面元的单位法向矢量$\boldsymbol{n}_0$（与该点电场强度$\boldsymbol{B}$的夹角为θ）．则定义如下的物理量为通过面元$\mathrm{d}\boldsymbol{S}$的磁通量：

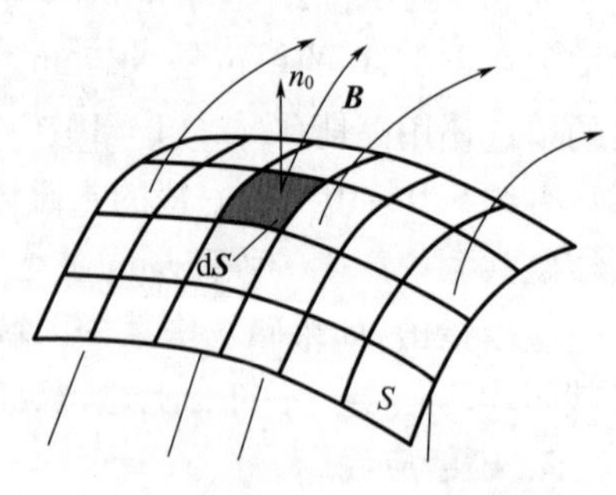

图3－3－7　通过曲面的磁通量

$$\mathrm{d}\Phi_{\mathrm{B}} = \boldsymbol{B}\cdot\mathrm{d}\boldsymbol{S} = \boldsymbol{B}\cdot\mathrm{d}S\boldsymbol{n}_0 = B\mathrm{d}S\cos\theta \qquad (3-3-2)$$

对于曲面S上的各个点，其磁场一般是不同的，要计算通过曲面S的磁通量，需要如图3－3－7所示把曲面S细分成许多面元$\mathrm{d}\boldsymbol{S}$，并按式(3－3－2)计算通过每个面元的磁通量$\mathrm{d}\Phi_{\mathrm{B}}$，然后叠加起来，得到通过曲面$S$的总的磁通量$\Phi_{\mathrm{B}}$．当所有面元趋于无穷小时，

叠加在数学上就表示为沿曲面的积分：

$$\Phi_{\mathrm{B}} = \iint_S \boldsymbol{B} \cdot \mathrm{d}\boldsymbol{S} = \iint_S B\mathrm{d}S\cos\theta \tag{3-3-3}$$

关于曲面正法线方向的取法与电场强度通量一样，请大家参考3.1.2节中关于曲面正法线方向的取法．磁通量与电通量一样，也有正负之分．

5. 毕奥－萨伐尔定律

在静电场中，计算带电体在某点产生的电场强度时，先把带电体分割成许多电荷元$\mathrm{d}q$，求出每个电荷元在该点产生的电场强度$\mathrm{d}\boldsymbol{E}$，然后根据叠加原理把带电体上所有电荷元在同点产生的$\mathrm{d}\boldsymbol{E}$叠加（即求定积分），从而得到带电体在该点产生的电场强度$\boldsymbol{E}$. 与此类似，磁场也遵循叠加原理，要计算任意载流导线在某点产生的磁感应强度$\boldsymbol{B}$，可先把载流导线分割成许多电流元$\mathrm{d}\boldsymbol{l}$（电流元是矢量，它的方向是该电流元的电流方向），求出每个电流元在该点产生的磁感应强度$\mathrm{d}\boldsymbol{B}$，然后把该载流导线的所有电流元在同一点产生的$\mathrm{d}\boldsymbol{B}$叠加，从而得到载流导线在该点产生的磁感应强度$\boldsymbol{B}$. 因为不存在孤立的电流元，所以电流元的磁感应强度公式不可能直接从实验得到．19世纪20年代，毕奥（J. B. Biot）、萨伐尔（F. Savart）等首先用实验方法得到了稳恒载流长直导线在空间某点磁感应强度的经验公式，后由拉普拉斯（P. S. Laplace）通过分析经验公式得到毕奥－萨伐尔拉普拉斯定律，简称毕奥－萨伐尔定律．

假设真空中有一载流导线，其电流为I. 在载流导线上沿电流方向取一线元矢量$\mathrm{d}\boldsymbol{l}$，这个线元很短，可看作直线，这样就将电流分成无穷多段电流的集合，各小段线元矢量$\mathrm{d}\boldsymbol{l}$和电流I的乘积$I\mathrm{d}\boldsymbol{l}$称为电流元，且把电流元中电流的流向作为电流元的方向，如图3－3－8所示．由毕奥、萨伐尔和拉普拉斯的实验及分析发现，电流元在空间某点P产生的磁感应强度$\mathrm{d}\boldsymbol{B}$的大小与电流元$I\mathrm{d}\boldsymbol{l}$的大小成正比，与电流元和电流元到$P$点的位矢$\boldsymbol{r}$之间的夹角$\theta$的正弦成正比，与电流元到P点的距离$r$的二次方成反比，即：

$$\mathrm{d}B = k\frac{I\mathrm{d}l\sin\theta}{r^2} \tag{3-3-4}$$

式中：$k = \frac{\mu_0}{4\pi}$；$\mu_0 = 4\pi \times 10^{-7}\mathrm{T \cdot mA^{-1}}$，为真空磁导率．$P$点处磁感应强度$\mathrm{d}\boldsymbol{B}$的方向：由右手螺旋法则确定，沿$\mathrm{d}\boldsymbol{l}$的方向，如图3－3－8所示．于是磁感应强度$\mathrm{d}\boldsymbol{B}$可写成矢量式为

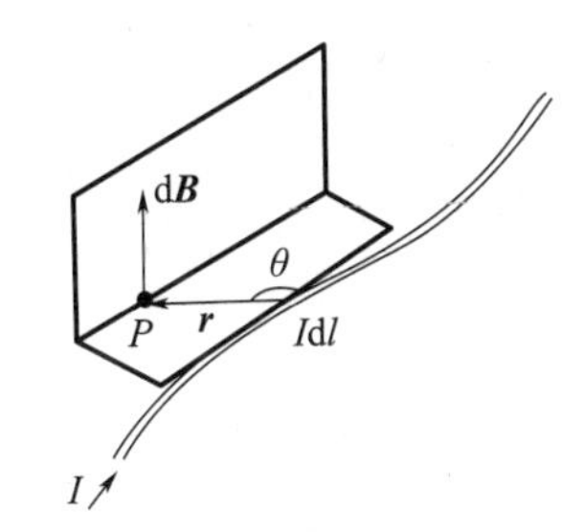

图3－3－8　电流元所激发的磁感应强度

$$\mathrm{d}\boldsymbol{B} = \frac{\mu_0}{4\pi}\frac{I\mathrm{d}\boldsymbol{l} \times \hat{\boldsymbol{r}}}{r^2} \tag{3-3-5}$$

式中：$\hat{\boldsymbol{r}}$为位置矢量$\boldsymbol{r}$的单位矢量．这就是毕奥－萨伐尔定律，它描述了电流元在空间激

发的磁场．需要说明的是，毕奥－萨伐尔定律仅在稳恒电流情况下成立．磁感应强度是矢量，也满足叠加原理，因此，一段载流导线所激发的磁场就可以用积分表示出来：

$$\boldsymbol{B} = \int_L \frac{\mu_0}{4\pi} \frac{I\mathrm{d}\boldsymbol{l} \times \hat{\boldsymbol{r}}}{r^2} \tag{3-3-6}$$

【例 3-3-1】 用毕奥－萨伐尔定律计算无限长载流直导线在空间某点的磁场．设有一长为 L 的载流直导线，放在真空中，导线中电流为 I，计算邻近该直线电流的一点 P 处的磁感应强度 $\boldsymbol{B}$.

解：如图 3-3-9 所示，在直导线上任取一电流元 $I\mathrm{d}\boldsymbol{l}$，根据毕奥－萨伐尔定律，电流元在给定点 P 所产生的磁感强度大小为

$$\mathrm{d}B = \frac{\mu_0}{4\pi} \frac{I\mathrm{d}l\sin\alpha}{r^2}$$

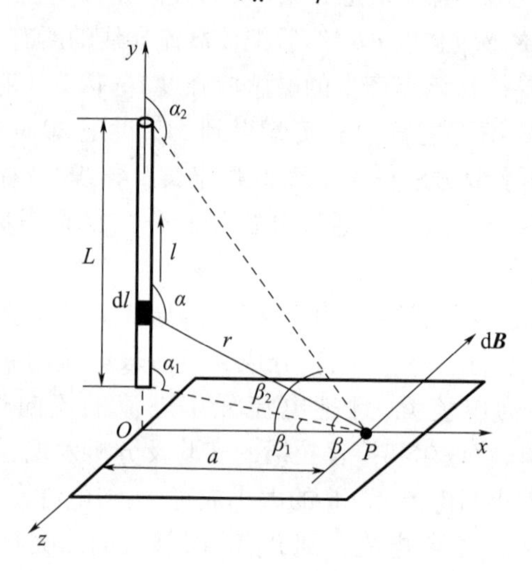

图 3-3-9　计算直线电流的 $\boldsymbol{B}$

$\mathrm{d}\boldsymbol{B}$ 的方向垂直于电流元 $\mathrm{d}\boldsymbol{l}$ 与矢径 $\boldsymbol{r}$ 所决定的平面，指向如图 3-3-9 所示（垂直于 xOy 平面沿 z 轴负向）．由于导线上各个电流元在 P 点所产生的 $\mathrm{d}\boldsymbol{B}$ 方向相同，因此 P 点的总磁感强度的大小等于各电流元所产生 $\mathrm{d}\boldsymbol{B}$ 的代数和，用积分表示，有

$$B = \int_L \frac{\mu_0}{4\pi} \frac{I\mathrm{d}l\sin\alpha}{r^2}$$

经积分可得直线电流在 P 点的 $\boldsymbol{B}$ 的大小为 $B = \frac{\mu_0 I}{4\pi a}(\sin\beta_1 - \sin\beta_2)$，方向如图所示的 $\mathrm{d}\boldsymbol{B}$ 的方向．

当导线为无限长时，$\beta_1 = \pi/2$，$\beta_2 = -\pi/2$，则 $B = \frac{\mu_0 I}{2\pi a}$.

事实上载流直导线周围的磁感应强度是自直导线由近到远，逐步减小，关于导线成轴对称分布，其磁感应线是围绕直导线的同心圆，方向和电流的流向呈右手螺旋关系．其磁感应线如图 3-3-5(a)所示．

6. 稳恒磁场的高斯定理和安培环路定理

静电场的基本规律表述为静电场高斯定理和环路定理；同样地，稳恒电流产生的磁场

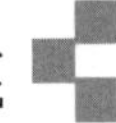

也可以总结出磁场的高斯定理和安培环路定理两个基本规律.

1）高斯定理

本节引入了用磁感应线和磁通量描述磁场的方法,由于磁感应线是无头无尾的闭合曲线,所以穿入闭合曲面的磁感应线条数必然等于穿出闭合曲面的磁感应线条数.因此,通过磁场中任一闭合曲面的总磁通量恒等于零.这一结论称为磁场中的高斯定理,即

$$\oiint_S \boldsymbol{B} \cdot \mathrm{d}\boldsymbol{S} = 0 \tag{3-3-7}$$

上式与静电场中的高斯定理相对应,但两者存在本质上的区别.在静电场中,由于自然界中有独立存在的自由电荷,所以通过某一闭合曲面的通量可以不为零,其中 $\oiint_S \boldsymbol{E} \cdot \mathrm{d}\boldsymbol{S} = \frac{1}{\varepsilon_0}\sum_{i(S内)} q_i$,说明静电场是有源场.在磁场中,因自然界没有单独存在的磁单极子,所以通过任一闭合面的磁通量必恒等于零,即 $\oiint_S \boldsymbol{B} \cdot \mathrm{d}\boldsymbol{S} = 0$,磁场的高斯定理反映了磁力线闭合的特性,说明磁场是无源场.

2）磁场的安培环路定理

“通量”和“环流”是用来研究矢量场性质的两个重要物理量.在讨论静电场时,曾计算过电场强度 $\boldsymbol{E}$ 的环流 $\oint_L \boldsymbol{E} \cdot \mathrm{d}\boldsymbol{l} = 0$,这个结果说明静电场是保守力场.现在,讨论稳恒磁场中磁感应强度 $\boldsymbol{B}$ 的环流,以进一步探讨磁场的特性.

由例3-3-1知,无限长载流直导线激发的磁场的感应线是一组以导线为轴线的同轴圆,即圆心在导线上,圆所在的平面与导线垂直.由此,我们在无限长载流直导线激发的磁场中选择一个以直导线上某点为圆心、垂直于直导线的圆作为闭合回路,则该磁场沿这一闭合回路的环流为

$$\oint_L \boldsymbol{B} \cdot \mathrm{d}\boldsymbol{l} = \oint_L \frac{\mu_0 I}{2\pi a}\mathrm{d}l = \mu_0 I \tag{3-3-8}$$

这是从特殊情况得到的磁场对闭合回路的环流,可以证明,在真空中,对任意稳恒电流激发的磁场而言,任意闭合回路的环流为

$$\oint_L \boldsymbol{B} \cdot \mathrm{d}\boldsymbol{l} = \oint_L \frac{\mu_0 I}{2\pi a}\mathrm{d}l = \mu_0 \sum_i I_i \tag{3-3-9}$$

所以,真空中稳恒电流激发的磁场对任意闭合回路的环流等于该闭合回路所包围电流代数和的 μ_0 倍.这就是真空中磁场的安培环路定理

对于非真空情况,电流周围存在磁介质时,磁场的安培环路定理为

$$\oint_L \boldsymbol{B} \cdot \mathrm{d}\boldsymbol{l} = \mu_r \mu_0 \sum_i I_i \tag{3-3-10}$$

式中:μ_r 为介质相对真空的相对磁导率.利用安培环路定理可以求一些磁场具有对称分布的电流激发的磁场,如无限长直螺线管产生的磁场.

【例3-3-2】　设无限长直螺线管单位长度上有 n 匝线圈,每匝线圈中通有电流 I,

如图 3－3－10 所示．求螺线管内的磁场．

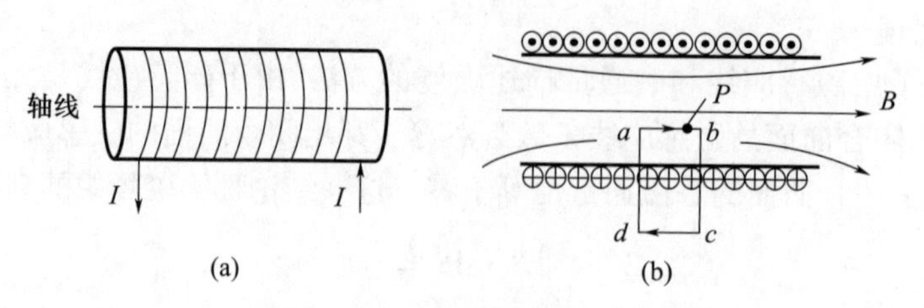

图 3－3－10　长直载流螺线管内的磁场

解：由于螺线管无限长，由磁场叠加原理分析可知：长直载流螺线管内各点磁场的方向均沿轴线方向，管内磁场是均匀分布，管外磁场为零，选择如图 3－3－10 所示的过管内任意场点矩形闭合回路 $abcda$ 为积分路径 L，则

$$\oint_L \boldsymbol{B} \cdot \mathrm{d}\boldsymbol{l} = \int_a^b \boldsymbol{B} \cdot \mathrm{d}\boldsymbol{l} + \int_b^c \boldsymbol{B} \cdot \mathrm{d}\boldsymbol{l} + \int_c^d \boldsymbol{B} \cdot \mathrm{d}\boldsymbol{l} + \int_d^a \boldsymbol{B} \cdot \mathrm{d}\boldsymbol{l}$$

式中积分，ab 段在管内，$\boldsymbol{B}$ 的大小相等，方向与 $\mathrm{d}\boldsymbol{l}$ 相同，所以，$\int_a^b \boldsymbol{B} \cdot \mathrm{d}\boldsymbol{l} = B\,\overline{ab}$，$bc$ 段和 da 段的一部分在管内，虽然管内部分 $\boldsymbol{B} \neq 0$，但 $\boldsymbol{B} \perp \mathrm{d}\boldsymbol{l}$，故 $\boldsymbol{B} \cdot \mathrm{d}\boldsymbol{l} = 0$；而在 cd 段，因该处 $B = 0$，故 $\boldsymbol{B} \cdot \mathrm{d}\boldsymbol{l} = 0$. 因此

$$\oint_L \boldsymbol{B} \cdot \mathrm{d}\boldsymbol{l} = B\,\overline{ab} + 0 + 0 + 0 = B\,\overline{ab} = \mu n\,\overline{ab} I$$

所以

$$B = \mu n I$$

螺线管内磁感应强度的大小不依赖于螺线管直径．对于有限长的螺线管而言，在螺线管中部横截面上磁感应强度 $\boldsymbol{B}$ 也是均匀的，其大小也为 $B = \mu n I$，但在螺线管的两端处，磁感应强度明显减小，其大小为 $B = \mu n I/2$.

3.3.2　磁场对带电粒子和载流导线的作用

1. 磁场对运动电荷的作用

1）洛伦兹力

带电粒子在磁场中运动时，受到磁场的作用力，这种磁场对运动电荷的作用力叫作洛伦兹力．实验发现，运动的带电粒子在磁场中某点所受到的洛伦兹力 f 的大小，与粒子所带电量 q 的量值、粒子运动速度 $\boldsymbol{v}$ 的大小、该点处磁感强度 $\boldsymbol{B}$ 的大小以及 $\boldsymbol{B}$ 与 $\boldsymbol{v}$ 之间夹角 θ 的正弦成正比．在国际单位制中，洛伦兹力 f 的大小为

$$f = qvB\sin\theta \qquad (3-3-11)$$

洛伦兹力的方向垂直于 $\boldsymbol{B}$ 与 $\boldsymbol{v}$ 构成的平面，其指向按右手螺旋法则由矢积 $\boldsymbol{v} \times \boldsymbol{B}$ 的方向以及 q 的正负来确定：对于正电荷（$q > 0$）的方向与矢积 $\boldsymbol{v} \times \boldsymbol{B}$ 的方向相同；对于负电荷（$q < 0$），$\boldsymbol{f}$ 的方向与矢积 $\boldsymbol{v} \times \boldsymbol{B}$ 的方向相反，如图 3－3－11 所示洛伦兹力 $\boldsymbol{f}$ 的矢量式为

$$\boldsymbol{f} = q\boldsymbol{v} \times \boldsymbol{B} \qquad (3-3-12)$$

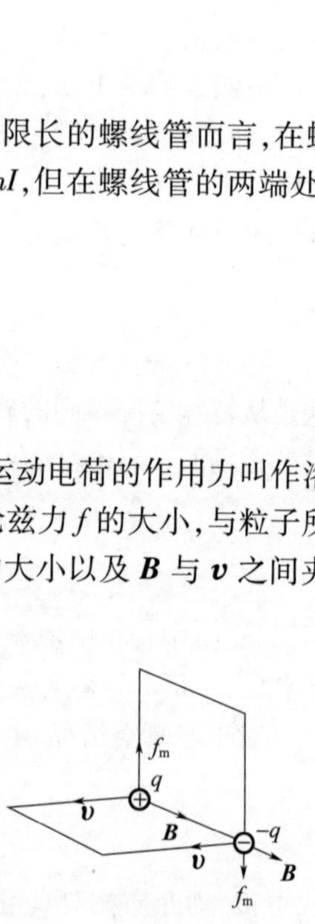

图 3－3－11　洛伦兹力

注意，式中 q 本身有正负之别，这由运动粒子所带电荷的电性决定，当电荷运动方向平行于磁场时，$\boldsymbol{B}$ 与 $\boldsymbol{v}$ 之间的夹角 $\theta=0$ 或 $\theta=\pi$，则洛伦兹力 $\boldsymbol{f}=0$；当电荷运动方向垂直于磁场时，$\boldsymbol{B}$ 与 $\boldsymbol{v}$ 之间的夹角 $\theta=\pi/2$，则运动电荷所受洛伦兹力最大，$f=f_{\max}=qvB$，这正是定义磁感应强度 B 的大小时引用过的情况．

由于运动电荷在磁场中所受洛伦兹力的方向始终与运动电荷的速度垂直，所以洛伦兹力只能改变运动电荷的速度方向，不能改变运动电荷速度的大小．也就是说洛伦兹力只能使运动电荷的运动路径发生弯曲，但对运动电荷不做功．

2）带电粒子在磁场中的运动

这里只介绍最简单的匀强磁场中带电粒子的运动，对于非匀强磁场，带电粒子的运动较为复杂，这里不做介绍，但我们可以以匀强磁场中带电粒子的运动理解非匀强磁场中带电粒子的运动．

设一质量为 m 带电量为 q 的粒子以速度 $\boldsymbol{v}$ 进入磁感应强度为 $\boldsymbol{B}$ 的均匀磁场中，它所受的洛伦兹力为 $\boldsymbol{f}=q\boldsymbol{v}\times\boldsymbol{B}$，下面分以下几种情况讨论粒子在磁场中的运动．

（1）带电粒子进入磁场时，其速度 $\boldsymbol{v}$ 与 $\boldsymbol{B}$ 平行，即 $\theta=0$ 或 π，在这种情况下带电粒子所受的洛伦兹力为零，带电粒子不受磁场的影响，粒子进入磁场后保持匀速直线运动．

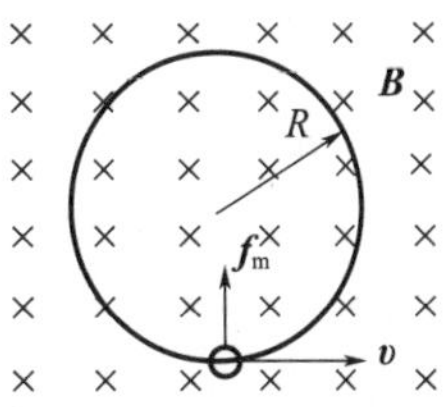

图3-3-12　带电粒子做匀速圆周

（2）带电粒子垂直于磁感应强度方向进入磁场，即 $\boldsymbol{v}\perp\boldsymbol{B}$．由于带电粒子所受洛伦兹力总是与运动速度方向垂直，其大小为 $f=q\boldsymbol{v}B$，而且垂直于 $\boldsymbol{v}$ 与 $\boldsymbol{B}$ 构成的平面，带电粒子的速度大小不变，只改变方向，所以带电粒子进入磁场后将以速率 $\boldsymbol{v}$ 在垂直于 $\boldsymbol{B}$ 的平面内做匀速圆周运动，洛伦兹力提供带电粒子做圆周运动的向心力．如图3-3-12所示，设圆周半径为 R，由牛顿第二定律有

$$qvB=m\frac{v^2}{R}$$

$$R=\frac{mv}{qB} \tag{3-3-13}$$

粒子做匀速圆周运动的周期为

$$T=\frac{2\pi m}{qB} \tag{3-3-14}$$

由式(3-3-14)可知，在匀强磁场中，不管带电粒子运动速度如何，粒子做匀速圆周运动的周期只与粒子的带电量和磁感应强度的大小有关．因此，若引入一个周期为 T 的加速电场，就可以不断地使粒子加速，但其在磁场中做匀速圆周运动的周期不变，回旋加速器就是根据这一原理制成的．

（3）带电粒子的运动速度 $\boldsymbol{v}$ 与 $\boldsymbol{B}$ 夹角为 θ，如图3-3-13所示．把 $\boldsymbol{v}$ 分解为沿磁场方向的分量 $v_{\parallel}$ 和垂直于磁场方向的分量 $v_{\perp}$，这样带电粒子的运动就是沿磁场方向的匀速直线运动和垂直于磁场方向平面内的匀速率圆周运动的合运动．由运动学关系有

$$v_{\parallel}=v\cos\theta,\quad v_{\perp}=v\sin\theta$$

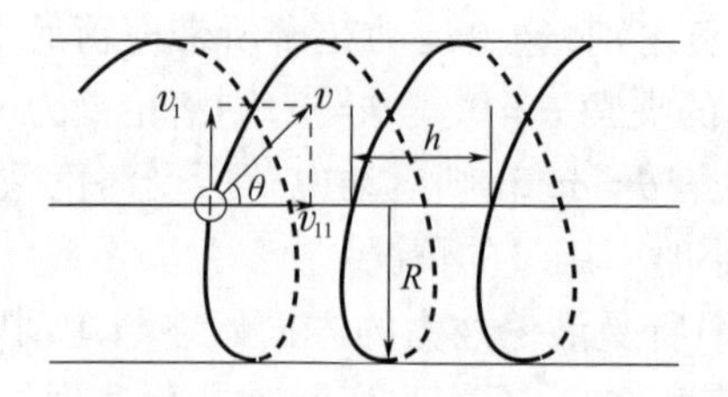

图 3-3-13　带电粒子做螺旋

带电粒子同时参与这两个运动的结果，使它沿螺旋线向前运动，显然螺旋线的半径为

$$R = \frac{mv\sin\theta}{qB} \tag{3-3-15}$$

回旋周期、粒子回旋一周所前进的距离（称为螺距 h）分别为

$$T = \frac{2\pi m}{qB} \tag{3-3-16}$$

$$h = \frac{2\pi m}{qB}v\cos\theta \tag{3-3-17}$$

由此可见，h 与垂直速度无关，与水平速度成正比．现代电子光学中广泛应用的磁聚焦就是利用上述原理实现的．若一束速度大小近似相等、发散角很小的带电粒子进入纵向均匀磁场，则有 $v_\parallel = v\cos\theta$，$v_\perp = v\sin\theta$，由于各粒子的发散角 θ 不同，从而 $v_\perp$ 也不同，故它们在磁场中做螺旋运动的半径不同．但因 θ 很小，使得 $v_\parallel$ 近似相等，所以它们的螺距 h 基本相同．这样，这些粒子必定在沿磁场方向上与入射点相距螺距 h（或整数倍）的地方又会聚在一起．这种作用与凸透镜会聚光线的作用十分相似，故称为磁聚焦．它被广泛应用于电子真空器件，如电子显微镜、示波器、投影机等．

3）霍尔效应

霍尔效应是美国物理学家霍尔（A. H. Hall，1855—1938）于 1879 年在研究金属的导电机制时发现的．当电流垂直于外磁场通过导体时，在导体的垂直于磁场和电流方向的两个端面之间会出现电势差，这一现象称为霍尔效应．这个电势差称为霍尔电势差．这一现象正是带电粒子在磁场中的运动引起的．

（1）霍尔效应的产生机理．如图 3-3-14 所示，将通有电流 I 的宽为 b、厚为 d 的金属板（或半导体板）置于磁感强度为 B 的匀强磁场中，磁场的方向和电流方向垂直，在金属板的第三对表面间就显示出横向电势差 U_H，这一现象称为霍尔效应．U_H 则称为霍尔电势差．

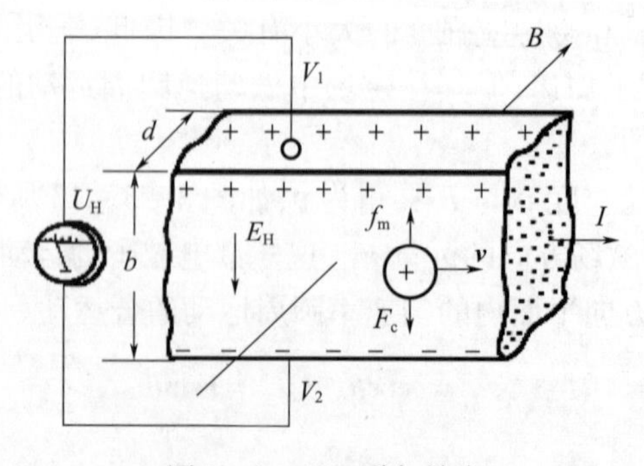

图 3-3-14　霍尔效应

如果载流子(假设为带正电离子)做宏观定向运动的平均速度为v(也叫平均漂移速度,与电流的方向相同),则每个载流子受到的平均洛伦兹力f的大小为$f_m = qvB$,它的方向为矢积$\boldsymbol{v} \times \boldsymbol{B}$的方向,即图3-3-14中所示方向. 在洛伦兹力的作用下,正载流子聚集于上表面,下表面因缺少正载流子而积累等量异号的负电荷. 随着电荷的积累,在两表面之间出现电场强度为$\boldsymbol{E}$的横向电场,使载流子受到与洛伦兹力方向相反的电场力$\boldsymbol{F}(=q\boldsymbol{E}_H)$的作用. 达到动态平衡时,$F$和$f$两力方向相反而大小相等. 则有

$$qvB = qE_H$$

故

$$E_H = vB$$

由于金属板(或半导体板)内各处载流子的平均漂移速度相同. 而且磁场是均匀磁场,所以动态平衡时,半导体内出现的横向电场是均匀电场. 于是霍尔电压为$U_H = Eb = vbB$,由于电流$I = nqvs = nqvbd$,n为载流子密度,于是得到霍尔电压为

$$U_H = \frac{1}{nq}\frac{IB}{d} \quad \text{或}\ U_H = R_H\frac{IB}{d} \tag{3-3-18}$$

其中

$$R_H = \frac{1}{nq} \tag{3-3-19}$$

称为材料的霍尔系数. 霍尔系数越大的材料,霍尔效应越显著. 霍尔系数与载流子密度n成反比. 在金属导体中,由于自由电子的浓度大,故金属导体的霍尔系数很小,相应的霍尔电势差也就很小,即霍尔效应不明显. 而半导体的载流子密度远小于金属导体,故半导体的霍尔系数比金属导体大得多,所以半导体的霍尔效应比金属导体明显得多. 如果载流子是负电荷($q<0$),霍尔系数是负值,则在如图3-3-14所示的上下表面间的霍尔电压也是负值. 因此,可根据霍尔电压的正、负判断导电材料中的载流子是正的还是负的. 在电流、磁场均相同的前提下,应特别注意:p型半导体和n型半导体的霍尔电势差正负不同. 霍尔系数与材料性质和温度有关.

(2) 霍尔效应的应用. 霍尔效应在实际中有着广泛的应用,这里简单介绍几种应用.

① 用于半导体的测试,以确定半导体是p型还是n型半导体. 在判断时,首先要搞清楚电流的方向、磁场的方向,电压表正负接线柱的接法. 否则可能出现判断错误.

② 测定材料的载流子密度. 若载流子q(如金属导体中$q=e$)已知,则可根据式(3-3-19)计算导体中载流子的数密度n.

③ 测量磁感应强度B. 若材料的R_H、d可预先知道,通过实验测定通过金属板(或半导体板)的电流I,则利用式(3-3-18)可以计算出处磁感应强度B的大小. 实际中可在电压表表盘上预先做出B值的标尺对磁场进行测量. 用这种方法测量磁场,非常快捷且较准确,这种利用霍尔效应测量磁感应强度的仪器称为高斯计.

④ 霍尔传感器件.

根据霍尔效应做成的霍尔器件,就是以磁场为工作媒体,将物体的运动参量转变为数字电压的形式输出,使之具备传感和开关的功能. 霍尔器件已广泛应用于测量技术、电子技术、自动化技术等领域. 例如在分电器上的信号传感器、ABS系统中的速度传感器、汽车速度表和里程表、液体物理量检测器、各种用电负载的电流检测及工作状态诊断、发动

机转速及曲轴角度传感器、各种开关等．这些霍尔器件因其优异的性能比传统的机械控制装置具有明显的优势．例如，汽车点火系统，设计者将霍尔传感器放在分电器内取代机械断电器，用作点火脉冲发生器．这种霍尔式点火脉冲发生器随着转速变化的磁场在带电的半导体层内产生脉冲电压，控制电控单元（ECU）的初级电流．相比于机械断电器而言，霍尔式点火脉冲发生器无磨损，免维护，能够适应恶劣的工作环境，还精确地控制点火时间，能够较大幅度地提高发动机的性能，具有明显的优势．

用作汽车开关电路上的功率霍尔电路，具有抑制电磁干扰的作用．众所周知，轿车的自动化程度越高，微电子电路越多，就越怕电磁干扰．而在汽车上有许多灯具和电器件，尤其是功率较大的前照灯、空调电机和雨刮器，在开关时会产生浪涌电流，使机械式开关触点产生电弧，产生较大的电磁干扰信号．采用功率霍尔开关电路可以减少这些现象．

应用霍尔器件，可以检测磁场变化，并将这种变化转为电信号输出，可用于监视和测量汽车各部件运行参数的变化，如位置、位移、角度、角速度、转速等，并可将这些变量进行二次变换；还可测量压力、质量、液位、流速、流量等．霍尔器件输出量直接与电控单元连接，可实现自动检测．目前的霍尔器件都可承受一定的振动，可在 $-40\sim150$℃内工作，全部密封不受水油污染，完全能够适应恶劣工作环境．

（3）霍尔效应的研究进展．在霍尔效应被发现约 100 年后，德国物理学家克利青（Klaus von Klitzing）等在研究极低温度（1.39K）和强磁场（5～15T）中的半导体时发现，霍尔电场与磁场的关系不再是线性的，而是出现一系列台阶式的改变，这一效应称为量子霍尔效应．克利青用量子理论得出霍尔电阻 $R=\dfrac{h/e^2}{n}(n=1,2,3)$ 与实验结果符合．这是当代凝聚态物理学令人惊异的进展之一，因此，克利青获得了 1985 年诺贝尔物理学奖．之后，美籍华裔物理学家崔琦（Daniel Chee Tsui，1939—）和美物理学家劳克林（Robert B. Laughlin，1950—）、施特默（Horst L. Strmer，1949—）在更强磁场（20～30T）下研究整数量子霍尔效应时发现，在 R 中，n 可以是分数，如 $n=1/5$、$1/3$、$1/2$ 等，这种现象称为分数量子霍尔效应，这个发现使人们对量子现象的认识更进一步，他们获得了 1998 年的诺贝尔物理学奖．

2007 年，斯坦福大学教授张首晟发现量子自旋霍尔效应．量子自旋霍尔效应最先由张首晟教授预言，之后被实验证实．如果这一效应在室温下工作，它可能导致新的低功率“自旋电子学”计算设备的产生．

2013 年，由清华大学教授、中国科学院院士薛其坤领衔，清华大学、中国科学院物理所和斯坦福大学的研究人员联合组成的团队首次发现了量子反常霍尔效应．在美国物理学家霍尔发现反常霍尔效应 133 年后，终于实现了反常霍尔效应的量子化，这一发现是该领域的重大突破，也是世界基础研究领域一项重要科学发现．这一发现或将对信息技术进步产生重大影响．

2. 磁场对载流导线的作用

1）磁场对导线的作用力——安培力

载流导线放在磁场中时，将受到磁力的作用．安培最早用实验方法研究了电流和电流之间的磁力作用，从而总结出载流导线上一小段电流元所受磁力的基本规律，称为安培定律．

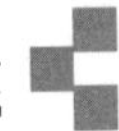

放在磁场中某点处的矢量电流微元 $Id\boldsymbol{l}$（方向为电流的流向），所受到的磁场作用力 $d\boldsymbol{F}$ 的大小与该点处的磁感应强度 $\boldsymbol{B}$ 的大小、电流元的大小以及电流元 $Id\boldsymbol{l}$ 和磁感应强度 $\boldsymbol{B}$ 之间的夹角 θ 的正弦成正比，即

$$dF = kIdlB\sin\theta \tag{3-3-20}$$

$d\boldsymbol{F}$ 的方向与矢积 $d\boldsymbol{l}\times\boldsymbol{B}$ 的方向相同，遵从右手螺旋法则，如图 3-3-15 所示．比例系数 k 的量值取决于式中其余各量的单位．在国际单位制中，B 的单位用特斯拉（T），I 的单位用安培（A），dl 的单位用米（m），dF 的单位用牛顿（N），则 $k=1$，这样安培定律的表达式可简写为

$$d\boldsymbol{F} = Id\boldsymbol{l}\times\boldsymbol{B} \tag{3-3-21}$$

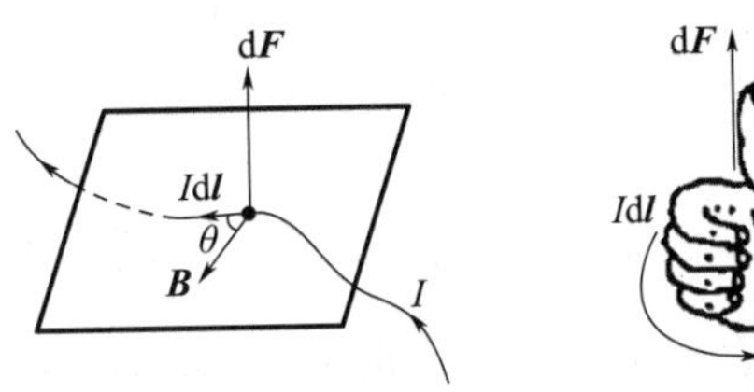

图 3-3-15 电流元受到的磁

因此，任意一段有限载流导线在磁场中受到的磁场力为等于作用在每段电流元上的磁场力的矢量和，即

$$\boldsymbol{F} = \int_L Id\boldsymbol{l}\times\boldsymbol{B} \tag{3-3-22}$$

这就是载流导线在磁场中所受的磁场力，称为安培力．式（3-3-22）称为安培定理．

【例 3-3-3】 如图 3-3-16 所示，一段长为 l，通有电流 I 的导体棒处于磁感应强度为 $\boldsymbol{B}$ 的磁场中，电流的方向与磁场 $\boldsymbol{B}$ 的方向之间的夹角为 θ. 求该导线受到的安培力 F.

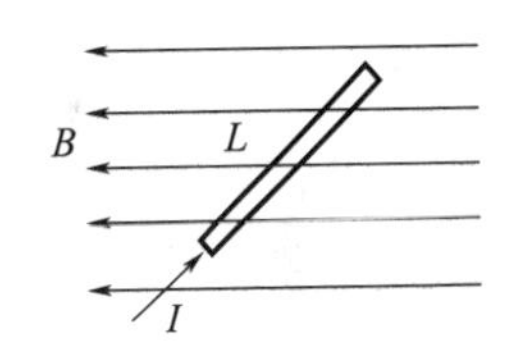

图 3-3-16 例 3-3-3 图

解：由于导线是直导线，因此每一段电流元 $Id\boldsymbol{l}$ 的方向都相同，因此每段 $Id\boldsymbol{l}$ 受到的磁场力 $d\boldsymbol{F}$ 的方向也相同，根据右手定则知 $d\boldsymbol{F}$ 的方向垂直于纸面向外，也就是直导线所受到的安培力的方向为垂直于纸面向外．安培力的大小为

$$F = \int_L IdlB\sin\theta = BIl\sin\theta$$

讨论：

（1）当直导线与磁场平行时（即 $\theta=0$ 或 $\theta=\pi$），$F=0$，即载流导线不受磁力作用；

（2）当直导线与磁场垂直时，载流导线所受磁力最大，其值为 $F=BIl$.

载流导线在磁场中受到的安培力的微观机制实质上是载流导线中大量载流子受到的洛伦兹力的结果．

2）磁场作用于载流线圈的磁力矩

实验表明，当通电线圈悬挂在磁场中时，可发生旋转，这说明线圈受到了磁场对它施加的力矩的作用，磁场对线圈产生的力矩称为磁力矩．这种情况在电磁仪表和电动机中经常用到．下面利用安培定律来讨论均匀磁场对平面载流线圈作用的磁力矩．

如图 3-3-17（a）所示，设匀强磁场中的边长为 l_1、l_2 的矩形线圈 $abcd$，通有电流 I，线

圈法向单位矢量为 $\boldsymbol{e}_n$($\boldsymbol{e}_n$ 与电流流向满足右手螺旋关系)与磁感应强度 $\boldsymbol{B}$ 夹角为 θ,$\overline{ab}\perp\boldsymbol{B}$,$\overline{cd}\perp\boldsymbol{B}$,各边受力情况如 3-3-17(a)所示. 由例 3-3-3 知,ad、bc 边受力分别为

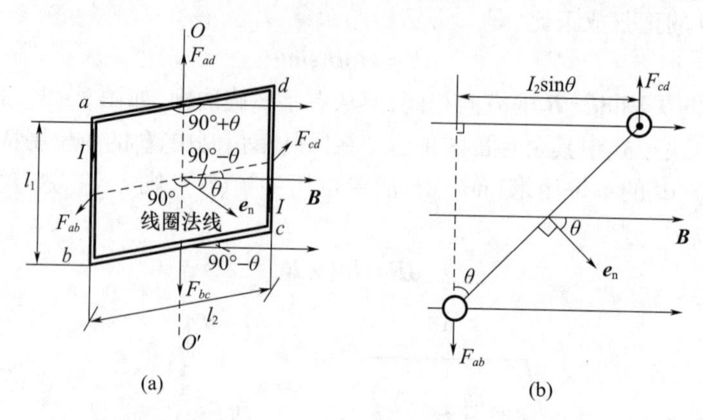

图 3-3-17 矩形载流线圈在均匀磁场中的受力

$F_{ad}=BIl_2\cos\theta$,方向向上;$F_{bc}=BIl_2\cos\theta$,方向向下,且在同一直线上,因此,ad、bc 边所受的合力为 $\boldsymbol{F}_{ad}+\boldsymbol{F}_{bc}=0$.

图 3-3-17(b)为图(a)的俯视图,ab、cd 边受力方向如图中所示:ab 边受力大小为 $F_{ab}=BIl_1$;cd 边受力大小为 $F_{cd}=BIl_1$. 这一对力大小相等,方向相反,但不作用在一条直线上,因而这一对力对 OO' 轴的力矩大小为

$$M=F_{ab}\frac{l_2}{2}\cos\left(\frac{\pi}{2}-\theta\right)+F_{cd}\frac{l_2}{2}\cos\left(\frac{\pi}{2}-\theta\right)=BIl_1l_2\sin\theta=BIS\sin\theta \quad (3-3-23)$$

力矩 M 的方向由右手螺旋法则确定,与 $\boldsymbol{e}_n\times\boldsymbol{B}$ 的方向一致. 在该力矩作用下,矩形线圈将绕 OO' 轴转动,这就是电动机简单的原理.

事实上,不管是矩形线圈,还是其他形状的平面线圈,也不管磁场是否为恒定磁场,载流线圈在磁场中受到的瞬时力矩都可以用式(3-3-23)表示.

3.3.3 电磁感应

前面介绍了静止电荷的静电场和恒定电流的磁场,其场强 $\boldsymbol{E}$ 和磁感应强度 $\boldsymbol{B}$ 在空间虽然可以逐点地变化,但在任意一点上是不随时间变化的. 本节进一步讨论随时间变化的电场与磁场,以及它们之间的相互联系. 电磁感应定律的发现以及位移电流概念的提出,阐明了变化的磁场能够激发电场,变化的电场能够激发磁场,充分揭示了电场和磁场的内在联系及依存关系. 在此基础上,麦克斯韦于 1865 年总结出描写电磁场的一组完整方程式,建立了完整的电磁场理论体系. 电磁场理论不仅成功地预言了电磁波的存在,揭示了光的电磁本质,其辉煌成就还极大地推动了现代电工技术和无线电技术的发展.

1. 电磁感应及其基本定律

既然电流能够激发磁场,人们自然想到磁场是否也会产生电流. 法国物理学家菲涅尔(A. J. Fresnel)曾具体提出过这样的问题:载有电流的线圈能使它里面的铁棒磁化,磁铁是否也能在其附近的闭合线圈中引起电流? 为了回答这个问题,菲涅尔等曾经做过大量实验,但都没有得到预期的结果. 直到 1831 年 8 月,这个问题才由英国物理学家法拉第(M. Faraday)以其出色的实验给出决定性的答案.

1）电磁感应定律

法拉第在1822—1831年期间对电磁感应现象进行了大量艰苦的实验研究，这些实验大体上可归结为两种情形：一种是当磁铁与闭合线圈之间存在相对运动时，线圈中出现电流，如图3－3－18(a)所示；另一种是当一个线圈中的电流发生变化时，在自己和邻近的另一线圈中也会出现电流，如图3－3－18(b)所示．法拉第将这种现象与静电感应类比称为电磁感应现象，线圈中所产生的电流称为感应电流．感应电流的出现说明回路中有电动势存在，这种电动势称为感应电动势．

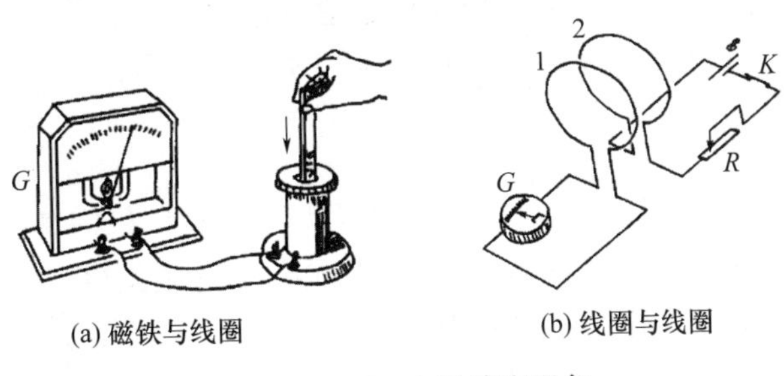

图3－3－18　电磁感应现象

上述两类实验本质上是穿过回路所围面积内的磁通量发生了变化．于是有如下结论：当穿过一个闭合导体回路所包围的面积内的磁通量发生变化时，不管这种变化是由什么原因引起的，在导体回路中就会产生感应电流．法拉第发现上述现象后，进一步研究总结出了电磁感应的基本定律：通过回路所包围面积的磁通量发生变化时，回路中产生的感应电动势与磁通量对时间的变化率成正比．如果采用国际单位制，则电磁感应定律可表示为

$$\varepsilon = -\frac{\mathrm{d}\Phi}{\mathrm{d}t} \qquad (3-3-24)$$

式中：负号反映感应电动势的方向与磁通量变化的关系．在判断感应电动势的方向时，应先规定导体回路L绕行正方向．一般设回路L的绕行正方向与回路中磁感应线的方向满足右手螺旋关系，此时通过回路的磁通量Φ是正值．如果穿过回路的磁通量增大，即$\frac{\mathrm{d}\Phi}{\mathrm{d}t}>0$，则$\varepsilon<0$，这表明此时感应电动势的方向与$L$绕行正方向相反，如图3－3－19(a)所示；若穿过回路的磁通量减小，$\frac{\mathrm{d}\Phi}{\mathrm{d}t}<0$，则$\varepsilon>0$，这表明此时感应电动势的方向与$L$绕行正方向相同(图3－3－19(b))．需要说明的是，L绕行正方向可以任意选取，上述选取方法是为了分析方便．

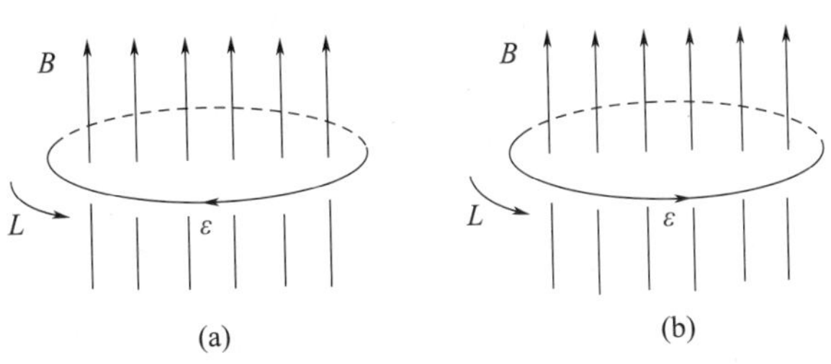

图3－3－19　磁感应电动势的方向与磁通量变化的关系

如果回路是由 N 匝线圈串联而成的，且穿过每匝线圈的磁通量都相等，方向相同，那么在磁通量变化时，每匝线圈中的感应电动势大小相等，方向也相同．因此，N 匝线圈中总的感应电动势为

$$\varepsilon = -N\frac{\mathrm{d}\Phi}{\mathrm{d}t} = -\frac{\mathrm{d}N\Phi}{\mathrm{d}t} = -\frac{\mathrm{d}\psi}{\mathrm{d}t} \tag{3-3-25}$$

式中：$\psi = N\Phi$ 称为线圈的磁通链数，简称磁链．在国际单位制中，Φ 和 ψ 的单位都是韦伯（Wb）．

如果闭合回路的总电阻为 R，则回路中的感应电流为

$$I = \frac{\varepsilon}{R} = -\frac{1}{R}\frac{\mathrm{d}\psi}{\mathrm{d}t} \tag{3-3-26}$$

2）楞次定律

1833 年，爱沙尼亚科学家楞次在进一步概括大量实验结果的基础上，得出了确定感应电流方向的法则，即闭合导体回路中感应电流的方向，总是使得它所激发的磁场来阻止引起感应电流的磁通量的变化（增加或减少）．这一结论称为楞次定律．用楞次定律确定感应电流的方向后，就可用感应电流的方向确定感应电动势的方向．事实上，式（3-3-24）描述的电磁感应定律中的负号正是考虑了楞次定律的结果．因此利用楞次定律判断感应电动势的结果与法拉第电磁感应定律得出的方向完全一致．感应电流的方向遵从楞次定律的事实表明楞次定律本质上是能量守恒定律在电磁感应现象中的具体体现．

法拉第电磁感应定律表明，当闭合回路的磁通量发生变化时就有感应电动势产生．实际上，引起磁通量变化从本质上看可归结为两种：一种是磁场不随时间变化，导体回路或导体在磁场中运动，由此产生的电动势称动生电动势；另一种是导体回路不动，而磁场随时间变化，由此产生的感应电动势称为感生电动势．下面分别讨论上述两类感应电动势的本质以及电磁感应定律在各种特殊情形中的应用．

2. 动生电动势、交流发电机

1）动生电动势

如图 3-3-20 所示，在垂直纸面向外的均匀恒定磁场 $\boldsymbol{B}$ 中，有一固定的矩形导体框，其上有一可移动的长度为 l 的金属棒 ab. 当 ab 以恒定的速度 $\boldsymbol{v}$ 向右运动时，通过回路 $abcda$ 的磁通量增大，导线回路中产生感应电动势 ε. 由图可知，由于速度 $\boldsymbol{v}$、导体棒 ab 和磁感应强度 $\boldsymbol{B}$ 三者相互垂直．在某一瞬时，通过回路面积的磁通量为

$$\Phi = BS = Blx \tag{3-3-27}$$

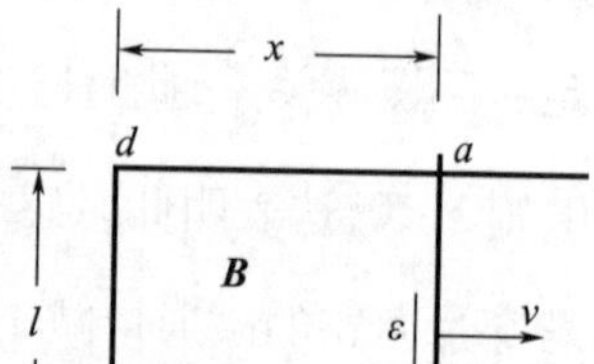

图 3-3-20　动生电动势

由法拉第电磁感应定律可知其中产生的电动势的大小为

$$\varepsilon = \left|-\frac{\mathrm{d}\Phi}{\mathrm{d}t}\right| = \left|Bl\frac{\mathrm{d}x}{\mathrm{d}t}\right| = Blv \tag{3-3-28}$$

由楞次定律可知，回路中感应电流方向是顺时针方向．因为导体回路的其他边未动，所以回路中感应电动势实际上集中在导体棒 ab 内，所以可以把导体棒 ab 看成整个回路的电源，感应电动势 ε 的方向由 a 指向 b，b 端电势高于 a 端．这种磁场不变，因导体在磁场中运动产生的电动势称为动生电动势．

电源的电动势是非静电力做功的表现，那么引起动生电动势的非静电力是什么？这

可以用金属电子理论来解释．当导体棒 ab 以速度 $\boldsymbol{v}$ 向右运动时，棒内的每个自由电子也就获得向右的定向速度 $\boldsymbol{v}$．由于处于磁场中，所以每个电子都要受到洛伦兹力的作用，为

$$\boldsymbol{f}_e = -e\boldsymbol{v} \times \boldsymbol{B} \tag{3-3-29}$$

式中：e 为电子电荷量的绝对值；$\boldsymbol{f}$ 的方向由 b 端指向 a 端，电子在这个力的作用下，将沿导体棒由 b 向 a 运动．电子受洛伦兹力的作用可看作是一种等效的非静电性电场的作用，亦即

$$-eE_k = -e\boldsymbol{v} \times \boldsymbol{B} \tag{3-3-30}$$

也就是

$$E_k = \boldsymbol{v} \times \boldsymbol{B} \tag{3-3-31}$$

根据电动势的定义可得导体棒 ab 上得电动势为

$$\varepsilon = \int_a^b \boldsymbol{E}_k \cdot \mathrm{d}\boldsymbol{l} = \int_a^b (\boldsymbol{v} \times \boldsymbol{B}) \cdot \mathrm{d}\boldsymbol{l} \tag{3-3-32}$$

式(3-3-32)虽然是从上述特例导出的，但可以证明它就是一般情况下动生电动势的数学表达式．在图3-3-20所讨论的情况中，由于 $\boldsymbol{v}$、$\boldsymbol{B}$ 和 $\mathrm{d}\boldsymbol{l}$ 三者相互垂直，所以积分的结果为

$$\varepsilon = Blv \tag{3-3-33}$$

这一结果与式(3-3-28)完全相同．

从以上讨论可以看出，动生电动势只可能在运动的这一段导体上，而不动的那一段导体上没有电动势，它只是提供电流可运行的通路，如果仅有一段导线在磁场中运动，而没有回路，在这一段导线上虽然没有感应电流，但仍可能有动生电动势．不过并不是导体在磁场中运动就会产生动生电动势，关键是导体是否切割磁感应线．需要说明的是，动生电动势是洛伦兹力做功引起的，这似乎与洛伦兹力对运动电荷不做功的结论相矛盾．事实上，洛伦兹力的作用并不是提供能量，而是传递能量，外力克服洛伦兹力的一个分力所做的功通过另一个分力转化为感应电流的能量．

2)交流发电机

简单的交流发电机如图3-3-21所示，在磁感应强度为 $\boldsymbol{B}$ 的均匀磁场中，有一匝数为 N、面积为 S 的平面线圈，线圈以角速度 ω 绕 OO' 轴转动，$OO' \perp \boldsymbol{B}$，设开始时线圈平面的法线 $\boldsymbol{n}$ 与 $\boldsymbol{B}$ 矢量平行，则当 $t=0$ 时，线圈平面的法线 $\boldsymbol{n}$ 与 $\boldsymbol{B}$ 矢量平行，所以任一时刻线圈平面的法线 $\boldsymbol{n}$ 与 $\boldsymbol{B}$ 矢量的夹角为 $\theta=\omega t$．因此任一时刻穿过该线圈的磁链为

$$\psi = NBS\cos\theta = NBS\cos\omega t$$

根据电磁感应定律，这时线圈中的感应电动势为

$$\varepsilon_{\mathrm{i}} = -\frac{\mathrm{d}\psi}{\mathrm{d}t} = NBS\omega\sin\omega t$$

式中：N、B、S 和 ω 都是常量．令 $\varepsilon_m = NBS\omega$，叫作电动势振幅，则

$$\varepsilon_{\mathrm{i}} = \varepsilon_m \sin\omega t$$

如果回路电阻为 R，则电路中的电流为

$$I_{\mathrm{i}} = \frac{\varepsilon_{\mathrm{i}}}{R} = \frac{\varepsilon_{\mathrm{m}}}{R}\sin\omega t = I_{\mathrm{m}}\sin\omega t$$

式中：I_{m} 叫作电流振幅．由此可见在均匀磁场中做匀速转动的线圈能产生交流电．以上就是交流发电机的基本原理．为了把线圈中产生的感应电流输送给用电器，还要用铜环

和电刷把线圈和用电器连接起来,如图 3-3-21 所示.

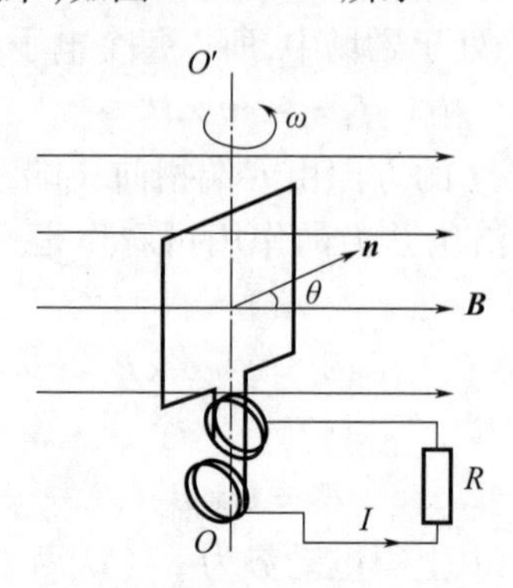

图 3-3-21　交流发动机

实际的发电机比上述模型要复杂得多,但仍是由转子和定子两部分组成.大型发电机发的电,电压很高、电流很强,一般采用线圈不动、磁极旋转的方式来发电,为了得到较强的磁场,还用电磁铁代替永磁体.

发电机发电的过程是能量转化的过程.如现代水力发电厂中的发电机组,发动机的轴是竖直安装的,轴的下面连着水轮机,在强大的水流冲击下旋转.发电机把水流的机械能转化为电能.

3. 感生电动势、感生电场

静止闭合回路中的任一部分处于随时间变化的磁场中时,也会产生感应电动势,这种电动势称为感生电动势.上面分析了产生动生电动势的非静电力是洛伦兹力,但在产生感生电动势的情况下,导体相对于磁场没有运动,所以产生感生电动势的非静电力不可能是洛伦兹力.英国物理学家麦克斯韦(J. C. Maxwell)在对大量电磁感应现象深入分析之后,敏锐地意识到感生电动势现象预示着有关电磁场的新效应.1861 年麦克斯韦提出了感应电场的概念:当空间的磁场随时间变化时,必然在其周围激发一种电场,叫作感生电场.这种电场与静电场的共同点就是对电荷有作用力;与静电场的不同之处表现为:一是感生电场不是由电荷激发的,而是由变化的磁场所激发的;二是描述感生电场的电场线是闭合的,因此它不是保守场,而是涡旋电场.无论空间有无导体存在,只要磁场随时间变化,就有感生电场存在.如果该空间有导体,那么导体中就会出现感生电动势,所以产生感生电动势的非静电力就是感生电场对电荷的作用力.

用 $\boldsymbol{E}_{\mathrm{i}}$ 表示感生电场的场强,根据电动势的定义,在一段导线 ab 上产生的感生电动势为

$$\varepsilon_{\mathrm{i}} = \int_a^b \boldsymbol{E}_{\mathrm{i}} \cdot \mathrm{d}\boldsymbol{l} \tag{3-3-34}$$

而在闭合的导体回路上产生的感生电动势为

$$\varepsilon_{\mathrm{i}} = \oint_L \boldsymbol{E}_{\mathrm{i}} \cdot \mathrm{d}\boldsymbol{l} \tag{3-3-35}$$

根据法拉第电磁感应定律,闭合导体回路中的电动势为

$$\varepsilon_{\mathrm{i}} = \oint_L \boldsymbol{E}_{\mathrm{i}} \cdot \mathrm{d}\boldsymbol{l} = -\frac{\mathrm{d}\phi}{\mathrm{d}t} = -\frac{\mathrm{d}}{\mathrm{d}t}\left(\int_S \boldsymbol{B} \cdot \mathrm{d}\boldsymbol{S}\right) \tag{3-3-36}$$

式中积分的面积 S 是以闭合回路为界的任意曲面的面积.当环路不变动时,上式右端可

以先求 $\boldsymbol{B}$ 对时间的微商然后再求积分,则有

$$\oint_L \boldsymbol{E}_{\mathrm{i}} \cdot \mathrm{d}\boldsymbol{l} = \int_S \frac{\partial \boldsymbol{B}}{\partial t} \cdot \mathrm{d}\boldsymbol{S} \tag{3-3-37}$$

式(3－3－37)反映了变化的磁场与感生电场(有旋电场)之间的联系.

4. 自感和互感现象

在电工和无线电技术中,经常会遇到因导体回路电流的变化而在自身回路或相邻导体回路中产生感应电动势的现象,这就是自感现象和互感现象.

1) 自感、自感电动势

如图3－3－22所示,当导体回路中通有电流时,电流产生的磁场将穿过回路本身. 如果回路中的电流强度,或回路的形状,或回路周围的磁介质发生变化,那么穿过回路自身面积的磁通量也将发生变化,从而在回路中激发感应电动势. 这种由于回路自身电流变化引起磁通量发生变化而在回路中激起感应电动势的现象叫作自感现象. 相应的电动势叫作自感电动势.

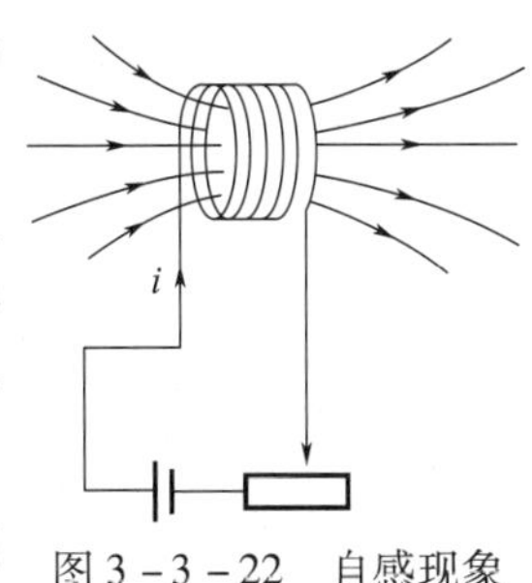

图3－3－22　自感现象

由于回路中的电流激发的磁感应强度 B 与电流成正比,因此通过线圈的磁通链数 ψ 也正比于 I,即

$$\psi = LI \tag{3-3-38}$$

式中:L 为线圈的自感系数,简称自感. 自感通过下式计算:

$$L = \psi / I \tag{3-3-39}$$

需要说明的是,尽管可以通过式(3－3－39)计算自感系数,但自感系数与线圈中的电流无关,仅与线圈的几何形状、匝数、线圈中的磁介质的性质等因素有关,如同电阻和电容一样,自感也是一个由回路自身特征决定的电路参数. 在国际单位制中,自感系数的单位为亨利,简称亨(H),实用中常用毫亨(mH)、微亨(μH)等较小的单位.

自感系数的计算方法一般比较复杂,实际中常采用实验方法测量. 对于简单的对称线路可根据毕奥－萨伐尔定律(或安培环路定理)和 $\psi = LI$ 计算.

根据法拉第电磁感应定律,线圈中的自感电动势为

$$\varepsilon_L = -\frac{\mathrm{d}\psi}{\mathrm{d}t} = -L\frac{\mathrm{d}I}{\mathrm{d}t} \tag{3-3-40}$$

由式(3－3－40)可以看出,对于相同的电流变化率,自感系数 L 越大的线圈所产生的自感电动势越大,即自感作用越强. 式(3－3－40)中的负号说明自感电动势将反抗回路中电流的变化,即回路中的自感有使回路保持原有电流不变的性质. 这一性质与力学中物体的惯性有些相似,因此自感系数也可视为回路“电磁惯性”大小的量度.

自感现象在电工和无线电技术中应用广泛. 自感线圈是交流电路或无线电设备中的基本元件,它和电容器的组合可以构成谐振电路或滤波器,利用线圈具有阻碍电流变化的特性可以使电路的电流保持恒定. 但有时自感现象也会带来害处,例如在供电系统中切断载有强大电流的电路时,由于电路中有自感元件,开关处会出现强烈的电弧,足以烧毁开关,造成火灾. 因此,为了避免事故,必须使用带有灭弧结构的开关. 事实上,任何电路元件都有一定的自感系数,只是一般都较小.

【例3－3－4】　设空气中有一单层密绕的长直螺线管,长度 $l = 100\text{cm}$,截面积 $S =$

3cm^2，线圈的总匝数 $N=2000$，求该长直螺线管的自感系数．

解：由于螺线管的长度远大于其直径，当通以电流 I 时，可以把管内的磁场视为均匀磁场（忽略其边缘效应），而空气的相对磁导率近似等于1，则管内磁感应强度的大小为

$$B=\mu_0 nI=\mu_0\frac{N}{l}I$$

于是通过螺线管的磁通量为

$$\psi=NBS=N\mu_0 NIS/l=\mu_0 N^2 IS/l$$

因此，该螺线管的自感系数为

$$\begin{aligned}L&=\frac{\psi}{I}=\mu_0\frac{N^2}{l}S=\mu_0 n^2 V\\&=4\pi\times10^{-7}\times\left(\frac{2000}{0.1}\right)\times(3\times10^{-4}\times0.1)=1.51\times10^{-2}(\text{H})\end{aligned}$$

2）互感、互感电动势

如图3－3－23所示，两个邻近的闭合回路1和2，当回路1中的电流发生变化时，通过回路2所围面积的的磁通量也随之变化，因而回路2中将产生感应电动势；同样，回路2中的电流变化时也会在回路1中产生感应电动势．这种由于一个回路中的电流变化而在邻近的另一个回路中产生感应电动势的现象，称为互感现象．相应的电动势叫作互感电动势．互感现象与自感现象一样，都是由电流变化而引起的电磁感应现象．

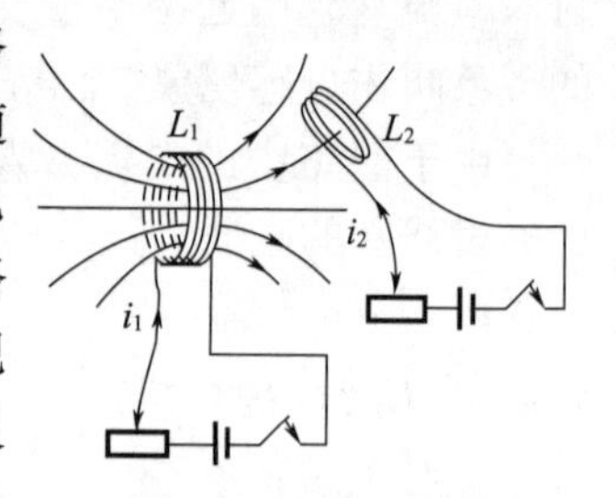

图3－3－23　互感现象

设回路1中的电流 I_1 在回路2中产生的磁链为 ψ_{21}，回路2中的电流 I_2 在回路1中产生的磁链为 ψ_{12}．在无铁磁介质存在的情况下，磁链 ψ_{21} 与 I_1 成正比，ψ_{12} 与 I_2 成正比，写成等式为

$$\begin{cases}\psi_{21}=M_{21}I_1\\\psi_{12}=M_{12}I_2\end{cases}\tag{3-3-41}$$

在式（3－3－41）中，比例系数 M_{21} 称为回路1对回路2的互感系数；M_{12} 称为回路2对回路1的互感系数，它们的数值取决于两个回路的形状、相对位置及周围介质的磁导率，而与电流无关．对于形状不规则的回路，互感系数一般不易计算，通常用实验方法来测定．互感系数的单位与自感系数的单位相同．

理论和实验都证明 M_{21} 和 M_{12} 是相等的，今后不加区分，用 M 表示，即

$$M_{12}=M_{21}=M\tag{3-3-42}$$

则式（3－3－41）可以写为

$$\begin{cases}\psi_{21}=MI_1\\\psi_{12}=MI_2\end{cases}\tag{3-3-43}$$

根据法拉第电磁感应定律，回路1中电流 I_1 变化时，回路2中产生的互感电动势记为 ε_{21}；回路2中电流 I_2 变化时，回路1中产生的互感电动势记为 ε_{12}．则

$$\begin{cases}\varepsilon_{21}=\dfrac{\mathrm{d}\psi_{21}}{\mathrm{d}t}=M\dfrac{\mathrm{d}I_1}{\mathrm{d}t}\\[2ex]\varepsilon_{12}=\dfrac{\mathrm{d}\psi_{12}}{\mathrm{d}t}=M\dfrac{\mathrm{d}I_2}{\mathrm{d}t}\end{cases}\tag{3-3-44}$$

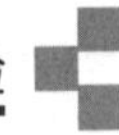

式(3-3-44)表明,对于具有互感的两个回路中的任何一个,只要回路中的电流变化相同,就会在另一回路中产生大小相同的互感电动势.

互感系数在一定程度上反映了两线圈的耦合程度,它与两线圈的自感系数之间的关系可表示为

$$M=k\sqrt{L_1L_2} \tag{3-3-45}$$

式中:k 为耦合系数,且 $0\leqslant k\leqslant 1$. 当 $k=0$ 时,$M=0$,表示两线圈无耦合;当 $k=1$ 时,$M=\sqrt{L_1L_2}$,称为全耦合,即一个线圈电流产生的磁感应线全部穿过另一个线圈的每一匝.

互感现象在电工和无线电技术中应用广泛,有些电器利用互感现象把能量或信号从一个回路输送到另一个回路中去,如变压器及感应圈等. 但有时互感现象也有害,例如收音机回路之间、电话线与电力输送线之间会因互感现象产生有害的干扰. 这些都是常遇到的现象. 了解了互感现象的知识,就可以设法改变电器间的布局等,以尽量减小各回路之间由于互感引起的相互干扰.

感应圈是工业生产和实验室中,用直流电源来获得高压的一种装置. 它的主要结构如图3-3-24所示. 在铁芯上绕有两个线圈,初级线圈的匝数 N_1 较少,它经断续器 M、D、电键 K 和低压直流电源 ε 相连接. 在初级线圈的外面套有一个用绝缘很好的金属导线绕成的次级线圈,次级线圈的匝数 N_2 比初级线圈的匝数 N_1 大得多.

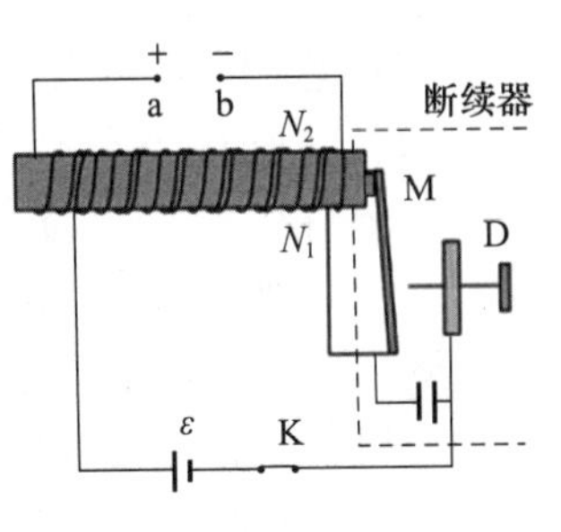

图3-3-24　感应圈

感应圈的工作原理:闭合电键 K,初级线圈内有电流通过,这时,铁芯因被磁化而吸引小铁锤 M,使 M 与螺钉 D 分离,电路被切断. 电路一旦被切断,铁芯的磁性就消失. 这时,小铁锤 M 在弹簧片的弹力作用下又重新和螺钉 D 相接触,于是电路重新被接通. 这样,由于断续器的作用,初级线圈电路的接通和断开,将自动地反复进行. 随着初级线圈电路的不断接通和断开,初级线圈中的电流也不断地变化,这样,通过互感的作用,就在次级线圈中产生感应电动势. 由于次级线圈的匝数远远多于初级线圈的匝数,所以在次线圈中能获得高达1万到几万伏的电压. 这样高的电压,可以使 a、b 间产生火花放电现象. 汽油发动机的点火器,就是一个感应圈,它所产生的高压放电的火花,能把混合气体点燃.

5. 麦克斯韦方程组

1) 位移电流和全电流

我们知道,在一个不含电容器的稳恒电路中传导电流是处处连续的. 也就是说,在任何一个时刻,通过导体上某一截面的电流应等于通过导体上其他任一截面的电流. 但是,在接有电容器的电路中,情况就不同了. 在电容器充放电的过程中,对整个电路来说,传导电流是不连续的. 为了解决电流的不连续问题,麦克斯韦提出了位移电流的概念.

设有一电路,其中接有平板电容器 A、B. 如图3-3-25所示. (a)和(b)两图分别表示电容器充电和放电时的情形. 不论充电或放电,通过电路中导体上任何横截面的电流强度在同一时刻都相等. 但是这种在金属导体中的传导电流,不能在电容器的两极板之间的真空或电介质中流动,因而对整个电路来说,传导电流是不连续的.

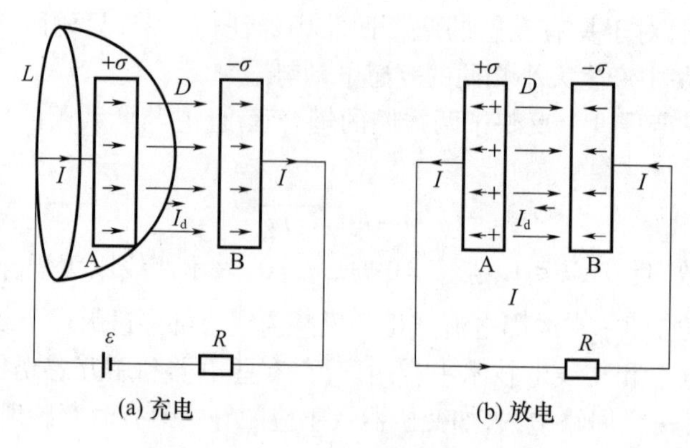

图 3-3-25　电容器的充电和放电

但是,我们注意到:在上述电路中,当电容器充电或放电时,电容器两极板上的电荷 q 和电荷面密度 σ 都随时间而变化(充电时增加,放电时减少). 极板内的电流强度以及电流密度分别等于 $\mathrm{d}q/\mathrm{d}t$ 和 $\mathrm{d}\sigma/\mathrm{d}t$. 如果把电路中的传导电流和电容器内的电场变化联系起来考虑,并把电容器两极板间电场的变化看做相当于某种电流在流动,那么整个电路中的电流仍可视为保持连续. 把变化的电场看做电流,就是麦克斯韦所提出的位移电流的概念.

麦克斯韦认为:位移电流和传导电流一样,都能激发磁场,与传导电流所产生的磁效应完全相同,位移电流也按同一规律在周围空间激发涡旋磁场. 这样,在整个电路中,传导电流中断的地方就由位移电流来接替,而且它们的数值相等,方向一致. 对于普遍的情况,麦克斯韦认为传导电流和位移电流都可能存在. 麦克斯韦运用这种思想把从恒定电流总结出来的磁场规律推广到一般情况,既包括传导电流也包括位移电流所激发的磁场. 于是,他推广了电流的概念,将二者之和称为全电流,用 I_s 表示,即 $I_s = I_c + I_d$. 其中,I_c 表示传导电流,I_d 表示位移电流.

对于任何回路,全电流是处处连续的. 运用全电流的概念,解决了电容器充、放电过程中电流的连续性问题.

2) 位移电流的磁场

需要说明的是,位移电流的引入,不仅说明了电流的连续性,还同时揭示了电磁场的重要性质.

变化的电场可以在空间激发涡旋状的磁场. 并且 $\boldsymbol{B}$ 和回路中的电位移矢量的变化 $\mathrm{d}\boldsymbol{D}/\mathrm{d}t$ 形成右旋关系;如果右手螺旋沿着 $\boldsymbol{B}$ 的绕行方向转动,那么,螺旋前进的方向就是 $\mathrm{d}\boldsymbol{D}$ 的方向,如图 3-3-26所示. 说明变化的电场和它所激发的磁场在方向上服从右手螺旋关系,由此可见,位移电流的引入深刻揭示了变化电场和磁场的内在联系.

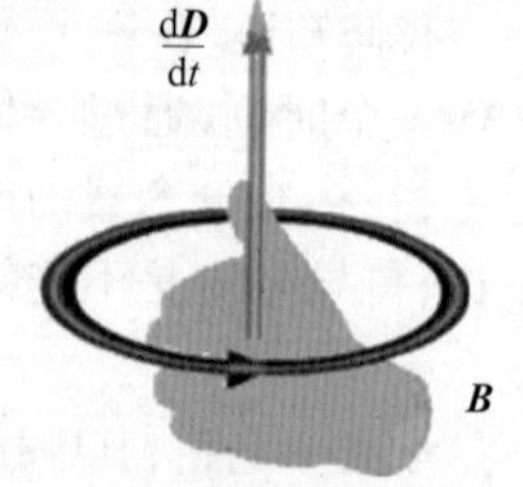

图 3-3-26　位移电流

需要注意的是,传导电流和位移电流是两个不同的物理概念. 虽然在产生磁场方面,位移电流和传导电流是等效的,但在其他方面两者并不相同. 传导电流意味着电荷的定向移动,而位移电流意味着电场的变化. 传导电流通过导体时放出焦耳-楞次热,而位移电流通过空间或电介质时,并不放出焦

耳－楞次热．在通常情况下，电介质中的电流主要是位移电流，传导电流可忽略不计；而在导体中则主要是传导电流，位移电流可以忽略不计．但在高频电流情况下，导体内的位移电流和传导电流同样起作用，不可忽略．

麦克斯韦提出的涡旋电场和位移电流假说的核心思想是：变化的磁场可以激发涡旋电场，变化的电场可以激发涡旋磁场；电场和磁场不是彼此孤立的，它们相互联系、相互激发组成一个统一的电磁场．麦克斯韦进一步将电场和磁场的所有规律综合起来建立了完整的电磁场理论体系．这个电磁场理论体系的核心就是麦克斯韦方程组，积分形式为

$$\begin{cases} \oiint_S \boldsymbol{D} \cdot \mathrm{d}\boldsymbol{S} = \sum q \\ \oint_L \boldsymbol{E} \cdot \mathrm{d}\boldsymbol{l} = -\iint_S \dfrac{\partial \boldsymbol{B}}{\partial t} \cdot \mathrm{d}\boldsymbol{S} \\ \oiint_S \boldsymbol{B} \cdot \mathrm{d}\boldsymbol{S} = 0 \\ \oint_L \boldsymbol{H} \cdot \mathrm{d}\boldsymbol{l} = I_0 + \iint_S \dfrac{\partial \boldsymbol{D}}{\partial t} \cdot \mathrm{d}\boldsymbol{S} \end{cases} \tag{3-3-46}$$

麦克斯韦方程组表达了以下含义：

（1）描述了电场的性质．在一般情况下，电场可以是库仑电场也可以是变化磁场激发的感应电场，而感应电场是涡旋场．它的电位移线是闭合的，对封闭曲面的通量无贡献.

（2）描述了磁场的性质．磁场可以由传导电流激发，也可以由变化电场激发，它们的磁场都是涡旋场，磁感应线都是闭合线，对封闭曲面的通量无贡献．

（3）描述了变化的磁场激发电场的规律．

（4）描述了变化的电场激发磁场的规律．

麦克斯韦方程组在电磁学中的地位，如同牛顿运动定律在力学中的地位一样．以麦克斯韦方程组为核心的电磁理论，是经典物理学最引以自豪的成就之一．它所揭示出的电磁相互作用的完美统一，为物理学家树立了这样一种信念：物质的各种相互作用在更高层次上应该是统一的．另外，这个理论被广泛地应用到技术领域．

6. 无处不在的电磁波

1）人们周围的电磁场

现在人们越来越关注周围的生活环境．所谓的污染已经不仅包括我们的眼睛所能看到的垃圾、耳朵听到的噪声、鼻子闻到的恶臭，还有我们看不见、摸不着的电磁辐射．随着现代科学技术的发展，我们越来越多地使用电器，使得用电负荷越来越大，导致输电电压越来越高，那么输电线周围的电磁场也越来越强，需要引起足够重视．在生活中，“请勿靠近，高压危险！”的字样随处可见．我们在初中学习过“安全用电”，知道了高压线附近容易出现跨步触电，对高压线附近的危险性有了初步认识，但是对于高压线附近的电磁分布还缺少定量的认识．人们测定了115kV高压输电线周围的电磁场，靠近输电线处的电场强度E为1.0kV/m左右，磁感应强度约为20mGs；距离输电线15m处的E接近0.5kV/m，B则接近5mGs；离输电线30m处，$E \approx 0.07$kV/m，$B \approx 1$mGs. 由此可见输电线周围的电场强度很大，事实上“高压危险”不仅仅是指输电线周围的电场强度，它的强磁场对人体也特别有害．1979年，美国的流行病学专家曾发表报告认为：在高压输电线下生活的人群

中,儿童白血病患者的增多与输电线产生的磁场有关.

2）无线电传真和电视

1863 年,麦克斯韦在建立统一的电磁场理论,指出不均匀变化的电场(或磁场)会在其周围产生相应不均匀变化的磁场(或电场),这种新生的不均匀变化的磁场(或电场),又要产生电场(或磁场)……,就这样不均匀变化的电场和磁场永远交替地相互转变,并越来越广地向空间传播,这种不可分割的电场和磁场整体叫电磁场. 电磁场的传播具有波动的特性,叫作电磁波. 它的传播速度等于真空中的光速 c. 这表明光也是一种电磁波. 麦克斯韦的这些预见,在 1888 年由赫兹通过实验得到了证实. 从此,电磁波应用新技术(无线电通信、广播、电视、雷达、传真、遥测、遥感等)如雨后春笋般诞生,大大促进了人类文明的发展. 这里对无线电传真和电视作一简单介绍.

无线电通信是把声音变成电流附加在电磁波里传送到遥远的地方. 当然也应当能够把光变成电流,附加到电磁波里传送出去. 把光变成电流就要用光电管,光电管在光的照射下,发出光电子,光电子流又形成电流. 这个微弱的光电流的强度和射来光的强度成正比关系变化. 这个变化着的光电流,经过放大,并调制在高频振荡电流里,就可发射出一种按光强变化调制的电磁波.

在接收器上,把接收到的光电流重新转变成光点,并让这些光点依照原来的次序和位置射在感光纸上,形成传真. 若把光转变成电信号,再进行量化处理,控制液晶显示屏的透光与不透光,则可以在液晶屏上再现原始图像. 这就是液晶显示的显像原理.

3.4 实验项目

实验 3-1 用模拟法测绘静电场

在一些科研和生产实践中,常需要了解并测量带电体周围空间的静电场分布. 静电场是由电荷分布决定的,一般用电场强度和电势来描述. 测绘静电场分布常用数值解法求出或用实验方法测出电场分布. 直接测量静电场的电势分布通常是很困难的,因为将仪表(或其探测头)放入静电场,总要使被测场发生一定变化,除静电式仪表之外的大多数仪表也不能用于静电场的直接测量,因为静电场中无电流流过,对这些仪表不起作用. 因此,常常采用模拟法测量静电场分布.

模拟法是用一种易于实现、便于测量的物理状态或过程模拟不易实现、不便测量的状态和过程,只要这两种状态或过程有一一对应的两组物理量,并且这些物理量在两状态或过程中满足数学形式基本相同的方程及边值条件. 本实验根据稳恒电流场的规律与静电场的规律相似的特点,用稳恒电流场模拟静电场,即根据测量结果来描绘出与静电场对应的稳恒电流场的电势分布,从而确定静电场的电势分布,这是一种很方便的实验方法.

【实验目的】

1. 学习用模拟法测绘静电场的原理和方法.
2. 加深对电场强度和电势概念的理解.

【实验仪器】

静电场描绘实验仪装置,专用电源,复印纸,A4 纸或坐标纸.

【实验原理】

1. 稳恒电流场和静电场的相似性

模拟法基于两个类比的物理现象遵从的物理规律具有相似的数学形式．静电场和稳恒电流场本来是两种不同的场，但由电磁学理论可知，它们在一定条件下具有相似的空间分布，遵守的规律在形式上相似．对于静电场，电场强度在无源区域内满足以下积分关系：

$$\begin{cases}\oint_s \boldsymbol{E}\cdot \mathrm{d}\boldsymbol{S}=0\\ \oint_l \boldsymbol{E}\cdot \mathrm{d}\boldsymbol{L}=0\end{cases} \tag{S3-1-1}$$

对于稳恒电流场，电流密度矢量 $\boldsymbol{J}$ 在无源区域内也满足类似的积分关系：

$$\begin{cases}\oint_s \boldsymbol{J}\cdot \mathrm{d}\boldsymbol{S}=0\\ \oint_l \boldsymbol{J}\cdot \mathrm{d}\boldsymbol{L}=0\end{cases} \tag{S3-1-2}$$

由此可见，两个场的物理量所遵从的物理规律具有相同的数学表达式．静电场中导体表面为等势面，而电流场中电极通常由良导体制成，同一电极上各点电势相等，所以两个场用电势表示的边界条件相同，则两个场的解也相同．因而，测定稳恒电流场的电势分布也就求出与它相似的静电场的电势分布，从而根据等势面和电场线之间的关系描绘出静电场的电场线．

2. 同轴带电圆柱与圆筒的电场分布

如图 S3－1－1(a)所示，在真空中有一半径为 r_a 的长圆柱体 A 和一内半径为 r_b 的长圆筒形导体 B，它们同轴放置，分别带等量异号电荷．其电场线是垂直于轴线呈轴对称分布的辐射线，其等势面为一簇与 A、B 同轴的圆柱面．在垂直于轴线的截面 S 内，分布有辐射状的电场线，等势面变为等势线—以轴线与 S 面的交点为圆心的一簇同心圆．这是一个与 z 轴无关的二维场．因此只要研究 S 面上的电场分布即可．

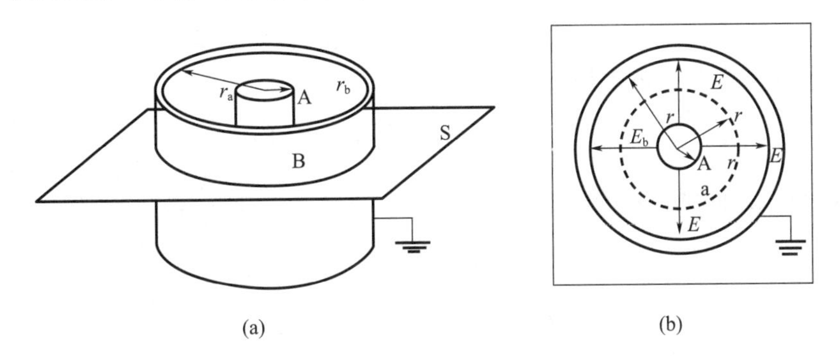

图 S3－1－1　同轴带电圆柱与圆筒的电场分布

设 A、B 沿轴线方向的电荷线密度都为 λ，由高斯定理可知，在圆柱和圆筒之间距离轴线为 r 处(图 S3－1－1(b))的各点的电场强度为

$$E=\frac{K}{r}=\frac{\lambda}{2\pi\varepsilon_0 r} \tag{S3-1-3}$$

式中：ε_0 为两圆柱面之间电介质的介电常数．设 $U_b=0$，则 r 处的电势为

$$U_r = \int_r^{r_b} E \cdot \mathrm{d}r = \int_r^{r_b} \frac{\lambda}{2\pi\varepsilon_0 r}\mathrm{d}r = \frac{\lambda}{2\pi\varepsilon_0}\ln\frac{r_b}{r} \tag{S3-1-4}$$

同理，A、B 间的电势差为

$$U_{ab} = \frac{\lambda}{2\pi\varepsilon_0}\ln\frac{r_b}{r_a} \tag{S3-1-5}$$

则 A、B 之间距离轴线为 r 处任一点 P 的电势和电场强度分别表示为

$$U = U_{ab}\frac{\ln(r_b/r)}{\ln(r_b/r_a)} \tag{S3-1-6}$$

$$E = \frac{U_a}{\ln(r_b/r_a)} \cdot \frac{1}{r} \tag{S3-1-7}$$

3. 同轴圆柱面电极间的电流场分布

若上述圆柱形导体 a 与圆筒形导体 b 之间充满了电导率为 σ 的不良导体，a、b 与电源正负极相连接(图 S3-1-2)，a、b 间将形成径向电流，建立稳恒电流场 E'，可以证明不良导体中电场强度 E' 与原真空中静电场 E 相等．

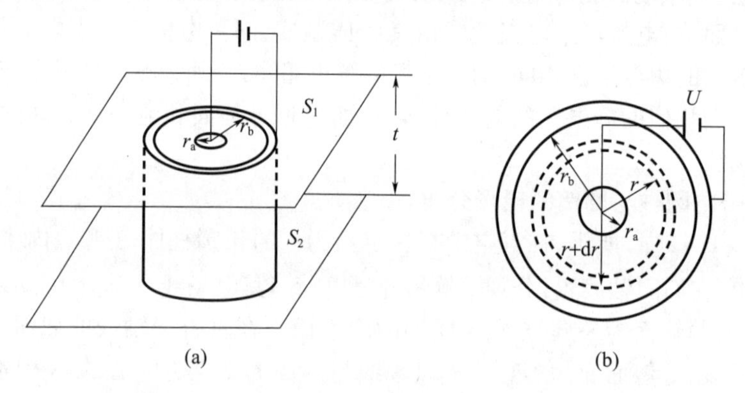

图 S3-1-2　同轴圆柱面电极间的电流场分布

取厚度为 t 的圆柱形同轴不良导体片为研究对象，设材料的电阻率为 ρ，则任意半径为 r 到 $r+\mathrm{d}r$ 的圆周间的电阻是

$$\mathrm{d}R = \rho \cdot \frac{\mathrm{d}r}{S} = \rho\frac{\mathrm{d}r}{2\pi rt} = \frac{\rho}{2\pi t}\cdot\frac{\mathrm{d}r}{r} \tag{S3-1-8}$$

则半径为 r 到 r_b 之间圆柱片的电阻为

$$R_{rr_b} = \frac{\rho}{2\pi t}\int_r^{r_b}\frac{\mathrm{d}r}{r} = \frac{\rho}{2\pi t}\ln\frac{r_b}{r} \tag{S3-1-9}$$

总电阻(半径 r_a 到 r_b 之间圆柱片的电阻)为

$$R_{r_ar_b} = \frac{\rho}{2\pi t}\ln\frac{r_b}{r_a} \tag{S3-1-10}$$

设外圆筒电势 $U_b=0$，内圆柱电势为 U_a，则它们之间的电压为 U_a，径向电流为

$$I = \frac{U_a}{R_{r_ar_b}} = \frac{2\pi t U_a}{\rho\ln(r_b/r_a)} \tag{S3-1-11}$$

则距轴线 r 处的电势为

$$U' = IR_{rr_b} = U_a \frac{\ln(r_b/r)}{\ln(r_b/r_a)} \tag{S3-1-12}$$

则 r 处的电场强度为

$$E' = -\frac{dU'}{dr} = \frac{U_a}{\ln(r_b/r_a)} \cdot \frac{1}{r} \tag{S3-1-13}$$

由以上分析可见，U 与 U'，E 与 E'的分布函数完全相同．我们可以从电荷产生场的观点加以分析：在导电介质中没有电流通过时，其任一体积元内正负电荷数量相等，没有净电荷，呈电中性．当有电流通过时，单位时间内流入和流出该体积元内的正或负电荷数相等．这就是说，真空中的静电场和有稳恒电流通过时导电介质中的电场都是由电极上的电荷产生的．事实上，真空中电极上的电荷是不动的，在有电流通过的导电介质中，电极上的电荷一边流失，一边由电源补充，在动态平衡下保持电荷的数量不变．所以这两种情况下电场分布是相同的．因此可以用同心的圆柱电极产生的电流场来模拟同轴的圆柱型的电荷所产生的静电场．当然通过理论分析可知，其他形状的电极产生的电流场也可以模拟相同形状的电荷产生的静电场．

4. 模拟无限长带电直导线的静电场分布

两根无限长带电导线相距 $oo' = l$，其半径分别为 r_1 和 r_2．在它们形成的静电场中，在 oo'上，距 o 为 r 的一点上的场强为

$$\boldsymbol{E} = \left(\frac{K}{r} + \frac{K}{l-r}\right)\boldsymbol{e}_r \tag{S3-1-14}$$

式中：$\boldsymbol{e}_r$ 是沿 oo'方向的单位矢量．

$$U_r - U_{r_2} = \int_r^{l-r_2} E \cdot dl = K\ln\frac{(l-r_2)(l-r)}{r_2 r} \tag{S3-1-15}$$

当 $r_1 = r_2$ 时，可得

$$K = \frac{U_{r_1} - U_{r_2}}{\ln\left(\frac{(l-r_1)(l-r_2)}{r_1 r_2}\right)} \tag{S3-1-16}$$

如果 $U_{r_2} = 0$，$U_{r_1} - U_{r_2} = U_0$，则可以得到

$$K = \frac{U_0}{\ln\left(\frac{(l-r_1)(l-r_2)}{r_1 r_2}\right)} \tag{S3-1-17}$$

图 S3-1-3 是用稳恒电流场模拟两根无限长平行直导线所产生的静电场的装置，在导电玻璃上相距一定距离 l，用螺钉将两个半径为 r_1 和 r_2 的带孔柱形电极分别固定到导电玻璃上，并使电极与导电玻璃保持良好的接触，用导线将电极与直流电源相连，接通电源后，则在两个电极间形成了一个稳恒电流场．实验中取 $l = 10.00\text{cm}$，$r_1 = r_2 = 0.50\text{cm}$，$U_0 = 10.0\text{V}$，则 $K = 1.698U_0$，即

$$U_r = 1.698\ln\left(\frac{(l-r_2)(l-r)}{r_2 r}\right)U_0 \tag{S3-1-18}$$

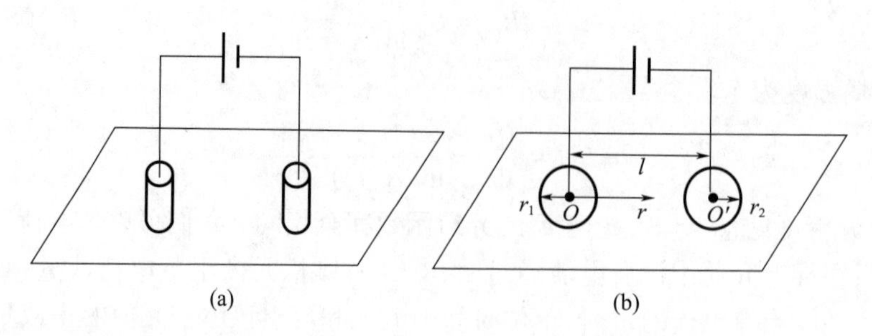

图 S3-1-3 无限长直导线电流场分布

5. 模拟条件

模拟方法的使用有一定的条件和范围,不能随意推广,否则会得到荒谬的结论. 用稳恒电流场模拟静电场的条件为:

(1) 稳恒电流场的电极应与被模拟静电场的带电体几何形状相同.

(2) 稳恒电流场的导电介质应是不良导体,且满足电阻率分布均匀和电极的电导率远远大于导电介质的电导率. 这样才能保证电流场中的电极(良导体)的表面近似是一个等势面.

(3) 模拟所用电极系统与被模拟电极系统的边界条件相同.

【实验内容与要求】

1. 实验内容

(1) 用模拟法描绘无限长均匀同轴圆柱电荷产生的静电场.

(2) 用模拟法描绘两根无限长带电直导线的静电场.

2. 实验步骤

(1) 仪器连接:把待测导电玻璃放于导电玻璃支架下层,实验主机直流电源的正负极"输出"端通过手枪插线分别与导电玻璃"电极电压"的正负极相连,实验主机"测量"端正极与探针支架上的手枪插座相连,"测量"端的负极直接与"输出"端的负极相连使两者处于同一电位. 插上电源线,打开电源开关.

(2) 调整输出:将直流电压表下方的波段开关拨至"输出"挡,此时直流电压表显示的是输出电压,调整输出电压至10V.

(3) 定位测量:将波段开关拨至"测量"挡,在导电玻璃支架上层的有机玻璃板上平铺一张A4大小的白纸或者坐标纸. 放置探针支架使下层探针与导电玻璃相接触,此时直流电压表即显示接触点的电压值. 上层探针离开白纸或坐标纸2~5mm(若达不到可稍稍调整一下与探针相连的横梁),在上层探针与白纸或坐标纸之间插入一张复写纸,轻按探针便可在纸上同步记录下与下层探针相对应的点,从而便能够描绘出数个等电压点(测量过程中不可再调整直流电源输出电压). 用探针测出 U_r = 2.00V,3.00V,5.00V,6.00V,8.00V的点,同一电压至少要找出8个点,并使其均匀分布.

(4) 描绘等势线和电场线:根据电压值和定位点,以描点连线的方式绘制出不同电压值的等势线(用虚线),并依照等势线画出电场线(用带箭头实线).

(5) 测出各电势的平均半径 $\bar{r}_i$,与理论公式计算值比较,计算百分误差:

$$E=\frac{|r_{理}-\bar{r}_i|}{r_{理}}\times 100\% \qquad (r_a=0.75\text{cm}, r_b=8.75\text{cm})$$

(6) 比照上述方法，描绘相邻两根无限长带电直导线的静电场，仅把等势线和电场线描绘出来即可．

【注意事项】

1. 注意保护导电玻璃，请勿用特别尖锐的物体在导电玻璃上划动．

2. 开机后，探针头不能长时间的放在导电板上．

3. 测量中，支架上层记录纸千万不要移动．在记录纸上打点记录时，请勿按压连接探针的横梁，只需轻轻按下探针，不要用力太大．

【思考题】

1. 如果实验中电源电压 U_0 增加或减少，则等势线及电场线的分布及形状有无改变？为什么？

2. 根据测绘所得等势线和电场线分布，分析哪些地方场强较强，哪些地方场强较弱．

实验3-2　元件伏安特性实验

电路中有各种电学元件，如线性电阻、半导体二极管和三极管，以及热敏、压敏和光敏元件等．知道这些元件的伏安特性，对正确地使用它们至关重要．同时基于一些非线性元件的伏安特性所制造的传感器、换能器等，在温度、压强和光强等物理量的测量和自动控制方面有着广泛的应用．因此，测量和研究元件伏安特性，对有关物理过程的理解和电学元件的应用具有十分重要的意义．本实验对几种元件的伏安特性进行研究．

【实验目的】

1. 学会电压表、电流表等仪器的使用方法．

2. 通过测量电阻、二极管的伏安特性，了解电阻、二极管的性质及其在电路中的作用．

【实验仪器】

FB321 型电阻元件伏安特性实验仪一台(测试元件、专用连接线等)．

【实验原理】

1. 电学元件的伏安特性

在某一电学元件两端加上直流电压，在元件内就会有电流通过，通过元件的电流与端电压之间的关系称为电学元件的伏安特性．一般以电压为横坐标、电流为纵坐标作出元件的电压-电流关系曲线，称为该元件的伏安特性曲线．

对于碳膜电阻、金属膜电阻、线绕电阻等电学元件，在通常情况下，通过元件的电流与元件两端的电压成正比关系变化，即其伏安特性曲线为直线，如图 S3-2-1 所示．这类元件称为线性元件．对于半导体二极管、稳压管等元件，通过元件的电流与加在元件两端的电压不成线性关系变化，其伏安特性为曲线．这类元件称为非线性元件．如图 S3-2-2 所示为某非线性元件的伏安特性．

在设计测量电学元件伏安特性的线路时，必须了解待测元件的规格，使加在它上面的电压和通过的电流均不超过额定值．此外，还必须了解测量时所需其他仪器(如电源、电压表、电流表、滑线变阻器等)的规格，也不得超过其量程或使用范围．

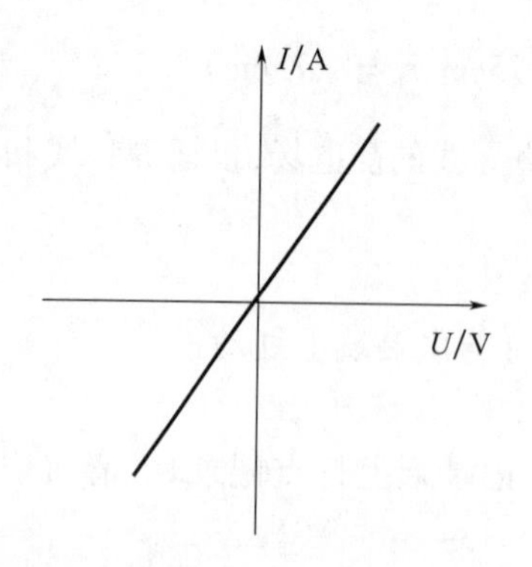

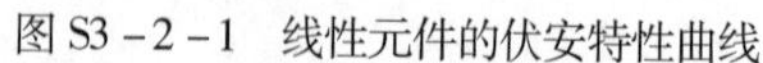
图 S3－2－1　线性元件的伏安特性曲线

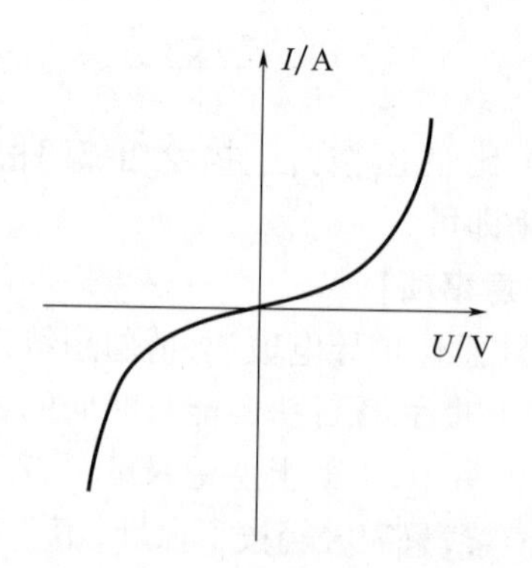

图 S3－2－2　非线性元件的伏安特性曲线

2. 实验线路的比较与选择

在测量电阻 R 的伏安特性的线路中，常有两种接法，如图 S3－2－3(a)所示为电流表内接法，图 S3－2－3(b)为电流表外接法．电压表和电流表都有一定的内阻，分别设为 R_V 和 R_A．简化处理时直接用电压表读数 U 除以电流表读数 I 得到被测电阻值 R，即 $R=U/I$，这样会引进一定的系统性误差．

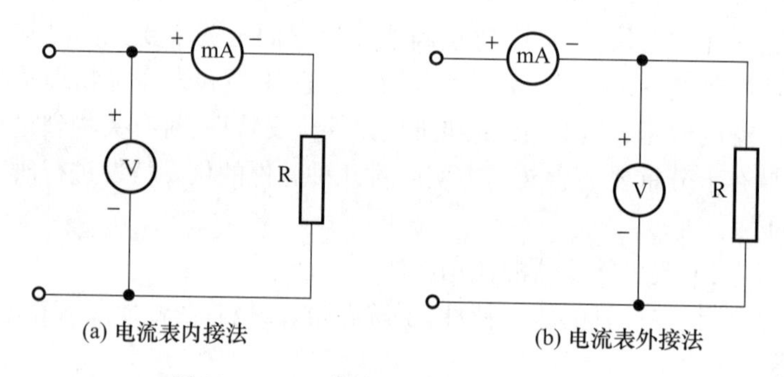

图 S3－2－3　伏安法测电阻的两种电路

当电流表内接时，电压表读数比电阻端电压值大，即有

$$R = U/I - R_A \tag{S3-2-1}$$

当电流表外接时，电流表读数比电阻 R 中流过的电流大，这时应有

$$\frac{1}{R} = \frac{I}{U} - \frac{1}{R_V} \tag{S3-2-2}$$

比较电流表的内接法和外接法，显然，如果简单地用 U/I 值作为被测电阻值，则电流表内接法的测量结果偏大，而电流表外接法的测量结果偏小，都有一定的系统性误差．为了减少上述系统性误差的影响，测量电阻的线路方案可以粗略地按下列办法来选择：

(1) 当 $R \ll R_V$，且 R 较 R_A 大得不多时，选用电流表外接．

(2) 当 $R \gg R_A$，且 R 和 R_V 相差不多时，选用电流表内接．

(3) 当 $R \gg R_A$，且 $R \ll R_V$ 时，必须先用电流表内接法和外接法测量，然后比较电流表和电压表的读数变化情况，根据比较结果再决定采用内接法还是外接法．

如果要得到待测电阻的准确值，则必须测出电表内阻并按式(S3－2－1)或式(S3－2－2)进行修正，本实验暂不进行这种修正．

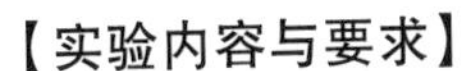

【实验内容与要求】

1. 测定线性电阻的伏安特性

（1）按照如图 S3－2－4(a)所示的电流表内接法接线，其中待测电阻为 1kΩ，将电阻箱 ×1000Ω 挡位旋钮旋至合适位置，×100Ω 和 ×10Ω 挡位旋钮均置为零，电压表量程选择 20V.

（2）选择合适的电源电压输出，一般大于 10V，旋转 ×100Ω 和 ×10Ω 挡位旋钮使电压表(可设置电压值 $U_1=1.00\text{V}$)和电流表有一合适的指示值，记下这时的电压值 U_1 和电流值 I_1.

（3）按照如图 S3－2－4(b)所示的电流表外接法接线，保持电阻箱各旋钮位置不变，记下 U_2 和 I_2. 将 U_1、I_1 与 U_2、I_2 进行比较，若 $\frac{|U_1-U_2|}{U_1}<\frac{|I_1-I_2|}{I_1}$，则电流表示值有显著变化(增大)，$R$ 便为高阻(相对电流表内阻而言)，应采用电流表内接法．若 $\frac{|U_1-U_2|}{U_1}>\frac{|I_1-I_2|}{I_1}$，则电压表有显著变化(减小)，$R$ 即为低阻(相对电压表内阻而言)，应采用电流表外接法．按照系统误差较小的连接方式接通电路，即确定电流表内接还是外接．若无论电流表内接还是外接，电流表示值和电压表示值均没有显著变化，则采用任何一种连接方式均可．

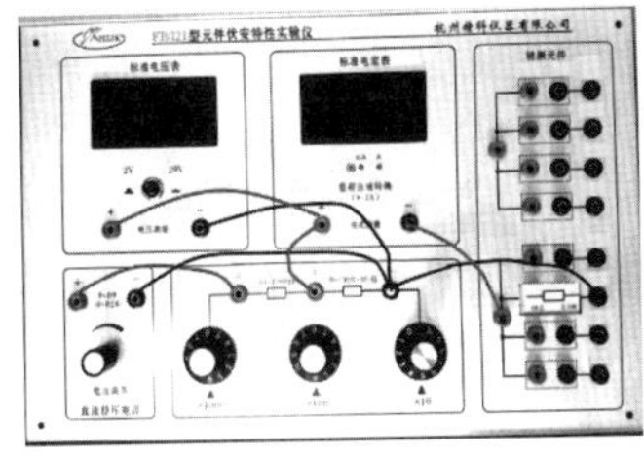

(a) 内接法

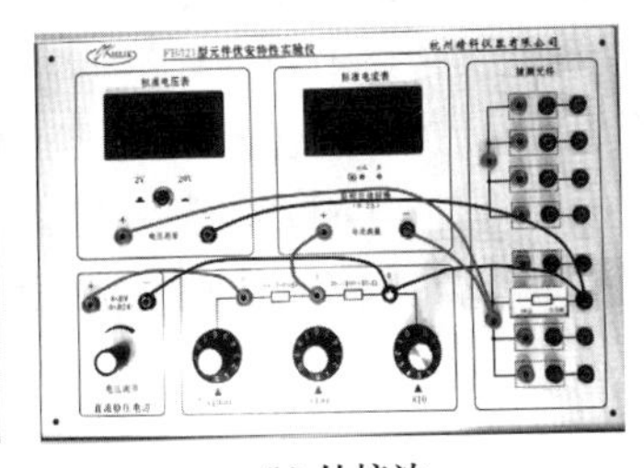

(b) 外接法

图 S3－2－4　电流表的内外接法测线性电阻

（4）选定测量线路后，取合适的电压变化值(如变化范围 0.50～4.00V，变化步长为 0.50V)，改变电压测量 8 个测量点，将对应的电压与电流值记在表 S3－2－1 中，并作出伏安特性曲线，从而利用作图法求出电阻值．

表 S3－2－1　电阻伏安特性测定

测量序数	1	2	3	4	5	6	7	8
U/V								
I/mA								

2. 测定钨丝灯泡的伏安特性

（1）因为钨丝灯泡的电阻远小于电压表内阻，选择电流表外接法，如图 S3－2－5 所示，将电阻箱 ×1000Ω 挡位旋钮旋至合适位置，×100Ω 和 ×10Ω 挡位旋钮均置为零，电压表量程选择 2V.

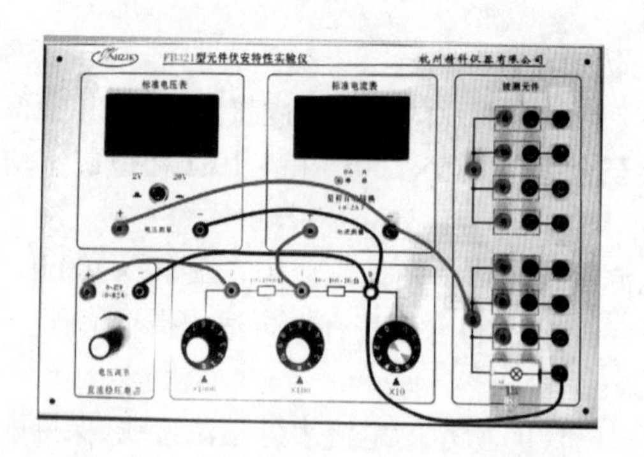

图 S3－2－5　电流表外接法测钨丝灯泡

（2）将电源电压输出调至合适数值，调节 ×100Ω 和 ×10Ω 挡位旋钮使电压值缓慢发生变化，测量 8 个点，将对应的电压与电流值记入表 S3－2－2，并作出伏安特性曲线.

表 S3－2－2　钨丝灯泡伏安特性曲线测定

测量序数	1	2	3	4	5	6	7	8
U/V								
I/mA								

3. 测定二极管正向伏安特性

（1）连线前，先记录所用晶体管型号和主要参数（即最大正向电流和最大反向电压），并根据二极管元件上的标志来判断其正反向（正负极）.

（2）因为二极管正向电阻小，选用电流表外接法，如图 S3－2－6 所示，将电阻箱 ×1000Ω挡位旋钮旋至合适位置，×100Ω 和 ×10Ω 挡位旋钮均置为零，电压表量程选择 2V.

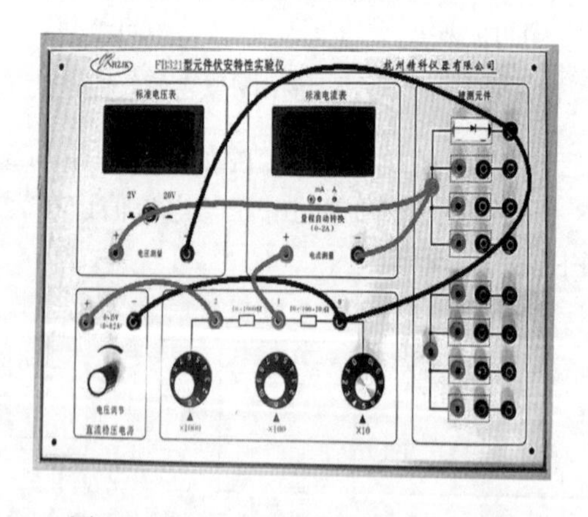

图 S3－2－6　电流表外接法测二极管

（3）调节电源电压输出，一般在 3V 左右．然后调节 ×100Ω 和 ×10Ω 挡位旋钮使电压缓慢增加，如 0.00V、0.10V、0.20V、……（到电流变化大的地方，如硅管为 0.6～0.8V，可适当减小测量间隔），读出相应电流值，将数据记入表 S3－2－3，并作出伏安特性曲线.

表 S3－2－3　二极管正向伏安特性曲线测定

测量序号	1	2	3	4	5	6	7	8
U/V								
I/mA								

【注意事项】

1. 测量钨丝灯泡伏安特性曲线时，如果电压增加太快，容易造成过载，提高电压时要缓慢一些，避免灯丝烧毁.

2. 稳压二极管和普通二极管的正向特性大致相同，测量时要限制正向电流，一般不要超过正向额定电流值的75%，避免电压到达二极管的正向导通电压值时，电流太大，损坏二极管或电流表.

【思考题】

1. 为什么每次测量前 $\times 100\Omega$ 和 $\times 10\Omega$ 挡位旋钮都要置为零?

2. 若二极管上未标明正反向，如何利用实验室设备判断二极管极性?

3. 基于本实验仪器和元件参数，设计如何测量二极管反向伏安特性曲线，画出电路图并标明相关电学参数（注意：稳压管反向击穿电压即为稳压值，此时要串入电阻箱限制工作电流不超过最大额定工作电流，否则稳压二极管将从齐纳击穿转变为不可逆转的热击穿，此时稳压二极管将损坏）.

【附录 FS3－2－1】　FB321 型元件伏安特性实验仪使用说明

1. 实验仪概述

本实验仪由直流稳压电源、可变电阻器、电流表、电压表及被测元件五部分组成（图 FS3－2－1），电压表和电流表采用四位半数显表头，可以独立完成对线性电阻元件、半导体二极管、钨丝灯泡等电学元件的伏安特性测量.

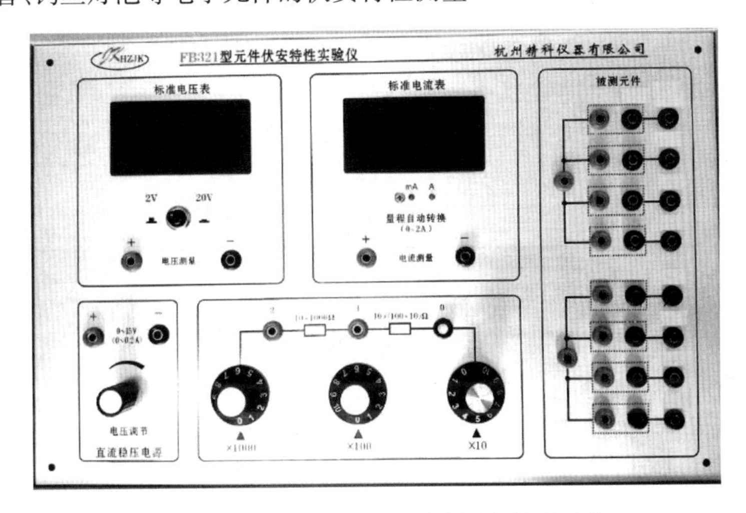

图 FS3－2－1　FB321 型元件伏安特性实验仪

2. 电阻箱结构和技术指标

（1）整机结构：可变电阻箱由$(0\sim10)\times 1\text{k}\Omega$，$(0\sim10)\times 100\Omega$，$(0\sim10)\times 10\Omega$，三位可变电阻开关盘构成.

（2）技术指标：电阻变化范围为 0 ~ 11100Ω，最小步进量为 10Ω；电阻的功耗值为（1 ~ 10）×1000Ω，0.5W；（1 ~ 10）×100Ω，1W；（1 ~ 10）×10Ω，5W.

3. 使用说明

（1）作变阻器使用．0 号和 2 号端子之间电阻等于三个位电阻盘电阻值之和，电阻值为 0 ~ 11100Ω，最小步进值为 10Ω；0 号和 1 号端子间电阻值为 0 ~ 1100Ω，最小步进量 10Ω；1 号和 2 号端子间电阻值为 0 ~ 10kΩ，步进量 1kΩ.

（2）构成分压器．当电源正极接 2 号端子，负极接 0 号端子，从 0 号、1 号端子上获得电源电压的分压输出，由电压表显示出分电压值．接线如图 FS3－2－2 所示，可得

$$U_0 = E \cdot \frac{R_0 + R_1}{R_0 + R_1 + R_2}$$

式中：U_0 为分压电压输出值；E 为电源电压；R_2 是 ×1000Ω 电阻盘示值电阻，可由电阻盘旋钮调节阻值；$R_1 + R_0$ 为 ×100Ω 与 ×10Ω 电阻盘电阻之和.

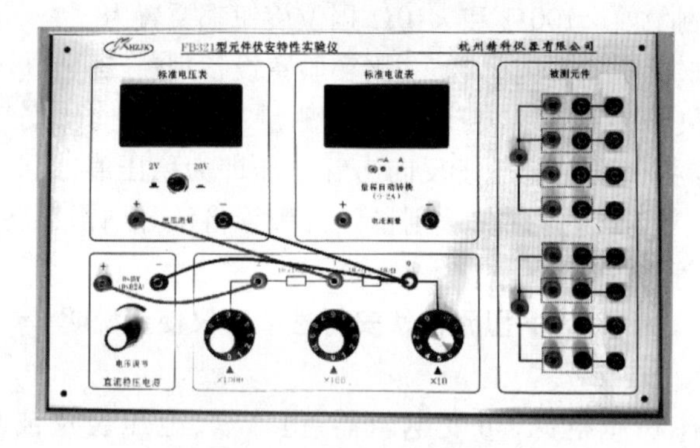

图 FS3－2－2　电阻箱构成分压器

4. 电压表

满量程电压：2V、20V，量程变换由调节转换开关完成；表头最大显示 19999；各量程内阻值如表 FS3－2－1 所示.

表 FS3－2－1　电压表量程与内阻

电压表量程	2V	20V
电压表内阻	1MΩ	10MΩ

5. 电流表

满量程电流为 0 ~ 2A，自动变换量程，表头最大显示 19999.

6. 被测元件

（1）电阻器：RJ－2W－10Ω ±5%，安全电压为 20V.

（2）二极管：由 NPN9013 型三极管作二极管使用，最高反向峰值电压为 10V，正向最大电流小于或等于 0.2A，正向压降 0.8V.

（3）稳压管二极管 1N4375：稳定电压为 6.2V，最大工作电流为 35mA，工作电流 5mA 时的动态电阻为 20Ω，正向压降小于或等于 1V.

（4）钨丝灯泡：室温下电阻为 10Ω 左右，12V，0.1A；热态电阻为 80Ω 左右，安全电压小于或等于 13V.

实验3-3　用惠斯登电桥测电阻

电桥是利用比较法进行测量的一种常用的电路,因其测量精度高、使用方便而得到广泛应用．它可以用来测量电阻、电容、电感,还可以与传感器配合使用进行非电量的测量,如温度、压力等,除此之外,电桥还被广泛应用于自动控制中．根据用途不同,直流电桥有多种类型,其性能和结构也各有特点,但其基本原理大致相同,惠斯登电桥仅是其中的一种.

【实验目的】

1. 理解惠斯登电桥基本原理,掌握惠斯登电桥测电阻的方法,了解惠斯登电桥在工作、生活中的应用．

2. 初步研究惠斯登电桥的灵敏度,了解影响电桥灵敏度的因素．

【实验仪器】

JKQJ12 型板式惠斯登电桥,JKQJ12 型数显检流计与稳压电源,滑线变阻器,待测电阻板,ZX21 型电阻箱,开关,导线．

【实验原理】

1. 惠斯登电桥的原理

图 S3-3-1 为惠斯登电桥原理图．桥臂为四个电阻 R_1、R_2、R_0、R_x,“桥”是指接有检流计 G 的对角线 C、D 的一段电路,A、B 两点接电源 E. 检流计指针偏转时,电桥不平衡;当检流计指针指零,即 $I_g=0$ 时,电桥达到平衡,此时 C 和 D 两点的电位相等．由欧姆定律可得

$$R_x=\frac{R_1}{R_2}R_0 \qquad (S3-3-1)$$

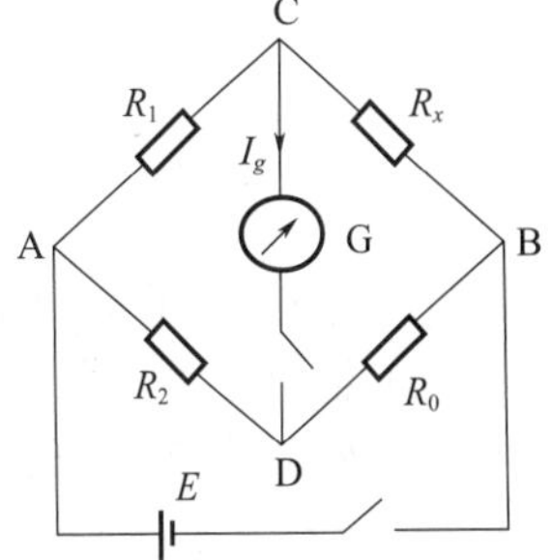

图 S3-3-1　惠斯登电桥原理

若 $R_1/R_2=K$ 为已知,则式(S3-3-1)写为

$$R_x=KR_0 \qquad (S3-3-2)$$

式中:K 为比率;R_1、R_2 为比率臂;R_0 为比较臂．若 R_1、R_2 已知,或 K 一致,那么只要 R_0 可测出或已知,就可以求得 R_x.

2. 电桥的灵敏度

式(S3-3-1)是在电桥平衡的条件下推导出来的,而电桥是否平衡,实际上是看检流计指针是否有偏转来判断．检流计的灵敏度总是有限的,因检流计灵敏度不够而带来测量误差 ΔR_x. 为此,引入电桥灵敏度的概念,定义为当电桥平衡时 R_x 的单位变量所引起检流计显示数字偏离平衡位置(0)的相应显示数字:

$$S=\frac{\Delta n}{\Delta R_x/R_x} \qquad (S3-3-3)$$

式中:ΔR_x 为电桥平衡后 R_x 的微小改变量;Δn 为电桥偏离平衡时检流计的示数值．S 越大,说明电桥越灵敏,带来的误差越小．

理论和实验证明,电桥灵敏度与下列因素有关:

(1) 检流计内阻越小,灵敏度越高．

(2) 加在电桥上的电压越大,灵敏度越高(但要注意电桥的额定功率).

(3) 比率越小,灵敏度越高.

(4) 桥臂阻值越小,灵敏度越高.

【实验内容与要求】

1. 组装惠斯登电桥并校准待测电阻板

(1) 利用电源 E、滑线变阻器 R 和数字式检流计 G 按图 S3-3-2 连接电路,校准各色环电阻的阻值,其中 E 选用 1~5V,R 的阻值调置于最大位,本实验选用待测电阻板上各色环电阻为待测电阻 R_x,ZX21 型精密可调电阻箱为比率臂电阻 R_0,板式电桥为比较臂电阻,其中 D 为滑键,按下滑键压簧片的一端,其两侧电阻丝分别为比较臂 R_1、R_2,其阻值与各自电阻丝长度呈正比,可在电阻丝下面刻度尺上分别读出 L_x 和 L_0 值,L_x 和 L_0 之比即为压簧片两侧电阻丝的阻值之比.

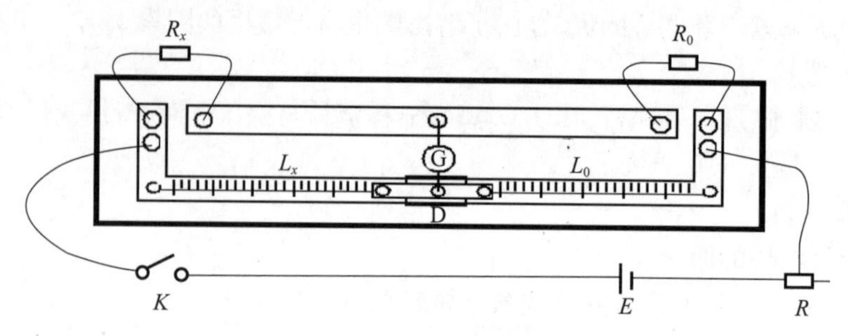

图 S3-3-2 电桥线路图

(2) 闭合电路前,首先利用"调零"旋钮对检流计进行调零.

(3) 估算色环电阻的阻值 R_T,选择 R_0阻值接近待测电阻的阻值 $R_0 \approx R_T$,以保证平衡点在电阻丝的中部,有利于减小测量误差.

(4)闭合开关,把滑键 D 推至电阻丝中点附近,按下压簧片的一端,调节电阻箱阻值 R_0的大小,使检流计 D 读数为最小值. 根据桥臂四个电阻的取值不同,当接通电路后,检流计指针会向不同方向偏转. 仔细调节 R_0,当电桥接近平衡时,检流计读数为最小值. 此时减小滑线电阻器 R 的阻值,重新调节 R_0,使检流计读数为最小值. 逐渐减小 R 的阻值,重复调节调 R_0,直到最后当 $R=0$ 时,检流计读数为最小值,还可微调滑键 D,直至检流计读数为0. 如表 S3-3-1 所示,记录 L_x、L_0和 R_0的数据,求得测量值 R_x.

表 S3-3-1 滑线式电桥测电阻

编号	1号	2号	3号
R_T/Ω			
K			
L_x/cm			
L_0/cm			
R_0/Ω			
R_x/Ω			

2. 电桥灵敏度的测量

可以证明,改变任意一臂上的电阻,得出的电桥灵敏度都是一样的.

(1) 电路同上,选取任一色环电阻作为待测电阻,首先调节电桥达到平衡,并记录 R_0 值.

(2) 电桥平衡后,增加ZX21型精密可调电阻箱上的电阻,使检流计读数为1μA,记下此时的电阻值 R_{01}.

(3) 电桥平衡后,减小ZX21型精密可调电阻箱上的电阻,使检流计读数为-1μA,记下此时的电阻值 R_{02}.

(4) 计算出 $|R_0 - R_{01}|$ 和 $|R_0 - R_{02}|$,并求出其平均值 ΔR_0.

(5) 代入式(S3-3-3),求出电桥的灵敏度 S.

【注意事项】

(1) 滑键D为检流计控制开关 S_2,按下滑键压簧片一端,检流计接入电路.

(2) 为保护检流计,测量时,采用"断续接通法",即当检流计不平衡时,及时松开滑键D的压簧片,调整 R_0 后,再按下压簧片,如此下去,直到平衡为止.

(3) 电桥通电时间不要过长,测完及时断开开关、松开滑键D.

【思考题】

1. 电桥法测电阻的原理是什么?如何判断电桥平衡?

2. 取 $R_1 = R_2$ 并调节电桥平衡,得出第一个 R_0 值 R_{01}. 把 R_1 和 R_2 对调后,电桥不再平衡,这说明什么问题?此时重调 R_0,得出第二个 R_0 值 R_{02},试证明:在此情形下 R_x 的测量值应为 $R_x = \sqrt{R_{01} \cdot R_{02}}$.

实验3-4　数字电表的使用、改装与设计

数字电表以它显示直观、准确度高、分辨率高、功能完善、性能稳定、体积小易于携带等特点在科学研究、工业现场和生产生活中得到了广泛应用. 数字电表工作原理简单,完全可以让同学们在理解的基础上,利用这一工具对电压、电流、电阻等诸多物理量进行测量,从而提高大家的动手能力和解决实际问题的能力.

【实验目的】

1. 了解数字电表的基本工作原理.
2. 掌握数字电表的校准方法和使用方法.
3. 掌握分压、分流电路的原理以及设计对电压的多量程测量.

【实验仪器】

FB309A型数字电表改装,设计(物理设计性)实验装置,九孔实验板1块,四位半通用数字万用表.

【实验原理】

1. 数字式电表原理

常见的物理量绝大多数都是幅值大小连续变化的模拟量. 指针式仪表可以直接对模拟电压和电流进行显示. 而对于数字式仪表,则需要先把模拟电信号(通常是电压信号)转换成数字信号,再进行显示和处理.

数字信号与模拟信号不同,其幅值大小不是连续的,也就是说数字信号的大小只能是某些分立的数值,就像楼梯台阶的高度只能是某些分立的数值. 这种情况被称为是"量化的". 若最小量化单位为 Δ,则数字信号的大小是 Δ 的整数倍,该整数可以用二进制码表

示．例如，设$\Delta = 0.1\mathrm{mV}$，我们把被测电压U与Δ比较，看U是Δ的多少倍，并把结果四舍五入取为整数N（二进制）．但为了能直观地读出信号大小的数值，需把N变换为十进制七段数码管显示．能准确得到并被显示出来的N是有限的，一般情况下，$N \geqslant 1000$即可满足测量精度要求（量化误差小于或等于$1/100 = 0.1\%$）．所以，最常见的数字表头的最大示数为1999，被称为三位半$\left(3\frac{1}{2}\right)$数字表，即可以完全显示的后三位，加上半个不完全显示的最高位．如U是$\Delta(0.1\mathrm{mV})$的1861倍，即$N = 1861$，则显示结果为186.1mV．这样的数字表头，再加上电压极性判别显示电路和小数点选择位，就可以测量显示$-199.9 \sim 199.9\mathrm{mV}$的电压，显示精度为0.1mV．

本实验使用的FB309A型数字电表实验装置，它的核心为双积分模数A/D转换译码驱动集成芯片ICL7107．双积分模数转换电路的基本工作原理比较简单．当被测的输入电压为V_x时，在固定时间T_1内对电量为零的电容器C进行恒流充电（电流大小与待测电压V_x成正比），这样电容器两极板之间的电量将随时间线性增加．那么，当充电时间到T_1后，电容器上积累的电量Q正比于V_x；然后让电容器恒流放电（电流大小与参考电压V_{ref}成正比），这样电容器两端之间的电量将线性减小，直到T_2时刻减小为零，结束时刻停止计数，得到计数值N_2，显然释放电量Q要正比于N_2．这样，N_2与V_x是成正比的，也就是说，可由N_2来衡量V_x的大小．其中，比例系数依赖于充电计数值N_1和参考电压V_{ref}，即$N_2 = N_1 \cdot V_x / V_{\mathrm{ref}}$．

对于ICL7107，测量总周期总保持4000个时钟单元，其中放电计数值N_2的计数随V_x的不同范围为$0 \sim 1999$，而充电计数值N_1的值为1000不变．因此满量程时N_2的最大值$N_{2\max} = 2000 = 2N_1$，故$V_{x\max} = 2V_{\mathrm{ref}}$．这样，若取参考电压为100mV，则最大输入电压为200mV；若参考电压为1V，则最大输入电压为2V．

2. 用ICL7107数模转换器进行常见物理参量的测量

为了更好地掌握ICL7107的使用方法，仪器中预留了9个输入端，包括2个测量电压输入端（IN_+、IN_-）、2个基准电压输入端（V_{r+}、V_{r-}）、3个小数点驱动输入端（d_{P1}、d_{P2}和d_{P3}），以及模拟公共端（COM）和地端（GND）．

R_{int}为积分电阻，它是由满量程输入电压和对积分电容充电的内部缓冲放大器的输出电流来定义的．对于ICL7107，充电电流的常规值为$I_{\mathrm{int}} = 4\mu\mathrm{A}$，那么$R_{\mathrm{int}}$ = 满量程/4μA．所以在满量程为200mV，即参考电压$V_{\mathrm{ref}} = 100\mathrm{mV}$时，$R_{\mathrm{int}} = 50\mathrm{k}\Omega$，实际选择47kΩ电阻；在满量程为2V，即参考电压$V_{\mathrm{ref}} = 1\mathrm{V}$时，$R_{\mathrm{int}} = 500\mathrm{k}\Omega$，实际选择470kΩ电阻．拨位开关$\mathrm{K}_1-4 \to \mathrm{ON}$，其余$\mathrm{K}_1-1,2,3 \to \mathrm{OFF}$，对应着$R_{\mathrm{int}} = 47\mathrm{k}\Omega$；拨位开关$\mathrm{K}_1-2 \to \mathrm{ON}$，其余$\mathrm{K}_1-1,3,4 \to \mathrm{OFF}$，对应着$R_{\mathrm{int}} = 470\mathrm{k}\Omega$（注：拨位开关$\mathrm{K}_1$、$\mathrm{K}_2$拨到上方为ON，拨到下方为OFF）．

1）测量直流电压的实验（直流电压表）

（1）当参考电压$V_{\mathrm{ref}} = 100\mathrm{mV}$时，取$R_{\mathrm{int}} = 47\mathrm{k}\Omega$．采用分压法实现测量$0 \sim 200\mathrm{mV}$的直流电压，电路图见图S3-4-1．

（2）当参考电压$V_{\mathrm{ref}} = 1\mathrm{V}$时，取$R_{\mathrm{int}} = 470\mathrm{k}\Omega$．直接测量$0 \sim 2\mathrm{V}$的直流电压，电路图见图S3-4-2．

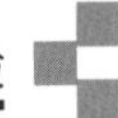

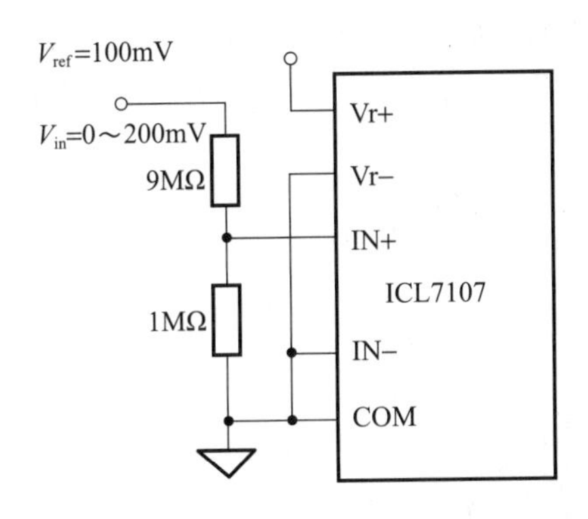

图 S3－4－1 测量0～200mV 直流电压电路

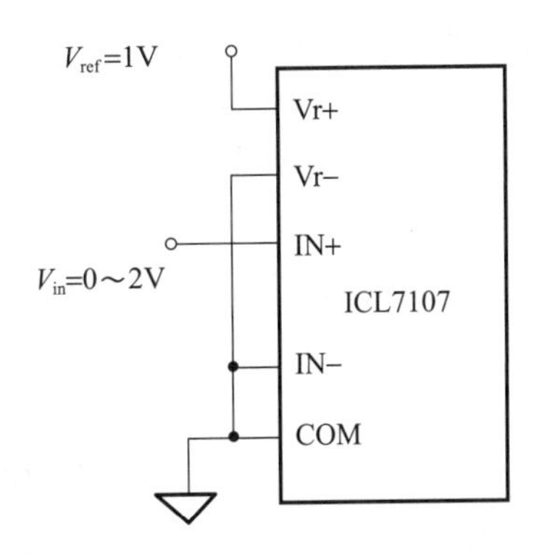

图 S3－4－2 测量0～2V 直流电压电路

2）测量直流电流的实验（直流电流表）

采用欧姆压降法来测量直流电流，如图 S3－4－3 所示，即让被测电流流过一定值电阻 R_i，然后用 200mV 的电压表测量此定值电阻上的压降 R_iI_S（当 $V_{ref}=100mV$ 时，保证 $R_iI_S\leqslant200mV$ 就行）．由于被测电路接入了电阻，因而该测量方法会对原电路有影响，测量电流变成 $I'_S=R_0I_S/(R_0+R_i)$，所以被测电路的内阻越大，误差将越小．

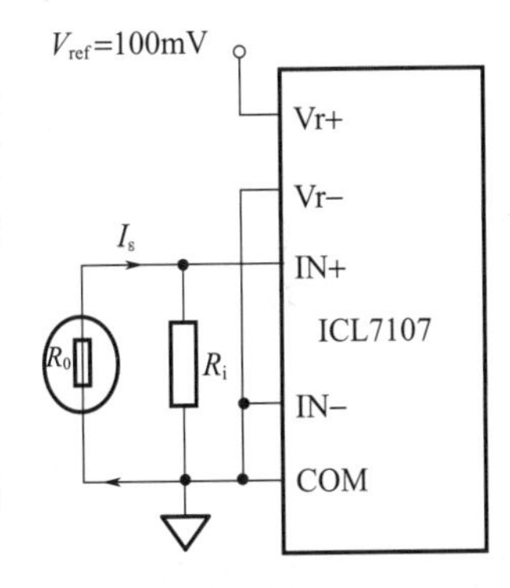

图 S3－4－3 直流电流测量电路

3. 直流电压量程扩展测量电路

在前面所述的直流电压表前面加一级分压电路（分压器），可以扩展直流电压测量的量程，如图 S3－4－4 所示．若电压表的量程 U_0 为 200mV，即前面所讲的参考电压选择 100mV 时所组成的直流电压表，r 为其内阻（如 10MΩ），r_1、r_2 为分压电阻，U_i 为扩展后的量程．由于 $r\gg r_2$，所以分压比为 $\frac{U_0}{U_i}=\frac{r_2}{r_1+r_2}$，扩展后的量程为 $U_i=\frac{r_1+r_2}{r_2}U_0$.

多量程分压原理电路见图 S3－4－5，各挡量程的分压比分别为 1、0.1、0.01、0.001 和 0.0001，对应的量程分别为 200mV、2V、20V、200V 和 2000V.

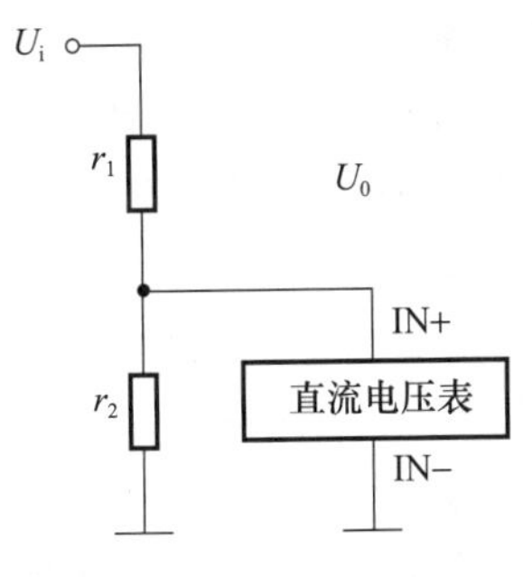

图 S3－4－4 分压电路原理

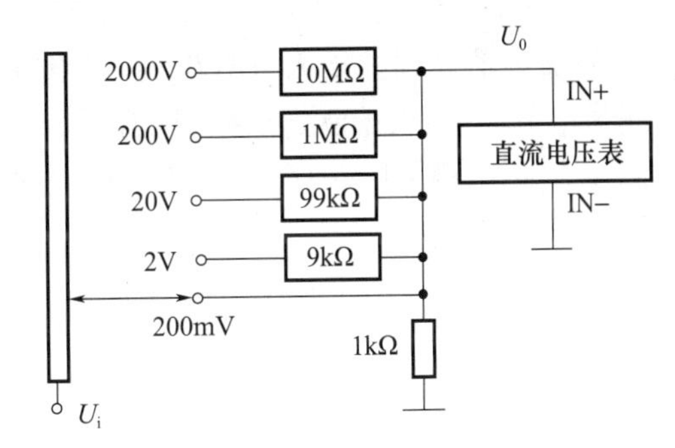

图 S3－4－5 多量程分压器原理

采用图 S3－4－5 的分压电路，虽然可以扩展电压表的量程，但在小量程挡明显降低

了电压表的输入阻抗，这在实际应用中是行不通的．所以，实际应用数字万用表的直流电压挡分压电路为图 S3－4－6 所示．它能在不降低输入阻抗的情况下，可达到同样的分压效果．例如，20V 挡的分压比为

$$\frac{R_3+R_4+R_5}{R_1+R_2+R_3+R_4+R_5}=\frac{100\text{k}\Omega}{10\text{M}\Omega}=0.01$$

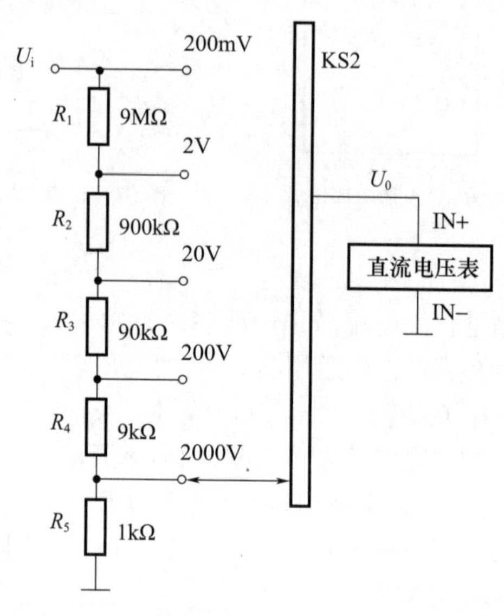

图 S3－4－6　实用分压器电路

其余各挡的分压比也可照此算出．

实际设计时是根据各挡的分压比以及考虑输入阻抗要求所决定的总电阻来确定各分压电阻的．首先确定总电阻 $R=R_1+R_2+R_3+R_4+R_5=10\text{M}\Omega$，再计算 2000V 挡分压电阻 $R_5=0.0001R=1\text{k}\Omega$，然后计算 200V 挡分压电阻 $R_4+R_5=0.001R$，$R_4=9\text{k}\Omega$，再依次逐挡计算 R_3，R_2，R_1．

尽管上述最高挡的理论量程是 2000V，但通常的数字万用表出于耐压和安全考虑，规定最高电压量限为 1000V．由于着重在掌握测量原理，所以不提倡大家做高电压测量实验．在转换量程时，波段转换开关可以根据挡位自动调整小数点的显示，只要对应的小数位 dP1、dP2 或 dP3 插孔接地就可以实现小数点的点亮．

4. 直流电流量程扩展测量电路（参考电压 $V_{\text{ref}}=100\text{mV}$）

测量电流原理：根据欧姆定律，用合适的取样电阻把待测电流转换为相应的电压，再进行测量．如图 S3－4－7 所示，由于电压表内阻 r 远大于 R，所以取样电阻 R 上的压降为 $U_i=I_iR$．若数字表头的电压量程为 U_0，欲使电流挡量程为 I_0，则该挡的取样电阻（也称分流电阻）$R_0=U_0/I_0$．若 $U_0=200\text{mV}$，则 $I_0=200\text{mA}$ 挡的分流电阻为 $R=1\Omega$．

多量程分流器原理电路见图 S3－4－8．该分流器在实际使用中有一个缺点，就是当换挡开关接触不良时，被测电路的电压可能使数字表头过载，所以，实际数字万用表的直流电流挡电路如图 S3－4－9 所示，各挡分流电阻的阻值是这样计算的：先计算最大电流挡的分流电阻，$R_5=\frac{U_0}{I_{m5}}=\frac{0.2}{2}=0.1\Omega$，再计算下一挡的分流电阻 R_4 为 $R_4=\frac{U_0}{I_{m4}}=\frac{0.2}{0.2}-0.1=$

0.9Ω,这样依次可以计算出 R_3,R_2,R_1 的值.

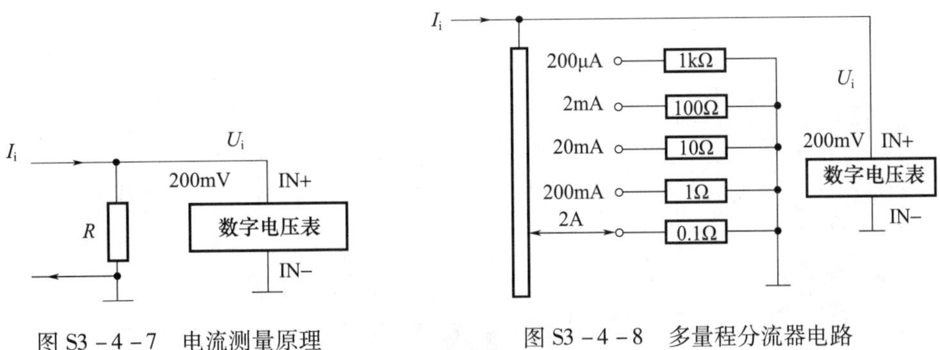

图 S3-4-7 电流测量原理

图 S3-4-8 多量程分流器电路

图 S3-4-9 中的 FUSE 是 2A 保险丝管,起到过流保护作用. 两只反向连接且与分流电阻并联的二极管 D1,D2 为硅二极管,它们起双向限幅过压保护作用. 正常测量时,输入电压小于硅二极管正向导通电压,二极管截止,对测量毫无影响. 一旦输入电压大于 0.7V,二极管立即导通,两端电压被钳制在 0.7V 内,保护仪表不被损坏.

用 2A 挡测量时,若发现电流大于 1A 时,应尽量减小测量时间,以免大电流引起的较高升温而影响测量精度,甚至损坏电表.

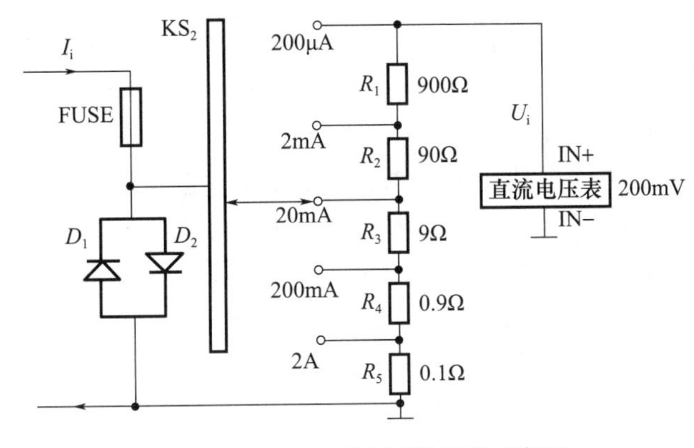

图 S3-4-9 实用分流器原理示意图

【实验内容与步骤】

1. 数字电表原理实验

1) 直流电压的测量(200mV 挡量程的校准)

(1) 拨位开关 K_1 -4→ON,其余 K_1 -1,2,3→OFF,使 R_{int} =47kΩ. 调节 AD 参考电压模块中的电位器,同时用标准万用表 200mV 挡测量其输出电压值,直到万用表的示数为 100mV 为止.

(2) 调节直流电压电流模块中的电位器,同时用万用表 200mV 档测量该模块电压输出值,使电压输出值为 0 ~ 199.9mV 的某一具体值(如 150.0mV).

(3) 拨位开关 K_2 -3→ON,其余 K_2 -1,2,4→OFF,使对应的 ICL7107 模块中数码管的相应小数点点亮,显示 XXX·X.

(4) 按图 S3-4-10 方式接线、供电. 调节模数转换及显示模块中的电位器 RWC,

使外部频率计的读数为 40kHz 或者示波器测量的积分时间 $T_1 = 0.1\text{s}$. 注意:以后不要再调整电位器 RWC.

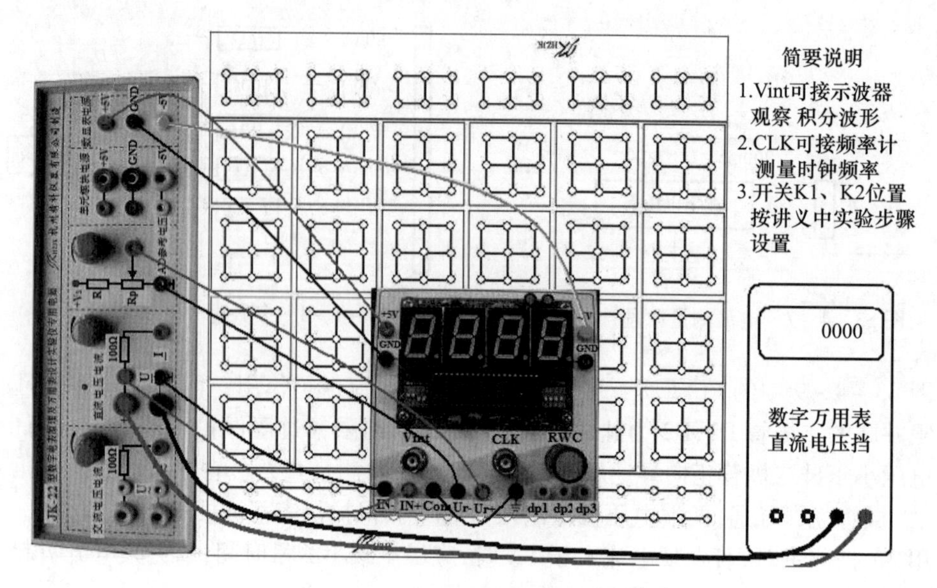

图 S3－4－10　直流电压测量接线图

（5）观察 ICL7107 模块数码管显示是否为前述 0 ~ 199.9mV 中那一具体值(如 150.0mV). 若略有差异,稍微调整 AD 参考电压模块中的电位器使模块显示读数为前述那一具体值(如 150.0mV).

（6）调节直流电压电流模块中电位器,使模块输出电压分别为 199.9mV、180.0mV、160.0mV、…、20.0mV、0mV,并记录下万用表所对应的读数.

（7）以模块显示读数为横坐标,万用表显示读数为纵坐标,绘制校准曲线.

在上面实验进行校准时,由于直流电压电流模块中的电位器细度不够,可能调整不到相应的值(如 150.0mV),也可以调整到一个很接近的值;但是在稍微调整 AD 参考电压模块中的电位器时,一定要使模块显示值与实际测量的直流电压电流模块中输出的电压值显示一样. 在电流挡的校准时也必须遵循这一原则.

2）直流电流的测量(20mA 挡量程校准)

（1）测量时先把直流电流模块中电位器逆时针旋到底,使输出电流为零.

（2）拨位开关 K_1-4→ON,其余 $K_1-1,2,3$→OFF,使 $R_{\text{int}}=47\text{k}\Omega$. 调节 AD 参考电压模块中的电位器,同时用万用表 200mV 挡测量输出电压值,直到万用表的指示等于 100mV 为止.

（3）拨位开关 K_2-2→ON,其余 $K_2-1,3,4$→OFF,使对应 ICL7107 模块中数码管的相应小数点点亮,显示 XX · XX.

（4）按照图 S3－4－11 方式接线、供电. 向右旋转调节直流电压电流模块中的电位器,使万用表显示为 0 ~ 19.99mA 的某一具体值(如 15.00mA).

（5）观察模数转换模块中显示值是否为 0 ~ 19.99mA 中的前述的那一具体值(如 15.00mA). 若有些许差异,稍微调整 AD 参考电压模块中的电位器使模块显示数值为 0 ~ 19.99mA 中的前述的那一具体值(如 15.00mA).

(6) 调节直流电压电流模块中的电位器，使显示模块输出电流分别为19.99mA、18.00mA、16.00mA、…、0.20mA、0mA，并同时记录下万用表所对应的读数.

(7) 以模块显示读数为横坐标，万用表显示读数为纵坐标，绘制校准曲线.

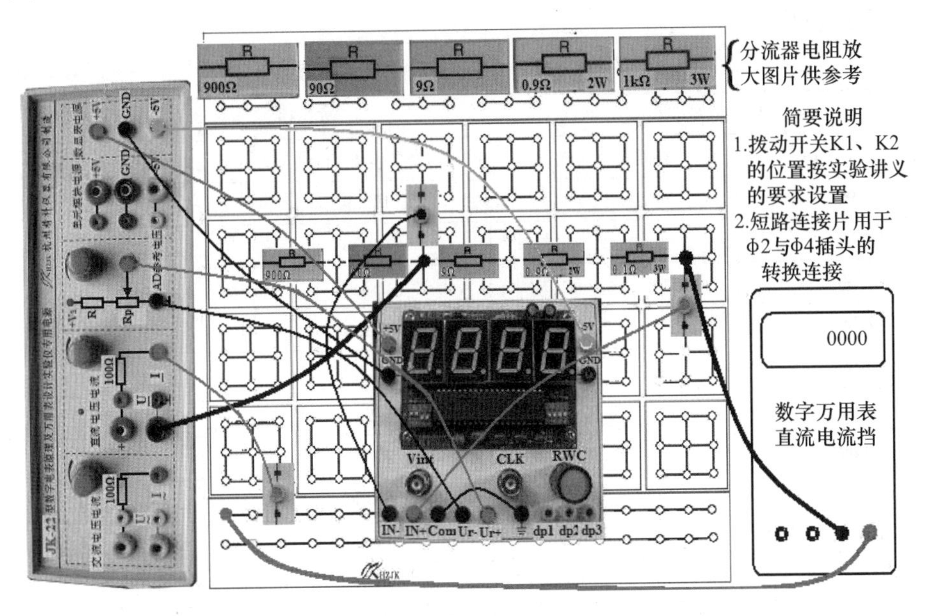

图 S3-4-11　直流电流测量接线图

2. 数字表设计实验

量程转换开关模块如图 S3-4-12 所示，KS_1 这组开关用于控制模块小数点位的点亮，KS_2用于分压器、分流器以及分挡电阻上，来实现多量程测量. 通过波段开关，可以使KS_1插孔依次与插孔a、b、c、d、e相连，KS_2插孔依次和插孔A、B、C、D、E相连. 在进行多量程扩展时，注意把拨位开关K_2都拨向OFF，然后把插孔a、b、c、d、e和dP_1、dP_2和dP_3连接组合成需要的量程(控制相应量程的小数点位). 当转动波段开关时，dP_1、dP_2、dP_3中有且只有一个通过a、b、c、d、e与KS_1相连接地，从而对应的小数点将被点亮，具体的接线方法是：$dP_1 \to b$，$dP_1 \to e$，$dP_2 \to c$，$dP_3 \to a$，$dP_3 \to d$.

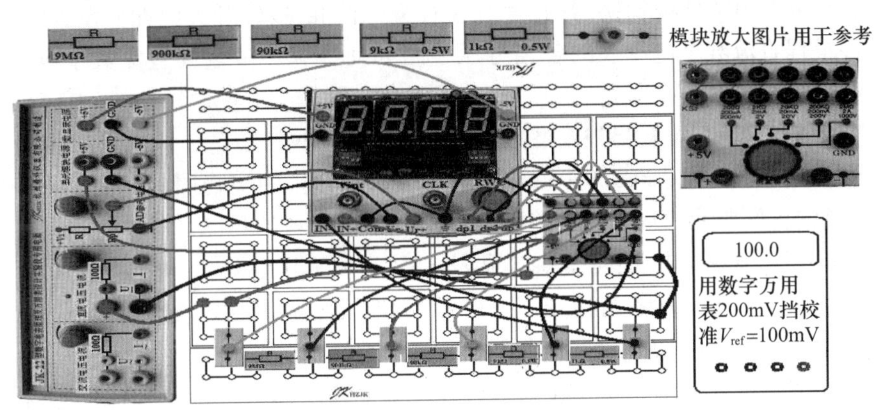

图 S3-4-12　改装多量程直流电压表实验接线图

利用分压器扩展电压表头设计制作 200mV,2V,20V,200V,2000V 多量程直流数字电压表．参照图 S3 -4 -12 进行连线,并对多量程数字电压表进行校准,自拟表格记录数据,如表 S3 -4 -1 所示．

【数据处理】

表 S3 -4 -1　数字电表校准数据表

20.00mA 直流电流表校准		200.0mV 直流电压表校准	
改装表 I'/mA	标准表 I/mA	改装表 U'/mV	标准表 U/mV
19.99		199.9	
18.00		180.0	
16.00		160.0	
14.00		140.0	
12.00		120.0	
10.00		100.0	
8.000		80.00	
6.000		60.00	
4.000		40.00	
2.000		20.00	
0.000		0.000	

【注意事项】

1. 实验时应“先接线,再通电;先断电,再拆线”,通电前确认接线无误．

2. 即使加有保护电路,也应注意不要用电流挡或电阻挡测量电压,以免造成不必要的损害．

3. 当数字表头最高位显示“1”(或“ -1”),其余位都不亮时,表明输入信号过大,超量程．应尽快换大量程或减小(断开)输入信号,避免长时间超量程．

4. 避免硬拔硬拽导线,拽断线芯．

【思考题】

1. 若对 ICL7107 数模转换器的 2V 挡量程进行校准,拨位开关应如何设置？为什么？

2. 多量程直流数字电压表的各挡分压电阻如何计算？多量程直流数字电流表的各挡分流电阻如何计算？

【附录 FS3 -4 -1】　FB309A 型数字电表改装实验仪

图 S3 -4 -13 所示为 FB309A 型数字电表改装实验仪的实物照片．主要由一些元器件集装而成的各类单元模块构成．下面我们来介绍各模块的功能．

(1) JK -22 型专用电源:可提供数显表 ±5V 直流工作电源、各单元模块 ±5V 直流工作电源、数转换器 ICL7107 参考电压 V_{ref}(0 ~12V 连续可调)、测量用直流电压(0 ~10V 连续可调)、测量用交流电压(0 ~6V 连续可调);

(2) 实验模块,主要有 ICL7101 模数转换及显示模块(100mm ×100mm)、量程转换开关模块(64mm ×64mm)、电流挡保护模块(64mm ×32mm)、参考电阻和待测电阻模块(64mm ×32mm)、电位器(可变电阻)模块 1 块(64mm ×32mm)、短路及大小插头转换连接片、固定电阻器若干(32mm×16mm)等.

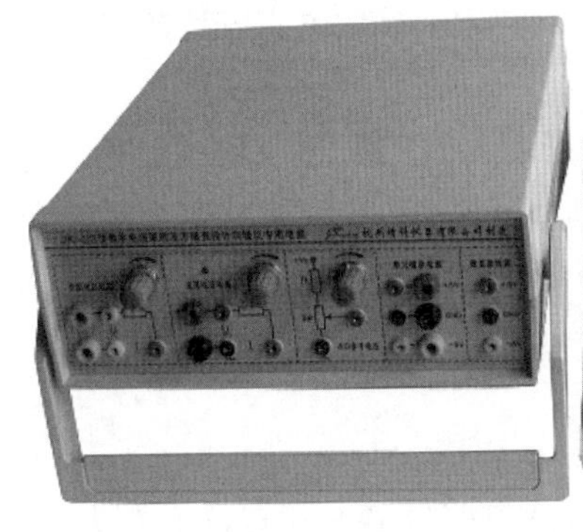

图S3-4-13　FB309A型数字电表改装、设计(物理设计性)实验装置

实验3-5　电路故障分析

电路故障是指电路连接完成后,闭合开关通电时,电路不工作或电路不能正常工作.电路故障分析就是对无法正常工作的整个电路或部分电路进行诊断,分析故障原因.检查电路故障是所有电器、各种仪器仪表以及电力(电子)设备等维修中非常重要的环节,反映了对电路知识、电子元器件的应用能力,也有助理解电路的物理原理.电路故障分析实验综合了电路知识、电流表、电压表特点以及电路中的物理量的电规律等知识,通过分析电路故障原因及位置,排除常见电路故障如断路和短路,从而提高学员解决实际问题的能力.

【实验目的】

1. 掌握数字万用表的使用方法并用它测量各类元件.
2. 掌握检查故障的基本方法和分析故障所遵循的原则,提高学生的实验和仪器维修能力.

【实验仪器】

电路故障分析实验仪,数字万用电表,连接线.

【实验原理】

1. 电路故障的基本类型

电路多种多样,出现的故障也各种各样,根据故障原因,电路故障大致可以分为以下几类:

(1) 断路故障.电路断路故障是指电路某一回路非正常断开,使电流不能在回路中流通的故障,如断路、电路接触不良等.电路断路部分没有电流通过(电流表无示数),断路两点之间有电压.

(2) 短路故障.电路中不同电位的两点被导体短接起来,造成电路不能正常工作的故障,称为短路故障.电路被短路部分有电流通过(电流表有示数),被短路两点之间没有电压(电压表无示数).

(3) 连接故障.电路都是将各元器件按照一定顺序连接起来.许多情况下,如果连接顺序被打乱,或者将电路中一些控制元器件漏接或多接、电路正负极接反或同名端接错、电路中某点非正常接地等都将使电路不能正常工作.

2. 分析故障的基本原则

故障发生后，怎样迅速地把故障寻找出来并排除？一般在分析故障时应遵循以下三项原则．

（1）根据现象缩小范围：故障发生往往会出现异常现象，可以根据这些现象判断故障的大体部位，以缩小检查范围．

（2）追根求源顺序检查：故障范围确定之后，再用顺序检查的方法依次寻找故障．

（3）认真分析识破假象：在检查故障时，往往遇到各种各样的现象，只有经过长期摸索、不断积累经验，才能不被假象所迷惑．

3. 故障检测方法

根据电路故障的特点和不同的表现形式，查找电路故障通常有以下方法．

1）直接观察

电路发生故障时，通常情况下不会立即去使用仪器测量，而是先用肉眼观察电路连接情况，看电压表、电流表和正负接线柱是否错接了，或者量程选的不合适（过大或过小了）、滑动变阻器错接了（全上或全下了）；再查找电路可能存在的异常部位，如检查电源电压的等级跟极性是否符合电路要求，观察元器件有没有过热、冒烟和明显焦味等．

2）电压测量（电压表检查法）

当出现故障时，电路中的电压必然发生改变．通过测量电压是有还是没有、偏大或偏小，并根据电压的变异情况和电路工作原理作出推断，找出具体的故障原因．可以用电压表（万用表直流电压挡适当量程）分别和各部分并联，测量各部分电路上的电压，若电压表有示数且比较大（常表述为等于电源电压），则与电压表并联的电路发生了断路（电源除外），与电压表串联的电路是通路；若电压表无示数，则与电压表并联处发生了短路，或与电压表串联电路存在断路．在用电压表检查时，一定要注意电压表的极性正确和量程符合要求．

3）电流测量（电流表检查法）

当电路中接有电源时，可以用电流表（万用表直流电流挡适当量程）串入各部分电路中测量其电流，若电流表有示数且偏大，则与电流表串联的电路中存在短路；把电流表分别和各处并联，如其他部分能正常工作，电流表有电流，则当时与电流表并联的部分断开了（适用于多用电器串联电路）．不能将电流表并联在电源两端，这样会造成电源短路．在用电流表检查时，一定要注意电流表的极性正确和量程符合要求．

4）电阻测量（欧姆表检查法）

当电路中断开电源后，可以利用欧姆表（万用表欧姆挡适当量程）测量各部分的电阻值及线路是否有断、短路，通过对测量电阻值的分析，就可以确定故障．欧姆表不能带电测量，要将待测电路的电源断开．如果测量并联电路的元件电阻，则需将待测元件从并联电路上断开一端，或者测量该并联组合电阻并与计算值相比较，以判断是否有故障存在．

5）替换法

对于故障不明显的电子电路，在无法进行直观的判断或疑似故障点时，可利用现有的相同元件进行替换，如果替换后故障现象消失，说明怀疑、判断属实，也就找到了故障部位；如果替换后故障现象仍然存在，说明怀疑错误，同时也排除了怀疑部位，缩小了故障范围．

断路和短路故障是直流电路中常见的电路故障，本实验需要判断和排除的也是此类故障，可以采用电压测量、电流测量、电阻测量方法，这三种基本量用万用表即可查出．万用表是电器测量中最常用的仪器之一，随着科技的发展，由最初的指针式发展到现在的数字式，功能越来越强大，本实验就是用数字万用表检查故障．

【实验内容与要求】

1. 仪器背后插入220V电源线，打开电源开关

2. 熟悉数字万用表的使用方法（参照附录FS3－5－1）

（1）用数字万用表测量直流稳压电源输出电压，填入表S3－5－1，分析测量电压时如何选择数字万用表的量程和测量方法，计算测量值与输出值之间的误差．

表S3－5－1　数字万用表测量直流稳压电源输出电压

输出电压						
测量电压						

（2）用数字万用表测量电阻，填入表S3－5－2，分析测量电阻时如何选择数字万用表的量程和测量方法，计算测量值与标准值之间的误差．

表S3－5－2　数字万用表测量电阻

标准电阻						
测量电阻						

（3）用数字万用表测量直流电流，填入表S3－5－3，分析测量电流时如何选择数字万用表的量程和测量方法，计算测量值与输出值之间的误差．

表S3－5－3　数字万用表测量直流电流

输出电流						
测量电流						

3. 伏安特性电路故障检测实验

按照图S3－5－1所示，将6个故障设置开关全置于“下”位，并将直流稳压电源输出接入伏安特性10V接线孔．

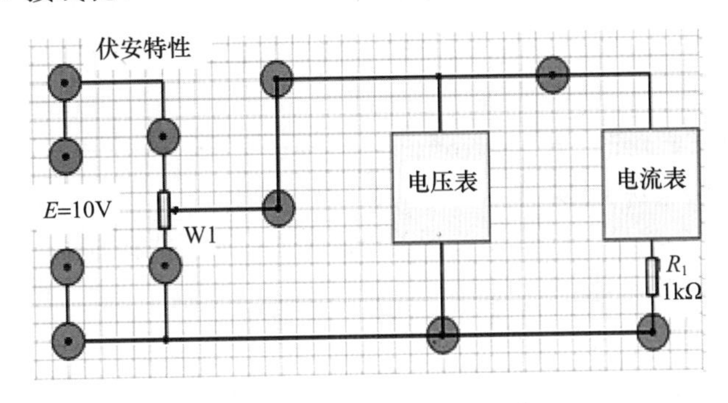

图S3－5－1　伏安特性电路

（1）用通断测试挡分析图S3－5－1中6个故障设置开关所对应电路图两个检测孔之间连接位置；用X标记画出．

（2）分析所对应的故障位置，故障设置开关拨至正确位置．

（3）开关 K_5、K_6 断开时，电压、电流是多少？分析原因．

（4）排除全部故障后，6 个故障设置开关各应处正确位置．

（5）开关 K_1 ~ K_6 在上、下位置时，记录电流、电压值，填入表 S3－5－4.

表 S3－5－4　伏安特性电路故障检测

开关位置	K_1		K_2		K_3		K_4		K_5		K_6	
	上	下	上	下	上	下	上	下	上	下	上	下
电压												
电流												

4. 电机正反向控制故障检测实验

按图 S3－5－2 将 6 个故障设置开关全置于“下”位；并将直流稳压电源输出接入电机正反向控制 1V.

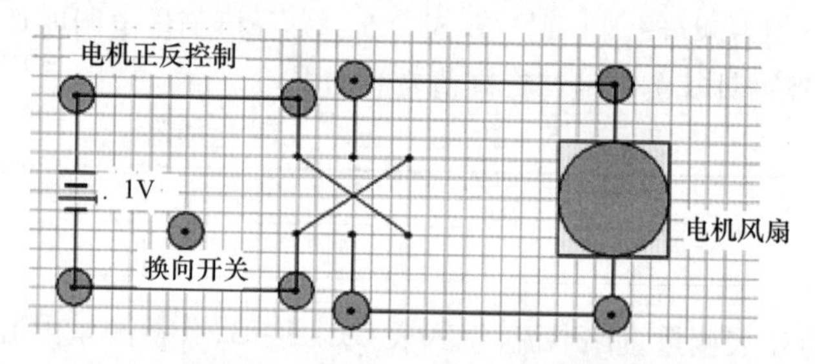

图 S3－5－2　电机正反向控制电路

（1）按照上图分析故障设置开关所对应电路图的位置，用 X 标记画出．

（2）分析对应的故障位置，故障设置开关拨至正确位置．

（3）分析开关 K_3 在风扇顺转（换向开关倒右）时不起作用的原因．

（4）排除全部故障后，6 个故障设置开关各应处正确位置．

（5）开关 K_1 ~ K_6 在上、下位置时，记录风扇的顺、逆转和停止情况，填入表 S3－5－5.

表 S3－5－5　电机正反向控制故障检测

开关位置	K_1		K_2		K_3		K_4		K_5		K_6	
	上	下	上	下	上	下	上	下	上	下	上	下
风扇												

5. 分压控制灯故障检测实验

按照图 S3－5－3 将 6 个故障设置开关全置于“下”位，并将直流稳压电源输出接入分压控制灯 10V.

（1）分析故障设置开关所对应电路图的位置，用 X 标记画出．

（2）分析对应的故障位置，故障设置开关拨至正确位置．

（3）排除全部故障后，6 个故障设置开关各应处正确位置．

（4）开关 K_1 ~ K_6 在上、下位置时，记录灯的亮、灭情况，填入表 S3－5－6.

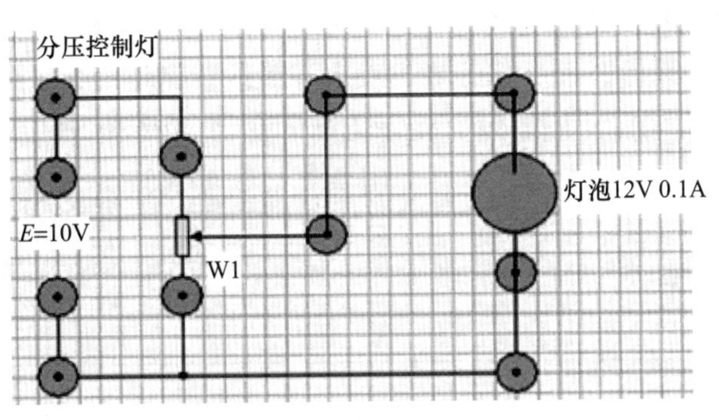

图 S3－5－3 分压控制灯电路

表 S3－5－6 分压控制灯故障检测

开关位置	K_1		K_2		K_3		K_4		K_5		K_6	
	上	下	上	下	上	下	上	下	上	下	上	下
灯												

6. 5V 稳压电源故障检测实验

按照图 S3－5－4 或图 S3－5－5 接成全波或半波整流电路，将 6 个故障设置开关全置于“下”位，并将交流电源 8V 输出接入 5V 稳压电源输入；a、b、c 三个线段是虚线，可用连接线在不同检测孔分别接成半波、全波桥式整流电路.

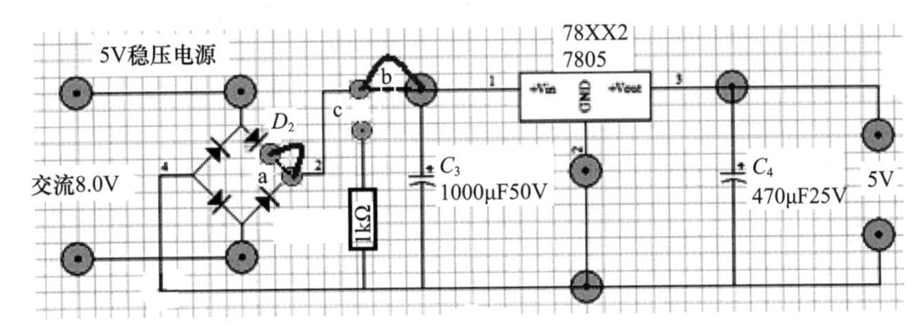

图 S3－5－4 5V 稳压电源全波整流电路

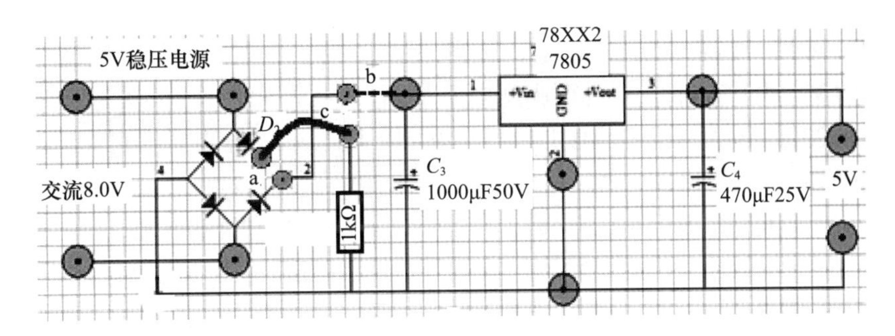

图 S3－5－5 5V 稳压电源半波整流电路

(1) 按照上图分析故障设置开关所对应电路图的位置，用 X 标记画出.

(2) 分析对应的故障位置，故障设置开关拨至正确位置.

(3) 分析电路中电容 C3 和 C4 的作用.

(4) 排除全部故障后,6 个故障设置开关各应处的正确位置.

(5) 开关 $K_1 \sim K_6$ 在上、下位置时,记录电压的变化,填入表 S3-5-7.

表 S3-5-7 稳压电源故障检测

开关位置	K_1		K_2		K_3		K_4		K_5		K_6	
	上	下	上	下	上	下	上	下	上	下	上	下
电压												

【注意事项】

1. 接电压时,注意各电路的输入电压,以免烧坏电路中元件和电表.
2. 接线查故障时,避免电压表串入回路、电流表并入电路.
3. 故障设置开关;拨至"上"位可使接通或断路,拨至"下"位也可使接通或断路. 这样人为设置了两个检测孔之间连接的通或断,根据电路图用万用表测量分析,找出故障,拨对应故障设置开关至正确位.

【思考题】

1. 怎样用数字万用表测量二极管正负极,三极管的基极、集电极、发射极?
2. 设计一个可调的直流稳压电源电路,电压调节范围为 -5 ~5V.

【附录 FS3-5-1】 数字万用表的使用方法

数字万用表由电阻、电容、二极管、三极管、运算放大器、三位半 LCD/LED 显示、A/D 转换器 IC、量程开关、蜂鸣器、晶振、插孔等电子元件构成.

电压挡:检测时可用来测量器件的各脚电压,与正常时的电压比较来判断器件是否损坏. 还可以用来检测稳压值较小的稳压二极管的稳压值.

电流挡:将表串联入电路中,对电流进行测量和监视. 若电流远偏离正常值(凭经验或原有正常参数),必要时可以调整电路或者需要检修. 还可以利用该表的 20A 挡测量电池的短路电流,即将两表笔直接接在电池两端. 切记时间绝对不要超过 1s. 注意:此方法只适用于干电池,5 号、7 号充电电池,且初学者要在熟悉维修的人员指导下进行,切不可自行操作. 根据短路电流即可判断电池的性能,在满电的同种电池的情况下,短路电流越大越好.

电阻挡:可用于判断电阻、二极管、三极管好坏. 对于电阻其实际阻值偏离标称值过多时则已损坏. 对于三极管,若任两脚间电阻都不大(几百 kΩ),则可认为性能下降或者已击穿损坏,注意三极管是不带阻的. 此法也可用于集成块,需要说明的是,集成块的测量只能和正常时参数作比较.

数字万用表属于比较简单的测量仪器. 从数字万用表的测量电压、电阻、电流、二极管、三极管、MOS 场效应管的测量等测量方法开始,更好地掌握万用表测量方法.

1. 电压的测量

(1) 直流电压的测量. 首先将黑表笔插进"COM"孔,红表笔插进"VΩ". 把选挡旋钮旋至比估计值大的量程(注意:表盘上的数值均为最大量程,"V -"表示直流电压挡,"V ~"表示交流电压挡,"A"是电流挡);再把表笔接电源或电池两端;保持接触稳定. 数值可以直接从显示屏上读取,若显示为"1.",则表明量程太小,那么就要加大量程后再测

量工作电器. 如果在数值左边出现“ - ”,则表明表笔极性与实际电源极性相反,此时红表笔接的是负极.

(2) 交流电压的测量. 表笔插孔与直流电压的测量一样,不过应该将旋钮打到交流挡“V ~ ”处所需的量程即可. 交流电压无正负之分,测量方法跟前面相同. 无论测交流还是直流电压,都不要随便用手触摸表笔的金属部分.

2. 电流的测量

(1) 直流电流的测量. 先将黑表笔插入“COM”孔. 若测量大于200mA的电流,则要将红表笔插入“10A”插孔并将旋钮打到直流“10A”挡;若测量小于200mA的电流,则将红表笔插入“200mA”插孔,将旋钮打到直流200mA以内的合适量程. 调整好后,就可以测量了. 将万用表串进电路中,保持稳定,即可读数. 若显示为“1”,那么就要加大量程;如果在数值左边出现“ - ”,则表明电流从黑表笔流进万用表.

(2) 交流电流的测量. 测量方法与(1)相同,不过挡位应该打到交流挡,电流测量完毕后应将红笔插回“VΩ”孔,若忘记这一步而直接测电压,表或电源会在“一缕青烟中上云霄”——报废!

3. 电阻的测量

将表笔插进“COM”和“VΩ”孔中,选挡旋钮旋到“Ω”中所需量程,用表笔接在电阻两端金属部位,测量中可以用手接触电阻,但不要把手同时接触电阻两端,会影响测量精度. 读数时,要保持表笔和电阻接触良好;注意,“200”挡时单位是“Ω”,“2K”到“200K“挡时单位为“KΩ”,“2M”以上的单位是“MΩ”.

4. 二极管的测量

数字万用表可以测量发光二极管,整流二极管等,测量时,表笔位置与电压测量一样,将选挡旋钮旋到“ ⏩| ”挡;用红表笔接二极管正极,黑表笔接负极,这时会显示二极管的正向压降. 肖特基二极管的压降是0.2V左右,普通硅整流管(1N4000、1N5400系列等)约为0.7V,发光二极管为1.8 ~2.3V. 调换表笔,显示屏显示“1”则为正常,因为二极管反向电阻很大,否则此管已被击穿.

5. 三极管的测量

先假定A脚为基极,用黑表笔与该脚相接,红表笔分别接触其他两脚;若两次读数均为0.7V左右,然后再用红笔接A脚,黑笔接触其他两脚,若均显示“1”,则A脚为基极,否则需要重新测量,且此管为PNP管. 那么集电极和发射极如何判断呢? 数字表不能像指针表那样利用指针摆幅来判断,那怎么办呢? 我们可以利用“hFE”挡判断:先将挡位打到“hFE”挡,可以看到挡位旁有一排小插孔,分为PNP和NPN管的测量. 前面已经判断出管型,将基极插入对应管型“b”孔,其余两脚分别插入“c”“e”孔,此时可以读取数值,即β值;再固定基极,其余两脚对调;比较两次读数,读数较大(一般三极管的放大倍数在100 ~400)的管脚位置与表面“c”“e”相对应. 小技巧:上法只能直接对如9000系列小型管测量,若要测量大型管,可以采用接线法,即用小导线将三个管脚引出.

6. MOS场效应管的测量

N沟道的有国产3D01、4D01,日产3SK系列.

G极(栅极)的确定:利用万用表的二极管挡,若某脚与其他两脚间的正反压降均大于2V,即显示“1”,则此脚即栅极G. 交换表笔测量其余两脚,压降小的那次,黑表笔接D极

(漏极),红表笔接S极(源极).

使用数字万用表时注意事项:

(1) 如果无法预先估计被测电压、电流、电阻的大小,则应先拨至最高量程挡测量一次,再视情况逐渐把量程减小到合适位置. 测量完毕,应将量程开关拨到最高电压挡,并关闭电源.

(2) 满量程时,仅最高位显示数字"1",其他位均消失时应选择更高量程.

(3) 测量电压时,应将数字万用表与被测电路并联. 测电流时应与被测电路串联,测直流量时不必考虑正、负极性.

(4) 当误用交流电压挡去测量直流电压,或者误用直流电压挡去测量交流电压时,显示屏将显示"000",或低位上的数字出现跳动.

(5) 禁止在测量高电压(220V以上)或大电流(0.5A以上)时换量程,防止产生电弧,烧毁开关触点.

(6) 当显示"BATT"或"LOW BAT"时,表示表内电池电压低,要换电池.

实验3-6 互感系数的测定

互感在电工无线电技术中应用的很广泛,通过互感能够使能量或信号由一个线圈方便的传递到另一个线圈,电力无线电技术中使用的各种变压器和无线充电都是利用互感的原理. 此外,互感在某些问题中也是有害的,例如,有线电话往往会由于两路电话之间的互感而串音,无线电设备中也往往会由于导线间或器件间的互感而妨碍正常工作. 因此,生活中要合理利用互感现象.

【实验目的】

1. 学会互感系数的测量方法.
2. 研究两线圈互感系数的影响因素.

【实验仪器】

互感系数测量实验仪-测试仪,测试架,感应芯棒,导线.

【实验原理】

由3.3节可知,两个互感线圈产生的互感电动势为

$$\begin{cases}\varepsilon_1 = -M\dfrac{dI_2}{dt}\\ \varepsilon_2 = -M\dfrac{dI_1}{dt}\end{cases} \tag{S3-6-1}$$

式中:M为互感系数. 当用角频率为ω的正弦交流电源给线圈1、2供电时,分析两线圈产生的互感电动势与电流之间的关系.

设两线圈接上电源后,两线圈中的电流为

$$\begin{cases}I_1 = I_{1m}\sin(\omega t)\\ I_2 = I_{2m}\sin(\omega t)\end{cases} \tag{S3-6-2}$$

式中:I_{1m}、I_{2m}分别为线圈1、2中的最大电流,则线圈1、2产生的电动势为

$$\begin{cases}\varepsilon_1 = -MI_{2m}\omega\cos(\omega t) = -\varepsilon_{1m}\cos(\omega t)\\ \varepsilon_2 = -MI_{1m}\omega\cos(\omega t) = -\varepsilon_{2m}\cos(\omega t)\end{cases} \tag{S3-6-3}$$

式中：ε_{1m}、ε_{2m}分别为线圈 1、2 中的产生的最大互感电动势，即

$$\begin{cases}\varepsilon_{1m} = MI_{2m}\omega \\ \varepsilon_{2m} = MI_{1m}\omega\end{cases} \tag{S3-6-4}$$

在实际测量中，用电压表或电流表测量的大都是有效值，当然利用示波器等测量仪器也可以测量其最大值．为了测量方便，通常测量有效值．交流电的电压和电流的有效值与最大值之间存在固定关系．设线圈 1、2 中的电流的有效值分别为 I_{1E}、I_{2E}，产生的互感电动势的有效值分别为 $\boldsymbol{\varepsilon}_{1E}$、$\boldsymbol{\varepsilon}_{2E}$，那么有

$$\begin{cases}I_{1E} = \sqrt{2}I_{1m}/2 \\ I_{2E} = \sqrt{2}I_{2m}/2\end{cases},\quad \begin{cases}\varepsilon_{1E} = \sqrt{2}\varepsilon_{1m}/2 \\ \varepsilon_{2E} = \sqrt{2}\varepsilon_{2m}/2\end{cases}$$

由此可知

$$\begin{cases}\varepsilon_{1E} = MI_{2E}\omega \\ \varepsilon_{2E} = MI_{1E}\omega\end{cases} \tag{S3-6-5}$$

所以

$$M = \frac{\varepsilon_{2E}}{\omega I_{1E}} = \frac{\varepsilon_{1E}}{\omega I_{2E}}$$

$$M = \frac{u_2}{\omega I_1} = \frac{u_1}{\omega I_2} \tag{S3-6-6}$$

利用式（S3－6－6），只要测量得线圈 1、2 中的有效电流和它们中产生的互感电动势的有效值，就可以测定它们之间的互感系数．

【实验内容与要求】

先将角度不可旋转的线圈滑块调节到与导轨左端面平齐，此时可旋转线圈对应滑块的右端面对应的标尺读数指示为两线圈中心间距．

1. 改变两个圆形线圈相对位置，对互感系数的影响

连接线圈 1“三孔插座”的中心孔、边孔（100 匝）与实验测试仪“励磁电流输出”，线圈 2“三孔插座”中心孔、边孔（100 匝）与实验测试仪“感应电压输入”；旋转角度转盘指 0°，并使两个圆形线圈平面能保持平贴碰上；调节信号源输出频率为 $1000\mathrm{H_Z}$，励磁电流为 50mA；改变两个线圈轴间距 x，从近至远，每移动 2cm 测量一次线圈 2 的感应电压 U_2（不接其他负载时 $U_2 \approx \boldsymbol{\varepsilon}_{2E}$），填入表 S3－6－1.

表 S3－6－1　线圈不同位置处感应电动势和互感系数数据记录

x/cm	0	4	6	8	10	12	14	16
U_2/mV								
M/H								

2. 改变两个圆形线圈相对角度，对互感系数的影响

信号源的输出频率、励磁电流不变，两个线圈轴间距 x 选 15cm，保持不变．旋转角度转盘从 0°至 90°，转回 0°再反向转，从 0°至 －90°，每转 15°，测量一次线圈 2 的感应电压 U_2（不接负载时 $U_2 \approx \boldsymbol{\varepsilon}_{2E}$），填入表 S3－6－2.

表 S3-6-2　线圈不同角度处感应电动势和互感系数数据记录

$\theta/(^\circ)$	90	75	60	45	30	15	0	15	30	45	60	75	90
U_2/mV													
M/H													

3. 两线圈中放感应芯棒,对互感系数的影响

固定两线圈轴间距 x 为 17cm,旋转角度转盘指 0°,调节信号源输出 1000Hz、50mA 的励磁电流;取铁、铜、铝、有机玻璃感应芯棒依次置于两线圈中心圆孔(两边伸出部分长度相同),测量线圈 2 的感应电压 U_2,填入表 S3-6-3.

表 S3-6-3　不同磁介质时感应电动势和互感系数数据记录

磁介质	空气	铁棒	铜棒	铝棒	有机玻璃棒
U_2/mV					
M/H					

4. 改变线圈匝数,对互感系数的影响

两个线圈轴间距 x 固定为 10cm,旋转角度转盘指 0°,调节信号源输出频率 1000Hz,励磁电流 50mA. 改变线圈 1 和线圈 2 的匝数,记录 U_2,填入表 S3-6-4.

表 S3-6-4　线圈不同匝数感应电动势和互感系数数据记录

匝数	线圈 1	100	200	100	200
	线圈 2	100	100	200	200
U_2/mV					

5. 改变励磁信号的频率,对互感系数的影响

旋转角度转盘指 0°,两个线圈轴间距 x 固定为 15cm,线圈 1 励磁电流 50mA;每改变 200Hz(须调整励磁电流为 50mA),记录一次线圈 2 的感应电压 U_2,填入表 S3-6-5.

表 S3-6-5　不同频率励磁电流感应电动势和互感系数数据记录

f/Hz	200	400	600	800	1000	1200	1400
U_2/mV							
M/H							

6. 改变线圈 1 励磁信号的励磁电流,对互感系数的影响

调节线圈 1 励磁信号频率为 1000Hz,旋转角度转盘指 0°,两线圈轴间距 x 固定为 10cm. 线圈 1 励磁电流从 20mA 起,每增大 20mA,记录一次 U_2,填入表 S3-6-6.

表 S3-6-6　励磁电流不同大小时感应电动势和互感系数数据记录

I/mA	20	40	60	80	100	120	140	160	180	200
U_2/mV										
M/H										

【注意事项】

1. 开始实验之前,频率调节和励磁电流调节旋钮向左旋转到底.

2. 本实验采用控制变量法研究互感系数的影响因素，实验过程中严格控制不变量保持不变.

【思考题】

在研究励磁电流频率对互感的影响时，改变励磁电流的频率，励磁电流的大小为什么会发生改变？

实验3－7　霍尔元件参数的测量

【实验目的】

1. 了解霍尔元件结构，进一步理解霍尔效应产生的机理.

2. 利用霍尔效应测量未知磁场的磁感应强度，了解霍尔效应在生产生活、军事技术中的应用.

3. 了解本实验中“对称测量法”消除系统误差的原理.

【实验仪器】

FB510C型霍尔效应实验仪，JK－50A型霍尔效应测试仪.

【实验原理】

1. 霍尔效应及副效应的消除方法

霍尔效应现象及其原理见3.3.1节. 依据式(3－3－18)和式(3－3－19)，对于一个确定的霍尔元件，若其厚度为d，定义

$$K_H=\frac{R_H}{d}=\frac{1}{nqd} \tag{S3-7-1}$$

称为霍尔元件的灵敏度. 可见霍尔元件的灵敏度与元件的霍尔系数成正比，与元件的厚度成反比. 厚度越小，霍尔元件的灵敏度越高. 因此，一般的霍尔元件厚度都很小，一般只有0.2mm，则

$$U_H=K_H I_s B \tag{S3-7-2}$$

原则上，若霍尔元件的灵敏度已知，那么，只要测量出通过霍尔元件的工作电流I_S和霍尔元件两表面的霍尔电压U_H，利用式(S3－7－2)即可计算出霍尔元件所在位置处的磁感应强度B. 本次实验就利用这种方法来对磁感应强度进行测量.

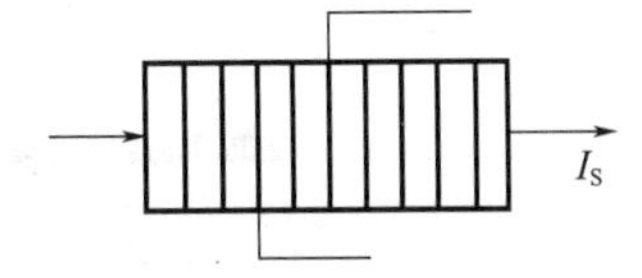

图S3－7－1　不等势电

然而，在实际实验中，除了霍尔效应外，还伴随着因元件生产过程中存在霍尔元件两表面引线点位置不一致造成的不等位电势差，以及在磁场、热等作用下的其他效应而引入的电势差，从而会对霍尔电压的测量带来系统误差. 这些效应称为副效应，主要有不等位电压U_0、埃廷斯豪森效应电压U_E、能斯托效应电压U_N和里纪－勒迪克效应电压U_{RL}，其中不等位电压的影响最大. 如图S3－7－1所示，当电流I_S流过霍尔元件时，沿电流方向电位逐渐降低. 图中平行线为一系列的等势线. 如果两个霍尔电压测量电极的引出线没焊接在同一等势线上，这两个电极间便存在电势差，称为不等位电压U_0. 可以看出不等位电压U_0的正负随工作电流I_S的方向改变而改变，与磁场无关. 埃廷斯豪森效应电压U_E是工作电流I_S在霍尔元件上下表面间产生的温差电动势，其正负既与工作电流方向有关，也与磁场方向有关. 能斯托效应电压U_N是两电流电极间的热电流在磁场作用下在霍尔元件上下表面产生的附

加电压,其正负仅与磁场方向有关,与工作电流无关. 里纪-勒迪克效应电压 U_{RL} 则是热电流在霍尔元件上下表面间产生温差电动势,其正负仅与磁场方向有关,与工作电流无关.

以上四种副效应的存在将影响测量结果的准确性,应当设法消除. 而这些副效应的正负与工作电流和磁场的方向有关,因此实验中可采用对称测量法消除误差. 即:在规定了电流和磁场正、负方向后,改变 I_S 和 B 方向,分别测量由下列四组不同组合的电位差 U_H,见表 S3-7-1. 然后取平均值:

$$U_H \approx \frac{U_1 - U_2 + U_3 - U_4}{4} \tag{S3-7-3}$$

表 S3-7-1 对称测量法消除副效应

	电压表读数	霍尔电压	不等位电压	埃廷斯豪森效应	能斯托效应	里纪-勒迪克效应
$+B, +I$	U_1	$+U_H$	$+U_0$	$+U_E$	$+U_N$	$+U_{RL}$
$-B, +I$	U_2	$-U_H$	$+U_0$	$-U_E$	$-U_N$	$-U_{RL}$
$-B, -I$	U_3	$+U_H$	$-U_0$	$+U_E$	$-U_N$	$-U_{RL}$
$+B, -I$	U_4	$-U_H$	$-U_0$	$-U_E$	$+U_N$	$+U_{RL}$

这种对称测量的方法是消除系统误差的一种很好的手段,采取这种措施后,虽然埃廷斯豪森效应电压仍无法消除,但其引入的误差极小,可以忽略不计.

2. 实验仪器结构及工作原理

如图 S3-7-2 所示为 FB510C 型霍尔效应实验仪. 电磁铁通电后气隙间会产生匀强磁场,气缝中央磁感应强度 $B=\kappa I_M$(κ 称为励磁系数)霍尔元件放置在实验仪上电磁铁的气隙间,通以工作电流 I_S,从而产生霍尔效应,进而进行相关物理量的测量. 如图 S3-7-3所示为 JK-50A 型霍尔效应测试仪,由励磁恒流源 I_M、样品工作恒流源 I_S、数字电流表、数字毫伏表等组成.

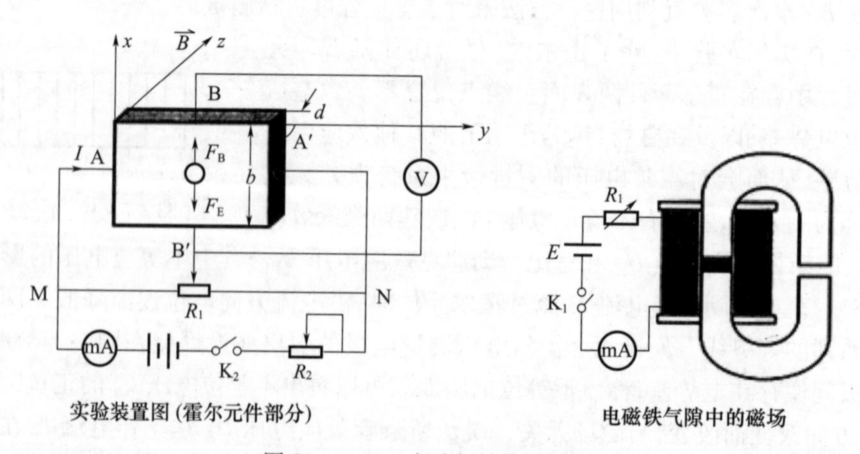

图 S3-7-2 实验仪结构示意图

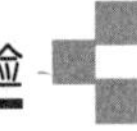

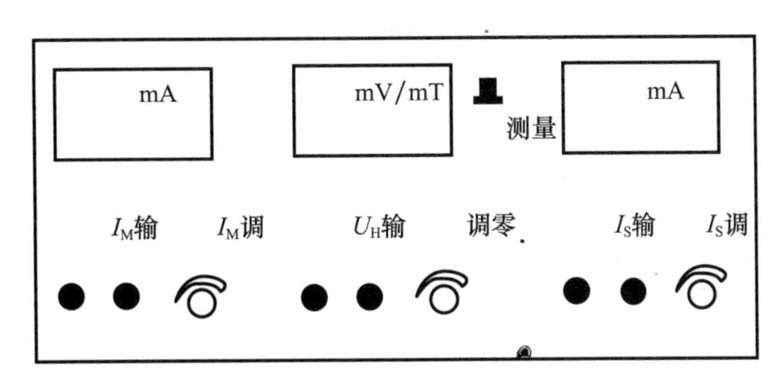

图 S3-7-3 测试仪面

【实验内容与要求】

1. 将测试仪上 I_M输出、I_S 输出、U_H 输入和继电器电源输出接线柱分别与实验仪上对应接线柱连接,将测量选择开关切换到 U_H 挡处.

2. 将"I_S调节"和"I_M 调节"旋钮均置零位(逆时针旋转到底),打开测试仪电源开关,预热数分钟后,若 U_H 显示不为零,则通过面板上"调零"旋钮实现调零.

3. 把"测量选择"切换到磁场测量功能,I_M 取 100、200、…、900(mA),测量磁感应强度,绘制 $B—I_M$ 曲线,填入表 S3-7-2 中,计算线圈的励磁系数 κ.

4. 把测量选择切换至电压测量功能,保持 I_M = 600mA 不变,I_S 依次取 1.00mA、1.50mA、…、4.50mA,测量霍尔电压,填入表 S3-7-3 中,绘制 $U_H—I_S$ 曲线,计算 K_H.

5. 保持 I_S = 3mA 不变,I_M 依次取 100mA、200mA、…、900mA,测量霍尔电压,绘制 $U_H—I_M$曲线,填入表 S3-7-4 中,计算 K_H.

6. 保持 I_S = 3mA、I_M = 600mA 不变,改变霍尔传感器水平方向位置 X,测量霍尔电压,填入表 S3-7-5 中,计算不同位置处的磁感应强度.

7. 根据实验结果,确定样品半导体类型.

表 S3-7-2 测绘 $B—I_M$ 关系曲线数据记录表

I_M/mA	B_1/mT	B_2/mT	B_3/mT	B_4/mT	$B=(B_1-B_2+B_3-B_4)/4$ /mT
	$+B+I_S$	$-B+I_S$	$-B-I_S$	$+B-I_S$	
100					
200					
300					
400					
500					
600					
700					
800					

表 S3-7-3　测绘 U_H—I_s 关系曲线数据记录表

I_s/mA	U_1/mV	U_2/mV	U_3/mV	U_4/mV	$U_H=(U_1-U_2+U_3-U_4)/4$ /mV
	$+B+I_S$	$-B+I_S$	$-B-I_S$	$+B-I_S$	
1.00					
1.50					
2.00					
2.50					
3.00					
3.50					
4.00					

表 S3-7-4　测绘 U_H—I_M 关系曲线数据记录表

I_M(mA)	U_1(mV)	U_2(mV)	U_3(mV)	U_4(mV)	$U_H=(U_1-U_2+U_3-U_4)/4$ (mV)
	$+B+I_S$	$-B+I_S$	$-B-I_S$	$+B-I_S$	
100					
200					
300					
400					
500					
600					
700					
800					
900					

表 S3-7-5　电磁铁气缝沿水平方向数据记录表

X/mm	U_1/mV	U_2/mV	U_3/mV	U_4/mV	$U_H=(U_1-_2+U_3-U_4)/4$ /mV	B/mT
	$+B+I_S$	$-B+I_S$	$-B-I_S$	$+B-I_S$		
-20						
-10						
0						
10						
20						

【注意事项】

1. 实验中励磁电流 I_M 远大于工作电流 I_S，连线时不能将 I_M 输出误接至 I_S 输入上，否则会烧坏霍尔元件.

2. 霍尔元件性脆易碎，电极甚细易断，在移动霍尔元件时应小心缓慢移动，避免与电磁铁摩擦或碰撞.

3. 实验结束后应将 I_S 和 I_M 调节旋钮放置零位后再关闭电源.

【思考题】

如果霍尔元件的平面与磁场不垂直,对实验结果有什么影响?如何判断磁场方向与元件法线一致?

习　题

1. 已知电场中某点的电场强度为2N/C,将一个电量为6×10^{-6}C的点电荷放在该点处,点电荷受到的电场力为多大?如果保持电场强度为2N/C,将点电荷的电量减小到原来的一半,点电荷受到的电场力将变为多大?

2. 在真空中有一个电量为8×10^{-9}C的点电荷,如果在附件某点P放入一个电量为1×10^{-10}C点电荷,该电荷在P点受到的电场力的大小为2×10^{-4}N,求:(1)P点电场强度的大小;(2)如果将电量为2×10^{-10}C的点电荷放入P点,受到的电场力的大小.

3. 有一个电量为4×10^{-4}C、质量为2×10^{-3}kg的点电荷,在一个范围足够大的匀强电场中运动,已知该点电荷的运动方程为$x=6+4t^2$(SI),求:(1)该电荷的加速度大小;(2)该电荷受到的电场力的大小;(3)该电场强度大小.

4. 如图所示,电路两端的电压保持12V不变,$R_1=10\Omega$,R_2的最大阻值是20Ω. 求:(1)滑动变阻器滑片P移到最左端时,R_1中电流及R_1两端的电压.(2)滑片P移到最右端时R_2两端的电压.

5. 如图所示电路中,电压U保持不变,电阻的大小是滑动阻器最大电阻的4倍,当滑片P在滑动变阻器的中点c时,电压表的示数是4V,当滑片P在变阻器的b端时,电压表的示数是多少?

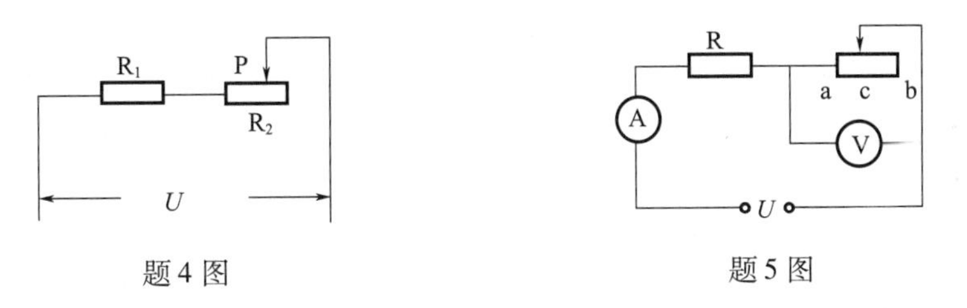

题4图　　　　题5图

6. 如图所示,电路两端电压U保持不变,当开关S_1闭合S_2断开时电流表示数是0.4A,电压表示数是4V,当S_1断开S_2闭合时电流表示数是0.2A,电压表示数是8V,求:R_1、R_2、R_3的阻值及电源电压.

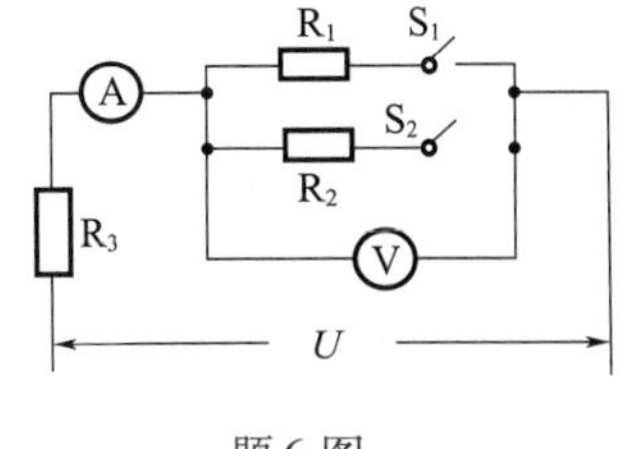

题6图

7. 长度为0.2m、通有0.4A电流的直导线,放在匀强磁场中,已知导线与磁感应强度的方向垂直,且导线受到的安培力为0.04N,求该匀强磁场磁感应强度的大小.

8. 一长度为0.2m的载流直导线,导线上通有的电流强度为5.0A,导线放置在匀强磁场中,已知电流的方向与磁场的方向成30°夹角,且导线受到磁场力的大小为0.1N,求该匀强磁场磁感应强度的大小.

9. 已知某匀强磁场的磁感应强度为0.5T,在该磁场中有一个边长为0.2m的正方形

线圈．求：当线圈平面与磁感应线垂直时，穿过线圈的磁通量的大小．

10. 一个质量 $m=8.0\times10^{-30}$kg、带电量 $q=2\times10^{-18}$C 的粒子在 $B=2.0\times10^{-2}$T 的匀强磁场中做匀速圆周运动，已知它所受到的磁场力为 $f=4.0\times10^{-15}$N. 求：(1) 该粒子的速度大小；(2) 该粒子的运动轨道的回旋半径．

11. 长 5cm 的直导线在 0.2T 的匀强磁场中运动，导线的运动方向与磁场方向的夹角为 30°，运动的速率等于 0.1m/s. 求导线两端产生的感应电动势大小．

12. 长 10cm 的直导线在 0.02T 的匀强磁场中运动，导线和它的运动方向都与磁场垂直，运动的速度等于 0.1m/s. 求导线两端产生的感应电动势大小．

13. 如图，有两条相距 l 的平行长直光滑裸导线 MN、M′N′，其两端分别与电阻 R_1、R_2 相连；匀强磁场 $\boldsymbol{B}$ 垂直于图面向里；裸导线 ab 垂直搭在平行导线上，并在外力作用下以速率 v 平行于导线 MN 向右做匀速运动，裸导线 MN、M′N′与 ab 的电阻均不计．求电阻 R_1R_2 中的电流 I_1 与 I_2，并说明其流向．

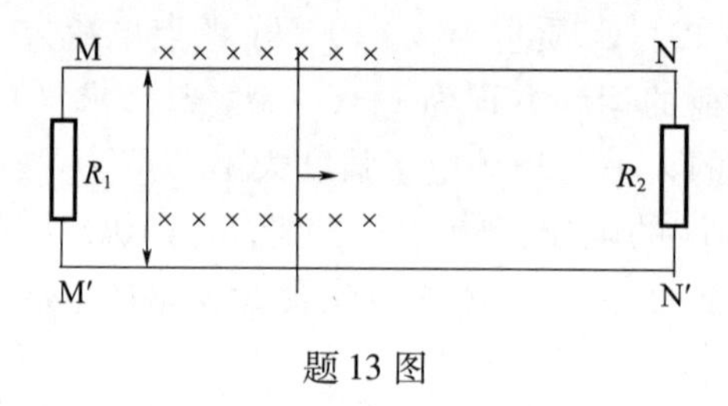

题 13 图

14. 两同轴长直螺线管，大管套着小管，半径分别为 a 和 b，长为 $l(l\gg a, a>b)$，匝数分别为 N_1 和 N_2，求互感系数 M.

第 4 章　光学基础与实验

光学是研究光的产生、传播、光与物质相互作用的学科，是一门应用性很强的学科．随着激光技术的快速发展，也带动了傅里叶光学、光学信息处理、全息术、光纤通信和非线性光学等的快速发展，形成了现代光学．

本章简要介绍几何光学及其应用、波动光学的相关现象和应用、以及光的波粒二相性，特别是光的量子性的应用．

4.1　几何光学

光学在经历了古代的初步认识，也就是光的直线传播、简单成像原理后，到了 16—19 世纪初，进入了光学发展史上的转折点，也就是进入了几何光学时期．在这一时期，建立了光的反射定律和折射定律，奠定了几何光学的基础；发明了显微镜(1590 年)、望远镜(1608 年)等光学仪器，为生物学的研究、天文学和航海事业的发展提供了强有力的工具．本节主要介绍几何光学的相关概念和相关应用．

4.1.1　光的反射、折射

1. 几何光学的基本实验定律

在不考虑光的衍射效应的条件下，以光线概念为基础，通过观察和实验总结出光传播所遵循的规律，这就是人们熟知的几何光学三个实验定律．它是几何光学的理论基础，也是各种光学仪器设计的理论根据．

1) 光在均匀介质中的直线传播定律

光的直线传播定律：光在均匀各向同性介质中沿直线传播．在点光源照射下，不透明物体背后会出现清晰的影子．其形状与光源为中心发出的直线所构成的几何投影形状一致，如图 4－1－1 所示．图 4－1－2 为针孔成像，由物体各点发出的光线将沿直线通过暗箱前壁上的小孔，在后壁上形成一倒立的像．以上两个例子都表明了光沿直线传播的事实．应当注意，光只有在各向同性的均匀介质中沿直线传播．否则，光线将因折射而弯曲，这种现象经常发生在大气中．例如海市蜃楼幻景，便是由光线在密度不均匀的大气中折射引起的．

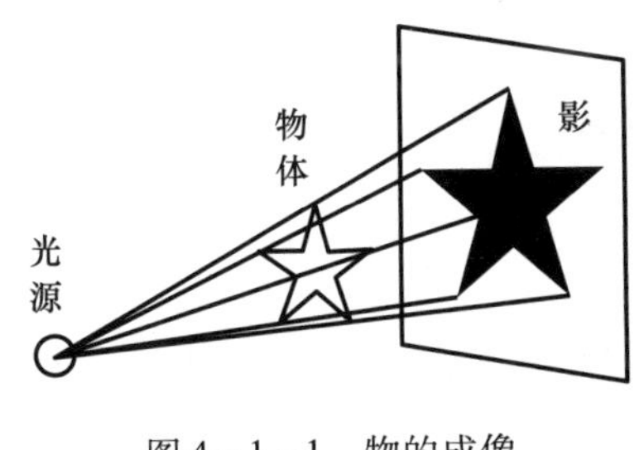

图 4－1－1　物的成像

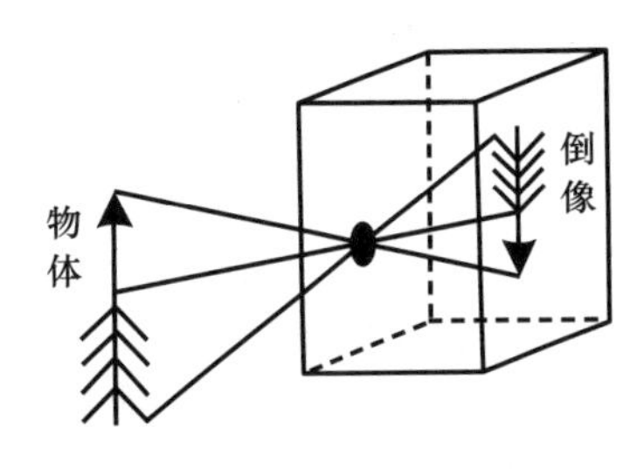

图 4－1－2　针孔成像

2）光的独立传播定律

从不同的光源发出的光束以不同方向通过空间某点时，彼此互不影响，各光束独立传播，称为光的独立传播定律．几束光会聚于空间某点时，其作用是在该点处叠加，各光束仍按各自的方向向前传播．如果由光源上同一点发出的单色光分成两束，通过长度相近的不同路径到达空间某点时，这两束光叠加后，可能相互抵消而变暗，也可能叠加后变得更亮．这是光的干涉现象，将在 4.2.3 节讲解．

3）光的反射和折射定律

一束入射光投射在两种均匀透明介质的理想平滑分界面上时，将有一部分光能被反射回原来的介质，这种现象称为“反射”，被反射的光称为“反射光”．另一部分光能通过分界面射入第二种介质中去，但改变了传播方向，这种现象称为“折射”．被折射的光称为“折射光”．光的反射和折射分别遵守反射定律和折射定律．在图 4－1－3 中，i_1、i'_1 和 i_2 分别是入射角、反射角和折射角．

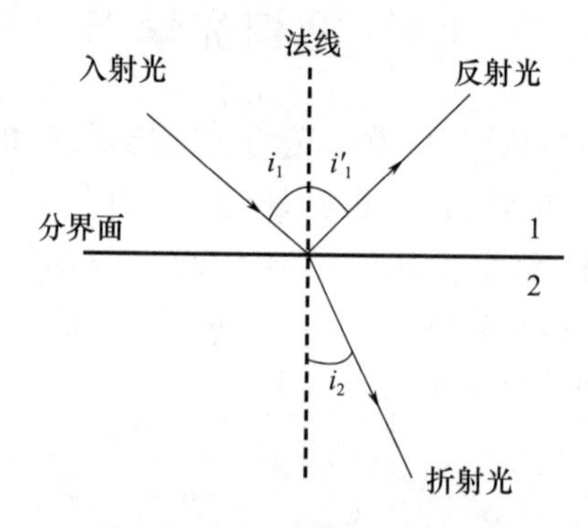

图 4－1－3　光的反射和折射

对一般的两种各向同性的均匀介质而言，反射光线、折射光线都在由分界面法线与入射线构成的入射面内，且与入射线分处法线两侧．当光从介质 1 入射到均匀介质 2 表面时，反射角等于入射角，即 $i_1 = i'_1$，这就是光的反射定律．入射角正弦与折射角正弦之比为一个与介质和波长有关的常数，即

$$\frac{\sin i_1}{\sin i_2} = n_{21} \qquad (4-1-1)$$

常数 n_{21} 称为介质 2 相对于介质 1 的相对折射率．

人们把任一介质相对于真空的折射率，称为该介质的绝对折射率，简称折射率，记作 n. 自然地，真空的折射率 $n_0 = 1$，空气的折射率约为 1.00029. 因此，通常在不特别说明的情况下，把空气的折射率当作 1 来处理．实验表明，任一介质中的光速 v 与真空中的光速 c 的关系为 $v = c/n$，这样，式(4－1－1)可改写成

$$n_{21} = n_2/n_1 \qquad (4-1-2)$$

式(4－1－2)又可写作

$$n_1 \sin i_1 = n_2 \sin i_2 \qquad (4-1-3)$$

这就是光的折射定律，也称为斯涅耳定律．

折射率与光的波长、介质的性质有关，通常由实验测定．表 4－1－1 给出了几种常用介质对钠黄光（$\lambda = 589.3\text{nm}$）的折射率．

表4-1-1　几种常用介质对钠光的折射率

介质	折射率	介质	折射率
空气	1.00029	冕牌玻璃	1.516
水	1.333	火石玻璃	1.603
普通玻璃	1.468	重火石玻璃	1.755

应当指出,作为实验规律,几何光学三定律是近似的,它们只在空间障碍物以及反射和折射界面的尺寸远大于光的波长时才成立. 尽管如此,在很多情况下用它们来设计光学仪器还是足够精确的.

【例4-1-1】 如图4-1-4所示为一种液面激光控制仪,当液面升降时,反射光斑移动,被不同部位的光电转换元件所接收,变成电信号输入控制系统. 计算液面升高 Δh 时反射光斑移动的距离 Δs.

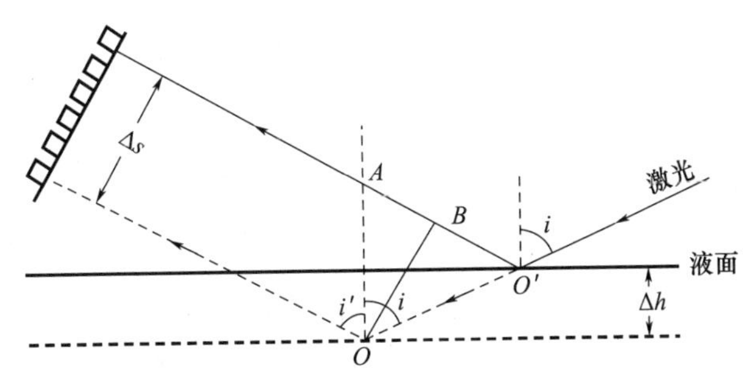

图4-1-4　液面激光控制仪

解:按光的反射定律作光路如图4-1-4,则由图可得反射光线的位移量为

$$\Delta s = \overline{OB} = \overline{OO'}\sin 2(\pi/2 - i)$$

又

$$\overline{OO'} = \Delta h/\cos i$$

于是

$$\Delta s = 2\Delta h \sin i$$

【例4-1-2】 一束单色光由空气入射到一片玻璃上,玻璃对该光的折射率是1.52,若折射光线与法线的夹角为19.2°,求光射到界面的角度.

解:设入射角为 i,由折射定律得

$$\sin i = \frac{1.52}{1.00}\sin 19.2° = 0.4999$$

$$i = 30°$$

2. 光在平面上的反射、折射成像

1）平面的反射成像

点光源发射出的发散光照射在平面分界面,如平面镜上时,其反射光也是发散的. 所有反射光的反向延长线仍交于一点. 因此,用平面镜能获得“完善”的点像,但这像不是由光线真实聚集而成的,所以称为虚像. 依此可知,由于物体由无限多点组成,所以,平面镜能获得“完善”的物之虚像. 图4-1-5为点光源反射成像光路图.

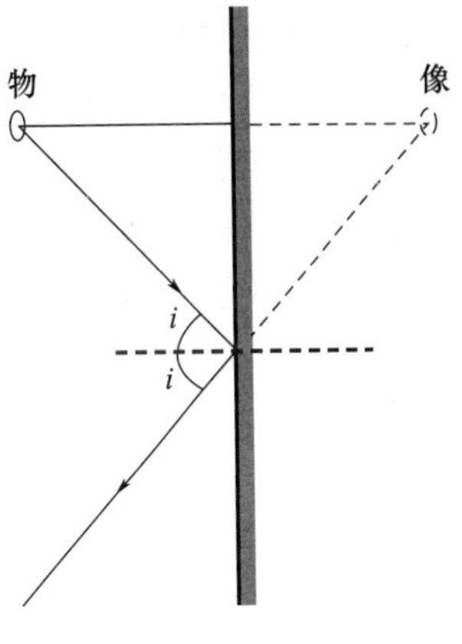

图4-1-5　点光源反射成像的光路图

2）平面的折射成像

与反射光不同，折射光的折射角与入射角不成线性关系变化．所以，点光源的折射光的反向延长线一般不会相交于同一点．因此，折射不能形成“完善”的像．这可以用一个例子来说明．

如图4－1－6所示，在水中深度为y_0处有一发光点Q．作OQ垂直于水面，设射出水面的折射光线的反向延长线与OQ相交处Q'的深度y，我们将证明y与入射角i有关．

根据折射定律有$n\sin i=\sin i'$．设水的折射率为$n=4/3$，入射角为i的光线与水面相遇于M点，令$\overline{OM}=x$，则$y_0=x\cot i$，$y=x\cot i'$，故

$$y=y_0\frac{\sin i\cos i'}{\sin i'\cos i}=\frac{y_0\sqrt{1-n^2\sin^2 i}}{n\cos i}\tag{4-1-4}$$

这表明，由Q发出的不同方向的入射光线，折射后的反向延长线不再相交于同一点．那么，折射光成像就不是唯一的．

对于那些接近法线方向的光线（$i\approx0$），$\sin i\approx0$，$\cos i\approx1$，有

$$y=\frac{y_0}{n}$$

即折射线的延长线近似地交于同一点Q'．其深度为点光源深度的$1/n\approx3/4$．这就是我们看到水中的鱼好像处于更浅位置的原因．对于其他透明液体，也具有相似的结果．

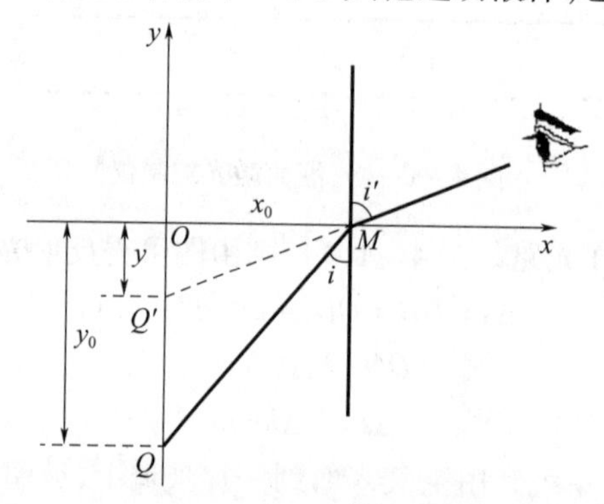

图4－1－6　眼睛看水中的物体

3. 光在球面上的反射成像

1）球面镜的基本概念

在研究球面反射成像前，需要了解球面镜的相关概念和参数，以便在后面学习中统一，如图4－1－7所示．

曲率中心：球面镜的球心，记为C.

曲率半径：球面半径，记为r.

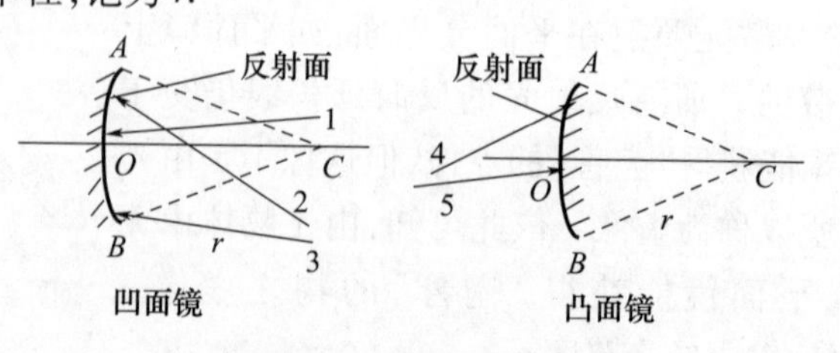

图4－1－7　傍轴光线

2）球面镜的反射成像

顶点：球面镜的中心点，记为 O.

光轴：通过曲率中心的任何直线，可见球面镜有无穷多个光轴．在这众多的光轴中，过顶点 O 与球心（曲率中心）C 的光轴，称为球面镜的主光轴，球面镜关于主光轴具有旋转对称性；其他的光轴称为副光轴．

对于球面镜成像，一般来说由于光束的相对于主光轴的角度、光束的粗细、光束到主光轴距离等因素，导致其成像也较为复杂．为便于描述，同时也是实际生活中常用情况，我们这里只考虑傍轴光成像情形．所谓傍轴光线，是指靠近球面对称轴（主光轴），且与主光轴夹角很小的光线．如图4－1－7所示，光线1、5是傍轴光线，光线2、3、4就不是傍轴光线．

如图4－1－8所示，在傍轴近似下，一束平行光入射到球形凹面镜上时，其反射光线会汇聚于一点．这一交点称为凹面镜的焦点，由于是光线实际汇聚的点，称为实焦点；一束平行光入射到球形凸面镜上时，其反射光线将发散，而反射光线的反向延长线将相交于一点．这一交点称为凸面镜的焦点，由于不是实际光线汇聚的点，称为虚焦点；焦点通常用 F 表示．焦点 F 到球面镜顶点的距离称为球面镜的焦距 f. 利用反射定律及几何关系可以证明 $f=r/2$.

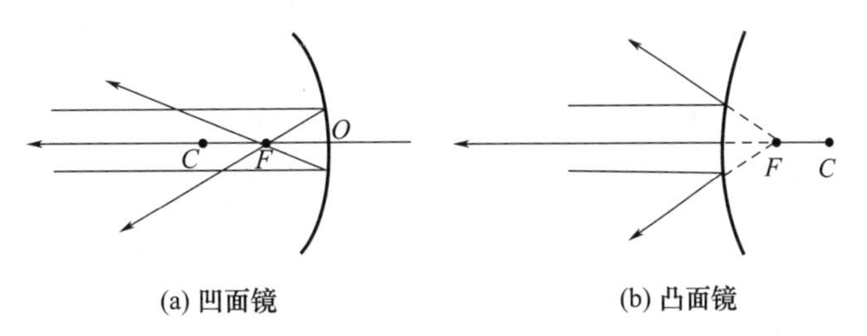

(a) 凹面镜　　(b) 凸面镜

图4－1－8　球面镜的焦点

利用作图法可以确定像的位置和大小．事实上，只要选择物体端点发出的两条特殊光线，就可以简洁、快速地画出物体的成像图．如图4－1－9（a）所示，光线1平行于主光轴，反射后经过焦点 F；光线2通过焦点（或其反向延长线通过焦点），反射后平行于主光轴．这样，在图4－1－9（a）的情形下，上述两反光线的反向延长线交点，就是物端点的虚像；而在图4－1－9（b）的情形下，两反射线的交点乃是物端点的实像．

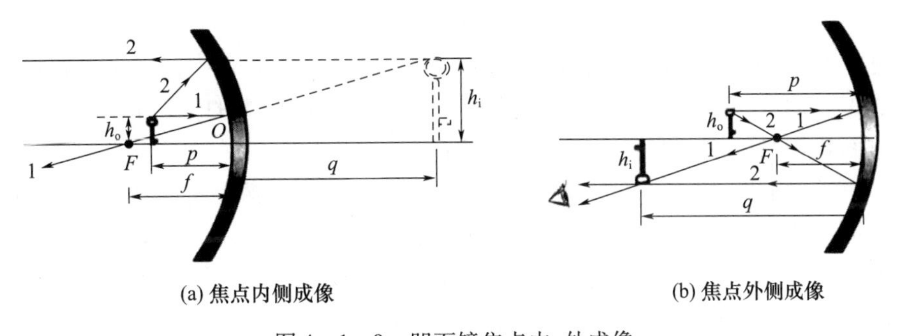

(a) 焦点内侧成像　　(b) 焦点外侧成像

图4－1－9　凹面镜焦点内、外成像

同样利用物体端点发出的两条特殊光线可方便地作出凸面镜的成像光路图，如图4－1－10所示．凸面镜所成的像是虚像．

不管凸面镜成像，还是凹面镜成像，我们都规定，顶点 O 到物体的距离称为物距，记为 p，顶点 O 到像的距离称为像距，记为 q. 则利用几何关系可以证明

$$\frac{1}{p}+\frac{1}{q}=\frac{1}{f} \qquad (4-1-5)$$

这就是球面镜的反射成像公式.

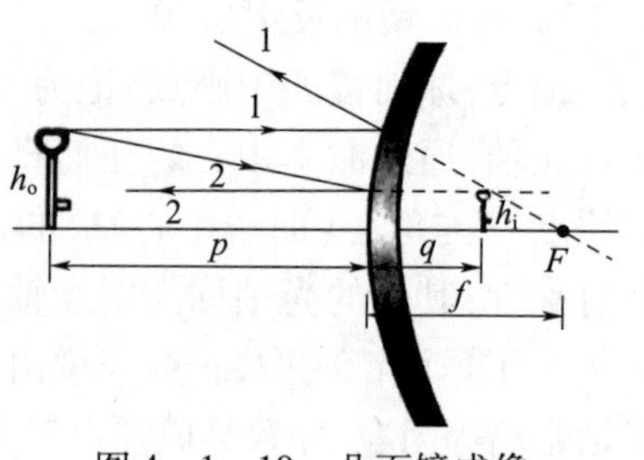

图 4－1－10　凸面镜成像

在利用成像规律和光线的几何关系推导式(4－1－5)时，只考虑了物距、像距、焦距的大小. 为了能够表示出物、像处于球面镜的前后，以及球面镜的种类，物距、像距、焦距也需要有正负之分，从而更方便使用. 为此规定如下的符号法则：

① 凹面镜的曲率半径 r 为正，凸面镜的曲率半径 r 为负.

② 凹面镜焦距 f 为正，凸面镜焦距 f 为负.

在沿着入射光线前进的方向：

③ 物点在镜前，物距 $p>0$；物点在镜后，物距 $p<0$.

④ 像点在镜前，像距 $q>0$；像点在镜后，像距 $q<0$.

⑤ 物点和像点到主光轴的距离分别记为 y 和 y'，物点和像点在主光轴以上取正，在主光轴以下取负.

依此符号法则，可以方便地进行相关计算，并判断物、像的位置，以及球面镜的种类. 比如图 4－1－9(a)中，$p>0,f>0,q<0,y=h_o>0,y'=h_i>0$；图 4－1－9(b)中，$p>0,f>0,q>0,y=h_o>0,y'=-h_i<0$；图 4－1－10 中，$p>0,f<0,q<0,y=h_o>0,y'=h_i>0$.

3) 球面镜的横向放大率

在傍轴光线情况下，垂直于主光轴的物所成的像仍然垂直于主光轴. 如图 4－1－9、图 4－1－10 所示的物和像，定义像的横向大小与物的横向大小的比值为横向放大率，也称垂直放大率，通常记为 V，即

$$V=y'/y \qquad (4-1-6)$$

根据球面镜成像规律和几何关系，同时考虑到球面镜成像是反射成像，反射光与入射光反向，因此，其横向放大率可写为

$$V=-\frac{q}{p}=-\frac{f}{p-f} \qquad (4-1-7)$$

可见，球面镜横向放大率由球面镜焦距和物距决定. 根据符号法则，V 可正可负. $V>0$，表示成正立的像，$V<0$，表示成倒立的像；$|V|>1$ 表示成放大的像，$|V|<1$ 表示成缩小的像. 下面我们对球面镜的放大率进行讨论：

(1) 对于凹面镜，$f>0,p>0$. 若 $p<f$，则 $V>1$，说明成的像是正立放大的像；若 $p=f$，$V=\infty$，说明物体处在凹面镜的焦平面上，成像于无穷远，或者说是不成像. 若 $f<p<2f$，则，$V<0$，$|V|>1$，说明成的像是倒立放大的像；若 $p=2f$，则，$V=-1$，说明成的像是倒立等大的像；若 $p>2f$，则，$-1<V<0$，说明成的像是倒立缩小的像.

(2) 对于凸面镜，$f<0,p>0$. 因此，$0<V<1$，说明成的像是正立缩小的像.

【例 4－1－3】 如图 4－1－11 所示，一曲率半径 R 为 20.0cm 的凸面镜，产生一大小为物体 1/4 的像，求物体与像间的距离.

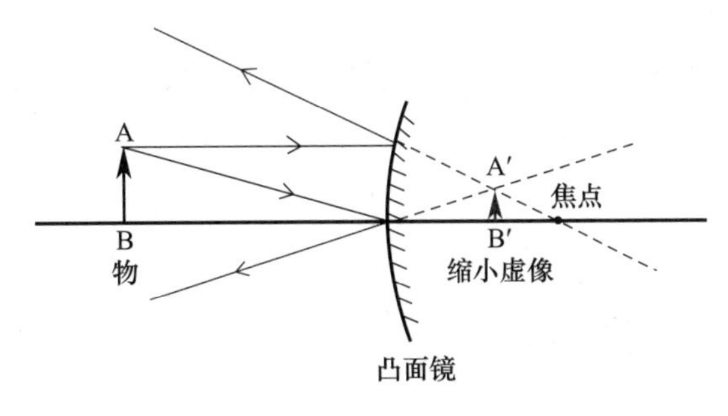

图 4-1-11 例 4-1-3 图

解:由题意可知,凸面镜的焦距 $f=\frac{R}{2}=-\frac{20.0}{2}\text{cm}=-10\text{cm}$,设物距为 p,像距为 q,其放大倍数为 $V=1/4$,则

$$V=-\frac{f}{p-f}=\frac{1}{4}$$

所以

$$p=f(1-1/V)=-30.0\text{cm}$$
$$q=-pV=7.5\text{cm}$$

物体和像间的距离为

$$l=p'-p=37.5\text{cm}$$

4. 全反射

一般情况下,光入射到两透明介质的分界面时会同时发生反射和折射,但在特定条件下,只有反射,没有折射,这就是光的全反射. 那么,全反射这种特殊情况会在何时发生呢?

习惯上,我们把界面两边折射率相对较大的介质称为光密介质,折射率相对较小的介质称为光疏介质. 如图 4-1-12 所示,当光由光密介质射向光疏介质时,由于 $n_2<n_1$,所以 $i_2>i_1$,与入射光线相比,折射光线将偏离法线,随着入射角的增大,折射角 i_2 增大更快,当入射角 $i_1=i_C$ 时,折射角为 90°;当入射角 $i_1\geqslant i_C$ 时,就不再有折射光线,而光在界面上被全部反射回原介质. 入射角 i_C 叫作临界角,其值取决于相邻介质折射率的比值:

$$i_C=\arcsin(n_2/n_1) \tag{4-1-8}$$

如 $n_2=1$ 的空气对于 $n_1=1.5$ 的玻璃而言,临界角 $i_C\approx42°$.

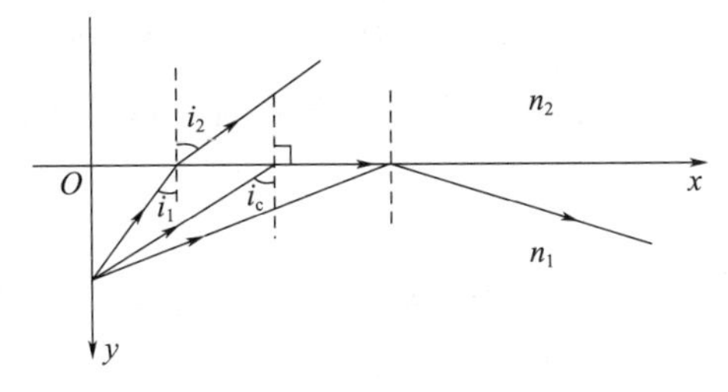

图 4-1-12 全反射临界角

可见,光从水中射向空气,或从玻璃射向空气,会发生全反射,这种情形也被称为“全内反射”. 波长很短的电磁辐射,如 X 射线,在真空或空气中的折射率等于 1,而在其他介质中的折射率小于 1,因而对于 X 射线,空气或真空是光密介质,而玻璃是光疏介质,所以

从真空射向玻璃或其他物质的表面时，会出现全反射，这种情形被称为“全外反射”.

【例 4-1-4】 计算光在下列介质之间穿行时的全反射临界角：(1)从玻璃到空气；(2)从水到空气；(3)从玻璃到水. 空气、水、玻璃的折射率分别为 $n_1=1.000$，$n_2=1.333$，$n_3=1.516$.

解：由题意和临界角的定义可得

(1) $i_{1c}=\arcsin\dfrac{n_1}{n_3}=\arcsin\dfrac{1.000}{1.516}=41°16'$；

(2) $i_{2c}=\arcsin\dfrac{n_1}{n_2}=\arcsin\dfrac{1.000}{1.333}=48°36'$；

(3) $i_{3c}=\arcsin\dfrac{n_2}{n_3}=\arcsin\dfrac{1.333}{1.516}=61°33'$.

【例 4-1-5】 如图 4-1-13 所示，在水中有两条平行光线 1 和 2，光线 2 射到水和平板玻璃的分界面上，问：

(1) 两光线射到空气中是否还平行？

(2) 如果光线 1 发生全反射，光线 2 能否进入空气？

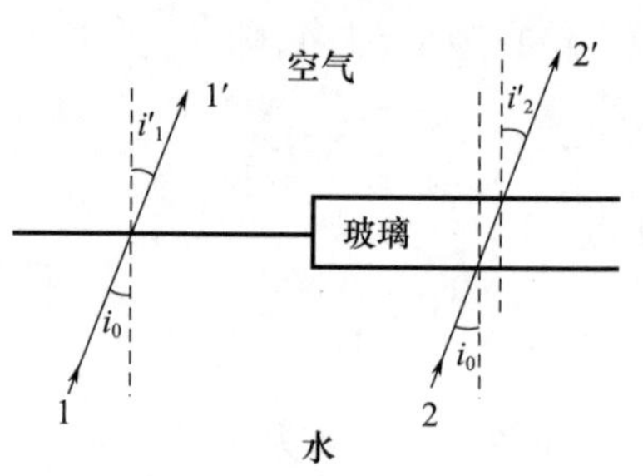

图 4-1-13 例 4-1-5 图

解：光线相继经过几个平行分界面的多层介质时，出射光线的方向只与入射方向及两边介质的折射率有关，与中间各层媒质无关. 由此可知图中光线 1 和 2 射到空气中仍保持平行.

如图 4-1-13 所示，当 $i_1'=90°$时，也有 $i_2'=90°$，所以光线 1 发生全反射时，光线 2 也不能进入空气，光线 2 在玻璃与空气的界面上发生全反射.

下面介绍全反射原理在自然界的体现以及应用实例.

1) 海市蜃楼

在海面平静的日子站在海滨，有时可以看到远处的空中出现高楼耸立、山峦重叠等现象. 为什么会出现这种景象呢？如图 4-1-14 所示，当大气层比较平静时，空气密度随温度的升高而减小，海面上的空气温度比空中低，空气的折射率下层比上层大. 我们可以粗略地把空中的大气分成许多水平的空气层，下层的折射率较大. 远处的景物发出的光线射向空中时，不断被折射，射向折射率较低的上一层的入射角越来越大，当光线的入射角大到临界角时，就会发生全反射现象. 光线就会从高空的空气层中通过空气的折射逐渐返回折射率较大的下一层. 在地面附近的观察者就可以观察到由空中射来的光线形成的虚像，这就是海市蜃楼的景象.

2) 光学纤维

全反射有广泛的应用，近年来发展迅速的光学纤维，就是利用全反射规律而使光线沿着弯曲路程传播的光学元件. 如图 4-1-15 所示，光学纤维常用直径为 5～60μm 的透明丝作芯料，外有涂层. 芯料的折射率约为 1.8，涂层的折射率约为 1.4. 当光由芯料射到芯料—涂层的界面时，根据折射定律，入射角小于临界角的那些光线，将逸出光学纤维；而入射角大于临界角的光发生全反射，在芯料—涂层界面上经过多次反射后传到另一端，如图 4-1-15(a)所示.

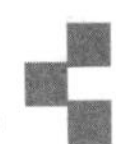

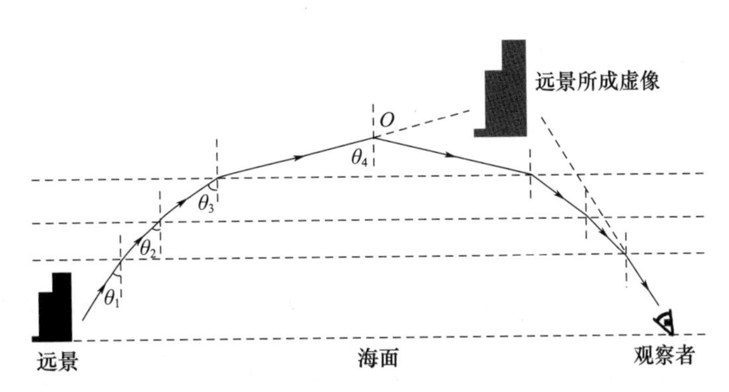

图4-1-14 光线轨迹示意图

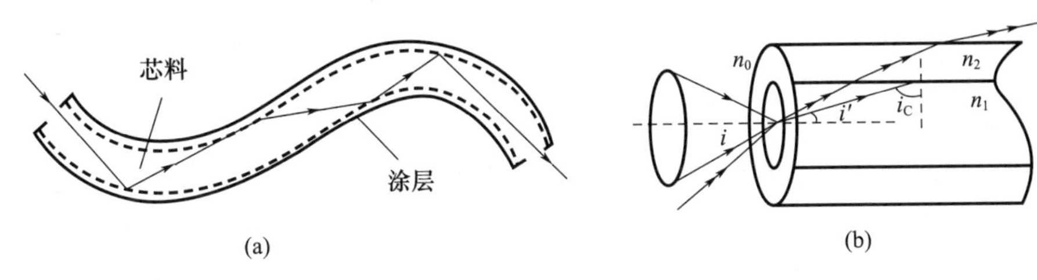

图4-1-15 光导纤维

如图4-1-15(b)所示的单箭头表示一临界光线,光在芯料—涂层界面上的入射角等于临界角 i_C. 显然,从折射率为 n_0 的介质经光学纤维端面射入,而且入射角大于 i 的光线(双箭头表示),在 n_1、n_2 界面上的入射角就小于 i_C,这些光将不能通过光纤,只有在介质 n_0 中其顶角为 $2i$ 的圆锥体内的光线才能在其中传播. 经过计算,可得

$$n_0\sin i \leqslant \sqrt{n_1^2 - n_2^2} \tag{4-1-9}$$

上式为光在芯料—涂层界面发生全反射时,入射角应满足的条件. 由此可见该入射角的上限应满足

$$n_0\sin u_0 = \sqrt{n_1^2 - n_2^2}$$

或

$$u_0 = \arcsin\left[\frac{\sqrt{n_1^2 - n_2^2}}{n_0}\right]$$

$n_0\sin u_0$ 称为光纤的数值孔径 NA. 光纤的数值孔径越大,通过光纤的光功率就越大. u_0 称为临界角.

【例4-1-6】 光纤芯的折射率为1.499,包层的折射率为1.479. 若光纤在空气中. 求:(a)接收角;(b)数值孔径;(c)芯—包层界面上的临界角.

解:先求数值孔径:

$$NA = (n_1^2 - n_2^2)^{1/2}(1.499^2 - 1.479^2)^{1/2} \approx 0.244$$

再求接受角:

$$\theta_{\max} = \arcsin(0.244) \approx 14.1°,所以\ 2\theta_{\max} = 28.2°$$

最后求临界角:

$$\sin\theta_C = \frac{n_2}{n_1} = \frac{1.479}{1.499} \approx 0.9866,所以\ \theta_C \approx 80.6°$$

光纤光学已发展成一门新的学科分支,光导纤维在医疗、通信等领域都具有广泛应用. 华裔科学家高锟是第一个在理论上提出了光纤通信可能性,并付诸实施的科学家,被誉为“光纤之父”,于2009年获得诺贝尔物理学奖.

4.1.2 棱镜、透镜

1. 棱镜

棱镜是一种由两两相交但彼此均不平行的平面围成的透明物体,用以分光或使光束发生色散. 在光学仪器中应用很广. 棱镜按其性质和用途可分为若干种. 例如,在光谱仪器中把复合光分解为单色光的“色散棱镜”,较常用的是等边三棱镜;在潜望镜、双目望远镜等仪器中改变光的行进方向,从而调整其成像位置的称“全反射棱镜”,一般都采用直角棱镜.

1) 三棱镜对光的折射

三棱镜是一种常用的折射器件,其横截面是三角形,光从一个侧面入射,再从另一侧面出射,连续经过了两次折射,出射光线相对于入射光线转过的角度,称为偏向角,如图4-1-16所示.

光线的偏向角为 $\delta=(i_1-i_1')+(i_2-i_2')=(i_1+i_2)-(i_1'+i_2')$. 从图4-1-17中可以看出,由于法线与两侧面垂直,因而有

$$i_1'+i_2'=\alpha \tag{4-1-10}$$

所以偏向角为

$$\delta=i_1+i_2-\alpha \tag{4-1-11}$$

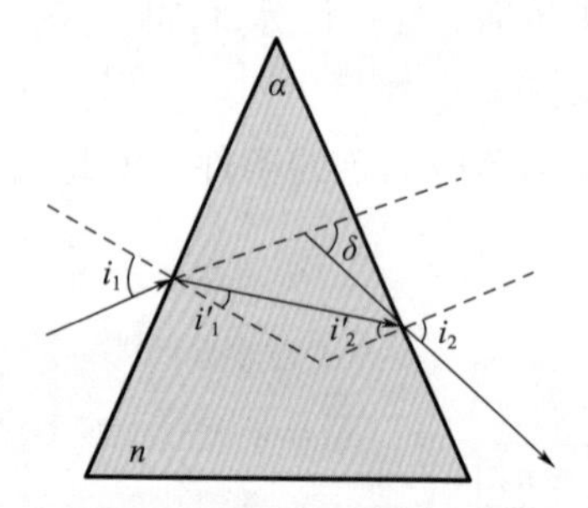

图4-1-16 光在三棱镜中的折射

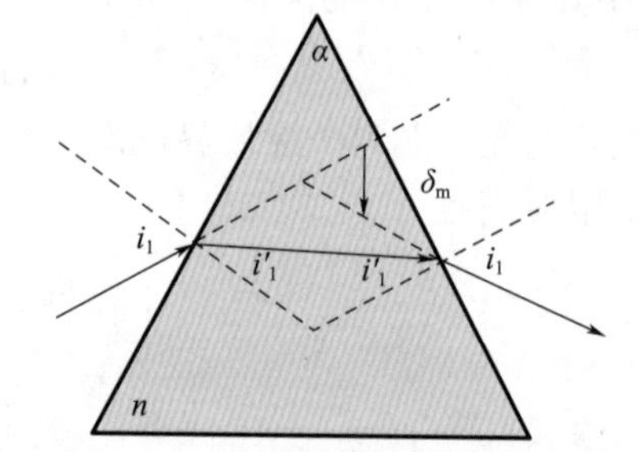

图4-1-17 最小偏向角

可以证明,当 $i_1=i_2, i_1'=i'_2$ 时,有最小偏向角 δ_m,如图4-1-17所示,此时,$\alpha=2i'_1, \delta_m=2i_1-\alpha$,即 $i_1'=\alpha/2, i_1=(\delta_m+\alpha)/2$. 由折射定律 $\sin i_1=n\sin i_1'$,可得

$$n=\frac{\sin i_1}{\sin i_1'}=\frac{\sin\dfrac{\alpha+\delta_m}{2}}{\sin\dfrac{\alpha}{2}} \tag{4-1-12}$$

通过测量 α 和 δ_m,即可得棱镜折射率,这是一种测量透明介质折射率的方法.

【例4-1-7】 顶角为50°的三棱镜的最小偏向角是35°. 如果把它浸入水中,最小偏向角等于多少?(水的折射率为1.33)

解:设棱镜的折射率为 n,水的折射率为 $n'=1.33$. 则

$$n=\frac{\sin((50°+35°)/2)}{\sin(50°/2)}=1.60$$

由 $n=n'\frac{\sin[(\alpha+\delta_m)/2]}{\sin(\alpha/2)}$得

$$\sin\frac{\alpha+\delta_m}{2}=\frac{n}{n'}\sin\frac{\alpha}{2}=\frac{1.60}{1.33}\sin25°=0.5080$$

$$\frac{\alpha+\delta_m}{2}=\arcsin(0.5080)=30°32'$$

最后求出此棱镜放入水中的最小偏向角为 $\delta_m=11°4'$.

【例 4-1-8】 如图 4-1-18 所示，顶角 α 很小的棱镜称为光楔．证明：光楔使近轴入射的光线产生偏向角 $\delta=(n-1)\alpha$（其中 n 是光楔的折射率）.

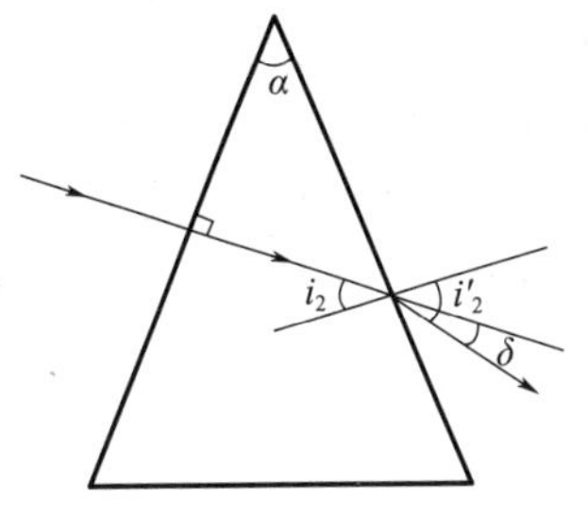

图 4-1-18　例 4-1-8 图

证明：由于光线垂直入射，故光线在第一个界面不发生折射，仅在第二个界面有折射，根据折射定律 $n\sin i_2=\sin i_2'$，以及几何关系 $i_2=\alpha$，故

$$n\sin\alpha=\sin i_2'$$

当 $\alpha\ll1$ 时，有

$$\sin\alpha\approx\alpha,\ \sin i_2'\approx i_2'$$

上式可写成

$$n\alpha=i_2'$$

所以偏向角为

$$\delta=i_2'-i_2=n\alpha-\alpha=(n-1)\alpha$$

2）全反射棱镜

全反射是100%的反射，光不会越过界面射出．但是光是电磁波，发生全反射时，在界面另一侧的一个很小的深度内，仍会有光波场，只是这样的光波不会继续向前传播，而是随着深度增加迅速消逝（实际上是折返回来），因而这样的光波被称为“倏逝波”.

光学玻璃的折射率基本在 1.5 ~ 1.7，所以从玻璃到真空（空气）的全反射临界角为 36° ~ 42°．如图 4-1-19 所示，等腰直角棱镜是最常见的全反射棱镜．

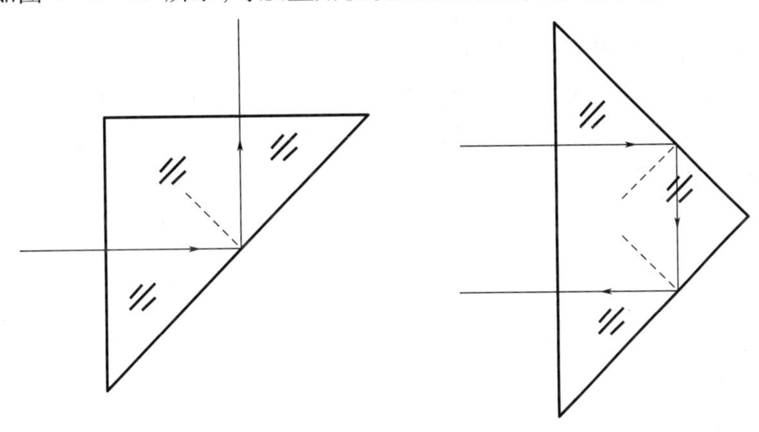

图 4-1-19　光在等腰直角棱镜中的全反射

2. 透镜

广义而言，由两个曲面折射面包围地透明介质构成的光学元件称为透镜．按折射面几何形状不同，透镜又分为球面透镜、轴对称非球面透镜、柱面透镜以及阶梯透镜（菲涅耳透镜）等多种类型．透镜材料通常是光学玻璃，本节只讨论球面透镜．

如图4－1－20所示为典型的球面透镜，由两个曲率半径分别为r_1、r_2的球面组成．通常透镜折射率记作n_L．透镜前后介质折射率分别记作n_o和n_i．透镜分为凸透镜和凹透镜，通常情况下，$n_L > n_i, n_o$，中央厚、边缘薄的称为凸透镜，如图4－1－20（a）所示，当一束平行光照射到凸透镜上，经凸透镜后将汇聚于一点（图4－1－20（a）中的F_1、F_2），因此凸透镜又称为会聚透镜．根据光路可逆原理，通过焦点的光经凸透镜后，将变为平行光．边缘厚、中央薄的称为凹透镜，如图4－1－20（b）所示，当一束平行光照射到凹透镜上时，经凹透镜后光将发散，而光线的反向延长线将汇聚于一点（图4－1－20（b）中的F_1、F_2），因此凹透镜又称发散透镜．同样的，根据光路可逆原理，汇聚于对面焦点的光经凹透镜后，将变为平行光．关于球面透镜，还需要明确如下概念和参数．

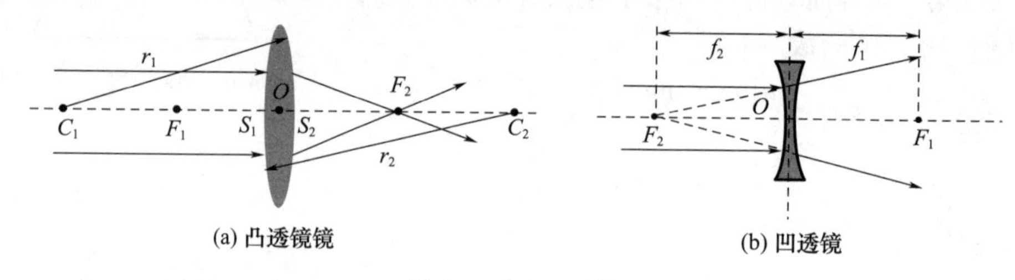

图4－1－20　透镜

光心：光从透镜一边进入透镜，经过透镜中某点的光线传播方向不发生改变，该点就称为透镜的光心，通常记为O.

光轴：经过光心O的直线称为透镜的光轴．显然，光轴有无穷多个．两球面曲率中心C_1与C_2的连线也是光轴，称为透镜的主光轴．其他光轴都称副光轴．

顶点：主光轴与透镜两球面的交点S_1和S_2称为透镜的顶点．两顶点间的距离称为透镜厚度d.

焦点、焦平面：平行光经过透镜后汇聚的点或其反向延长线汇聚的点称为透镜的焦点，位于主光轴上的焦点称为主焦点，其他的称为副焦点．所有的焦点构成的平面，称为透镜的焦平面，每个透镜都有两个焦平面．

焦距：光心到焦平面的距离称为透镜的焦距，一个透镜都有两个焦距f_1、f_2．两焦距可以相等，也可以不相等，当透镜两侧介质相同时，两焦距是相等的．我们通常处理的都是透镜两侧介质相同的情况．

根据折射面形状的不同，透镜又可以细分为不同的类型，图4－1－21展示了不同类型的透镜．实验室常见的是双凸透镜、平凸透镜、双凹透镜．

若透镜厚度与球面曲率半径、焦距、物距、像距等相比可以忽略，则称为薄透镜；若不能忽略，则称为厚透镜．通常情况下，在实验室使用的透镜都是薄透镜，下面介绍常见的薄透镜成像规律．

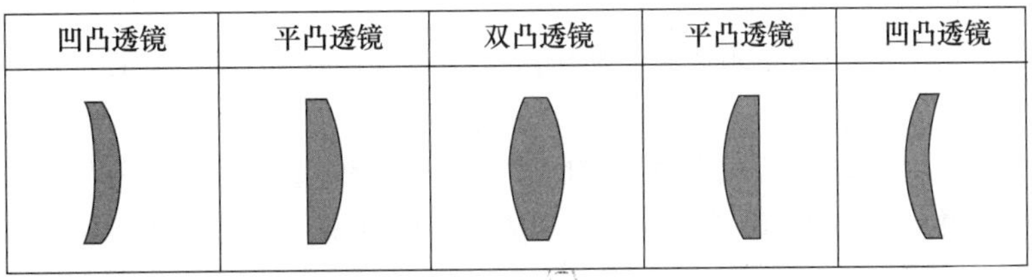

凹凸透镜	平凸透镜	双凸透镜	平凸透镜	凹凸透镜

(a) 凸透镜 (会聚透镜)

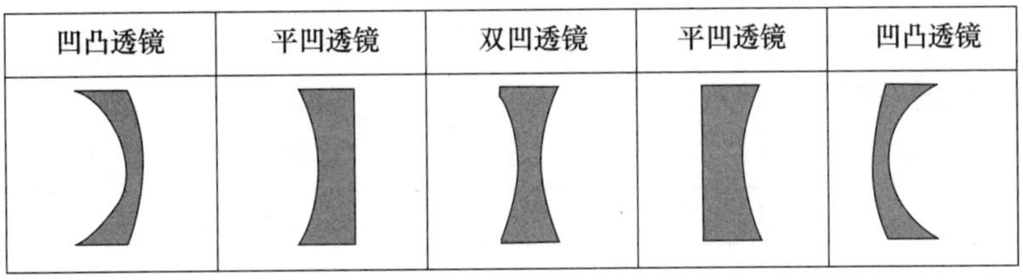

凹凸透镜	平凹透镜	双凹透镜	平凹透镜	凹凸透镜

(b) 凹透镜 (发散透镜)

图 4－1－21　各种类型的透镜

3. 薄透镜成像

1）薄透镜成像规律

由以上关于透镜相关概念和参数的介绍可知，沿光轴传播的光线（即通过光心的光线）经透镜后，方向不发生变化；平行于主光轴的光线经凸透镜后将汇聚于对面主焦点，经凹透镜后，光线的反向延长线将汇聚于同方焦点；经过凸透镜同方焦点的光，经凸透镜后变为平行于主光轴的光，经过凹透镜对面焦点的光，经凹透镜后变为平行于主光轴的光．利用这三种特殊光线通过作图法可以总结出透镜成像的规律．

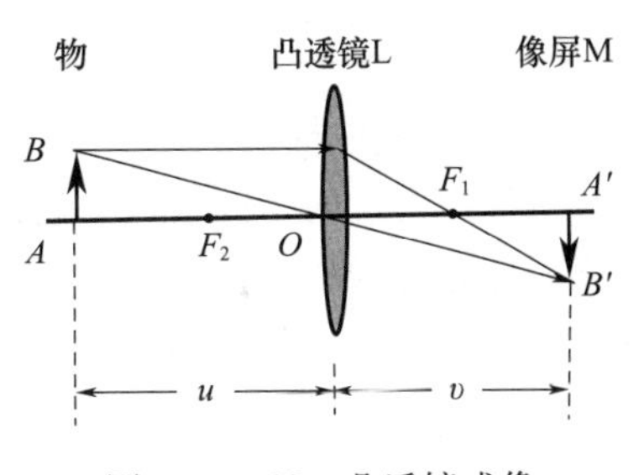

图 4－1－22　凸透镜成像

图 4－1－22 为凸透镜成像原理图，在焦距为 f 的凸透镜前方放置一物体 AB，光心 O 到 AB 的距离称为物距，记为 u，利用特殊光线作图，可知其成一实像 $A'B'$，光心到 $A'B'$的距离称为像距，记为 v. 根据几何关系，可知

$$\frac{1}{u}+\frac{1}{v}=\frac{1}{f} \tag{4-1-13}$$

这就是凸透镜成像公式，对于凹透镜而言，也可通过作图法总结其成像公式．大家可以利用作图法进行总结．需要说明的是，物体发出的光经透镜后实际光线汇聚成的像称为实像，光线的反向延长线汇聚所成的像称为虚像．物体经过凸透镜可以成实像，也可以成虚像；物体经过凹透镜只能成虚像．事实上，不管是凸透镜，还是凹透镜，不管成的是实像还是虚像，都可以由式(4－1－13)描述成像规律．只不过需要首先确定透镜的曲率半径、焦距、物距、像距的符号，也就是透镜成像的符号规则：

① 凸透镜的曲率半径 r 为正，凹透镜的曲率半径 r 为负．

② 凸透镜焦距 f 为正，凹透镜焦距 f 为负．

在沿着光线前进的方向：

③ 物在镜前，$u>0$；物在镜后，$u<0$.

④ 像在镜前,像距 $v<0$;像在镜后,$v>0$.

⑤ 物点和像点到主光轴的距离分别记为 y 和 y',物点和像点在主光轴以上取正,在主光轴以下取负.

此符号法则的①、②规定了透镜参数的正负取法,③、④规定了物距像距的正负取法.③、④事实上说明了实物 $u>0$,虚物 $u<0$;实像 $v>0$,虚像 $v<0$. 因此我们可以简单地认为,实的为正,虚的为负.

依据此符号法则和式(4-1-13)可以进行透镜成像规律的详细探讨,这里不再进行详细讲解,表4-1-2列出了凸透镜成像规律,同学可以利用作图法对这些规律详细总结,加深对透镜成像规律的认识.

表4-1-2　凸透镜成像规律

物距 u 与焦距 f 的关系	像的性质			像的位置		应用举例
	实像或虚像	放大或缩小	正立或倒立	与物体同侧或异物	像距 v 与焦距 f 或物距 u 的关系	
$u \gg 2f$	实像点	缩小		异侧	$v=f$	测定焦距
$u>2f$	实像	缩小	倒立	异侧	$f<v<2f$	照相机
$u=2f$	实像	等大	倒立	异侧	$v=2f$	测定焦距
$2f>u>f$	实像	放大	倒立	异侧	$v>2f$	投影仪
$u=f$	不能成像,得到一束平行光					测定焦距
$u<f$	实像	放大	正立	同侧	$v=u$	放大镜

2) 薄透镜的横向放大率

一长度为 y 的物体垂直于透镜的主光轴放置,经透镜所成的像的长度为 y',y' 与 y 的比值就称为薄透镜的横向放大率(通常记为 V),即

$$V=\frac{y'}{y} \tag{4-1-14}$$

若薄透镜两侧的介质相同,则根据透镜成像规律可知,其横向放大率为

$$V=-\frac{v}{u} \tag{4-1-15}$$

若透镜的焦距为 f,那么根据透镜成像公式可知

$$V=-\frac{f}{u-f} \tag{4-1-16}$$

可见,透镜的横向放大率由透镜的焦距和物距决定. 下面对凸透镜和凹透镜的放大率进行讨论:

① 对于凸透镜,$f>0$,$u>0$. 若 $u<f$,则 $V>1$,说明成的像是正立放大的虚像;若 $u=f$,$V=\infty$,说明物体处在透镜的焦平面上,成像于无穷远,或者说是不成像. 若 $f<u<2f$,则,$V<-1$,说明成的像是倒立放大的实像;若 $u=2f$,则,$V=-1$,说明成的像是倒立等大的实像;若 $u>2f$,则,$-1<V<0$,说明成的像是倒立缩小的实像.

② 对于凹透镜,$f<0$,$u>0$. 因此,$0<V<1$,说明像是正立缩小的虚像.

因此,凸透镜的成像较为复杂,为了更清楚地展示凸透镜成像规律,表4-1-2列出了凸透镜的成像规律和相应的用途.

【例4-1-9】 如图4-1-23(a)所示,透镜 L_1 是一会聚透镜,焦距为22cm,一物体放在其左侧32cm处．透镜 L_2 是一发散透镜,焦距为57cm,位于透镜 L_1 的右侧41cm处,求最后成像的位置并讨论像的性质．

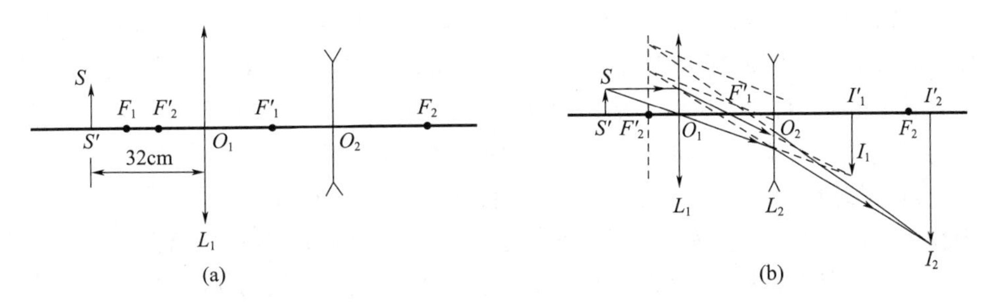

图4-1-23 例4-1-9图

解:假设 L_2 不存在,先求透镜 L_1 所成的像．设像距为 v,根据符号法则,$u_1=32\text{cm}$,$f_1=22\text{cm}$,代入透镜的物像公式,得

$$\frac{1}{32\text{cm}}+\frac{1}{v}=\frac{1}{22\text{cm}}$$

$$v=70\text{cm}$$

因此透镜 L_1 所成的应为一实像,由于透镜 L_2 的存在,因此并不真实．对于透镜 L_2,$f_2=-57\text{cm}$,透镜 L_1 所成的像就是透镜 L_2 的物,位于透镜 L_2 的右侧(70-41)cm=29cm处,此物为虚物,物距 $u_2=-29\text{cm}$ 代入透镜物像公式得

$$\frac{1}{v_2}-\frac{1}{29\text{cm}}=\frac{1}{-57\text{cm}}$$

$$v_2=59\text{cm}$$

最后的像位于透镜 L_2 的右侧59cm处,放大倍数为

$$V=V_1V_2=\left(\frac{v_1}{u_1}\right)\left(\frac{v_2}{u_2}\right)=-4.5$$

最后的像是倒像,是物体大小的4.5倍．图4-1-23(b)为成像的光路图．

4.1.3 光学仪器

人们在研究光的各种传播规律基础上,设计和制造了各种光学仪器,为生产和生活服务．几何光学仪器主要是指成像仪器,按成像的虚实又可分为两类:投影仪、照相机、电影放映机、幻灯机等属于成实像的仪器;而放大镜、显微镜、望远镜等则属于成虚像的仪器,这类仪器又称为助视仪器,用来改善和扩展视觉．这里主要介绍放大镜、显微镜、望远镜、投影仪和照相机的基本原理．在介绍这些光学仪器之前,首先认识眼睛这一光学仪器．

1. 人的眼睛

人眼相当于一台能够精密成像的光学仪器,它是人们观察客观世界的器官．如图4-1-24所示,人眼近似为一球形,其直径约为2.4cm,最外层为一白色坚韧的膜称为巩膜,巩膜在眼球前部凸出的透明部分称为角膜,其曲率半径约为8mm,外来光束首先通过角膜进入眼内,巩膜内面为一层不透光的黑色膜称为脉络膜,其作用是使眼内成为一暗房,脉络膜的前方是一带颜色的彩帘,称为虹膜,眼球前的颜色就是由它显现出来的,虹膜中心有一圆孔,称为瞳孔,瞳孔的作用是调节进入眼内的光通量,其作用与有效光阑相类似. 外来光束过弱时,瞳孔直径可扩大到8mm. 虹膜后面是晶状体. 它由折射率约为1.42的胶状透明物质所组成,形成一个凸透镜. 前后两面的曲率半径分别约为10mm和6mm,其边缘固结于睫状肌上,由于睫状肌的松弛和紧缩,晶状体表面的曲率可以改变. 晶状体将眼内分为互不相通的两个空间,一个在晶状体和角膜之间的空间,称为前房,另一个在晶状体的后面,称为后房. 前房内充满一种透明稀盐溶液,后房内充满一种含有大量水分的胶性透明液体,称为玻璃体. 这两种液体的折射率均为1.33,与水的折射率相同. 视神经从眼球后面B处进入眼内,并在眼内脉络膜上分布成一极薄的膜称为视网膜,当外面物体发出的光束进入眼内在视网膜上成像时,视网膜的感光细胞将光信号转换成生物电信号,经视网膜神经元网络处理、编码,在神经节细胞形成动作电位;视觉动作电位由神经节细胞轴突的视神经传到大脑而形成视觉,视神经进入眼球的地方(图中B处)不引起视觉,称为盲点. 在眼球光轴上方附近处有一直径为2mm的黄色区域,称为黄斑. 黄斑中心有一直径约为0.25mm的区域,视觉最灵敏,称为中央窝. 当眼睛观察物体时,眼球通常转到一适当位置,使所成的像恰好在黄斑点内中央窝处,因而所引起的视觉最为清晰.

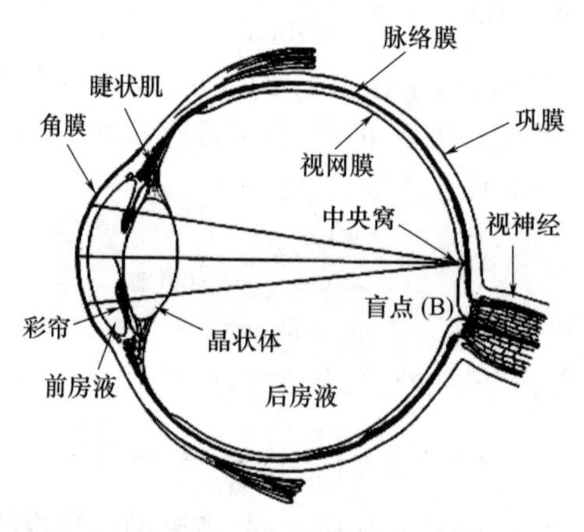

图4-1-24　人眼的结构

当用眼观察物体时,必须使物体在视网膜上形成一个清晰的像. 眼睛通过物体在视网膜上所形成的像对眼的光心的张角大小来判断物体的大小. 人眼作为接收器,只能辨别而不能测量光能的大小,也不能判别复色光的成分,另外,人眼只能对波长为390~760nm的光产生感觉. 当物体和眼的距离变化时,为了使距离不同的物体都能在视网膜上形成清晰的像,必须改变眼睛的焦距,这一过程称为眼的调节,人眼的调节主要借助于晶状体,当眼中的睫状肌松弛时,晶状体两曲面的曲率半径最大,这时远处的物体能在视网膜上形成清晰的像,故眼看远物时不容易感到疲劳,眼睛能够看清楚的最远点称为远点,当物体移近到某一相当近的位置时,眼仍能清楚地看见它,证明近处的物体仍能在视网膜上成像,这是由于和晶状体相连的睫状肌有收缩能力,当眼注视近处物体时,睫状肌收缩,使晶状体的两面(特别是前一面)曲率半径变小,焦距变短,因而物体仍能在视网膜上成像. 眼的这种能自动改变焦距的能力称为眼的自调节,但是眼的自调节有一定的限度. 当睫状肌最紧张、晶状体两侧面曲率半径最小时,眼睛能够看清楚的最近点称为近

点. 对一般人来说，近点约在眼前25cm处．因此，正常的眼睛在适当的照明下，观察眼前25cm处的物体是不费力的，而且能看清楚物体的细节，我们称这个距离为明视距离．

在观察物体时，我们感受到的物体的大小主要由物体通过晶状体在视网膜上所成像的大小决定．如图4-1-25所示，视网膜上像的大小由物体对眼睛的张角决定，称为视角．可见，视角越大，我们感受到的物体越大．视角的大小，不仅与物体自身的大小有关，而且与物体与眼睛的距离有关．用眼睛直接观察物体时，要能看清物体的细节，视角一般不小于1′．如果视角小于1′，眼睛就无法辨别物体．所以，人眼的极限分辨角为1′．如果想要分辨视角小于1′的物体，就需要借助光学仪器放大视角，进而对物体进行观察，这类光学仪器称为助视仪器．

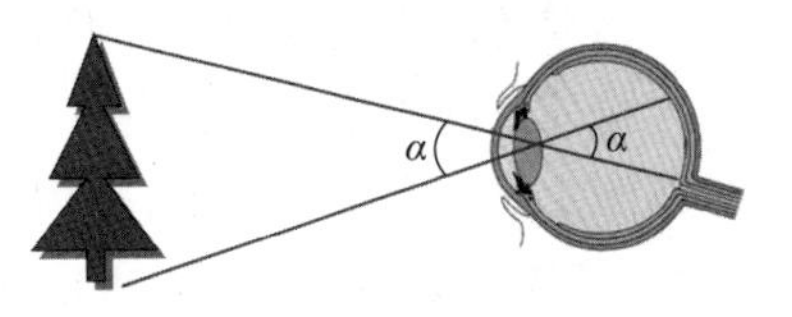

图4-1-25　视角

2. 助视仪器的视角放大率

如图4-1-26所示，若线状物体通过助视仪器和眼睛所构成的光学系统在视网膜上形成的像的长度为l'，而没有配备助视仪器时，通过肉眼观察放在助视仪器原来所成像位置处的同一物体，在视网膜上所成的像的长度为l. 则l'与l的比值称为助视仪器的垂直放大率，即

$$V = l'/l \tag{4-1-17}$$

需要说明的是，这里将物体经助视仪器所成的像与肉眼观察的物体置于同一位置来比较像与物的大小．

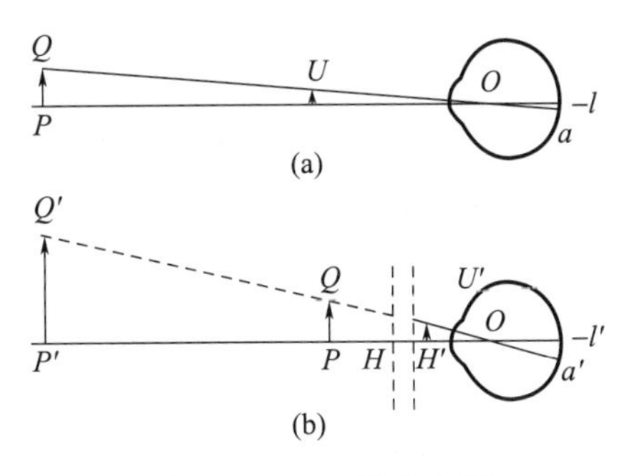

图4-1-26　放大本领

由于视网膜上像的大小与视角有关，由图4-1-26可知，助视仪器成的像对眼睛的视角为ω'，把物体直接放在成像位置物体对眼睛的视角为ω，由于视角较小，因此

$$V = \frac{l'}{l} = \frac{\tan\omega'}{\tan\omega} \approx \frac{\omega'}{\omega} = M \tag{4-1-18}$$

把上式写为

$$M = \frac{\omega'}{\omega} \tag{4-1-19}$$

式中：M称为助视仪器的视角放大率，也称为放大本领．所以，用助视仪器观察物体时，放大本领等于视角之比，即由助视仪器所成的像对眼睛的张角与物体直接对眼睛的张角之比．在实际进行助视仪器的放大本领的测量中，经常采用横向放大率的方法进行测量．

3. 助视仪器

1）放大镜

最简单的放大镜就是一个焦距f很短的会聚透镜($f\leqslant s_0$,其中s_0为明视距离)其作用是放大物体在网膜上所成的像.

如图4-1-27(b)所示,把物体PQ置于凸透镜L的物方焦点和L之间并使其靠近焦点,于是物体经透镜成一放大的虚像$P'Q'$. 为了便于观察,通常使虚像位于明视距离处. $P'Q'$对眼睛的视角为

$$\omega'\approx y/f \tag{4-1-20}$$

如图4-1-27(a)所示,若不用透镜而将物体置于明视距离处,PQ对眼睛的视角为

$$\omega\approx\frac{y}{s_0} \tag{4-1-21}$$

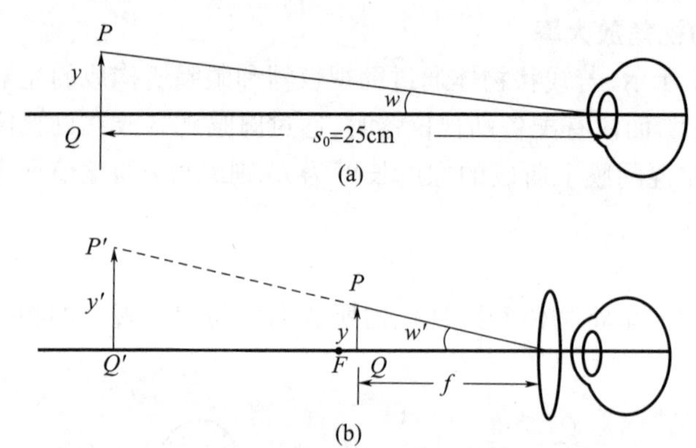

图4-1-27　放大镜的视角放大

于是,凸透镜作为放大镜时其放大本领为

$$M=\frac{\omega'}{\omega}=\frac{s_0}{f} \tag{4-1-22}$$

可见,放大镜的放大本领由透镜的焦距和我们的明视距离决定. 对于一般人而言,明视距离大约为25cm. 若凸透镜的焦距为10cm,则由该透镜制成的放大镜的放大本领为2.5倍.通常一般的放大镜的放大本领约为3倍,如果采用复式放大镜,放大本领可以达到20倍.

2）显微镜

借助放大镜可用来观察不易为肉眼看清的微小物体,但如果是更微小的观察对象或其微观结构,则须依赖显微镜才能观察和分析.1590年左右,荷兰的两位眼镜制造商詹森兄弟(H. Janssen和Z. Janssen)制造了由多个会聚透镜组成的第一台复式显微镜.1648年,胡克(Hooke)借助显微镜发现了动物和植物组织内的细胞. 后来人们使用显微镜在生物学、医学、材料等科学领域又有许多重要发现. 光学显微镜经过几百年的发展,性能不断提高,现在已成为一种用途十分广泛的助视仪器.

显微镜由两组透镜构成,一组为焦距极短的物镜L_o,另一组为目镜L_e. 为了消除像差,真正显微镜的物镜和目镜都是复杂的透镜组. 为了简便和容易理解,在研究显微镜的成像原理时,我们用单透镜来表示物镜和目镜.

如图4-1-28所示为显微镜成像光路图. 由于显微镜是为了观察近处小物体,因此

物镜 L_o 的焦距 f_o 较小；目镜 L_e 的焦距 f_e 较大；物镜的像方焦点 F'_o 与目镜的物方焦点 F_e 之间的距离为 Δ.

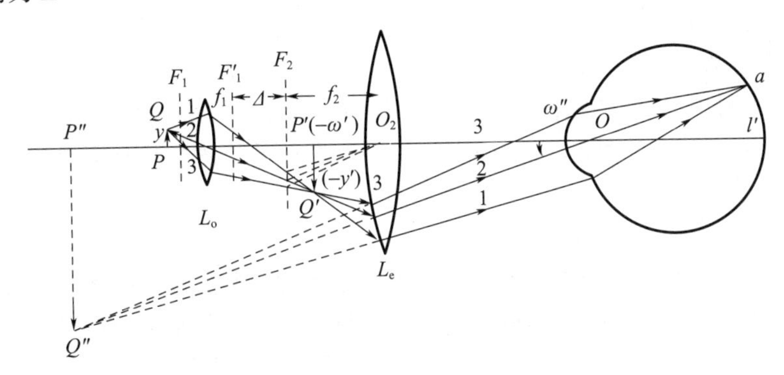

图 4－1－28　显微镜光路图

通过调节目镜 L_e、物镜 L_o 相对物 PQ 的距离，使 PQ 处在物镜物方焦点 F_1 外侧并尽可能靠近，使 PQ 经物镜后所成的实像 $P'Q'$ 尽可能大，$P'Q'$ 处于目镜物方焦点 F_2 内侧附近，从而能经目镜放大成虚像 $P''Q''$，并位于人眼的明视距离 s_0（约 25cm）附近. 这样，就达到了利用显微镜观察微小物体的作用.

那么，图 4－1－28 所示的显微镜放大本领是怎样的呢？从 Q 点发出的 1、2、3 三条光线经 L_o 折射后相交于 Q 点，它们经过 L_e 的物方焦平面 F_2 时，分别交于不同的三点. 把这三点与 L_e 的光心 O_2 用虚线连接起来，那么，这三条虚线应分别平行于上述三条光线经 L_e 折射后的出射光线，该三条出射光线的反向延长线交于 Q''. 因此，虚像 $P'Q'$ 相对于人眼的视角 ω' 与实像 $P'Q'$ 相对于 L_e 的光心 O_2 的张角 ω' 是相等的. 由于 $P'Q'$ 位于 L_e 的物方焦点 F_2 附近，因此可近似认为 $P'Q'$ 到 L_e 的距离为 L_e 焦距 f_e. 设 $P'Q'$ 的长度为 l'，则

$$\omega''=\omega'\approx l'/f_e$$

设物 PQ 的长度为 l，$P'Q'$ 到 L_o 的距离为 s. 由于 PQ 位于物镜的物方焦距附近，因此物镜的横向放大率为

$$\frac{l'}{l}\approx\frac{s}{f_o}$$

于是得

$$l'\approx sl/f_o$$

可见欲使物镜所成得像尽可能大，物镜得焦距 f_o 必须尽可能小.

$$\omega''\approx\frac{ls}{f_o f_e}$$

PQ 位于明视距离时对眼睛的视角 $\omega=l/s_0$，所以显微镜的视角放大率为

$$M=\frac{\omega''}{\omega}=\frac{s_0 s}{f'_o f'_e}$$

因此，要增大显微镜的视角放大率，就必须减小 f_o、f_e. 在实际的显微镜中，$f_o\ll\Delta$，$f_e\ll\Delta$，因此，$s\approx\Delta$，所以，显微镜的视角放大率可以表示为

$$M\approx-\frac{s_0\Delta}{f_o f_e}\qquad(4-1-23)$$

为了与式（4－1－22）保持一致，放大本领的正负表示最后成像相对于物是正立还是

倒立，这里增加了负号．现代光学显微镜的 Δ 已约定为 17～19cm，因此改换不同焦距的目镜和物镜，就能获得不同的放大率．在显微镜的物镜和目镜上分别刻上“10×”“20×”等字样，以便我们由其乘积得知所用显微镜的放大倍数．

人眼只能看清大小 0.1mm 左右的细小物体，较高级的光学显微镜，可以把物体放大 2000 倍，能够看清 0.2μm 的结构，可以观察到细胞的构造，如细胞质、细胞核、细胞膜等．实验室中广泛使用一种测量微小距离用的显微镜，它们的目镜中装有标尺或叉丝，称为读数显微镜．

3）望远镜

望远镜也是由物镜和目镜所组成．显微镜用于观察近处的小物体，望远镜则用于观察远处的大物体，并使远处的物体在眼睛的明视距离处成一个虚像，便于眼睛观察．

如图 4－1－29 所示，为望远镜的结构和光路图．望远镜的功能是对远处物体成视角放大的像．通常物镜的像方焦点 F'_o 和目镜的物方焦点 F_e 几乎重合．这就使望远镜所成之像对人眼的视角比之人眼直接观察远物时的视角要大许多，远处的物体似乎被移近了，所以望远镜的放大作用与显微镜不同．当然，远物不可能被移近，所以望远镜物镜所成的像比远物小许多，而显微镜的物镜是真的把微小物体放大了．

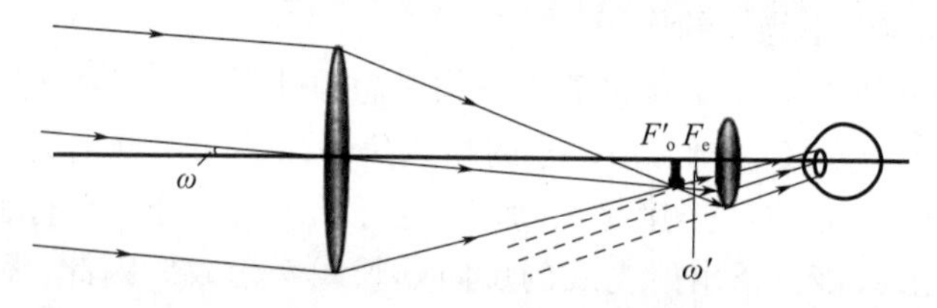

图 4－1－29　望远镜光路图

那么望远镜的放大本领又是怎样的？由于物距非常大，物对眼睛所张的视角实际上与物对物镜所张的视角 ω 一样，即 $\omega=-h_i/f'_o$（因为 $h_i<0, f'_o>0$），而像对目镜所张的视角 $\omega'=h_i/f'_e$，故望远镜的视角放大率为

$$M=\frac{\omega'}{\omega}=\frac{h_i/f'_e}{-h_i/f'_o}=-\frac{f'_o}{f'_e} \tag{4-1-24}$$

由此式可以看出，望远镜的物镜焦距越大，目镜焦距越小，其视角放大率（放大本领）就越大．一般民用望远镜的物镜直径不大于 25mm，其放大本领为 10 倍左右．哈勃望远镜的物镜直径为 5m，其放大本领可达 2000 倍以上．

4. 成实像的光学仪器

1）投影仪

电影机、幻灯机、印相放大机以及绘图用的投影仪等，都属于投影仪器．它们的主要部分是一个会聚的投影镜头，使画片成放大的实像于屏幕上（图 4－1－30）．由于通常镜头到像平面（幕）的距离比焦距大得多，所以画片总在物方焦面附近，物距 $s\approx f$，因而放大率 $V=-s'/s\approx-s'/f$，它与像距成正比．

为了使动画片后的光线进入投影镜头，投影仪器中需要附有聚光系统，总的来说，聚光系统的安排应有利于幕上得到尽可能强的均匀照明．通常聚光系统有两种类型：其一适用于画片面积较小的情况，这时聚光镜将光源的像成在画片上或它的附近；其二适用于画片面积较大的情况，这是聚光镜将光源的像成在投影镜头上．图 4－1－30 中只列出第二种情况．

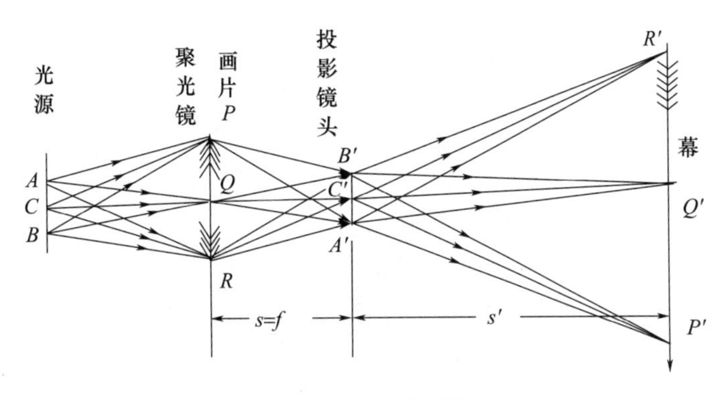

图4－1－30　投影仪

【例4－1－10】　一架幻灯机的投影镜头焦距为7.5cm. 当屏幕由8m移至10m远时,镜头需移动多少距离?

解:由物像距关系的牛顿(Newton)公式

$$x_1=\frac{f^2}{x_1'},x_2=\frac{f^2}{x_2'}$$

得物位移量Δx与像位移量$\Delta x'$的关系为

$$\Delta x=x_2-x_1=-\frac{\Delta x'}{x_1'x_2'}f^2$$

考虑到投影系统的特点是像距远远大于焦距,取

$$x_1'\approx s_1'=8\text{m},x_2'\approx s_2'=10\text{m}$$

则

$$\Delta x'=x_2'-x_1'\approx s_2'-s_1'=2\text{m}$$

所以

$$\Delta x=-0.014\text{cm}$$

即投影镜头应移近画片0.014cm.

2）照相机

照相机是让物体发出的光线经过镜头后在底片上成像的光学仪器．因为底片对光线感光并进行记录,所以不能记录虚像．因而要求物体经照相物镜(镜头)在底片上成一倒立实像．照相机的成像系统刚好与投影仪器相反,拍摄对象的距离s一般比焦距f大得多,因此像平面(感光底片)总在像方焦平面附近,像距$s'\approx f'$(图4－1－31)．在小范围内调节镜头与底片间距离,可使不同距离以外的物体成清晰的实像于底片上．

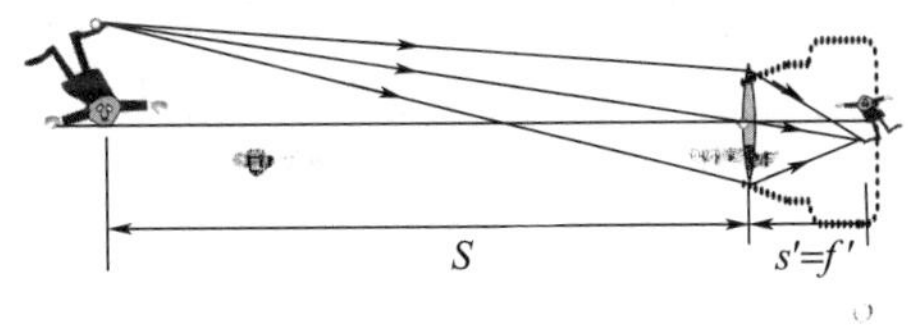

图4－1－31　照相机

照相机镜头上都附有一个大小可改变的光阑．光阑的作用有两个:一是影响底片上

的照度,从而影响曝光时间的选择;二是影响景深．如图4－1－32所示,照相机镜头只能使某一个平面Ⅱ上的物点成像在底片上,在此平面前后的点成像在底片前后,来自它们的光束在底片上的截面是一圆斑．如果这些圆斑的线度小于底片能够分辨的最小距离,还可认为它们在底片上的像是清晰的．

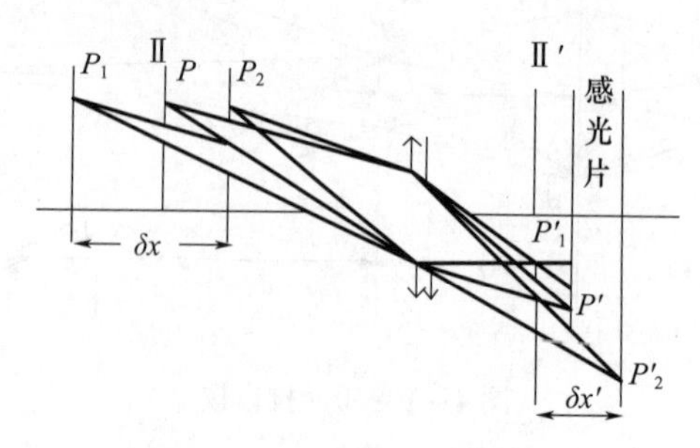

图4－1－32　景深

对于给定的光阑,只有平面Ⅱ前后一定范围内的物点,在底片上形成的圆斑才会小于这个限度．物点的这个可允许范围,称为景深．当光阑直径缩小时,光束变窄,离平面Ⅱ一定距离的物点在底片上形成的圆斑变小,从而景深加大．除光阑直径外,影响景深的因素还有焦距和物距．令x,x'分别为物距和像距(从焦点算起),当物距改变δx时,像距改变$\delta x'$,$\delta x'/\delta x$的数值越小,越有利于加大景深．由牛顿公式可知$\delta x'/\delta x = -f^2/x^2$(设物、像方焦距相等),对给定的焦距$f$来说,$x$越小,则景深越小．因此在拍摄不太近的物体时,很远的背景可以很清晰,而在拍摄近物时,稍远的物体就变得模糊了．

4.2　波动光学

对于光的认识,从最初的只研究光的直线传播的几何光学,逐步过渡到对光的本性的认识．17世纪下半叶,牛顿和惠更斯等把光的研究引向讨论光的本性的方向上．牛顿的微粒说、以惠更斯为代表的波动说相继发展．当时牛顿在物理学界的崇高地位,一度使微粒说占据了统治地位．然而,1801年托马斯·杨(Thomas Young)完成了著名的“杨氏”实验,并提出了干涉原理;1809年,马吕斯(Malus)发现了光的横波性;1815年,菲涅耳(Fresnel)综合了惠更斯子波假设和杨氏干涉原理,用次波干涉理论成功地解释了光的直线传播规律,并且定量地说明了光的衍射图样光强分布规律(如泊松亮斑)．从而建立了光的波动说,当时尽管认识到光的波动性,但因时代局限,仍然认为光和水波等一样是一种机械波．1845年,法拉第揭示了光和电磁现象的内在联系;1865年,麦克斯韦从理论上说明光是电磁波,1888年,赫兹实验上证实了麦克斯韦的预言．通过大量实践可知,红外线、紫外线和X射线等都是电磁波,它们的区别仅是频率(波长)不同而已,从而使光的波动理论成为电磁理论的一部分．本节主要介绍光的干涉、衍射、偏振等光的波动特性及其在生产生活中的应用．

4.2.1　波动光学的基本概念

光是电磁波,是变化的磁场和变化的电场相互激发而形成的．那么,描述电磁波的物

理量既有电场,也有磁场. 由于人眼以及大多数的光学探测仪器对电场更为敏感,因此在描述光场时,经常用电场来描述. 简单起见,我们只用平面电磁波来描述光波. 但需要说明的是,光波也像机械波一样有平面波、球面波、柱面波. 下面简单介绍光波的相关概念和参量.

平面简谐光波可以用下面的式子进行描述:

$$\boldsymbol{E}=\boldsymbol{A}\cos[2\pi(\nu t-kx)+\varphi_0] \tag{4-2-1}$$

式中:$\boldsymbol{E}$ 是光场的电矢量,也就是光矢量;$\boldsymbol{A}$ 是光矢量振幅,矢量的方向表示电场的方向;ν 是光波的时间频率,$\nu=1/T$,T 是光波的时间周期,通常称 $\omega=2\pi\nu$ 为光波的圆频率;$k=1/\lambda$ 称为光波的波数,λ 为光的波长,是光的空间周期,$\kappa=2\pi k$ 称为光波的圆波数;$\varphi=2\pi(\nu t-kx)+\varphi_0$ 称为光波的相位,φ_0 称为初相位. 因此,式(4-2-1)又可以写为

$$\boldsymbol{E}=\boldsymbol{A}\cos[(\omega t-\kappa x)+\varphi_0] \tag{4-2-2}$$

显然,光波的相位表征了光波在某时刻、空间某位置处光矢量的情况,其在研究光的波动性方面是一个十分重要的物理量.

由前面所述可知,光的速度为

$$v=\lambda/T=\lambda\nu=1/\sqrt{\varepsilon\mu} \tag{4-2-3}$$

式中:ε、μ 分别为介质的介电常数和磁导率. 显然,光在真空中的速度为 $c=1/\sqrt{\varepsilon_0\mu_0}\approx 3\times10^8\mathrm{m/s}$,其中 ε_0、μ_0 分别为真空介电常数和真空磁导率. 所以,光在不同介质中的光速是不同的. 那么光的频率、波长、速度主要由哪些因素决定?

1. 光源

任何发光的物体都可叫作光源. 太阳、蜡烛的火焰、钨丝白炽灯、日光灯、水银灯,都是我们日常生活中熟悉的光源. 光源不仅用来照明,在实验室中为满足各种科学研究课题的需要,人们常使用形式多样的特殊光源,如各种电弧和气体辉光放电管等. 1960 年发明的激光器是一种与所有过去的光源性质不同的崭新光源. 光既然是一种电磁辐射,就要有某种能量的补给来维持其发射,按能量补给的方式不同,光的发射大致可分为以下两大类.

1) 热辐射

不断给物体加热来维持一定的温度,物体就会持续地发射光,包括红外线、紫外线等不可见的光. 在一定温度下处于热平衡状态下物体的辐射,叫作热辐射或温度辐射. 太阳、白炽灯中光的发射属于此类.

2) 光的非热发射

各种气体放电管(如日光灯、水银灯)管内的发光过程是靠电场来补给能量的,该过程叫作电致发光. 某些物质在放射线、X 射线、紫外线、可见光或电子束的照射或轰击下,可以发出可见光. 这一过程叫作荧光. 日光灯管壁上的荧光物质、示波管或电视显像管中的荧光屏的发光属于此类. 有的物质在上述各种射线的辐照之后,可以在一段时间内持续发光,这种过程叫作磷光,夜光表上的磷光物质的发光属于此类. 由于化学反应而发光的过程,叫作化学发光,腐物中的磷在空气中缓慢氧化发出的光(如有时在坟地上出现的“鬼火”)属于这一类. 生物体(如萤火虫)的发光叫作生物发光,它是特殊类型的化学发光过程. 应当指出,能量形式可以相互转化,上述光的各种发射过程不能截然分开,同一光源中光的发射过程也往往不是单一的.

2. 光强与光谱

通常说光的强度(光强),是指单位面积上的平均光功率,或者说,光的平均能流密度.作为电磁波,其能流密度为

$$S = |\boldsymbol{E} \times \boldsymbol{H}| = \sqrt{\frac{\varepsilon_r \varepsilon_0}{\mu_r \mu_0}} E^2 \tag{4-2-4}$$

式中:ε_r、μ_r 分别为介质相对真空的相对介电常数和相对磁导率.介质的光学折射率为

$$n = \sqrt{\varepsilon_r \mu_r} \tag{4-2-5}$$

在光频波段,所有磁化机制都不起作用,所以,$\mu_r = 1$,所以

$$n = \sqrt{\varepsilon_r} \tag{4-2-6}$$

所以

$$S = \frac{n}{c\mu_0} E^2 \tag{4-2-7}$$

对于简谐光波,平均值$\overline{E^2} = A^2/2$,A 为振幅.我们在实际中检测到的都是平均值,因此,光强为

$$I = \overline{S} = \frac{n}{c\mu_0}\overline{E^2} = \frac{n}{2c\mu_0} A^2 \tag{4-2-8}$$

在同一种介质中只关心光强分布的相对强度,式(4-2-8)中的系数并不重要,人们常常把光的强度写成振幅的平方:

$$I = A^2 \tag{4-2-9}$$

但若考虑到不同介质,一定要注意比例系数中的介质的折射率 n.

单一波长的光称为单色光,否则称为非单色光.在自然界中存在的大都是非单色光.物体的发光事实上是组成物质的原子、分子都有自己的能级结构,不同原子、分子的能级结构不同.一般情况下,大部分的原子、分子都处于最低能级,也就是基态能级.在加热、电场、化学等的激励下,处于低能态的原子、分子会跃迁到高能级.处于高能级的原子、分子向它们的低能级跃迁时,会向外辐射出电磁波(光波).电磁波的频率就由上、下能级决定,因此,光波的频率由光源决定,与其他因素无关.当光在真空中传播时,其光速为 $c = 299792458\text{m/s} \approx 3 \times 10^8\text{m/s}$,因此,由式(4-2-3)可知,某频率的光在真空中的波长也是确定的.

一束光中常常包含不同波长的成分.如果令 $\mathrm{d}I(\lambda)$ 代表波长为 λ 到 $\lambda + \mathrm{d}\lambda$ 的光的强度,那么

$$i(\lambda) = \frac{\mathrm{d}I(\lambda)}{\mathrm{d}\lambda} \tag{4-2-10}$$

代表单位长度波长区间的光强,非单色光按波长的分布,叫作光谱,$i(\lambda)$ 叫谱密度,总光强与谱密度的关系为

$$I = \int_0^{\infty} i(\lambda)\,\mathrm{d}\lambda \tag{4-2-11}$$

能为人类的眼睛所感受的电磁波,只是 $\lambda = 400 \sim 760\text{nm}$ 的狭小范围.这个波段内的电磁波叫作可见光.在可见光范围内不同波长的光引起不同的颜色感觉.大致说来,波长与颜色的对应关系见表 4-2-1.

表4-2-1 可见光波长对应颜色

760nm	630nm	600nm	570nm	500nm	450nm	430nm	400nm
红	橙	黄	绿	青	蓝	紫	

由式(4-2-5)可知,介质的折射率由介质的相对介电常数决定. 事实上,介质的相对介电常数不仅与介质有关,还与光波的波长相关,因此,介质的折射率也就与光波的波长相关. 对于同一种介质,不同波长的光具有不同折射率. 所以可以将折射率表示为波长的函数,即 $n=n(\lambda)$. 图4-2-1显示了一些介质折射率与波长的关系.

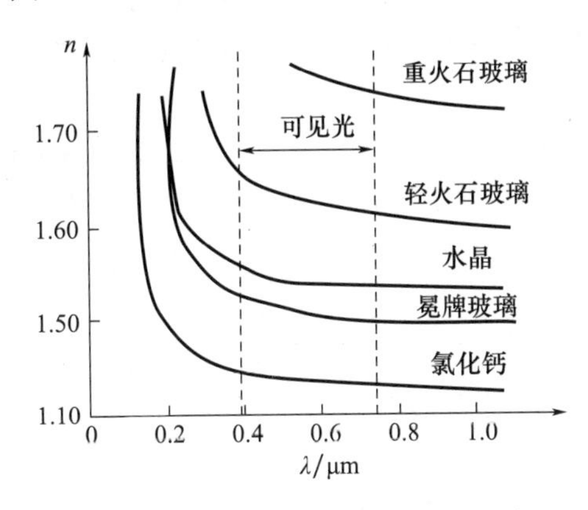

图4-2-1 介质的折射率与波长的关系

实验研究表明,折射率 n 随波长 λ 的增大而减小,而且在波长小的地方减小得快,即

$$n=A+\frac{B}{\lambda^2}+\frac{C}{\lambda^4} \tag{4-2-12}$$

式中:A、B、C 是与介质有关的常数,需要由实验测定. 这就是柯西公式,在波长范围不是很大时,可以只取前两项,即

$$n=A+\frac{B}{\lambda^2} \tag{4-2-13}$$

由式(4-2-3)、式(4-2-5)、式(4-2-12)可知,光速不仅与介质有关,也与波长相关,即

$$v(\lambda)=\frac{c}{n(\lambda)} \tag{4-2-14}$$

另外,由于光的频率由光源决定,与传播光的介质没有关系,因此光速在不同介质中的不同,说明光在不同介质中传播时,光的波长发生了变化. 由式(4-2-3)、式(4-2-14)可知,介质中光的波长 λ 与真空中光的波长 λ_0 之间的关系为

$$\lambda=\frac{\lambda_0}{n} \tag{4-2-15}$$

3. 光程

由式(4-2-15)可知,光的空间周期性在不同介质中是不相同的. 因此,光在折射率 $\boldsymbol{n}$ 的介质中通过几何路程 L 所发生的相位变化,与光在真空中通过 nL 的路程所发生的变化相同. 而由式(4-2-1)可知,相位决定了光在某时刻空间某位置处光场的情况. 为了方便描述相位的变化,引入光程这一概念,其大小为 nL,即

$$l = nL \tag{4-2-16}$$

因此,光程实质上是把光在介质中传播的距离换算为相同的时间内光在真空中的传播距离.

了解了波动光学中的相关概念后,下面我们简单介绍光的色散、干涉、衍射等现象.

4.2.2 光的色散

1. 色散现象

一束非单色光经过某光学元件后,不同颜色的光被分开的现象,称为光的色散.如雨后的彩虹、白光经过三棱镜、光栅后出现的彩色光带等都是色散现象.关于光栅我们在后面还会详细讲解.

对于色散的研究,可以追溯到13世纪,科学家对彩虹的成因进行了探讨.可以说,对光的色散现象的研究,已经触及到了对光的本性的认识.对光的色散研究和认识最早、最深入的科学家当属牛顿.他已经认识到了混合光的各种颜色是光自身的性质,而非介质对光作用导致不同颜色的光.

如图4-2-2所示,牛顿最早演示了阳光通过玻璃三棱镜之后的色散现象.白光经过棱镜后,不同颜色的光向不同方向射出,在空间散开成一个彩色的光带,为什么会出现这种现象呢?

如图4-2-3所示,一束白光从三棱镜的一个侧面入射,入射线在该侧面法线的下方,设入射角为 i. 则其中波长为 λ 的成分在棱镜内部的折射角为

$$i_1'(\lambda) = \arcsin\left[\frac{\sin i}{n(\lambda)}\right]$$

图4-2-2 光通过棱镜产生色图

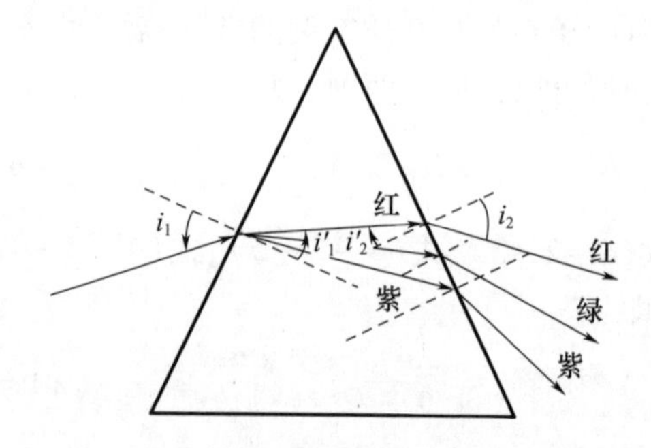

图4-2-3 棱镜中折射角与波长关系

一般情况下,波长越短的光,折射率越大,折射角越小,因而波长最短的紫光向棱镜底面偏折的角度最大,波长最长的红光的偏折角最小.在棱镜的另一侧面,光由玻璃进入空气,紫光的入射角最大,红光的入射角最小.设波长为 λ 的光在该侧面的入射角和折射角分别为 $i_2'(\lambda)$ 和 $i_2(\lambda)$,则有

$$i_2(\lambda) = \arcsin[n(\lambda)\sin i_2'(\lambda)]$$

由于紫光的入射角和折射率都是最大的,而红光的入射角和折射率都是最小的,可见这双重因素导致不同波长的光从棱镜出射时,在空间分开了足够的角度,因而很容易观察到色散.

2. 棱镜光谱仪

色散现象可用于光谱分析,利用色散,也可以从非单色光中获取单色光．因而早期的光谱仪和单色仪都是用棱镜制成的．光谱仪和单色仪其实是同一种仪器,用于光谱分析时,称为光谱仪;用于获取单色光时,称为单色仪．

光束以特定的入射角 i 射入棱镜,波长为 λ 的成分从棱镜出射的方向角 $i_2(\lambda)$ 有确定的值,因而光谱仪是根据出射光的方向测定波长的．光谱既可以采用照相方式记录,也可用光电探测器记录．若光的波长是连续分布的,则记录到的光谱也是连续的;若光由分立的波长成分组成,则记录到的光谱是一条条分立的、不连续的线,称为光谱线．

如图4－2－4所示,展示了棱镜光谱仪工作原理．光通过狭缝 S_1 射到棱镜的一侧,从另一侧出射的光射向另一个狭缝 S_2．两狭缝位置是固定的,转动棱镜,可使不同波长的光依次射到 S_2 上,并从光谱仪射出．S_1、S_2 分别称为入射狭缝、出射狭缝．入射狭缝、出射狭缝分别位于透镜 L_1、L_2 的焦平面上．

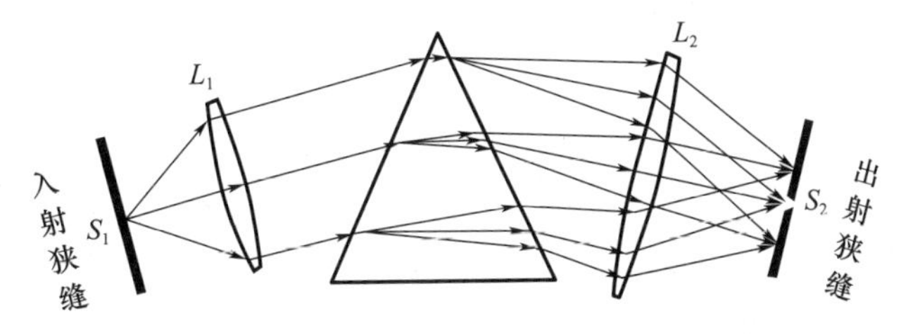

图4－2－4　棱镜光谱仪的结构和工作方式

由于衍射也具有分光作用,而且随着光栅制造技术的进步,使光栅具有很高的分辨本领,因此,光栅光谱仪已经成为经常使用的光谱仪.

4.2.3　光的干涉及其应用

1. 相干光

干涉现象是波动的基本特征之一．同机械波的干涉相同,产生光的干涉现象必须要求两束光满足相干条件,即:两束光波的频率相同,振动方向相同,在空间相遇的某处两束光的相位差保持恒定,满足这样条件的两束光称为相干光．然而要获取这样的相干光,必须借助一定的装置才能实现．

原子或分子每次发光的持续时间为 $10^{-10} \sim 10^{-8}$ s,也就是每次所发的光是一个短短的波列．普通光源中大量原子或分子是各自相互独立地发出一个个波列的,它们的发射彼此之间没有联系．因此同一时刻,各个原子或分子所发出的光一般不满足相干性．同时,原子或分子的发光也是间歇的,同一原子或分子,在不同时刻发出的光也不具有相干性．因此对于普通光源(非激光光源)来说,两个独立的光源不能构成相干光．另外,即使同一光源,其不同部分发出的光一般也不相干．

通常,我们会将普通光源上同一点发出的光,利用某种方法使其“一分为二”,从而获得相干光．基本方法有波阵面分割法和振幅分割法．波阵面分割法是从光源发出的同一波阵面上,取出两部分作为相干光源．著名的杨氏双缝干涉实验,就是经典的利用波阵面分割法获取相干光的．振幅分割法是利用反射、折射把波面上同一振幅分成两部分作为相干光源,随后使它们相遇产生干涉现象．劈尖、牛顿环等薄膜干涉实验,都属于振幅分割法．

2. 光程差、半波损失

如图4-2-5所示,两光源发出的两束光分别在折射率 n_1 和 n_2 的介质中传播了几何距离 L_1 和 L_2 后相遇,由式(4-2-16)可知,它们之间的光程差:

$$\delta = n_2L_2 - n_1L_1 \tag{4-2-17}$$

若两束光的初相位相同,则它们相遇时的相位差

$$\Delta\varphi = \frac{2\pi}{\lambda}(n_2L_2 - n_1L_1) = \frac{2\pi}{\lambda}\delta \tag{4-2-18}$$

这里得到了相位差与光程差的关系.通过计算光程差研究光的干涉现象是处理干涉问题的基本方法.

在研究光的干涉时,常常会用到薄透镜,薄透镜具有等光程性.如图4-2-6所示,若一束平行光通过薄透镜汇聚于一点 P,则在垂直于平行光的某一波阵面上的各个点到点 P 的光程是相同的,即点 A、B、C 和 D 到点 P 的光程相等.也就是说,薄透镜只能改变光的传播方向,不会引起附加的光程差.

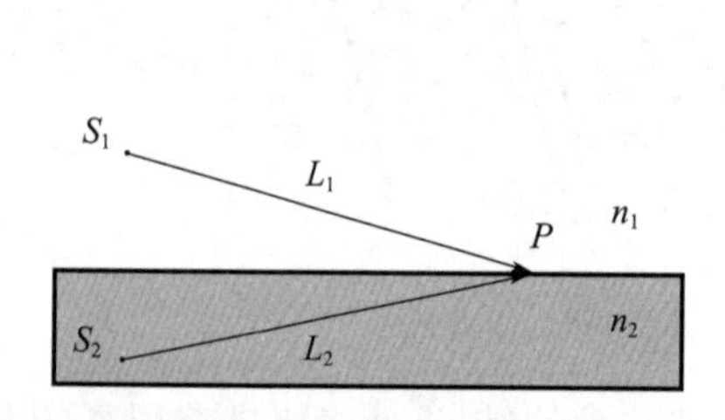

图4-2-5　不同介质中传播的光相遇

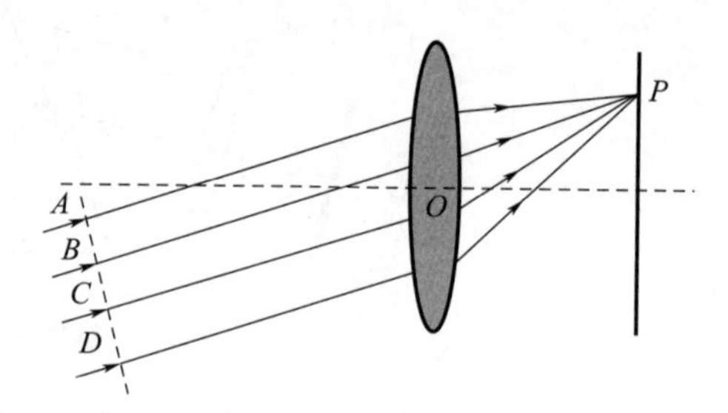

图4-2-6　穿过透镜平行光的光程

也有一些情况下,光程差会出现改变.理论和实验都表明,当光从折射率小的介质入射到折射率大的介质时,反射光的相位与入射光的相位相比将跃变 π.这一相位的跃变就相当于反射光与入射光之间附加了半个真空波长 $\lambda/2$ 的光程差,故称为半波损失,在研究光的干涉时必须加以考虑.

3. 杨氏双缝干涉实验

1801年,英国物理学家托马斯·杨(T. Young,1773—1829)设计并实现了双缝干涉实验,因此称为杨氏双缝干涉实验.该实验是最早利用单一光源形成两束相干光,从而获得干涉现象的典型实验.第一次把光的波动学说建立在实验的基础之上,同时托马斯·杨根据实验推算出光的波长,也是第一次对这个重要物理量进行的测量.作为物理学史上最经典的实验之一,它不仅对波动光学的建立起了重要作用,而且在量子力学中意义深远.

如图4-2-7(a)所示,在单色点光源前放一狭缝 S,S 前对称地放置有与 S 平行的两条平行狭缝 S_1 和 S_2,S_1 和 S_2 之间的距离很小且均位于从 S 发出的子波的同一波阵面上,因此 S_1 和 S_2 构成一对相干光源.在狭缝后观察屏上出现一系列稳定的明暗相间的条纹,即干涉条纹,如图4-2-7(b)所示,条纹间的距离彼此相等,且都与狭缝平行,O 处的中央条纹是明条纹.

在实验中还发现:增大双缝间距 d,中央条纹明纹中心位置不变,其他各级条纹相应向中央明纹靠近,条纹变密;反之,条纹变稀疏.改变入射光波长,波长增大,条纹变稀疏;反之条纹变密.

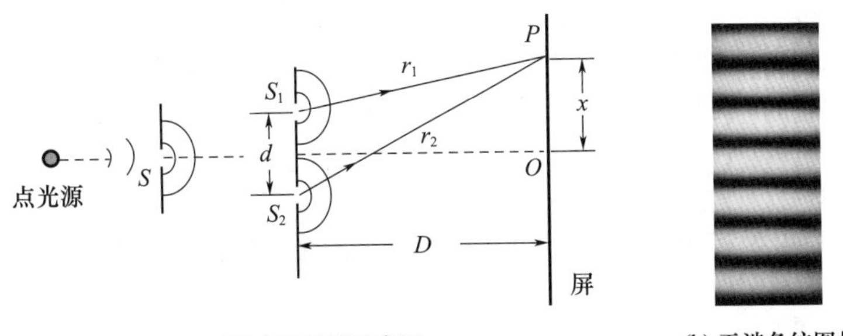

(a) 干涉实验装置示意图

(b) 干涉条纹图样

图4-2-7 杨氏双缝干涉实验

改变双缝与屏幕间距 D 也会引起条纹的变化. D 减小,中央明条纹中心位置不变,其他各级条纹相应向中央明纹靠近,条纹变密. 反之,条纹变稀疏.

下面分析屏幕上形成干涉明、暗条纹所满足的条件. 如图4-2-7(a)所示,双缝的间距为 d,双缝到屏的距离为 D,O 为屏幕中心,双缝到屏上 P 点的距离分别为 r_1 和 r_2,P 点到 O 点的距离为 x. 从同相波源 S_1 和 S_2 出发的两束光到达 P 点处的光程差仅由两束光的路程差决定. 故光程差

$$\delta = r_2 - r_1$$

由几何关系可得

$$r_1^2 = D^2 + (x - d/2)^2, \quad r_2^2 = D^2 + (x + d/2)^2$$

上面两式相减,得到

$$r_2^2 - r_1^2 = (r_2 + r_1)(r_2 - r_1) = 2xd$$

由于 $D \gg d$,且在实验中只能在 O 点两侧很有限的范围内观测到干涉条纹,亦即 $D \gg x$,故近似有 $r_2 + r_1 \approx 2D$. 将此关系代入上式得

$$\delta = r_2 - r_1 = \frac{d}{D}x \tag{4-2-19}$$

当光程差为波长的整数倍时,出现明条纹. 可知干涉明条纹所在的位置:

$$x = \pm k\frac{D\lambda}{d}, k = 0, 1, 2, \cdots \tag{4-2-20}$$

满足上述条件的点在屏幕上形成一条条平行于狭缝的直线,因此在屏上出现直线明条纹.

当光程差为半波长的奇数倍时出现暗条纹. 其位置为

$$x = \pm\left(k - \frac{1}{2}\right)\frac{D\lambda}{d}, k = 1, 2, 3, \cdots \tag{4-2-21}$$

满足上述条件的点在屏幕上形成一条条平行于狭缝的直线,因此在屏上出现平行的暗条纹.

由式(4-2-20)、式(4-2-21)可知,明条纹之间、暗条纹之间的间距都为

$$\Delta x = \frac{D\lambda}{d} \tag{4-2-22}$$

因此干涉条纹是等距离分布的直条纹. 若已知 D、d,又测出 Δx,则可以利用上式计算单色光的波长 λ. 若用白光照射,中央明条纹仍是白色的,其余各级明纹中不同波长的光将出现在不同位置,呈现彩色光谱.

【例4-2-1】 单色光照射到距离为0.2mm的双缝上，双缝与屏幕的垂直距离为1m. 从第一级明纹到同侧第五级明纹间的距离为11mm，求该光波长.

解：根据双缝干涉明纹条件，第k级明纹位置中心

$$x = \pm k\frac{D\lambda}{d}, \qquad k=0,1,2,\cdots$$

分别将$k=1$和$k=5$代入，可知第一级与第四级明纹中心间距满足

$$\Delta x_{15} = x_5 - x_1 = \frac{D}{d}(5-1)\lambda$$

将$\Delta x_{15}=11\text{mm}$，$D=1\text{m}$，$d=0.2\text{mm}$代入可得单色光波长$\lambda=550\text{nm}$.

4. 薄膜干涉

薄膜干涉是常见的光的干涉现象，生活中常见的油膜、肥皂膜等在阳光下呈现美丽的彩色光泽，就是薄膜干涉现象. 根据薄膜厚度的均匀程度，通常将薄膜干涉分为等倾干涉和等厚干涉两类，下面分别进行讨论.

1）薄膜的等倾干涉

如图4-2-8所示，在一射率为n_1均匀透明介质中，放入上、下表面平行、折射率为n_2的均匀介质，即一个厚度均匀的薄膜. 光线1以入射角i射向薄膜，经薄膜上下表面的不断反射和折射，形成了一系列平行的反射光和平行的透射光. 一般情况下，光线4、5、…经多次反射折射，与光线2、3相比，其强度已经很小，因此我们只需考虑出射光2和3之间的干涉. 光线2和光线3的强度小于光线1的强度，而光的强度与光矢量振幅的平方成正比，这相当于入射光的振幅被“分割”了，这种获得相干光的方法就是分振幅法.

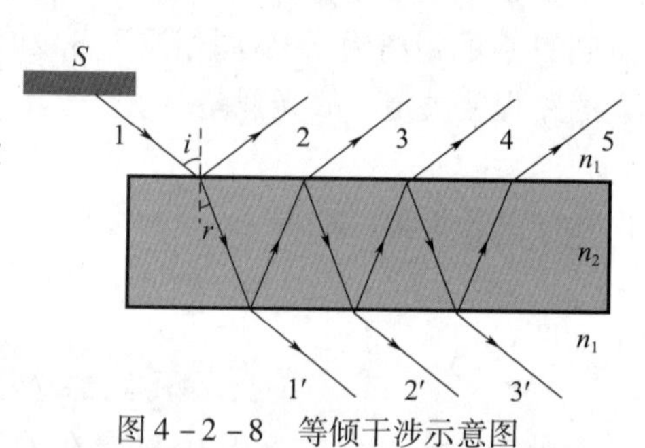

图4-2-8 等倾干涉示意图

光线2和光线3是同一条入射光线1在入射点分出来的两部分，故它们满足相干条件，会在无穷远处发生干涉，如果用透镜来观察，在透镜的焦平面上会出现干涉条纹. 对于厚度均匀的薄膜，若使用单色光（波长一定）来入射，则光程差只与入射倾角i有关. 因此，以同一倾角入射的所有光线，其反射光具有相同的光程差，形成同一级干涉条纹. 换句话说，同一条干涉条纹都是由来自同一倾角的入射光形成的，因此这样的干涉称为薄膜等倾干涉.

2）薄膜的等厚干涉

在薄膜干涉中，若薄膜的厚度不均匀，从垂直于膜面的方向观察，且视场角范围很小（即入射倾角i几乎都相同且接近于零），从膜上厚度相同的位置反射的光有相同的光程差，它们形成同一级条纹. 或者说，一条干涉条纹是由薄膜上厚度相同处所产生的反射光形成的，故称为薄膜等厚干涉. 等厚干涉的形状由膜的等厚点轨迹所决定.

由于经薄膜上下表面反射的相干光束相交在薄膜附近，因此干涉条纹定域在薄膜附近，实际上它们极靠近薄膜表面，观测系统要调焦于薄膜附近. 若用眼直接观察，等厚干涉条纹好像位于薄膜表面上. 下面我们简要介绍两种常见的等厚干涉现象：劈尖干涉和牛顿环干涉.

劈尖是指上下表面不平行且夹角很小的劈形膜. 两块平面玻璃板以小角度垫起,其间的空气膜就形成了空气劈尖,如图 4-2-9(a)所示. 当单色平行光垂直照射到劈尖上时,光线 a 经劈尖上、下表面反射,形成两条反射光线 b 和 c. 由于劈尖顶角很小,因此光线 b 和 c 几乎都垂直于劈尖表面,因此光线 b 和 c 将会在劈尖表面相遇而产生干涉,如图 4-2-9(b)所示. 由于劈尖干涉的同一条纹位置处对应的劈尖厚度相等,因此劈尖干涉条纹是一系列平行劈尖棱边的明暗相间的直条纹,如图 4-2-9(c)所示.

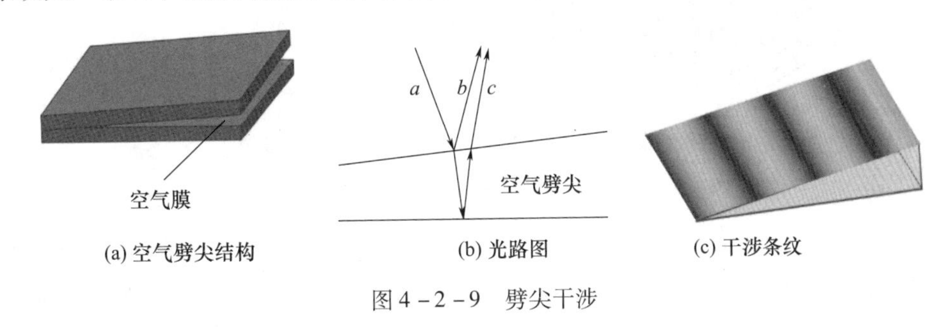

图 4-2-9　劈尖干涉

如图 4-2-10(a)所示,在一平板玻璃上放一曲率较小的平凸透镜,在两者间形成一层平凹球面形的空气薄层,这就形成了牛顿环. 如图 4-2-10(b)所示,当平行光线 a 垂直入射时,空气薄层上下表面反射的光线 b、c 发生干涉. 空气薄层厚度相等的位置产生的干涉级相同,也就产生了这一级次的干涉条纹. 根据牛顿环装置的旋转对称性可知牛顿环产生的干涉条纹是一组以平凸透镜与平板玻璃接触点为圆心的明暗相间的同心圆环,如图 4-2-10(c)所示.

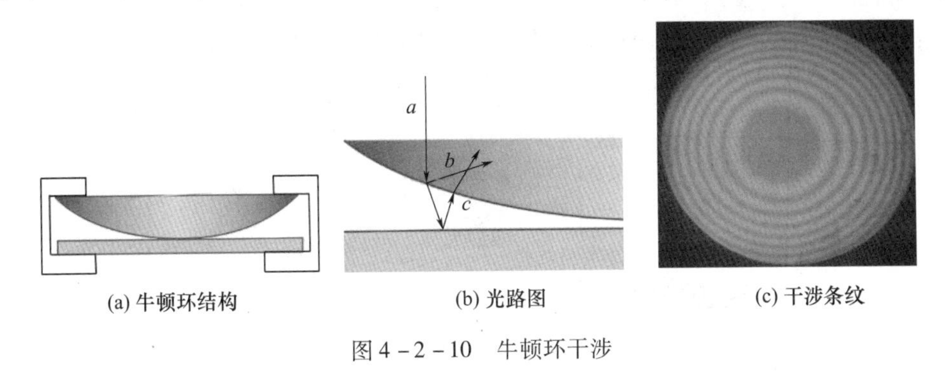

图 4-2-10　牛顿环干涉

5. 干涉的应用

1) 干涉仪

干涉仪是根据光的干涉原理制成的精密仪器,在科学技术中有着广泛应用. 最著名的当属美国物理学家迈克耳孙发明的迈克耳孙干涉仪,图 4-2-11 所示为其实物图和简单光路图. 利用该干涉仪可以测量微小长度. 1887 年,迈克耳孙同莫雷一道,利用迈克耳孙干涉仪否定了“以太”的存在,为狭义相对论的提出奠定了实验基础. 由于创制了精密的光学仪器和利用这些仪器所完成的光谱学和基本度量学研究,迈克耳孙获得 1907 年的诺贝尔物理学奖.

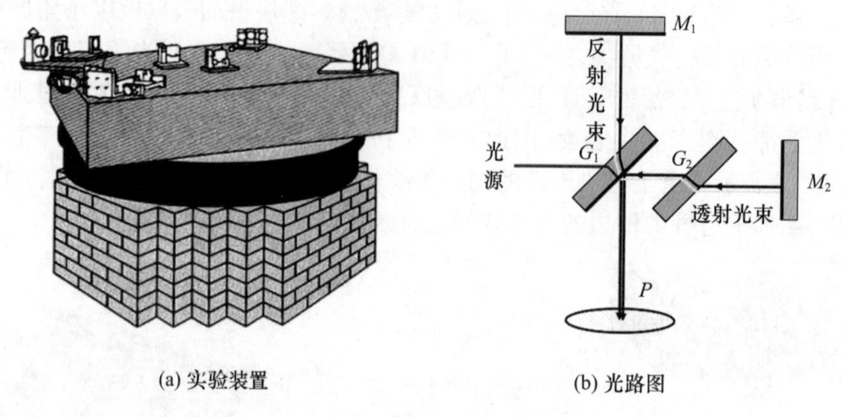

图 4-2-11　迈克耳孙干涉仪

将迈克耳孙干涉仪的光路介质换成光纤，就成为光纤迈克耳孙干涉仪，光纤水听器利用这一原理制成的．干涉型光纤水听器是通过探测两路光信号的相位差来得到光纤特性（如折射率）因压力而发生的变化，进而得到外界声波的信息．如图 4-2-12 所示，由激光器发出的激光经光纤耦合器分为两路：一路构成光纤干涉仪的信号臂，接受声波的调制；另一路则构成参考臂，不接受声波的调制．信号臂接受声波调制的光信号经后端反射膜反射后返回光纤耦合器，与参考臂光信号发生干涉．干涉后的光信号经光电探测器转换为电信号，由信号处理就可以获取作用于光纤的声波信息．光纤水听器主要用于海洋声学环境中的声传播、噪声、海底声学特性、目标声学特性等探测，具有低噪声、灵敏度高、抗电磁干扰能力强、适于远距离传输与组阵等优异特性，在现代海军反潜作战、水下兵器试验、海洋石油勘探和海洋地质调查等方面具有非常好的应用前景．

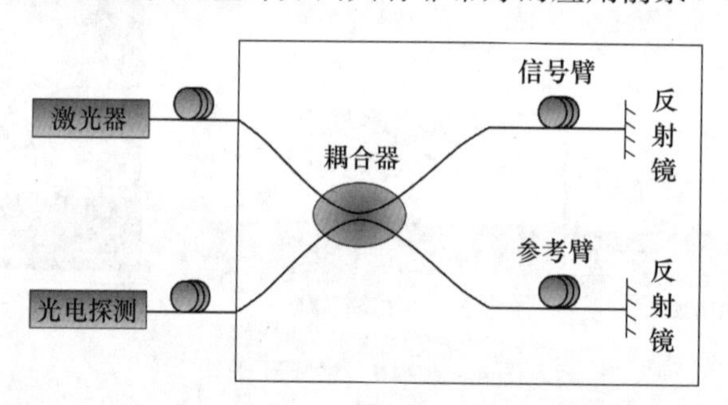

图 4-2-12　干涉型光纤水听器原理图

2）增透膜和增反膜

在现代光学仪器中，为减少入射光能量在透镜等光学器件的玻璃表面上反射所引起的损失，常在镜面上镀一层厚度均匀的透明薄膜，如氟化镁（MgF_2），其折射率介于空气和玻璃之间．基于薄膜等倾干涉原理，当膜的厚度适当时，可使某种波长 λ 的反射光因干涉而减弱，以提高光学器件的透射率，这种增加透射率的薄膜称为增透膜．

照相机、摄像机的镜头常呈现紫红色，是因为镜片表面镀上了使黄绿光增透的增透膜，以提高感光度．这样反射光中黄绿光的成分减少了，给人以紫红色的视觉，"紫镜头"就是由此得名的．

通过在镜面上依次镀上高折射率和低折射率的薄膜，使之形成多层增透膜，使某一特

定波长的单色光能透过滤色片，而其他波长的透射光因干涉而抵消掉，这样就制成了透射式的干涉滤色片.

与增透膜相反，如果在镜面上镀的透明薄膜可使某种波长 λ 的反射光因干涉而加强，以提高光学器件对该波长的反射率，这样的薄膜叫增反膜. 类似地，也常通过多层镀膜制成增强某一特定波长反射光的高反射膜，例如常用的氦－氖激光器，在其谐振腔的全反射镜上镀有15～19层硫化锌－氟化镁膜系，从而实现对波长 $\lambda=632.8$nm的光波反射率达99.6%.

4.2.4 光的衍射及其应用

1. 光的衍射现象、惠更斯－菲涅耳原理

光波在传播过程中遇到障碍物，偏离直线传播绕过障碍物而进入其阴影区，并在观察屏上形成不均匀的光强分布，这种现象称为光的衍射现象. 衍射现象是否明显，取决于障碍物的线度和光波长的相对比值. 只有当障碍物的线度与光的波长可比拟时，衍射现象才会比较明显.

根据光源和观察屏离障碍物的距离，可将光的衍射分为菲涅耳衍射和夫琅禾费衍射两类. 当障碍物（衍射孔）与光源、障碍物和观察屏之间的距离其中之一为有限远时，所发生的衍射称为菲涅耳衍射；而当障碍物（衍射孔）与光源、障碍物与观察屏之间的距离均为无限远时，所发生的衍射为夫琅禾费衍射. 这类衍射的特点是使用平行光，且为了压缩空间，常利用透镜将入射到衍射孔的光线变成平行光，再把衍射孔出射的平行光会聚到屏上实现夫琅禾费衍射.

利用惠更斯原理可以解释波的衍射，但其不涉及子波的强度和相位，无法解释光的衍射图样中的光强分布. 菲涅耳在惠更斯原理的基础上，提出了子波相干叠加的思想，即波阵面前方空间某点处的光振动取决于到达该点的所有子波的相干叠加. 这称为惠更斯－菲涅耳原理.

2. 单缝夫琅禾费衍射

单缝夫琅禾费衍射的实验装置如图4－2－13(a)所示. 平行光入射至单一狭缝发生衍射，经透镜后会聚在观察屏上，在屏上可以观察到一组平行于狭缝的明暗相间条纹，中央明条纹宽度很大，其宽度为两边明条纹的2倍，两边明条纹亮度很弱，且离中央明条纹越远，亮度也越弱，如图4－2－13(b)所示.

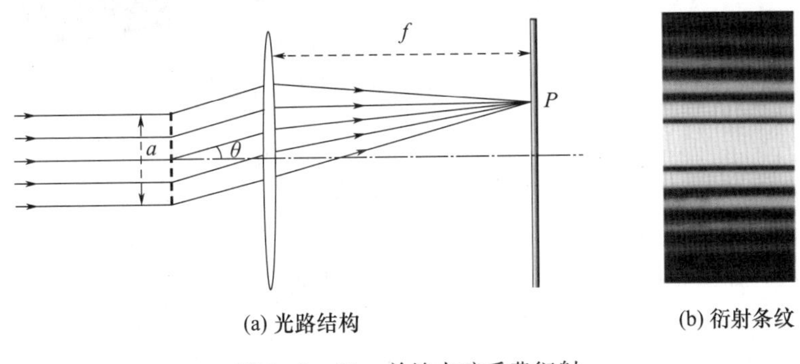

(a) 光路结构　(b) 衍射条纹

图4－2－13　单缝夫琅禾费衍射

根据惠更斯－菲涅耳原理，观察屏上任意一点 P 的光振动是单缝处波阵面上所有子波波源发出的子波在点 P 处的振动相干叠加．当衍射角 $\theta=0°$ 时，如图 4－2－14 所示．这组平行光从单缝出发时相位相同，而透镜不产生附加光程差，因此它们将同相位地到达点 P_0，在 P_0 处干涉增强，光强最大，在观察屏上形成中央明纹．

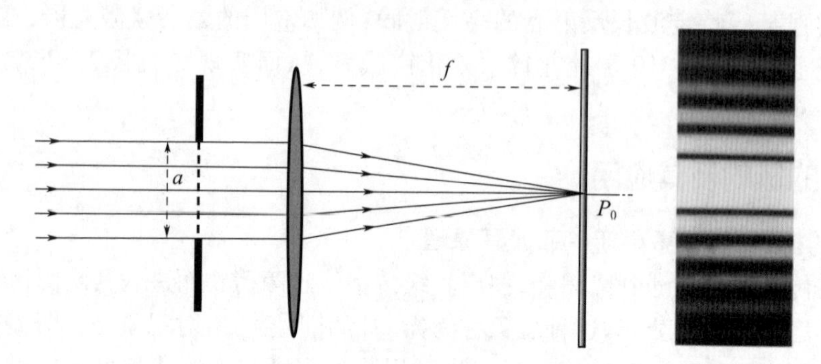

图 4－2－14　单缝衍射的中央明条

当衍射角 $\theta\neq0$ 时，如图 4－2－15 所示．我们考虑将单缝处宽度为 a 的波阵面分成若干（图中分为 4 个）等宽度的纵长条带，并使相邻条带上的对应点，例如每条带的最上点、中点或最下点等，发出的光在点 P_1 处的光程差为半个波长．这样的条带称为半波带，利用半波带来分析衍射的方法称为半波带法．需要注意的是，衍射角不同，则单缝处波阵面可分出的半波带条数也不同．半波带的个数取决于单缝两边缘处衍射光线之间的光程差．由图 4－2－15 可知

$$AC=a\sin\theta$$

当 AC 等于半波长的奇数倍时，单缝处波阵面可以分为奇数个半波带；当 AC 等于半波长的偶数倍时，单缝处波阵面可以分为偶数个半波带．

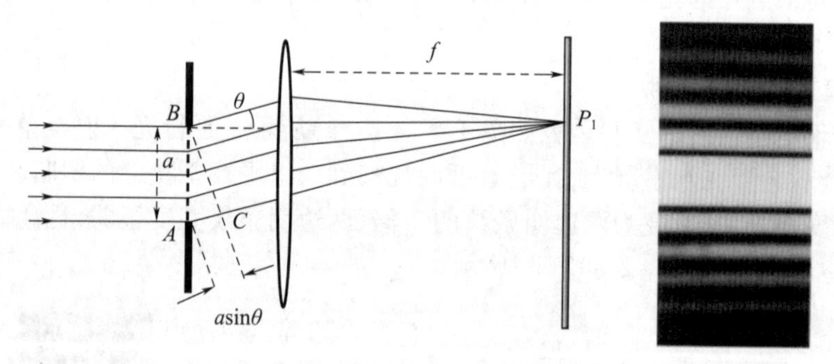

图 4－2－15　单缝衍射的第 2 级暗条纹

相邻两半波带的对应点上发出的子波在点 P 处的相位差为 π，因此相邻两半波带发出的振动在点 P 处合成时相互抵消．这样，如果单缝处波阵面被分成偶数个半波带，则由于一对对相邻的半波带发出的光都分别在点 P 处相互抵消，所以合振幅为零，此时点 P 为暗条纹中心．如果单缝处波阵面被分成奇数个半波带，则一对对相邻半波带发出的光在点 P 处相互抵消，剩下一个半波带发出的光到达点 P 处合成，此时点 P 为明条纹中心．衍射角 θ 越大，半波带面积越小，到达点 P 处光强越弱，明条纹越暗．对于任意其他的衍射角 θ，不能恰巧分为整数个半波带时，衍射光束形成介于最明和最暗之间的中间区域．

当平行光垂直射入单缝平面时，单缝衍射形成的明暗条纹的位置用衍射角 θ 表示，明暗条纹的中心分别为

$$a\sin\theta = \pm 2k\frac{\lambda}{2} = \pm k\lambda, \quad k = 1,2,3,\cdots \tag{4-2-23}$$

$$a\sin\theta = \pm(2k+1)\frac{\lambda}{2}, \quad k = 0,1,2,\cdots \tag{4-2-24}$$

式中：$2k$ 和 $2k+1$ 是单缝处波阵面被分成的半波带数目；正负号表示各级明暗条纹对称分布在中央明条纹的两侧.

一般将屏幕中央两侧第 1 级暗条纹之间的区域都看成零级（中央）明条纹的范围，因此它的衍射角范围由下式确定：

$$-\lambda < a\sin\theta < \lambda$$

中央明条纹对应的半角宽度就是第 1 级暗条纹对应的衍射角 θ_1. 由于 θ_1 一般很小，所以

$$\Delta\theta_0 = \theta_1 \approx \sin\theta_1 = \frac{\lambda}{a} \tag{4-2-25}$$

透镜一般紧挨单缝后放置，观察屏位于透镜的焦平面上，因此缝与屏之间的距离近似等于透镜焦距 f. 由上式可得，中央明条纹在观察屏上的线宽度为

$$\Delta x_0 = 2f\tan\Delta\theta_0 \approx 2f\frac{\lambda}{a} \tag{4-2-26}$$

同理，如图可得出其他各级明条纹的角宽度和线宽度均为中央明条纹的一半. 上式表明，中央明条纹的宽度正比于波长 λ，反比于缝宽 a. 若缝越窄，则中央明纹越宽，衍射效果越明显；反之，则衍射不明显.

【例 4-2-2】 单色平行可见光垂直照射到缝宽为 $a = 0.5\text{mm}$ 的单缝上，在缝后放一焦距 $f = 100\text{cm}$ 的透镜，则在位于焦平面的观察屏上形成衍射条纹. 已知在屏上离中央明条纹中心 1.5mm 处的 P 点为第一级明条纹，求：(1) 入射光波长；(2) 该条纹对应的半波带数；(3) 中央明纹的宽度.

解：(1) 明纹条件

$$a\sin\theta = \pm(2k+1)\frac{\lambda}{2}, k = 0,1,2,\cdots$$

其位置为

$$x = f\tan\theta \approx f\sin\theta = (2k+1)\frac{f\lambda}{2a}$$

则

$$\lambda = \frac{2ax}{(2k+1)f}$$

代入 $k = 1, a = 0.5\text{mm}, x = 1.5\text{mm}$ 和 $f = 100\text{cm}$，可得 $\lambda = 500\text{nm}$.

(2) 点 P 为第 1 级明条纹，所以对应半波带数为

$$N = 2k + 1 = 3$$

(3) 中央明纹宽度为

$$\Delta x_0 = 2f\frac{\lambda}{a} = 2 \times 1000 \times \frac{5 \times 10^{-4}}{0.5}\text{mm} = 2\text{mm}$$

【例 4-2-3】 在夫琅禾费单缝衍射装置中，用细丝代替单缝，就构成了衍射细丝测

径仪．已知单色光波长为630nm，透镜焦距为50cm，今测得中央明条纹的宽度为1.0cm，试求该细丝的直径．

解：根据中央明纹宽度公式

$$\Delta x_0 = 2f\frac{\lambda}{a}$$

可知，该细丝直径为

$$a = \frac{2\lambda f}{\Delta x_0} = \frac{2\times 630\times 10^{-6}\times 50\times 10}{1\times 10}\text{mm} = 6.3\times 10^{-2}\text{mm}$$

3. 圆孔夫琅禾费衍射

将单缝夫琅禾费衍射中的狭缝换成圆孔，就会在观察屏上看到一圈圈明暗相间的同心圆环衍射条纹，如图4－2－16所示．在圆孔衍射图样中，圆环中心的亮斑最亮，称为艾里斑，它集中了约84%的衍射光能．第一暗环对应的衍射角 θ_1 称为艾里斑的半角宽度，理论计算表明

$$\theta_1 \approx \sin\theta_1 = 1.22\frac{\lambda}{D}$$

图4－2－16　圆孔衍射条纹

式中：D 为圆孔直径．若透镜焦距为 f，则艾里斑的直径

$$d = f\cdot 2\theta_1 \approx 2.44\frac{\lambda}{D}f \tag{4-2-27}$$

大多数光学仪器所用的透镜边缘都是圆形的，因此其分辨本领受到圆孔衍射的限制．两点光源或同一物体上的两点发出的光通过这些衍射孔成像时，由于衍射会形成两个衍射斑，它们的像就是这两个衍射斑的非相干叠加．如果两个衍射斑之间距离过近，斑点过大，则两个物点或同一物体上两点的像就不能分辨，像就不清晰．

对于光学仪器的分辨极限，瑞利提出这样一个标准，称为瑞利判据，即当一个艾里斑的中心恰好位于另一个艾里斑的边缘时，产生这两个艾里斑的两个物点恰好能被分辨．满足瑞利判据的两物点间的距离就是光学仪器所能分辨的最小距离，此时它们对透镜中心的张角 θ_1 称为最小分辨角．对于直径为 D 的圆孔衍射图样，最小分辨角就是艾里斑的半角宽度，即

$$\theta_1 = 1.22\frac{\lambda}{D} \tag{4-2-28}$$

对于光学仪器，将最小分辨角的倒数称为仪器的分辨本领，即

$$\frac{1}{\theta_1} = \frac{D}{1.22\lambda} \tag{4-2-29}$$

由上式可知，仪器的分辨本领与仪器的通光孔径 D 成正比，与入射光波长 λ 成反比，增大 D 或减小 λ 均可提高仪器的分辨本领．哈勃太空望远镜通光面直径2.4m，使其最小分辨角小于0.1″，在测量天体亮度和结构时达到前所未有的高度．电子显微镜采用波长远小于可见光的电子波，能分辨相距 10^{-10}m 的两个物点，通过电子显微镜可以观察到单个原子．

4. 衍射光栅、光盘

1）光栅

任何一种衍射单元周期性的、取向有序的重复排列所形成的阵列，都可以称为光栅．

它是近代物理实验中用到的一种重要光学元件．按照衍射单元的阵列形式，有不同结构的光栅，例如平行多缝结构的一维光栅、平面网格的二维光栅、晶体点阵的三维光栅．本节介绍的一维光栅是由大量等宽等间距的平行狭缝所组成的光学器件．用金刚石尖端在玻璃板或金属板上，刻划等间距的平行刻痕，由于刻痕毛糙，它们不透光或不反射光，因此相邻刻痕之间的部分就相当于可透光或可反射光的狭缝．利用玻璃板上的透射光衍射的光栅，称为透射光栅；利用金属板上两刻痕间的反射光衍射的光栅，称为反射光栅．

对透射光栅来说，若不透光宽度为 a，透光宽度为 b，则称 $d=(a+b)$ 为光栅常数，是表征光栅性能的一个重要参数．实际的光栅，通常在 1cm 内刻划有成千上万条平行等距离的透光狭缝．一般的光栅常数为 $10^{-5}\sim10^{-6}$m.

2）光栅衍射

当一束平行单色光照射到光栅上，对于光栅中的每一条透光缝，由于单缝衍射，都将在光栅后观察屏上呈现衍射图样．同时，由于各缝发出的光是相干光，所以会产生缝与缝之间的干涉现象．因此，光栅后将会出现衍射和干涉共同作用的条纹图样．

下面简要分析屏上某处出现光栅衍射条纹应满足的条件．如图 4－2－17 所示，在光栅中任意选取两相邻透光缝，当这两缝发出的光沿衍射角 θ 方向被透镜会聚于点 Q 时，若它们的光程差 $(a+b)\sin\theta$ 恰好是入射光波长 λ 的整数倍，则这两束光相互加强，显然此时其他任意相邻两缝沿 θ 方向的光程差也是入射光波长 λ 的整数倍，其干涉效果也是增强的，对应明条纹．所以总的来看，光栅衍射明条纹的条件是衍射角 θ 满足

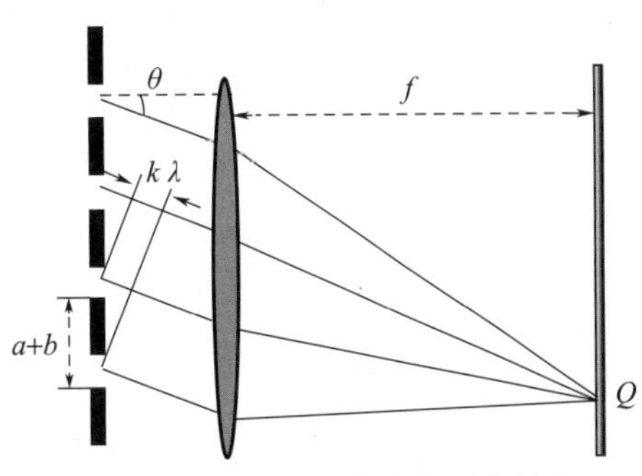

图 4－2－17　光栅衍射中的明条纹位置

$$(a+b)\sin\theta=\pm k\lambda,k=0,1,2,\cdots \tag{4-2-30}$$

式(4－2－30)称为光栅方程．对应于 $k=0,1,2,\cdots$的条纹分别称为零级(中央)明条纹，第 1 级明条纹，第 2 级明条纹等等．正、负号表示各级明条纹分布在中央明条纹两侧．可以证明，光栅中狭缝条数越多，明纹越亮；光栅常量越小，明纹越窄，明纹间间隔越远．

【例 4－2－4】　一束具有两种波长 λ_1 和 λ_2 的平行光垂直照射到一个衍射光栅上，测得波长 λ_1 的第 3 级明条纹与 λ_2 的第 4 级明条纹衍射角均为 30°，已知 $\lambda_1=560$nm，求：(1)光栅常量；(2)波长 λ_2.

解：(1) 由光栅方程

$$(a+b)\sin\theta=\pm k\lambda$$

得光栅常量

$$a+b=\frac{k\lambda}{\sin\theta}=\frac{3\times5.6\times10^{-7}}{\sin30^\circ}\text{m}=3.36\times10^{-6}\text{m}$$

(2) 波长 λ_2 为

$$\lambda_2=\frac{(a'+b')\sin\theta}{k}=\frac{3.36\times10^{3}\times\sin30^\circ}{4}\text{ nm}=420\text{nm}$$

3）光盘

致密光盘(CD)及其后衍生的各种光盘可以很好记录声音、视频等信息,是日常生活和科技领域获得非常普遍而且不可或缺的应用,信息的录入或读出都利用了激光干涉和衍射．下面以CD唱片为例简单介绍其工作原理．

CD唱片是在以透明塑料(聚碳酸酯,折射率约为1.55)为基片的圆盘上刻上螺旋形音轨再敷以硬树脂保护层制成,沿唱片径向的音轨密度约为600条/mm,总数共有约2万余条．音轨上有一系列长短不一的细坑槽纵向排列,用以记录声音信号,如图4-2-18所示．放音时将CD唱片音轨面朝下置于放音盒,半导体激光器沿唱片径向向外移动,它发出的光束聚焦到音轨上,然后经反射再经光电转换装置转换成声音信号播放出来．

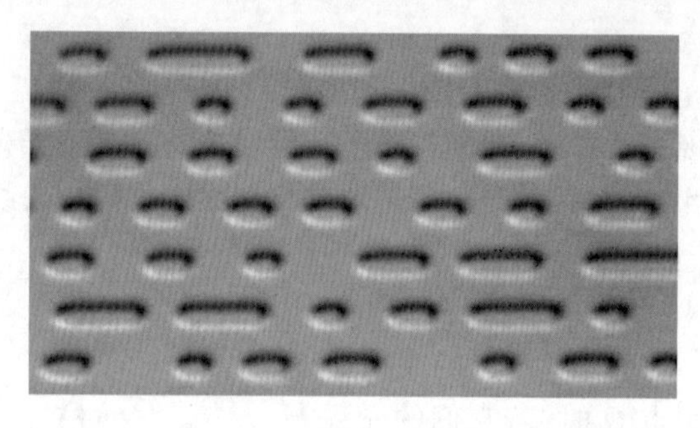

图4-2-18　显微镜下CD的数据记录层结构

当激光脉冲照射到音轨的平坦部分(无论槽内或是槽外)时,发生镜面反射,反射光强不变,对应数码“0”．当激光脉冲照射到音轨高低转换的部分时,入射光一部分在坑沿上反射,一部分在坑底反射．由于坑沿高度为特定值可使两部分反射光的光程差满足干涉相消条件,从而在叠加后发生干涉相消,反射光强度减小,弱的反射光对应数码“1”．这样随着激光束沿音轨的等速移动,就得到了和录入二进制数码序列一样的数码序列,随后经过光电转换、解码及电声转换等过程使原声重放．

为了保证放音的不失真,放音机中的激光束必须精确地时时沿螺旋形音轨扫过．实际上两相邻音轨之间的距离只有约1.25μm,而由于放音过程中唱片的摇摆或偏心常会引起激光束偏离音轨,这将导致放音失真．为了保证激光束始终精确地沿音轨扫过,通常在激光光路上装一块光栅,该光栅使透过的激光束的中央明条纹对准音轨,而其两侧的第一级明条纹对准两条音轨间的平坦部分,它们的反射光分别进入各自的检测器．在中央明条纹正好瞄准音轨照射而放音正常时,两侧的第一级明条纹的反射光强度一样．一旦中央明条纹偏离音轨,其两侧的第一级明条纹之一将落入音轨而使其反射光强度减弱．这一变化将回馈入伺服电路使之驱动相应机构把中央主极大再移回正确位置而避免放音失真.

4.2.5　光的偏振及其应用

1. 自然光与偏振光

电磁波是一种横波,其中包含电场强度 $\boldsymbol{E}$ 和磁场强度 $\boldsymbol{H}$,其中起光作用的主要是电场矢量 $\boldsymbol{E}$,也称为光矢量．虽然光矢量的振动方向总是与光传播的方向垂直,但其振动方向相对于光的传播方向来说不一定具有对称性,即光具有偏振性．对于一般光源(如太阳

光、日光灯等)来说,其发出的光中包含着各个方向的光矢量,没有哪一个方向占优势,在所有可能方向上,光矢量的振幅都相等,这样的光叫作自然光,如图4－2－19所示. 若光矢量只在垂直于传播方向的平面内沿一个固定方向振动,称为线偏振光,简称偏振光,如图4－2－20所示. 线偏振光的振动方向与传播方向组成的平面称为振动面. 若光线中,某一方向的光振动比与之相垂直方向的光振动占优势,这种光便称为部分偏振光,如图4－2－21所示.

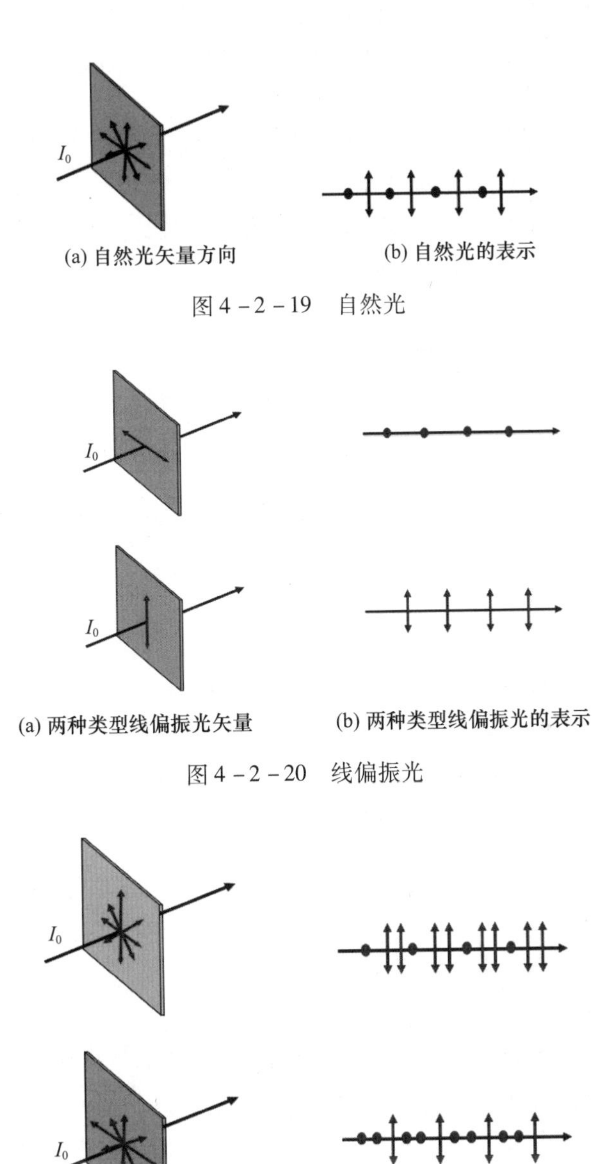

图4－2－19　自然光

图4－2－20　线偏振光

图4－2－21　部分偏振光

除了上述偏振光之外,还会存在光矢量旋转的情况. 若在与光传播方向垂直的平面内,光矢量以一定频率旋转,光矢量端点轨迹为圆时,称其为圆偏振光,轨迹为椭圆时,称其为椭圆偏振光.

2. 起偏与检偏,马吕斯定律

二向色性的有机晶体,如硫酸碘奎宁、电气石或聚乙烯醇薄膜,在碘溶液中浸润后,在高温下拉伸、烘干后可制成偏振片,它有一个特定方向,只让平行于该方向的光通过,这一方向称为该偏振片的偏振化方向或透振方向.

当自然光通过偏振片时,只有与偏振化方向平行的光矢量能透过,从而使自然光成为线偏振光,这称为起偏,被用来起偏的偏振片称为起偏器. 从起偏器透出的线偏振光的光强是入射自然光光强的1/2.

在光路上放一块起偏器,不仅可以使自然光变成线偏振光,还可以用来检验某光线是不是偏振光. 当以入射光线为轴旋转作为起偏器的偏振片时,在片后观察,若透射的光强不发生变化,则入射到偏振片上的光为自然光;若光强发生从全明到全暗的变化,则可确定入射到偏振片上的光为线偏振光,因此该偏振片可进行检偏,用来进行检偏的偏振片称为检偏器.

设起偏器的偏振化方向与检偏器的偏振化方向夹角为 α,若自然光经过起偏器后,成为振幅为 A_0、光强为 I_0 的线偏振光,再透过检偏器. 入射到检偏器的光仅有 $A = A_0\cos\alpha$ 可以通过. 因光强正比于光振动振幅的平方,所以从检偏器透射出来的光强 I 与 I_0 之比满足

$$\frac{I}{I_0} = \frac{A^2}{A_0^2} = \frac{(A_0\cos\alpha)^2}{A_0^2}$$

所以最终透射光强为

$$I = I_0\cos^2\alpha \tag{4-2-31}$$

这一关系称为马吕斯定律.

【例 4-2-5】 一束光强为 I_0 的自然光垂直穿过两个偏振片,且两个偏振片的偏振化方向夹角为45°,若不考虑偏振片的反射和吸收,求穿过两个偏振片后的光强 I.

解:光强为 I_0 的自然光穿过一个偏振片后,光强为

$$I' = I_0/2$$

其振动方向为该偏振片的偏振化方向,与第二个偏振片的偏振化方向成 $\alpha = 45°$ 角.

根据马吕斯定律,最终光强为

$$I = I'\cos\alpha^2 = I_0/4$$

3. 反射光和折射光的偏振

当自然光在两种各向同性介质分界面发生反射、折射时,不仅光的传播方向要改变,而且光的偏振状态也要改变. 反射光和折射光不再是自然光,折射光变为部分偏振光,反射光一般情况下也是部分偏振光. 折射光中平行于入射面的光振动强于垂直于入射面的光振动,反射光中垂直于入射面的光振动强于平行于入射面的光振动,如图 4-2-22 所示.

当入射角满足一定条件时,折射光和反射光的传播方向相互垂直. 此时,反射光变为只有光振动垂直于入射面的线偏振光,而折射光仍为部分偏振光,如图 4-2-23 所示. 此时的入射角 i_0 称为起偏角,与折射角 r_0 之间满足 $i_0 + r_0 = 90$. 根据折射定律 $n_1\sin i_0 = n_2\sin r_0 = n_2\cos i_0$ 可得

$$\tan i_0 = n_2/n_1 \qquad (4-2-32)$$

式中：n_1 和 n_2 分别表示上、下介质的折射率．这一关系称为布儒斯特定律，起偏角 i_0 又被称为布儒斯特角．

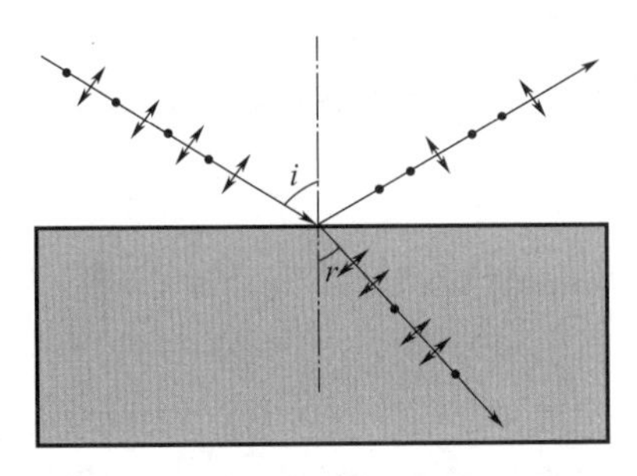

图4－2－22　反射光和折射光的偏振

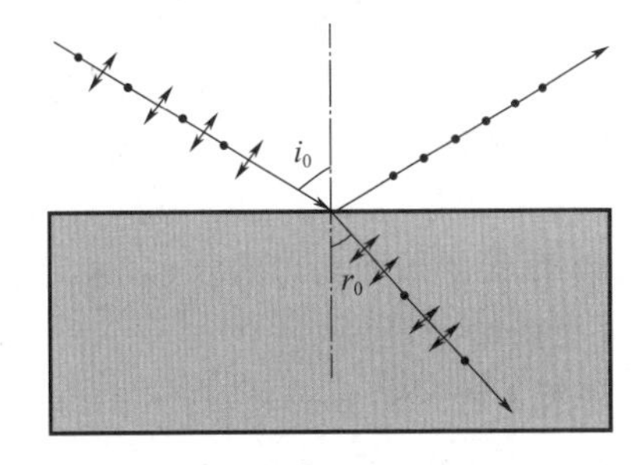

图4－2－23　布儒斯特定律

4．光偏振的应用

1）3D 电影

我们用两只眼睛看物体，能产生立体感．基于此，3D 电影利用光的偏振现象来分解图像，产生"立体"效果．拍摄时，使用两台摄影机，两个镜头像人眼那样从两个不同方向同时拍摄场景，制成两组正片．放映时，用两台放映机同时放映这两组胶片，两台放映机前各放置一张偏振片，且其偏振方向相互垂直，使振动方向相互垂直的两束偏振光重叠地投射到银幕上．观众则戴上一副偏振化方向相互垂直的镜片观看银幕，每只眼睛只看到透过镜片（偏振片）的偏振光产生的图像，即两只眼睛分别看到两台放映机各自播放的画面．于是，就像直接观看物体那样，图像通过人的视觉系统，产生立体感．

早期的3D 电影，采用的是线偏振技术，现在则使用了圆偏振技术，观众佩戴的眼镜一个镜片是左旋偏振片，另一个是右旋偏振片，左、右眼看到不同的图像，因此产生立体感．

2）激光器的布儒斯特窗

激光器中的布儒斯特窗，利用反射时光的偏振现象，根据布儒斯特定律，提高激光的输出功率，并使输出激光为线偏振光．

如图4－2－24 所示是一种外腔式激光器的谐振腔，在激光腔的两端装有布儒斯特窗 B，当光在两个腔镜 M 和 M'之间来回反射时，以布儒斯特角 i_0 射到窗 B 上，平行于入射面振动的光不发生反射而完全透过，而垂直于入射面振动的光则逐次被反射掉而不发生振荡．这样，只有平行于入射面振动的光在激光器内发生振荡（且无反射损耗）而形成激光．因此，这种激光器输出的是线偏振光．

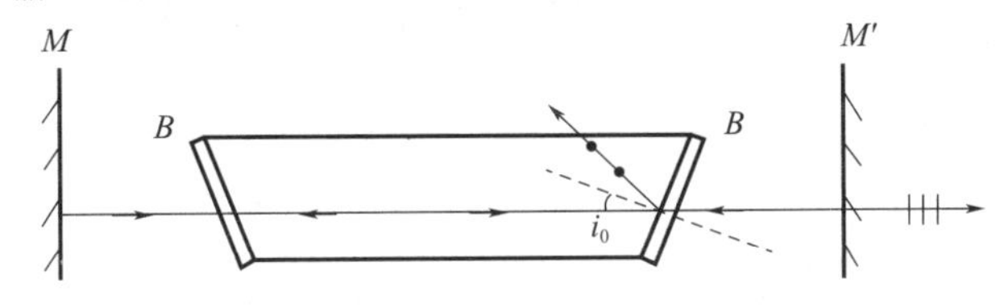

图4－2－24　外腔式激光器的谐振腔

3）偏光镜

在光照强烈的户外，人们看远处的路面（如驾驶车辆时）或水面会感觉耀眼，如果戴

上偏光镜(偏振太阳镜),景物就会清晰很多. 这是由于偏光镜的镜片是偏振片,它只让振动方向与其偏振化方向一致的光透过,从而减弱引起“耀眼”的来自平坦物体的反射光,使景物显得清晰. 同理,在拍摄水面上的景物或玻璃橱窗里的物体时,常常在镜头前加一个偏振镜(片),减弱镜面反射光,可使拍摄的照片更加清晰.

总之,利用光的偏振性开发的偏振器件、偏振设备和偏振技术在现代科技中发挥着越来越重要的作用.

4.3 光的波粒二象性

光的本性一直是光学研究的重要内容. 19 世纪以前,人们普遍认为光由微粒组成,这些微粒按力学规律沿直线飞行. 进入 19 世纪,通过光的干涉、衍射等实验,人们又认识到光是一种波动——电磁波,随后麦克斯韦建立了光的电磁理论,光的波动说占据上风. 19 世纪末 20 世纪初,在研究光和物质的相互作用时,人们发现诸如光电效应等一些现象并不能用光的波动理论解释. 为此,爱因斯坦提出了关于光的本质的新观点,让人们认识到光是具有一定能量和动量的粒子流——光子流,形成了具有崭新内涵的光的微粒说. 光的波动性和粒子性都有大量的坚实实验基础. 综合来说,光既具有波动性,又具有粒子性. 在一些情况下,光突出显示其波动性,而在另一些情况下,则突出显示粒子性. 光的这种本性被称为波粒二象性. 这也是今天我们对光的本性的认识.

4.3.1 光电效应及其应用

1. 光电效应

当光照射在金属表面上时,会有电子从金属表面逸出,这种现象称为光电效应. 金属表面逸出的电子称为光电子,光电子的运动可以形成光电流. 此现象由赫兹于 1887 年发现,但当时电子尚未发现,因此还不称为光电效应.

如图 4-3-1 所示,为光电效应实验装置简图. 光照射在阴极金属板上,会有电子逸出到达阳极,进而在电路中产生电流. 但并不是任意光照都可以产生电流. 从光电效应实验中人们发现对某一种金属来说,只有入射光的频率大于某一频率 ν_0 时,电子才能从金属表面逸出,电路中才有光电流. 这个频率 ν_0 叫作截止频率(又称红限频率). 如果入射光的频率 ν 小于截止频率(即 $\nu<\nu_0$),那么无论光的强度有多大,都不会产生光电效应.

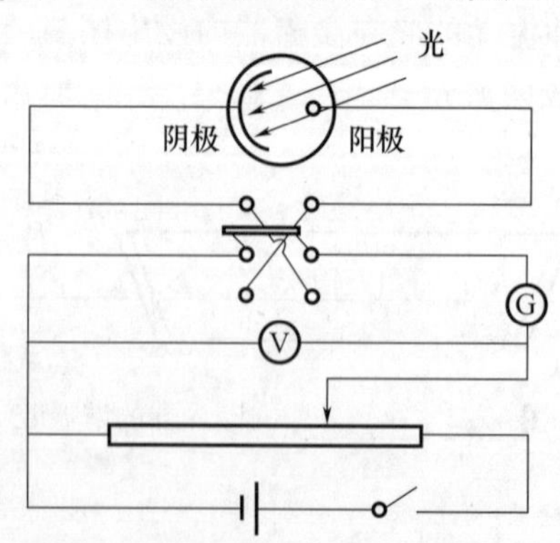

图 4-3-1 光电效应实验装置简图

同时,若用不同频率的光照射金属的表面时,只要入射光的频率 ν 大于截止频率,逸出光电子的最大初动能与入射光频率就具有线性关系,入射光的频率越大,光电子能获得的最大初动能就越大,与入射光的光强无关. 另外,无论入射光的强度如何,只要其频率大于截止频率,则当光照射到金属表面上时,几乎立即就有光电子逸出. 根据测量,从光开始照射金属表面,到光电子首次被发射出来,其时间间隔不超过 10^{-9}s. 这表明光电效应具有瞬时性.

按照经典理论,无论何种频率的入射光,只要其强度足够大,就能迫使电子具有足够的能量逸出金属;同时电子逸出需要的能量,需要有一定时间积累,一直积累到满足电子逸出所需的能量为止. 然而这些都与实验现象相矛盾. 为解决这一矛盾,1905 年,爱因斯坦提出了光量子理论. 他认为光束可以看成微粒构成的粒子流,这些微粒称为光子. 对于频率为 ν 的光束,光子的能量为

$$\varepsilon = h\nu \tag{4-3-1}$$

式中:h 为普朗克常量,$h=6.626\times10^{-34}\mathrm{J\cdot s}$. 按照爱因斯坦的理论,光照射到金属上,就是光子一个一个地打在金属表面,与其中的电子发生碰撞,电子要么与光子发生碰撞吸收一个光子,要么因为没有发生碰撞而完全不吸收. 如果电子吸收了一个光子,电子吸收的能量一部分用来提供摆脱表面束缚所需的能量,剩下的那部分就变成从金属中射出后的电子初动能. 由于金属中的电子被表面束缚的程度各不相同,因此将电子从金属内移到表面外所需要的能量也是各不相同的,电子被束缚得越紧,这个能量就越大. 移走束缚最小的电子所需要的能量称为金属的逸出功,常用 A 表示. 根据能量守恒定律,有

$$h\nu = \frac{1}{2}m_e v_m^2 + A \tag{4-3-2}$$

上式称为光电效应的爱因斯坦方程. 当电子初动能为 0 时,电子恰好逸出金属表面,此时 $\nu = A/h$ 即为截止频率 ν_0. 显然只有入射光大于 ν_0,电子才能克服逸出功逸出,才能发生光电效应.

【例 4-3-1】 一个光电管的发射机的截止波长为 500nm,用波长为 400nm 的光照射,求逸出电子的最大初动能.

解:利用逸出功和截止频率关系可得

$$A = h\nu_0 = \frac{hc}{\lambda_0} = \frac{6.626\times10^{-34}\times3.0\times10^{8}}{500\times10^{-9}}\mathrm{J} = 3.98\times10^{-19}\mathrm{J}$$

故 $E_k = h\nu - A = \left(\dfrac{6.626\times10^{-34}\times3.0\times10^{8}}{400\times10^{-9}} - 3.98\times10^{-19}\right)\mathrm{J} = 9.895\times10^{-20}\mathrm{J}$

2. 光电效应的应用

利用光电效应中光电流与入射光强成正比的特性,可以制造光电转换器,实现光信号与电信号之间的相互转换. 这些光电转换器如光电管等,广泛应用于光功率测量、光信号记录、电影、电视和自动控制等诸多方面.

光电倍增管是把光信号变为电信号的常用器件. 如图 4-3-2 所示,当光照射到阴极 K,使它发射光电子,这些光电子在电压作用下加速轰击第一阴极 K_1,使之又发射更多的次级光电子,这些次级光电子再被加速轰击第二阴极 K_2,如此继续下去,最终到达阳极 A. 利用 10 多个倍增阴极,可以使光电子数增加 $10^5 \sim 10^8$ 倍,产生很大的电流. 这样一束

微弱的入射光，即被转变成放大了的光电流，可以通过电流计显示出来．可以利用光电倍增管，研制微光夜视仪．在有月光、星光或者大气辉光等微弱光线的环境中，使用微光夜视仪就可以使战场变得单向透明，有利于军事行动的实施．

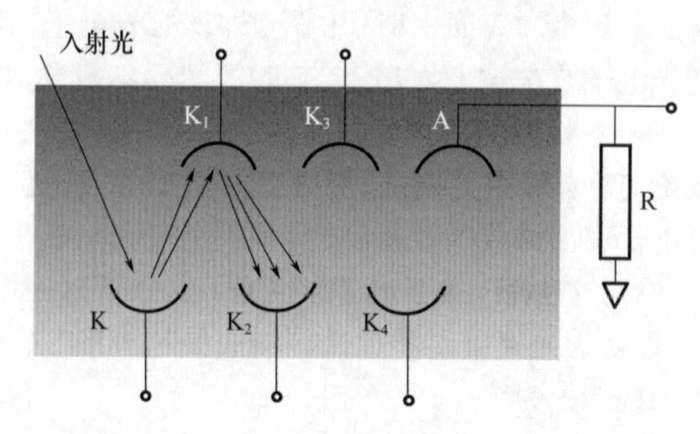

图 4－3－2　光电倍增管结构示意图

4.3.2　康普顿效应

1923 年，康普顿在研究 X 射线通过物质时向各方向散射的现象时发现，X 射线经物质散射后，除了有波长与原射线相同的成分外，还有波长较长的成分，如图 4－3－3 所示．这种有波长改变的散射现象称为康普顿效应．

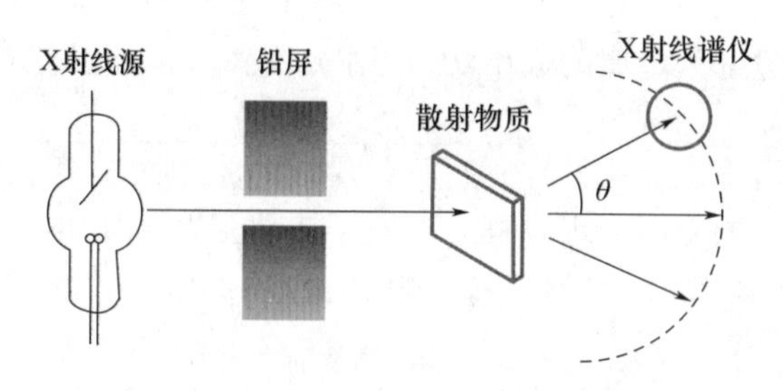

图 4－3－3　康普顿散射实验装置简图

经典电磁理论同样无法很好的解释康普顿效应．按照经典电磁理论，当电磁波（光）入射到物质中时，物质中的电子在入射光电场作用下，以入射光的频率振动，振动着的电子将沿各个方向发射与入射光同频率的电磁波，因此散射光波长应该与入射光的波长相同，即不可能出现康普顿效应．

康普顿根据爱因斯坦的光量子理论对这一效应作出了圆满解释．频率为 ν_0 的 X 射线可看成由一些能量为 $\varepsilon_0 = h\nu_0$ 的光子组成，假设光子与受原子束缚较弱的电子或自由电子之间的碰撞类似于完全弹性碰撞．当能量为 $\varepsilon_0(h\nu_0)$ 的入射光子与散射物质中的电子发生弹性碰撞时，电子会获得一部分能量．所以，碰撞后散射光子的能量 $\varepsilon(h\nu)$ 比入射光子的能量 ε_0 要小．因而散射光的频率 ν 比入射光的频率 ν_0 要小，即散射光的波长 λ 比入射光的波长 λ_0 要长一些，这就说明了散射光中会出现波长大于入射光波长的成分的原因．值得一提的是，在研究和检验康普顿效应的过程中，中国物理学家吴有训作出了重大贡献．他测试了多种元素对 X 射线的散射曲线，证实了康普顿效应具有普遍性．

根据散射过程中的能量守恒和动量守恒，可得出散射光波长变化 $\Delta\lambda$ 与散射角 θ 满足

$$\Delta\lambda = \lambda - \lambda_0 = \frac{2h}{m_0 c}\sin^2\frac{\theta}{2} = 2\lambda_c\sin^2\frac{\theta}{2} \qquad (4-3-3)$$

上式称为康普顿散射公式．式中的 $\lambda_c = \frac{h}{m_0 c} = 2.43\times10^{-12}\text{m}$，称为电子的康普顿波长．由此可见，波长的变化仅与散射角有关，与散射物质的性质无关．

4.4　实验项目

实验 4－1　薄透镜焦距的测量

透镜是使用最广泛的一种光学元件，眼球也是一种透镜，我们正是通过这一对透镜来观察周围世界的．透镜可形成放大或缩小的实像及虚像，人类就是利用透镜及其组合观察到遥远宇宙中星体的运行规律以及肉眼看不见的微观世界．描述透镜的参数有很多，其中最重要、最常用的参数就是透镜的焦距．

【实验目的】

1. 学会简单光路的分析和共轴调整方法．
2. 掌握测量薄透镜焦距的基本方法．
3. 加深对薄透镜成像规律的理解．

【实验仪器】

光具座，滑块，1 字光源，白屏，凸透镜，凹透镜，平面镜．

【实验原理】

薄透镜成像原理见 4.1.1 节，其物距、像距、焦距之间的关系为

$$\frac{1}{u} + \frac{1}{v} = \frac{1}{f} \qquad (S4-1-1)$$

式中：u 为物距；v 为像距；f 为透镜的焦距．u、v 和 f 均从透镜的光心 O 点算起．实物距 u 取正值，虚物距 u 取负值．像距 v 的正负也由像的实虚来确定．实像时，v 为正；虚像时，v 为负．凸透镜的 f 取正值；凹透镜的 f 取负值．为了便于计算透镜的焦距 f，上式可改写为

$$f = \frac{uv}{u+v} \qquad (S4-1-2)$$

只要测得物距 u 和像距 v，即可算出透镜的焦距 f.

1. 凸透镜焦距的测量原理

1）粗测法

当物距 u 趋向无穷大时，由式（S4－1－1）可得 $f=v$，即无穷远处的物体成像在透镜的焦平面上．用这种方法测得的结果一般只有 1 或 2 位有效数字，多用于挑选透镜时的粗略估计．

2）物距像距法

所谓物距像距法就是直接测出凸透镜的物距 u、像距 v，然后利用透镜成像公式（S4－1－2）计算出凸透镜的焦距 f.

3）共轭法

共轭法又称位移法、二次成像法或贝塞尔法．如图 S4－1－1 所示，设 AB 为物，透镜

为 L,H 为像屏,设物和像屏间的距离为 D(要求 $D>4f$),并保持不变.移动透镜,屏上将出现一个放大的清晰的像 A_1B_1,继续移动,在屏上又可得到一个缩小的清晰的像 $A_1'B_1'$,设呈现放大像和缩小像时透镜的位移为 Δ,根据光线可逆性原理可以得到凸透镜焦距的公式为

$$f=\frac{D^2-\Delta^2}{4D} \tag{S4-1-3}$$

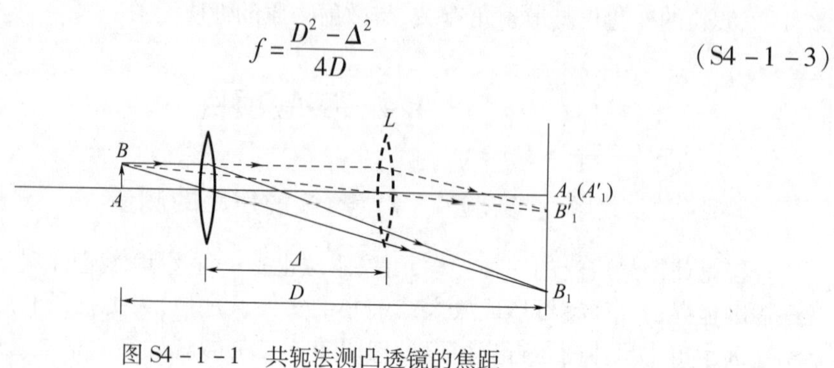

图 S4-1-1　共轭法测凸透镜的焦距

4)自准直法

当光点(物)处在凸透镜的焦平面上时,它发出的光线通过透镜后将为一束平行光.若用与主光轴垂直的平面镜将此平行光反射回去,反射光再次通过透镜后仍会聚于透镜的焦平面上,其会聚点将在光点相对光轴的对称位置上.由于测量的结果是物像共面,因此自准直法也被称为物像共面法或平面镜法.

2. 凹透镜焦距的测量原理

由于实物通过凹透镜不能成实像,因此需要借助于凸透镜与凹透镜组成透镜组来测量凹透镜的焦距,称为凸透镜辅助法测量凹透镜焦距.如图 S4-1-2 所示,从物点 A 发出的光线经过凸透镜 L_1 后会聚于 B. 假若在凸透镜 L_1 和像点 B 之间插入一个焦距为 f 的凹透镜 L_2,然后调整(增加或减少)L_2 与 L_1 的间距,则由于凹透镜的发散作用,光线的实际会聚点将移到 B' 点.根据光线传播的可逆性,如果将物置于 B' 点处,则由物点发出的光线经透镜 L_2 折射后所成的虚像将落在 B 点.由于虚物距为负值,实像距为正值,利用透镜成像公式(S4-1-2),可以计算出凹透镜的焦距为负值.

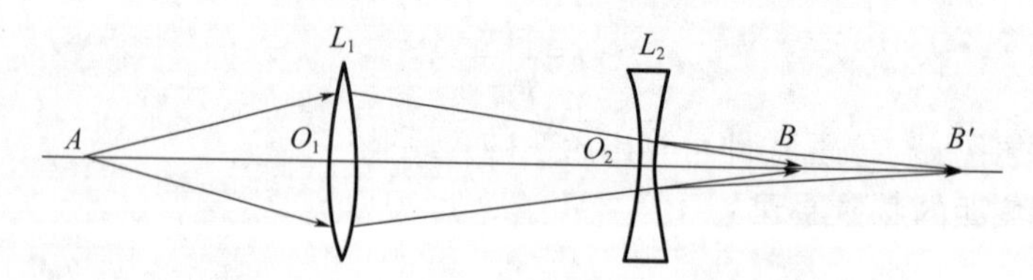

图 S4-1-2　凸透镜辅助法测凹透镜的焦距

【实验内容与要求】

1. 用共轭法测凸透镜的焦距

(1) 将光学元件放在光具座上,打开 1 字光源.

(2) 调节光学系统共轴(附录).

(3) 固定 1 字光源位置、白屏位置,在 1 字光源和白屏间距 D 不变的情况下,移动凸透镜,记录成清晰大像时凸透镜位置和成清晰小像时凸透镜位置,测量三次,将数据填入表 S4-1-1,计算凸透镜焦距的平均值.

(4) 用所测凸透镜的焦距与标准值进行比较，求出相对误差.

表 S4-1-1 凸透镜焦距测定数据表 1字光源位置 D_1 = ____ cm

白屏位置 D_2 = ____ cm

成大像时凸透镜位置 d_1/cm	成小像时凸透镜位置 d_2/cm	凸透镜移动距离 $\Delta = \|d_2 - d_1\|$/cm	凸透镜焦距 $f = (D^2 - \Delta^2)/4D$/cm

2. 用凸透镜辅助法测凹透镜的焦距

(1) 按图 S4-1-2，先不放凹透镜，物经凸透镜成一小像于 B 点，记录该位置.

(2) 在凸透镜和小像位置 B 点之间插入凹透镜，仔细调节共轴后确定二次成像位置 B' 点，记录该位置，算出凹透镜焦距.

(3) 在虚物点和实像点位置不变的情况下，移动凹透镜，测量三次，将数据填入表 S4-1-2，计算出凹透镜焦距的平均值.

(4) 用所测凹透镜的焦距与标称值进行比较，求出相对误差.

表 S4-1-2 凹透镜焦距测定数据表 凸透镜成小像位置 B = ____ cm

凹透镜位置 O_2/cm	凹透镜实像位置 B'/cm	虚物物距 $u = -\|B - O_2\|$/cm	实像像距 $v = \|B' - O_2\|$cm	凹透镜焦距 $f = uv/(u+v)$/cm

【注意事项】

1. 共轭法中，1字光源和白屏间距不要太大，否则会难以确定凸透镜成像最清晰的位置.

2. 保持各光学元件清洁，严禁手摸.

【思考题】

1. 位移法测透镜焦距，为何1字光源和白屏间距要大于4倍焦距?

2. 用凸透镜辅助法测凹透镜焦距，二次成像的前提条件是什么?

【附录 FS4-1-1】 共轴调节

为减小焦距测量的误差，必须对光学元件进行共轴调节，否则会降低成像质量. 共轴调节通常分为粗调和细调两步进行.

1) 粗调

把光源、物屏、透镜、像屏放于光具座上，目测所有光学元件中心等高，且光学元件与导轨方向垂直.

2) 细调

所谓细调就是利用透镜成像规律进行调节. 若物中心 C 在光轴上，则前后移动透镜所得的大、小像的中心将重合. 若物中心 C 不在光轴上，则大、小像中心将不重合，而是偏

在光轴的同一侧，如图 FS4－1－1 所示．大像中心 C_1 偏离光轴较远，小像中心 C_2 偏离光轴较近．若 C_1 高于 C_2 点，则说明透镜偏低，应升高透镜，反之则降低透镜．通过移动透镜高低，会发现大像每次移动距离较多，小像移动距离较少．通过大像追小像的方式，移动透镜高低调节光路共轴．

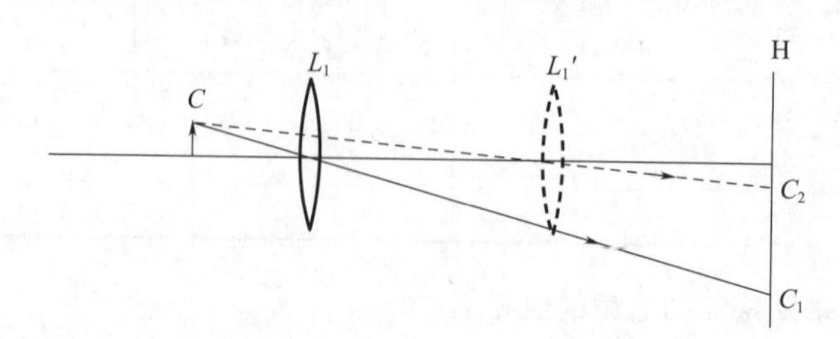

图 FS4－1－1　共轴调节原理

实验 4－2　自组显微镜

成像的光学仪器基本上可以分为成实像或成虚像两大类．成实像的光学仪器有照相机和投影仪等．而成虚像的光学仪器有放大镜、显微镜和望远镜等，由于所成的虚像都是直接用眼睛观察的，因此这类仪器被称为助视仪器，本实验主要研究助视仪器显微镜．

【实验目的】

1. 了解显微镜的基本结构及其放大原理．
2. 掌握显微镜视角放大率及其测量方法．

【实验仪器】

光学导轨，滑块，带 mm 刻度尺的光源，光屏，半反半透镜，微尺（1/10mm），物镜（f_o = 50.0mm），目镜（f_e = 100.0mm）．

【实验原理】

参见 4.1.4 节中的显微镜．

【实验内容与要求】

1. 组装显微镜，测量其视角放大率（放大本领）*M*

选择合适的凸透镜作为显微镜的物镜和目镜，调节透镜共轴，并固定两透镜之间的距离，通过式（4－1－22）可以计算其视角放大率 *M*. 按图 S4－2－1 所示在物镜前放置分划板和光源（可吸附在白屏上以固定位置），开启光源，调节分划板和光源的高度及位置，使得从目镜中可清晰地观察到分划板上的 1/10mm 刻度（注意区分光源附带标尺的像与 1/10mm 刻度的像，避免混淆）．

2. 测定显微镜的放大率，将测得结果与理论值进行比较

按图 S4－2－1 在目镜后放置一与显微镜光轴成 45°的半反半透镜，在距光轴 25cm 处放置带有透明 mm 刻度尺的 LED 光源，并开启光源．仪器配有一铁板制作的底座，实验时将底座紧靠光学导轨放置，并把带有透明 mm 刻度尺的 LED 光源吸附在与底座垂直的铁板上，此时标尺距光学导轨光轴的距离恰好为 25cm.

调整半反半透镜以及 mm 刻度尺，使眼睛可以同时看到分划板上 1/10mm 刻度经显微镜放大的像和透明 mm 刻度尺经半反半透镜反射的像，并使两个像之间无相对视差．

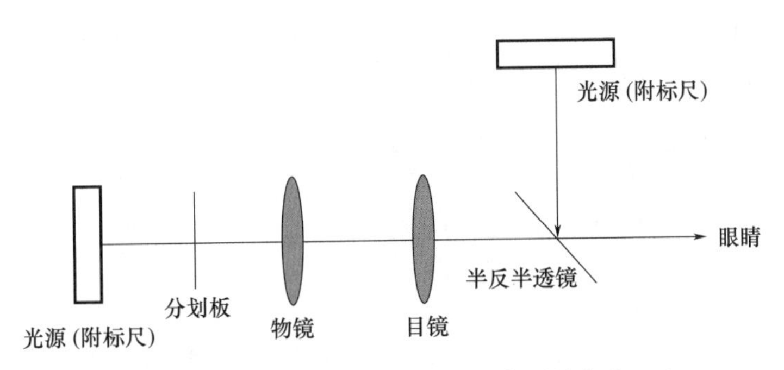

图 S4－2－1　显微镜视角放大率测量光路

读出分划板上某一长度对应 mm 刻度尺的长度,可测得显微镜的实际放本领(像的长度/物的长度),并与计算视角放大率相比较,求出相对误差.

【注意事项】

1. 保持各光学元件清洁,严禁手摸.

2. 合理调节光源亮度.

【思考题】

1. 在自组显微镜实验中,为何物镜所成中间像不宜太大?

2. 在自组显微镜实验中,为何目镜所成虚像也不宜太大?

实验 4－3　自组望远镜

望远镜是用来观察、瞄准和测量远处物体的助视仪器. 从第一台天文望远镜的发明,到现在已有 300 多年,望远镜在天文观测、工程测量、国防等科学技术领域内都获得了越来越广泛的应用.

【实验目的】

1. 了解望远镜的基本结构及其放大原理.

2. 掌握系统的共轴调节办法.

3. 掌握望远镜放大率及其测量方法.

【实验仪器】

带 mm 刻度尺的 LED 光源,凸透镜,物镜(f_o = 200.0mm),目镜(f_e = 50.0mm),单面带有标尺的白屏,1 字光源,光学导轨,滑块,铁板底座.

【实验原理】

见 4.1.4 节中的望远镜.

【实验内容与要求】

(1) 选择合适的凸透镜作为望远镜的物镜和目镜.

(2) 按图 S4－3－1 放置附带透明毫米刻度标尺的 LED 光源及已知焦距 f 的凸透镜,使透明毫米刻度标尺与凸透镜间的距离恰好为 f(注意光源本身的厚度),开启光源,组成一无穷远发光物体.

(3) 按图 S4－3－1 在导轨上放置物镜和目镜组成望远镜,并调整它们的距离,使得从目镜中可清晰地观察到 LED 光源上的毫米刻度标尺.

(4) 取下物镜,在原物镜位置放置 1 字光源(物高 y_1 = 15mm).

(5) 将白屏竖起放置在目镜之后,并使带有标尺的一面朝向目镜,前后移动找到1字光源所成缩小的实像,并利用白屏上的标尺测量像高 y_2.

(6) 根据透镜成像 $\frac{1}{p}+\frac{1}{p'}=\frac{1}{f}$ 和图 S4-3-1,得出望远镜的实际视角放大率 M $\left(M=\frac{f_o}{f_e}=\frac{y_1}{y_2}\right)$,并与计算的视角放大率相比较,求出相对误差.

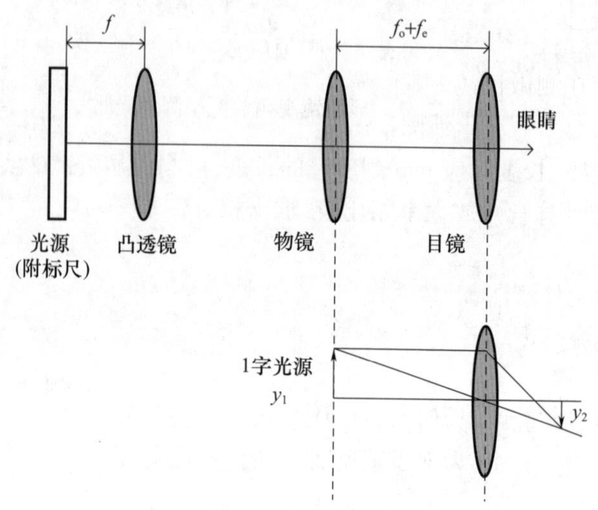

图 S4-3-1　望远镜视角放大率测量光路

【注意事项】

1. 调节好仪器共轴.

2. 保持各光学元件清洁,严禁手摸.

【思考题】

1. 如何提高望远镜的视角放大率?

2. 用同一台望远镜观测不同距离的物体时,其视角放大率是否会变?

实验4-4　杨氏双缝干涉实验

【实验目的】

1. 观察双缝干涉现象.

2. 学会利用双缝干涉测量单色光的波长,加深对光的干涉的理解.

【实验仪器】

凸透镜,可调狭缝,双缝板,测微目镜(0.01mm),钠光灯,光具座.

【实验原理】

具体原理见4.2.3中的杨氏双缝干涉,由式(4-2-22)可得利用双缝干涉测量单色光波长 λ 的计算公式为

$$\lambda=\frac{d\Delta x}{D} \tag{S4-4-1}$$

式中:d 为双缝之间的距离;Δx 为相邻两条明(暗)条纹之间的距离;D 为双缝到光屏之间的距离,本实验中就是双缝到测微目镜中分划板的距离.

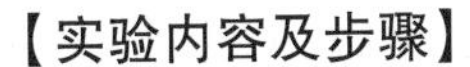

【实验内容及步骤】

1. 观察双缝干涉图样

(1) 将钠光灯、凸透镜、可调狭缝(单缝)、双缝板、测微目镜从左至右依次安放在光具座上,如图 S4－4－1 所示.

(2) 接好钠光灯电源,打开开关,预热,使钠光灯正常发光.

(3) 调节测微目镜,使观察到的测微目镜的分划板和标尺清晰.

(4) 调节可调狭缝(单缝)、双缝板、测微目镜平行且共轴,调节可调狭缝的宽度以及三者之间的间距,使在测微目镜中观察到清晰的干涉条纹.

(5) 改变双缝间距,观察干涉图样的变化.

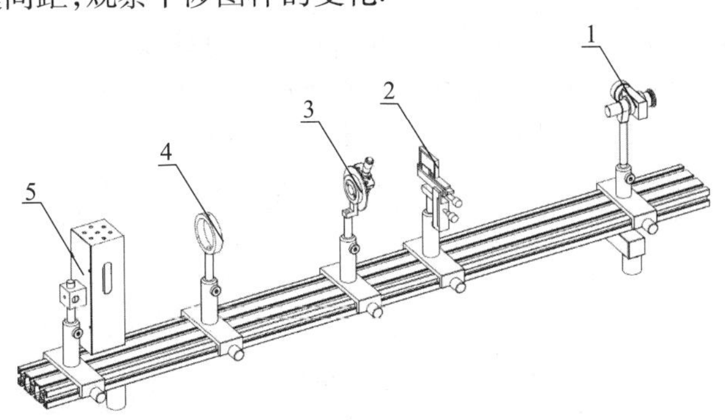

图 S4－4－1　杨氏双缝干涉实验装置图

1—测微目镜;2—双缝板;3—可调狭缝;4—F50 透镜;5—钠光灯.

2. 测定单色光的波长

(1) 在第 1 个内容的基础上,读出某明(暗)条纹的位置 x_0,记入表 S4－4－1.

(2) 向一个方向转动测微目镜鼓轮使分划的十字叉丝经过 n 个明(暗)条纹,读出第 n 个明(暗)条纹的位置 x_n 记入表 S4－4－1.

(3) 重复(1)、(2),进行 6 次测量(每次测量的起始条纹都不同).

(4) 用刻度尺测量双缝到光屏间距离 D,测量 6 次,记入表 S4－4－1.

【数据记录及处理】

表 S4－4－1　测量钠光波长测量数据记录表

项目 次数	初始条纹 x_0/mm	第 n 条纹 x_n/mm	条纹间距 Δx/mm	缝屏距离 D/mm	波长 λ/nm	平均波长 $\overline{\lambda}$/nm
1						
2						
3						
4						
5						
6						

【注意事项】

1. 本实验的关键是调节单缝与双缝平行,以及各个器件的准直.
2. 测量时注意使鼓轮向一个方向转动,中途不要反转.

实验 4-5 光栅衍射的观测

【实验目的】

1. 了解光栅的基本特征.
2. 熟悉分光计的调整和使用.
3. 观察白光通过光栅后的衍射现象,理解光栅分光的原理.

【实验仪器】

分光计,光栅,双平面反射镜,汞灯.

【实验原理】

原理见4.2.4节中光的衍射. 按照光栅衍射理论,平行光垂直照射到衍射光栅上,透射光经凸透镜后将在凸透镜的焦平面上产生明条纹,如图S4-5-1所示,其位置由下式确定:

$$d\sin\varphi_k = \pm k\lambda, k=0,1,2,\cdots \tag{S4-5-1}$$

式中:$d=a+b$,称为光栅常数;λ 为入射光波长;k 为明条纹(光谱线)级数;φ_k 是 k 级明条纹的衍射角.

如果入射光不是单色光,则由式(S4-5-1)可以看出,光的波长不同,其衍射角 φ_K 也各不相同,于是复色光被分解成各色单色光,而在中央位置处,$K=0$,$\varphi_K=0$,各色光仍重叠在一起,组成中央明条纹. 在中央明条纹两侧对称地分布着 $K(K=1,2,3,\cdots)$ 级光谱,各级光谱都按波长由小到大的顺序依次排列成一组彩色谱线,这样就把复色光分解成单色光(图S4-5-1),形成衍射光谱.

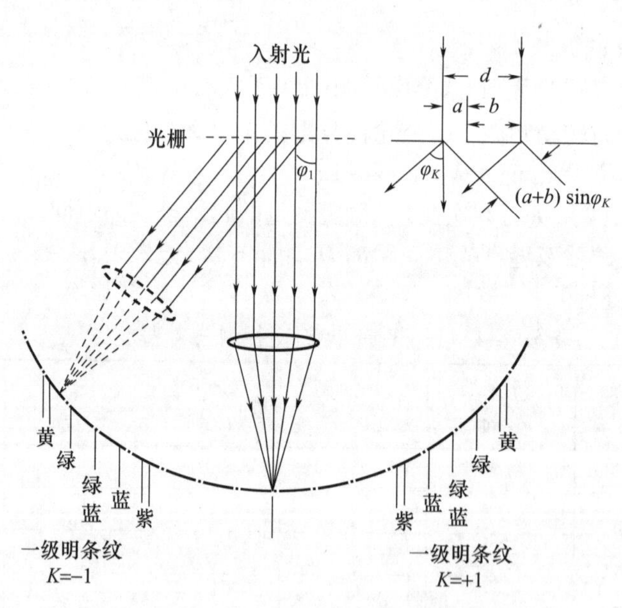

图S4-5-1 光栅及其衍射光谱示意图

【实验内容与要求】

1. 调整分光计,使其达到正确状态

(1) 使望远镜聚焦于无穷远.

(2) 平行光管和望远镜光轴垂直于分光计中心轴.

(3) 平行光管出射平行光.

2. 放置光栅的要求

(1) 入射光垂直照射光栅表面.

(2) 光栅缝纹与分光计中心轴平行.

3. 调节步骤

(1) 用汞灯照亮平行光管狭缝,转动望远镜,使其分划板叉丝竖线位于狭缝像中央,并固定望远镜.

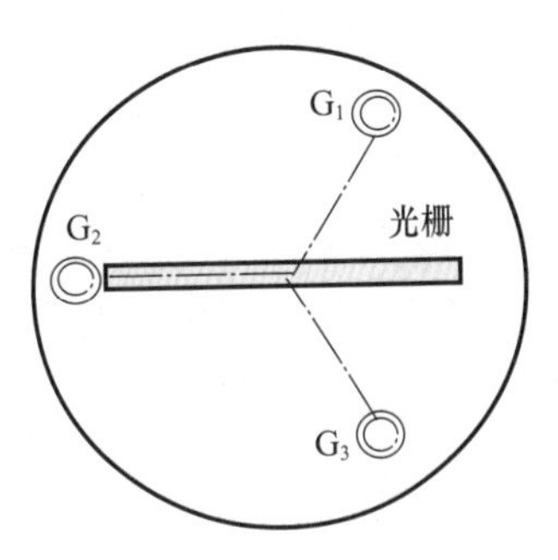

图 S4－5－2　光栅放置

(2) 将光栅按如图 S4－5－2 所示放在载物台上,转动游标盘(载物台与游标盘锁紧),使光栅平面与望远镜光轴大致垂直. 然后通过望远镜找由光栅平面反射回的亮十字像,调节载物台上调节螺钉 G_1(或 G_3),使亮十字像与分划板上十字叉丝重合,则光栅平面与望远镜光轴垂直. 由于此时望远镜与平行光管共轴,因此也与平行光管光轴垂直. 旋紧游标盘止动螺钉,固定游标盘,保持光栅平面与平行光管垂直的状态.

(3) 松开望远镜止动螺钉,转动望远镜,观察衍射光谱分布情况. 注意中央明条纹两侧衍射光谱是否等高,如果观察到两侧光谱线不等高,可调节载物台螺钉 G_2,直至中央明条纹两侧的衍射光谱基本等高,此时光栅狭缝与分光计中心轴平行.

4. 记述所观察到的光栅衍射现象

【注意事项】

1. 光栅药膜面不能擦拭,必要时可用清水缓缓冲洗.
2. 汞灯紫外线较强,不可直视,以免灼伤眼睛.

【思考题】

1. 利用本实验装置怎样测定光栅常数?
2. 利用式(S4－5－1)要保证什么实验条件? 实验中如何实现?

实验 4－6　偏振光的研究

【实验目的】

1. 观察光的偏振现象,掌握产生和检验偏振光的方法.
2. 验证马吕斯定律.
3. 测量布儒斯特角.

【实验仪器】

激光器、偏振片、光电探头、光功率计、棱镜、光屏、波片.

【实验原理】

具体原理见 4.2.5 节.

【实验内容及步骤】

1. 观察光的偏振现象
2. 验证马吕斯定律

(1) 按照图 S4-6-1 搭建光路,开启激光器使激光束进入光电探头.

(2) 激光器与光电探头间放入偏振片 P_1,旋转 P_1 使光功率计显示最大值.

(3) 将偏振片 P_2 放到 P_1 之后,旋转 P_2,使光功率计量到最大值,记录最大的光强度,这时两偏振片 P_1 与 P_2 的偏振轴应在同一方向上.

(4) 缓慢转动 P_2,每隔 10°记一次光强,直到 P_2 与 P_1 透振方向垂直.

(5) 绘制光强与偏振轴之间角度关系图,验证马吕斯定律.

3. 测量布儒斯特角

(1) 按照图 S4-6-2 搭建实验仪器,将棱镜放置在回转工作台上,使棱镜一反射面与回转工作台台面圆心对齐. 转动工作台,直至反射光与入射光重合,记录回转工作台上的角度,以作为后续校正用.

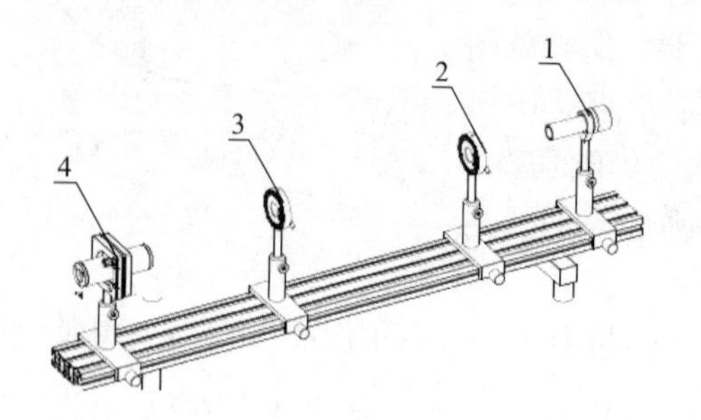

图 S4-6-1 验证马吕斯定律实验装置
1—光电探头;2—检偏器;3—起偏器;4—激光器.

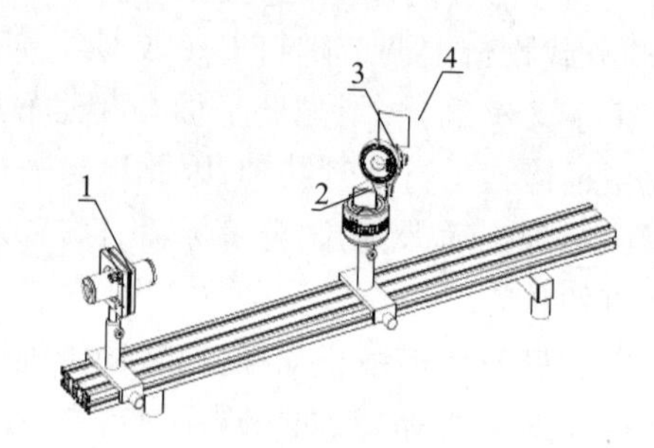

图 S4-6-2 布儒斯特角测定装置
1—激光器;2—三棱镜;3—检偏器;4—白屏.

(2) 转动回转工作台,从入射角 52°开始测量,棱镜每转过 2°,偏振片 d 都旋转 360°记录最弱光强(接近预测的布儒斯特角 56°左右时,棱镜每转过 0.5°,记录一次数据)到 62°为止. 光强为零时的入射角,即布儒斯特角,同时记录此时偏振片的偏振轴角度值,据此确定反射光的偏振方向.

【数据记录及处理】

1. 数据记录

(1) 验证马吕斯定律,将测量数据填入表 S4-6-1.

表 S4-6-1 验证马吕斯定律实验数据

α/(°)	0	10	20	30	40	50	60	70	80	90
I_K/μW										
α/(°)	100	110	120	130	140	150	160	170	180	
I_K/μW										

(2) 测量布儒斯特角,将测量数据填入表 S4-6-2.

表 S4-6-2 测量布儒斯特角数据

i_B/(°)	52	54	55	55.5	56	56.5	57	57.5	58	60	62
I/μW											

2. 数据处理

(1) 验证马吕斯定律. 依据表 S4-6-1 中的数据,以 I_K/I_0(%)表示相对光强,作为

纵坐标,以 α 表示两个偏振片的角的位置,作为横坐标,在坐标纸上作图,以验证光强与起偏器夹角余弦平方的变化关系,得出结论.

(2) 测量布儒斯特角. 依据表 S4 - 6 - 2 中的数据,以通过检偏器的相对光强(%)为纵坐标,以角度为横坐标,作曲线图,求出布儒斯特角.

【注意事项】

1. 激光器的出射光强的起伏对实验有影响,实验前要预热.
2. 用光功率计记录光强时,读数要扣除环境杂散光的影响.

习　　题

1. 根据反射定律推导球面反射镜的物像距公式和焦距公式.

2. 一根有特定频率的光线射到一片玻璃上. 玻璃在这个频率上的折射率是1.52. 若透射光线与法线成一角度19.2°,求光射到界面的角度.

3. 要把球面反射镜前10cm处的灯丝成像于3m处的墙上,镜形应是凸的还是凹的?半径应有多大?这时像放大了多少倍?

4. 光线从真空射入某种介质中,测得入射角为60°,折射角为30°,求:(1)这种介质的折射率;(2)光在这种介质中的传播速度.

5. 一会聚透镜,其两表面的曲率半径 $r_1=80\text{cm}$, $r_2=36\text{cm}$,玻璃的折射率 $n=1.63$,一高为2.0cm的物体放在透镜的左侧15cm处,求像的位置及其大小.

6. 屏幕放在距物100cm远处,二者之间放一凸透镜. 当前后移动透镜时,我们发现透镜有两个位置可以使物成像在屏幕上. 测得这两个位置之间的距离为20.0cm,求:(1)这两个位置到屏的距离和透镜的焦距;(2)两个像的横向放大率.

7. 一架显微镜,物镜焦距为4mm,中间像成在物镜像方焦点后面160mm处,如果目镜是20×的,显微镜的总放大率是多少?

8. 一架幻灯机的投影镜头的焦距为7.5cm,当幕由8m移至10m远时,镜头需移动多少距离?

9. 在双缝干涉实验中,若缝间距为所用光波波长的1000倍,观察屏与双缝相距50cm,求相邻明纹的间距.

10. 在杨氏双缝实验中,两缝间的距离 $d=0.5\text{mm}$,缝到屏的距离为 $D=25\text{cm}$,若先后用波长为400nm和600nm两种单色光入射,求:(1)两种单色光产生的干涉条纹间距;(2)两种单色光的干涉条纹第一次重叠处距屏中心距离以及各自的条纹级数.

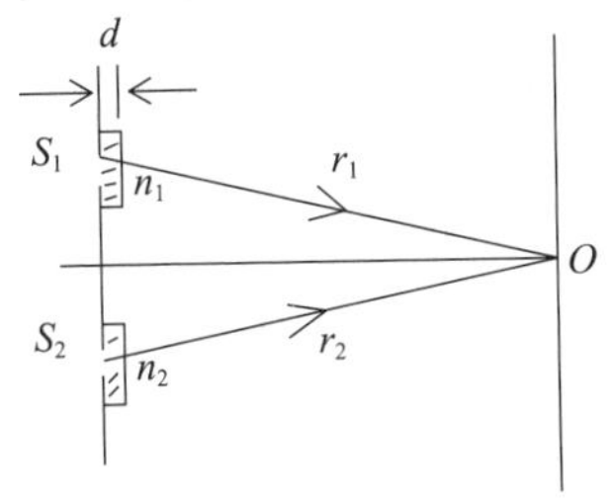

题11图

11. 在图示的双缝干涉实验中,若用折射率为 $n_1=1.4$ 的薄玻璃片覆盖缝 S_1,用同样厚度但折射率为 $n_2=1.7$ 的玻璃片覆盖缝 S_2,将使屏上原中央明条纹所在处 O 变为第五级明条纹,设单色光波长 $\lambda=480.0\text{nm}$,求玻璃片厚度 d(可认为光线垂直穿过玻璃片).

12. 波长为 λ 的单色光垂直入射到狭缝上,若第 1 级暗纹的位置对应的衍射角为 $\theta=\pm\pi/6$,求狭缝的宽度.

13. 平行光含有两种波长 $\lambda_1=400.0\text{nm}$,$\lambda_2=760.0\text{nm}$. 垂直入射在光栅常量为 $1\times10^{-3}\text{cm}$ 的光栅上,透镜焦距为 50cm,求屏上两种光第 1 级衍射明纹中心之间的距离.

14. 假若侦察卫星上的照相机能清楚地识别地面上汽车的牌照号码. 如果牌照上的笔划间的距离为 4cm,则在 150km 高空的卫星上的照相机的最小分辨角应多大? 此照相机的孔径需要多大? 光波的波长按 500nm 计算.

15. 使自然光通过两个偏振化方向成 60°的偏振片,透射光强为 I_1. 今在这两个偏振片之间再插入另一个偏振片,它的透振方向与前两个偏振片均成 30°角,则透射光强是多少?

16. 有两个偏振片,当它们偏振化方向间的夹角为 30°时,一束单色自然光穿过它们,出射光强为 I_1;当它们偏振化方向间的夹角为 60°时,另一束单色自然光穿过它们,出射光强为 I_2,且 $I_1=I_2$. 求两束单色自然光的强度之比.

17. 如图所示,一束自然光相继射入介质Ⅰ和介质Ⅱ,介质Ⅰ的上下表面平行,当入射角 $i_0=60°$ 时,得到的反射光 R_1 和 R_2 都是振动方向垂直于入射面的完全偏振光,求:(1)光线在介质Ⅰ中的折射角 r;(2)介质Ⅱ和Ⅰ的折射率之比.

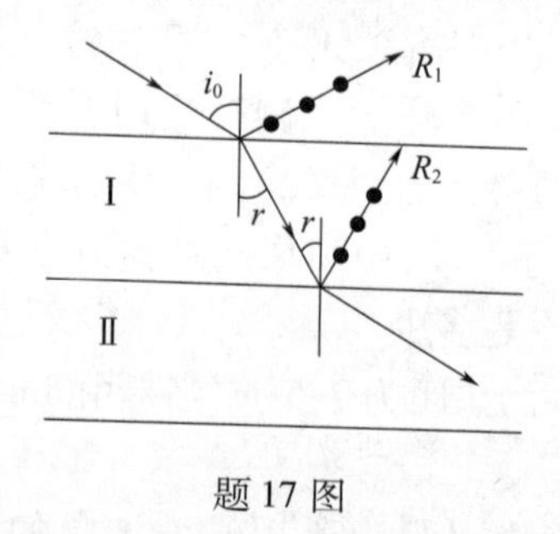

题 17 图

18. 在光电效应中,当频率为 $3\times10^{15}\text{Hz}$ 的单色光照射在逸出功为 4.0eV 的金属表面时,求金属中逸出的光电子的最大初速率.

19. 钨的逸出功为 4.52eV,钡的逸出功为 2.50eV,分别计算钨和钡的截止频率. 哪一种金属可以用作可见光范围内的光电管阴极材料?

20. 在康普顿散射实验中,入射 X 射线的波长 $\lambda_0=0.02\text{nm}$,现在从和入射方向成 90°的方向去观察散射辐射,求散射 X 射线中的新波长.